石油石化职业技能培训教程

送电线路工

（下册）

中国石油天然气集团有限公司人力资源部　编

石油工业出版社

内 容 提 要

本书是由中国石油天然气集团有限公司人力资源部统一组织编写的《石油石化职业技能培训教程》中的一本。本书包括送电线路工应掌握的高级工操作技能及相关知识、技师操作技能及相关知识,并配套了相应等级的理论知识练习题,以便于员工对知识点的理解和掌握。

本书既可用于职业技能鉴定前培训,也可用于员工岗位技术培训和自学提高。

图书在版编目(CIP)数据

送电线路工.下册/中国石油天然气集团有限公司人力资源部编.—北京:石油工业出版社,2023.2

石油石化职业技能培训教程

ISBN 978-7-5183-5023-0

Ⅰ.①送… Ⅱ.①中… Ⅲ.①输电线路-技术培训-教材 Ⅳ.①TM726

中国版本图书馆 CIP 数据核字(2021)第 249062 号

出版发行:石油工业出版社

　　　　(北京安定门外安华里 2 区 1 号　100011)

　　　　网　址:www.petropub.com

　　　　编辑部:(010)64269289

　　　　图书营销中心:(010)64523633

经　　销:全国新华书店

印　　刷:北京中石油彩色印刷有限责任公司

2023 年 2 月第 1 版　　2023 年 2 月第 1 次印刷

787 毫米×1092 毫米　开本:1/16　印张:25.75

字数:659 千字

定价:95.00 元

《石油石化职业技能培训教程》

编 委 会

主 任：黄 革

副主任：王子云 何 波

委 员（按姓氏笔画排序）：

《送电线路工》

编　审　组

主　　编：孙永军

参编人员：付世超　　吕志恒　　刘　璐

参审人员：孙翎翀

随着企业产业升级、装备技术更新改造步伐不断加快，对从业人员的素质和技能提出了新的更高要求。为适应经济发展方式转变和"四新"技术变化要求，提高石油石化企业员工队伍素质，满足职工鉴定、培训、学习需要，中国石油天然气集团有限公司人力资源部根据《中华人民共和国职业分类大典（2015年版）》对工种目录的调整情况，修订了石油石化职业技能等级标准。在新标准的指导下，组织对"十五""十一五""十二五"期间编写的职业技能鉴定试题库和职业技能培训教程进行了全面修订，并新开发了炼油、化工专业部分工种的试题库和教程。

教程的开发修订坚持以职业活动为导向，以职业技能提升为核心，以统一规范、充实完善为原则，注重内容的先进性与通用性。教程编写紧扣职业技能等级标准和鉴定要素细目表，采取理实一体化编写模式，基础知识统一编写，操作技能及相关知识按等级编写，内容范围与鉴定试题库基本保持一致。特别需要说明的是，本套教程在相应内容处标注了理论知识鉴定点的代码和名称，同时配套了相应等级的理论知识练习题，以便于员工对知识点的理解和掌握，加强了学习的针对性。**此外，为了提高学习效率，检验学习成果，本套教程为员工免费提供学习增值服务，员工通过手机登录注册后即可进行移动练习。**本套教程既可用于职业技能鉴定前培训，也可用于员工岗位技术培训和自学提高。

本教程分上、下两册，上册为基础知识、初级工操作技能及相关知识、中级工操作技能及相关知识，下册为高级工操作技能及相关知识、技师操作技能及相关知识。本教程由大庆油田有限责任公司任主编单位。

由于编者水平有限，书中不妥之处在所难免，请广大读者提出宝贵意见。

编　者

CONTENTS 目录

第一部分　高级工操作技能及相关知识

第二部分　技师操作技能及相关知识

理论知识练习题

附 录

第一部分

高级工操作技能及相关知识

模块一　送电线路施工

项目一　组织指挥人力放线

一、相关知识

在架线施工中,放线的方式方法很多,按放线的方法可分为地面放线、以线换线、张力放线等;按放线时的牵引动力可分为人力放线、机械放线等。

GBA001 人力放线的方法

（一）放线操作的步骤

GBA013 布线注意事项

1. 人力放线

人力展放导线,包括放线前的准备工作、搭设跨越架、布线、放线操作等。放线前应先清除线路走廊内树木、处理房屋和电路线路或通信线路的交叉跨越;平整放置放线轴和放线架的放线场、紧线作业场;搭设跨越铁路、公路、通信线路及电力线路的跨越架;编制施工技术手册与技术交底;挂放好悬垂绝缘子串和放线滑车等。然后开始布线,布线就是将导线和避雷线的线盘沿线路每隔一定的距离分布放置,以便放线顺利进行。

（1）在布线的时候要注意以下几点:

① 线轴应集中放在各放线段耐张杆塔处,并尽量将长度相等的线轴放在一起,便于集中压接、巡线及维护。

② 布线裕度。一般平地及丘陵地段取 1.5%;一般山地取 2%;高山深谷取 3%。

③ 跨越档导线接头应避开 35kV 以上电力线路,铁路,一、二级公路,特殊管道,索道和通航河道。

④ 不同规格、不同捻向的导线（避雷线）,不得在同一耐张段内连接。

⑤ 合理选择线盘位置,以交通方便、地形平坦、场地宽广处为宜,便于使用运输机械和施工机械。

⑥ 耐张段长度和线长应相互协调,避免切断导线造成导线浪费或接头过多。

（2）线路施工放线前的准备工作:

① 检查杆塔是否倾斜,拉线是否牢靠。

② 根据放线轴上的导线、地线长度、档距间的交叉跨越物、现场地形及线路方向,选择放线轴的放置位置。

③ 清除放线通道内可能损伤导线、地线的障碍物或采取可靠的防护措施。

④ 跨越电力线路、通信线、铁路、公路等应和有关单位联系,取得配合,并搭设安全牢固的跨越架。

⑤ 明确通信联络方式,并在居民区、道口、交叉跨越等处合理布置护线人员。

人力放线时,平地按每人扛抬 20~25kg 架空线,山区按每人扛抬 15~20kg 架空线操作。

在架空线前端均匀布置人员,徐徐牵引架空线。开始时,可分三相导线同时展放,随着距离延伸,牵引力增加,再分两组牵引导线,到最后集中人力牵引导线,一相一相牵放完毕。

人力放线时要有技工在前面领路,对准方向,并注意经常瞭望信号,控制放线速度。放线时,每基杆及跨越架处均应设专人守护,以便监护架空线通过放线滑车和跨越架的情况。

放线到一杆塔时,应超越该杆塔适当距离,然后停止牵引,将线头拉回,与放线滑车引绳相连,使架空线穿过滑车后继续牵引。牵引过程中遇到障碍领线人员应组织牵引人员采取正确的方法跨越。放线过程中,所放架空线被障碍物卡住,应使用工具或绳索进行处理,处理时工作人员应站在架空线弯曲处外侧。

如使用畜力放线时,一定要请畜口主人或有经验的人员配合,协同牵引工作。

（3）导（地）线展放过程中应注意：

① 加强对导线、地线的外观检查,发现有断股、破股、金钩等现象时,应停止展放,进行检查鉴定,如需处理,应系上红布条以便以后查找。

② 跨越铁路展放线前,应了解列车运行时间,在列车通过期间应停止展放,整个放线和紧线期间,跨越架处要始终有人看守。

③ 跨越公路展放线时,两侧要有人持红旗看守,在导（地）线穿越公路期间,禁止一切车辆通行。

④ 山区人力放线时,前后要互相照应,防止在山沟中导线、地线突然腾空将放线人员吊起摔伤,同时要采取措施防止岩石磨伤导线、地线。

⑤ 镀锌钢绞线应避免钢绞线落地磨掉镀锌层,降低其使用寿命,否则要采取防止磨损的措施。

GBA002 机械放线的方法

2. 机械放线

1）固定机械牵引放线

采取固定机械牵引放线时,应先将牵引绳分段运至施工段内各处,用人力放线方法展放牵引绳,并使其依次通过放线滑车,牵引绳与牵引绳之间用旋转连接器或抗弯连接器连接,使整个施工段内牵引绳接通,一端与架空线相连,另一端与固定相械相连,用机械卷回牵引绳,拖动架空线展放。

固定机械牵引所用牵引绳,应为无捻或少捻钢丝绳。使用普通钢丝绳时,牵引绳与牵引绳之间,牵引绳与架空线之间应加旋转连接器。需注意的是,旋转连接器是不能进牵引机械卷筒的。

2）行走机械牵引放线

采用行走机械牵引放线时,应先将牵引绳套与架空线相连,然后即可牵放。放线时尽量少用或不用行走机械放线方法展放架空线。

3）放线应注意的事项

（1）凡重要的交叉跨越处,杆塔下方应设置工作人员,其任务是：

① 及时、准确传递信号。

② 监督放线情况,发现架空线（或牵引绳）有掉槽、压接管被卡、滑车转动不灵活等现象,应立即发出停止牵引信号,并及时清除故障。

③ 观察架空线与地面接触情况,发现架空线与树杈、石块及其他障碍物接触,有可能磨伤架空线时,应及时加垫软物。当架空线磨损时,需正确判断磨损情况,并按有关规定处理。

④ 同时牵引施放多根架空线时,应注意各线的位置,防止导线、避雷线交叉。

(2)放线架应有专人看管,其任务是:

① 随时调整走偏的线轴。

② 控制放线速度。

③ 检查放出架空线的质量。

④ 调换导线。

(3)放线顺序:先放导线,后放地线,防止导线、地线交叉。

(4)放线后,如不能当天紧线,应采取措施使架空线不妨碍通信、通航、通车。

(5)使用普通钢丝绳作为固定机械放线的牵引绳时,牵引绳和架空线之间应加装防捻器。

(6)放线滑车应满足的要求:

① 轮槽尺寸应与导线、地线相适应,保证导线或地线通过时不受损伤。

② 轮槽底部的轮径不小于导(地)线直径的 15 倍。

③ 对于严重上扬或垂直档距过大处的放线滑车,应进行验算,必要时采用特殊的结构。

④ 滑车应采用滚动轴承,保证转动灵活。

(7)放线架放线时的要求有:

① 架线轴时,应将导(地)线从线轴上面引出,对准前方牵引方向。

② 必须对线轴采取制动措施,防止发生飞轴现象。

(二)放线过程中的通信联络

迅速可靠的通信联络是张力放线正常作业的基本保证,直接关系放线施工的工作质量与安全,影响施工的速度与经济效益,为此要求:

GBA010 施工过程中的通信联系

(1)各岗位工作人员应经过通信技术培训,掌握通信知识和要求,能正确使用和保管通信工具。

(2)选择可靠的通信工具。一般在牵、张场各配一台能直接联系,并能清楚地听到段内所有对讲机的信号,且段内的对讲机也能听到牵、张场信号的台式对讲机。

(3)施工段应对所有通信设备进行频率与灵敏度的校验。

(4)通信语言、简短、明确、统一、清晰。作业前应明确各作业人员的通信代号、工作地点、范围及工作内容。

(5)传递、接收、执行信息的程序合理,明确信号与指令的区别。

(6)通信缺岗不得进行牵放作业。在放线区段内的近地点、控制档、压线滑车设置点、转角塔、重要跨越处以及最后塔转向牵引时的转向滑车处均设置监护通信人员。在一般地段,每三基设一点,每点配一具对讲机。

二、技能要求

(一)准备工作

1. 设备准备

名称	规格	数量	备注
耐张段线路	220kV	5 档	

2. 材料准备

名称	规格	数量	备注
导线		5t	

3. 工具准备

序号	名称	规格	数量	备注
1	线盘		2台	
2	放线架		2个	
3	滑轮		若干	

（二）操作程序

序号	工序	操作步骤
1	准备工作	选择工具、用具
2	人员分配	人力放线按每人扛抬15~25kg架空线均匀布置人员，放线盘也要设专人看守
		根据导线释放长度合理分配人员数量
		跨越架处应设专人看守
		每基杆塔应设专人看守
3	现场布线	布线时导线长度应留有裕度30~50m
		导线接头应避开重要跨越
		线盘放置地点应充分利用交通条件，减少人抬搬运距离，宜将线盘布置在两线盘上导线全长的中间，以便于向两边展放
4	组织人力放线	人力放线时有专人领路，注意瞭望前后信号、控制速度
		放线时应安排专人统一信号，保持通信畅通
		发现问题立即停止放线
5	导线放入滑车槽	当导线到达杆塔时，应使架空线在无张力的情况下穿越放线滑车
		导线穿过放线滑车后不得垂直向下拉，以免导线、地线过度弯曲出现松股、金钩
6	导线过跨越架	导线穿越跨越架处及每隔三基杆应有专人监视放线情况
		发现导线、地线跳槽、滑轮转动不灵活、导线磨伤，应立即发出停止信号
7	导线、地线放线看护	发现导线、地线跑偏、松脱、金钩，应立即发出停止信号并检查损伤情况
8	清理现场	清理现场

（三）注意事项

（1）根据导线释放长度合理分配人员数量，跨越架及每基杆塔均应设专人看守，一旦发现问题立即停止放线。放线时，导线穿越跨越架处及每隔三基杆应有专人监视放线情况。

（2）导线过跨越架时，发现导线、地线跳槽、滑轮转动不灵活、导线磨伤，应立即发出停止信号；导线、地线放线时，发现导线、地线跑偏、松脱、金钩，应立即发出停止信号并检查损伤情况。

项目二　60kV 耐张杆 30°~60°分坑

一、相关知识

(一)送电线路施工复测

送电线路架设工程,从设计选线到施工安装,直至工程竣工验收,均牵扯到测量工作。线路测量可分为设计测量和施工测量。设计测量主要包括选线、定线、平断面等方面的测量工作。施工测量包括分坑定位、基坑操平、校正杆塔、弧度测量等。

线路工程在杆塔基础工程施工前必须进行工程测量,其主要内容包括路径复测和分坑测量。

1. 测量工作常用术语

GBD001 线路施工复测分坑有关名词概念

1)中心桩

中心桩有线路中心桩和杆塔中心桩之分。前者是线路中心轴线上设置的标桩;后者为杆塔所在位置中心标桩。

2)直线桩

直线桩是直线杆塔的中心轴线标桩,是标志线路直线的桩,均在相邻两转角点的连线上,一般用符号 Z 表示。

3)转角桩

转角桩是标明线路转角点位置的桩,它位于线路上两个相邻的不同直线段的交点上,一般用符号 J 表示。

4)辅助桩

当上述标桩不能满足施工要求时,为方便施工而补设的标桩。

5)方向桩

方向桩位于转角桩两侧,是指示线路方向的桩,一般用符号 C 表示。

6)杆位桩

杆位桩是标明杆塔位置的桩,一般用符号 P 表示。

7)转角度

表示线路转角点偏转的角度,即线路转角的外角为线路的转角度。以线路前进方向为准,向左偏转的角度为左转角度值,向右偏转的角度为右转角度值。

8)档距

档距是指相邻杆位桩之间的水平距离。

9)标高

标高是基准高程系或假定高程系的测量起点。对该桩位基面的绝对高,也称高程,均为正数。

10)高差

相对于某一基准面的标高之差称为高差。

11）施工基面

施工基面是计算坑深、定位塔高的起始基准面。

12）施工基面值

施工基面值是指杆位桩处地面至施工基面的垂直距离，一般用符号 K 表示。

13）坑深

坑深是指坑底平面与施工基面的垂直高度。

14）拉线盘埋深

拉线盘埋深是指拉线盘中心上平面与施工基面的垂直高度。

15）马道

拉线基础中为拉线棒埋设开挖的斜槽为马道，有的地方称为马槽。

16）基坑边坡

基坑边坡是指坑壁垂直深度与放宽量的比。

GBD002 线路
复测的主要内容

2. 线路复测的工作内容

线路从设计测量到施工测量，中间要间隔一定时限。随着时间的延长，原设计勘测所设的桩位，会受到外力等因素影响而发生偏移、偏差或丢失，同时木桩打入土中也会发生腐烂，会给施工造成不良影响。因此，施工前必须对全线施工线路上各杆塔桩档距、高差等进行一次全面重测，即复测。

1）直线复测

根据断面图及现场实际地形，在同一耐张段中至少应找到两个无差错且能相互通视的标桩，然后利用中分法定出全线直线段。在重新定线的时候肯定会找到原来的一些标桩，应检查其误差，尽量以原来的标桩为基准。直线杆塔复测时，校核直线杆塔桩是否在两个相邻转角桩的连线上，其偏移值不应大于 5cm。在定线的同时，应根据档距及地形确定杆（塔）位、桩位的前后位移，对于输电线路来说不得超过档距的 1%，对于配电线路不得超过档距的 3%。

2）转角复测

在线路定线的同时，应根据档距及地形对线路直线和转角杆塔桩位进行复测校核。杆塔基础分坑前，必须复核设计钉立的杆塔中心桩位置。

（1）在原有桩位保存完好的情况下，转角杆塔的角度应采用"方向法—测回法"进行复测，其误差应不大于 1′30″。

（2）原有桩位已丢失时，可按设计图纸数据进行补测，此时必须复查其前后档距、高差、转角度数及危险点等是否相符。一般情况下，采用两已知直线相交，确定其转角点，然后测出角度的大小，检查其是否与设计相符。如图 1-1-1 所示，已知 AB 和 CD，用经纬仪分别将两直线延伸至 EF 和 GH，然后在 E、F、G、H 四桩上分别拉十字弦线，则 EF 和 GH 两线交点就是转角点 J。

3）重要交叉跨越高程复测

与电力线路、通信线路、河流、房屋、铁路、公路等交叉时，应对杆塔位中心桩、地形突出点以及被跨越物处的标高进行复测核对。复测采用正倒镜读数，当误差大于 ±0.5m 时，应阐明原因，并与设计部门联系，进行处理。

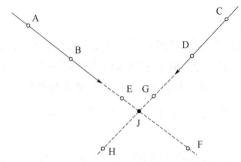

图 1-1-1　两直线相交测量法确定转角

4）复测杆塔位的基本要求

GBD003　线路复测的基本规定

杆塔基础分坑前，必须复核设计钉立的杆塔位中心位置。将经纬仪置于线路转角桩上，在望远镜视线上量出中心桩由线路转角点向内角平分线方向移动的距离，钉立标桩，即为杆塔中心桩。若偏出下列规定，应查明原因，予以纠正。

（1）以设计勘测钉立的两相邻直线桩为基准，其横线路偏差不大于 50mm。

（2）用经纬仪视距法复测时，顺线路方向两相邻杆塔中心桩间的距离偏差应不大于设计档距的 1%。

（3）线路转角桩的角度值，用方向法复测时，与设计值的偏差应不大于 1′30″。

（4）线路地形变化较大和档距内有跨越物时，应对杆塔位中心桩、地形变化突出点以及被跨物处的标高进行复测核对，其与设计值的偏差应不超过 0.5m。

GBD005　钉立辅助桩

5）钉立辅助桩

施工测量时，应按杆塔中心桩钉出必要的辅助桩，作为施工及质量检查的依据。施工中保留不住的杆塔中心桩必须钉立辅助桩并作好记录，恢复该桩中心并记录辅助桩与杆塔中心桩的高差，以便开挖后确定施工基面。

（1）直线单杆在线路中心线上距杆位中心桩前后 3m 处各钉一桩。

（2）直线双杆及直线铁塔，应在线路中心线及其垂直线上距杆塔位中心桩前、后、左、右 5m 处各钉一个辅助桩。

（3）转角杆塔应在线路中心线及其延长线，转角的二等分线及内角平分线上各距中心桩 20~30m 钉一个辅助桩。

6）杆塔中心桩移桩的测量精度

杆塔中心桩移桩的测量精度应符合下列要求：

（1）钢卷尺测量：1‰。

（2）视距法测量：1/200。

GBD008　施工测量质量要求

（二）送电线路分坑测量

1. **杆塔基础坑位测量**

分坑前必须熟悉杆型图和分坑图，到现场后要核对地点、线路方向、桩位、桩号杆型是否与杆塔明细表相符。坑口尺寸应根据基础埋深及土质情况而决定，一般应考虑坑口边长、底盘边长、坑底与基坑深、坡度系数、基础边的裕度。

1）直线杆分坑

直线单杆分坑方法如下：

(1)仪器置杆塔中心 O，望远镜瞄准线路方向，在中心桩前后打两个辅助桩 A、B。

(2)将仪器水平转 90°，在此方向(横担方向)同样打两个辅助桩 C、D。这 4 个桩用于底盘找正，以距离大于坑口尺寸，且不被内挖出来的土覆盖为原则。

(3)将仪器水平转 45°，在此方向用皮尺量取 $\sqrt{2}/2a$，确定坑角点 1，翻转望远镜以同样的距离确定坑角点 4。

(4)将仪器水平转 90°，同样量取距离 $\sqrt{2}/2a$ 可确定坑角点 2 和 3。

(5)由这 4 个坑角点拉四周弦线，在地面上确定坑口位置印记以便挖坑(图 1-1-2)。

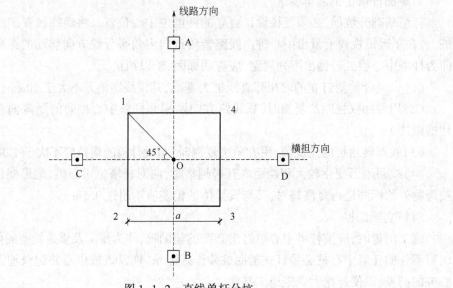

图 1-1-2　直线单杆分坑

GBD006 杆塔中心位移 2）转角杆塔分坑

等长横担转角杆分坑方法如下：

由于转角杆横担宽度和绝缘子挂板长度的影响，使转角杆的中心位置与原转角点产生位移。因此，如果不考虑位移值，将导致转角杆两侧的直线杆出现小转角，位移值越大，引起的偏转角也越大。

转角杆位移值为：

$$\delta=\left(\frac{b}{2}+p\right)\tan\frac{\theta}{2}$$

式中　θ——线路转角，(°)；

　　　b——横担宽度，m；

　　　p——绝缘子串挂板螺孔到横担边缘长度，m。

不等长横担转角杆塔分坑方法如下：

由于线路转角大(60°～90°)，其外侧耐张引流线与接地体(杆塔、拉线)之间电气间隙较小，因此操作人员上杆工作容易发生危险。为此，对于 60°以上的转角杆塔一般设计长短横担,即把外角侧加长,内角侧缩短,而横担总长不变。偏移距离为横担中心与杆塔中心的距离。

总位移值为:

$$\Delta = \delta + \frac{D_2 - D_1}{2}$$

$$\Delta = \left(\frac{b}{2} + p\right)\tan\frac{\theta}{2} + \frac{D_2 - D_1}{2}$$

式中　D_2——长横担长度,m;

　　　　D_1——短横担长度,m;

　　　　θ——线路转角,(°);

　　　　b——横担宽度,m;

　　　　p——绝缘子串挂板螺孔到横担边缘长度,m;

　　　　δ——转角杆位移值,m。

有的直线、转角、耐张杆塔,为使杆塔受力最小及杆塔两边线仍与线路中心线对应,以免邻近转角(直线)杆塔承受额外的角度荷载,也应考虑杆塔的中心位移问题。当直线耐张杆塔横担中心与杆塔中心不重合时,说明该横担相对杆塔是不等长的,杆塔中心应向短横担侧偏移。

仪器置于线路转角点(线路中心点)O,对准线路方向,往转角外侧水平转角$\frac{\theta}{2}$,确定 MN 线,即假想线路方向,以假想线路方向为基准,水平角再转90°,确定横担方向。在此方向从 O 点往外角侧量取距离$\frac{X}{2} - \Delta$(或$D_1 - \delta$),确定杆坑中心点 A。同理从 O 点往内角侧量取距离$\frac{X}{2} + \Delta$(或$D_2 + \delta$),确定另一个杆坑中心点 B。分别将仪器移至两杆坑中心点 A 和 B,在横线路方向及其垂直方向打辅助桩;并于两杆坑中心点 A 和 B,从横担外角侧分别向水平角转90° $- \frac{\theta}{2}$,确定拉线方向。

2. 拉线基础坑位测量

门(A)型杆交叉布置拉线分坑:

把经纬仪置于主杆(A 型杆拉线挂点处电杆)中心 A(B)处,照准 B(A)处,左和右转θ角(拉线与两主杆中心连线的水平角),从杆位(A 型杆拉线挂点处电杆)中心起量出至拉线盘中心的距离l_1,重复上述方法分出另两个拉线坑(图1-1-3)。

$$l_1 = (H + h)\cot\beta + \frac{e}{2\sin\theta}$$

$$\frac{a'}{2} = \frac{a}{2} + \frac{e}{2}\cot\theta$$

式中　H——杆塔呼称高,m;

　　　　h——拉线盘埋深,m;

e——挂线点宽度，m；

a——挂线点根开，m；

a'——挂线中心根开，m；

β——拉线对地夹角，(°)。

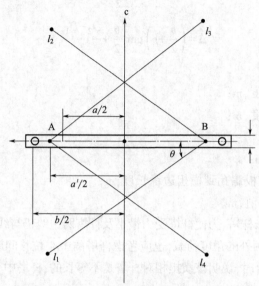

图 1-1-3　门(A)型杆交叉布置拉线分坑示意图

(1)拉线基础分坑，X 形交叉拉线，为保护交叉点，一条拉线的桩位应前移 200mm。

(2)拉线坑与杆位中心基面有高差时，拉线盘中心按拉线对地夹角计算位移值进行调整。

(3)为便于检查拉线基础位置，宜在拉线方向坑口前后钉检测桩。

GBD004 分坑放样作业的内容和要求

3. 分坑放样作业的内容和要求

1)分坑放样作业内容

(1)以杆位桩为基准，确定杆塔基础坑及拉线坑中心位置。

(2)按设计配置的基础底板尺寸和坑深，考虑不同土质的边坡与操作宽度，对每个基坑进行地面放样。

(3)校核基础的保护范围。

2)基本要求

(1)按设计图校核杆位地形，检查杆位中心桩是否有异常。

(2)钉出以下控制桩，并以铁钉定点：

① 杆位辅助方向桩。

② 转角杆塔分角桩。

③ 直线杆塔横线路控制桩。

④ 基础施工控制桩。

⑤ 转角杆塔转角位移桩及换位杆中心位移桩。

(3)不同土质可按表 1-1-1 确定基坑坑口放样尺寸。

表 1-1-1　确定基坑坑口尺寸参数

土壤类别	边坡坡度	操作宽度,m	坑底宽度	坑口尺寸	备注
坚土、次坚土	1:0.15	0.1~0.2	基础底层尺寸每边加2倍操作宽度	坑底宽加2倍坑深与边坡坡度的乘积	1. 基坑放样按坑口尺寸。2. 流砂、重油泥土,采用挡土板或其他特种作业按相应要求
黏土、黄土	1:0.3	0.1~0.2			
砂质黏土	1:0.5	0.1~0.2			
石坑	1:0	0.1~0.2			
淤泥、砂土砾土	1:0.75	0.3			
饱和砂土	1:0.75	0.3			
砾石	1:0.75	0.3			

(4)校核基础保护范围。保护范围不够时通知设计进行处理。

(5)拉线坑与杆位中心基面有高差时,按拉线对地夹角计算位移值进行调整。

二、技能要求

(一)准备工作

序号	名称	规格	数量	备注
1	经纬仪	J2 或 J6	1 台	
2	花杆	3m	1 根	
3	计算器		1 个	带函数计算
4	钢尺	30m	1 把	
5	铁锤		1 把	
6	木桩		15 个	
7	钢卷尺	5m	1 个	
8	35kV 分坑桩位图		1 张	

(二)操作程序

序号	工序	操作步骤
1	准备工作	选择工具、用具
2	确定杆位中心桩位置	经纬仪架在转角中心桩上
		测线路内角按 $\dfrac{180°-\theta}{2}$ 二等分线
		量出杆位中心位移距离 $S=\dfrac{D}{2}\tan\dfrac{\theta}{2}+d$,确定杆位中心桩位置并设立标桩
3	确定杆主坑中心	以杆位中心桩为中心沿线路内角二等分线测定杆主坑中心并设立标桩
4	确定拉线坑中心	经纬仪架在杆位中心桩上
		按照分坑桩位图测定拉线水平角,确定拉线水平方向
		以杆位中心桩为中心沿拉线水平方向测定拉线坑中心并设立标桩
5	清理现场	清理现场

(三)注意事项

(1)确定杆位中心桩位置时,注意计算的准确性,保证定位准确。

（2）经纬仪一定要架在杆位中心桩上。

项目三 用倒落式抱杆组立 12m 钢筋混凝土电杆

一、相关知识

在架空线路中,用来支持导线、避雷线对地及各线之间保持一定距离的支撑物,习惯上统称为杆塔。杆塔组立是线路施工中的重要工序,也是一项细致、复杂而又笨重的工作。由于杆塔结构面宽,质量较大,因此在组立杆塔时,应充分准备,全方位配合,统一指挥。

GBB003 起立杆塔的几种方法 **（一）杆塔组立概述**

杆塔组立的方法有多种形式,归纳起来大体可分为整体组立杆塔和分解组立杆塔两大类。具体采用哪种方式组立杆塔应根据杆塔的结构形式、质量、施工场地条件等选取,必要时应进行经济技术比较加以确定。无论采用何种组立杆塔的方式方法,都应力求以下几点。

（1）工器具通用性强,利用一套工器具,或稍加改进组合后,能组立多种类型的杆塔。

（2）安装设备简单,加工制作和拆、装转移方便。

（3）设备轻,操作平稳,安全可靠性高。

（4）效率高,劳动强度低,且不易在组立安装过程中损坏杆塔构件。

倒落式抱杆整体起立杆塔,设备简单,起立过程平稳可靠,适用范围广,是目前最常用的整体组立杆塔方法。其过程包括现场布置、整体立杆塔、找正及固定杆塔三大步骤。

GBB004 倒落式人字抱杆现场布置 **（二）杆塔整立现场布置**

现场布置是整立杆塔全过程的第一道工序。采用倒落式抱杆整体组立杆塔的现场布置工作大致可分为抱杆部分、绑点部分、牵引部分、制动部分和其他辅助部分。现场布置工作的好坏,直接关系到电杆的顺利整立。倒落式人字抱杆整立电杆现场布置如图 1-1-4 所示。

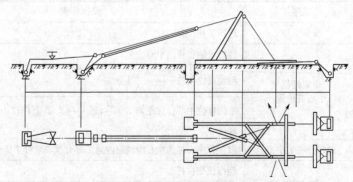

图 1-1-4 倒落式人字抱杆整立电杆现场布置示意图

1. 抱杆部分

抱杆是送电线路组立杆塔的重要工具之一,按起吊的方式分类,有固定式独立抱杆和倒落式人字抱杆两大类。在整体起立杆塔的施工机具中,只有抱杆是一组受压机具。因此,在整立杆塔时,人字抱杆的坐落位置、落脚点的高差、根开、轴心铰链的转动、抱杆对杆塔基础中心的距离以及起吊初始角等,都必须按施工设计来布置。

1)人字抱杆的组成

人字抱杆由抱杆本体、抱杆帽、抱杆环、抱杆脚和抱杆鞋组成。

(1)抱杆本体。根据强度需要,抱杆本体可采用木质、角钢、钢管、铝合金等材料制作,其形式有整根式、插入式和分段式等几种,在整立杆塔时,抱杆是一组受压器具。

(2)抱杆帽。由于抱杆的材料和结构形式不同,抱杆帽的形式也不尽相同,有角钢组合焊接式、圆钢管焊接式等,如图1-1-5所示。

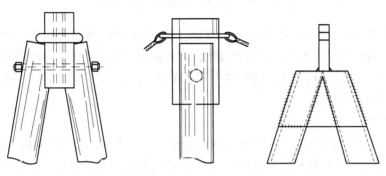

图1-1-5　抱杆帽示意图

抱杆帽套于抱杆顶部,它把绑点绳和牵引绳的荷重传给抱杆本体,并能在抱杆失效时,连同抱杆脱离抱杆环,以便不使失效的抱杆对牵引绳产生影响。

(3)抱杆环。抱杆环也称抱杆自动脱落环,是抱杆的一个重要部件。它的一侧通过平衡滑车与绑点绳连接,另一侧与总牵引绳连接,中间部分套在抱杆帽上,其连接形式如图1-1-6所示。

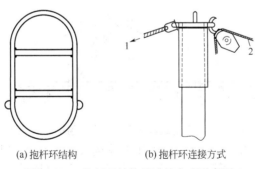

(a)抱杆环结构　　　　(b)抱杆环连接方式

图1-1-6　抱杆环结构及连接方式示意图

1—总牵引绳;2—绑点绳

抱杆环在起立杆塔过程中要承受较大的弯曲应力和拉力,其结构尺寸应根据受力情况经计算来确定。同时,抱杆环在抱杆失效时,应能灵活自如地脱离抱杆帽。

(4)抱杆脚和抱杆鞋。人字抱杆在整立杆塔过程中要承受很大的压力,对于土质松软的地带,抱杆受到较大压力时,会产生下沉情况。为防止抱杆受力后下沉,往往在抱杆底部穿上一只特制的"鞋",其目的是加大抱杆底部与土壤的接触面积,以减少下沉。抱杆脚和抱杆鞋的形式大体有三种,其构造如图1-1-7所示。

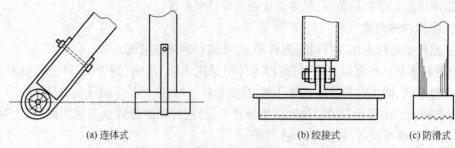

图 1-1-7　抱杆脚与抱杆鞋构造示意图

(a) 连体式　　(b) 绞接式　　(c) 防滑式

一种是抱杆和抱杆鞋连接固定成一个整体,当抱杆转动时,抱杆鞋顺地面随之转动。

另一种是抱杆鞋固定不动,当抱杆转动时,抱杆脚通过与之绞接的抱杆鞋转动。

当在北方冬季施工时,为防止抱杆在冰雪地面打滑,可以给抱杆穿上一只带有锯齿状的抱杆鞋,以防止抱杆打滑。

2)抱杆的作用

在起立杆塔时,当牵引力与平置在地面的杆塔夹角呈 0°时,则使杆塔起立的垂直分力为零,而水平分力又与控制杆塔窜动的制动力相抵消,因此杆塔无法起立。只有当牵引力对平置地面的杆塔有一定的垂直分力,方能对杆塔起到牵引作用,最终使杆塔起立到垂直位置。

抱杆的作用就是事先将牵引力改变一定的角度,人为制造一个垂直分力,抱杆随牵引力向反向运动时,则杆塔随与抱杆连接的绑点绳徐徐起立。在空中,当杆塔绑点绳的合力点、抱杆顶点和牵引地锚三点成一线时,抱杆便失去作用,从抱杆环中自行脱落。杆塔在牵引力的直接牵引下,便可徐徐竖立起来,如图 1-1-8 所示。

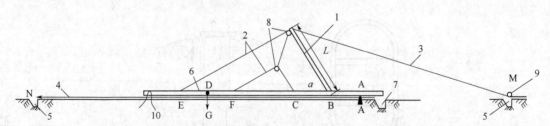

图 1-1-8　倒落式抱杆整立杆塔现场布置示意图

1—抱杆;2—绑点绳;3—牵引绳;4—制动绳;5—地锚坑;6—杆塔;

7—基坑;8—起吊滑车;9—转向滑车;10—临时拉线

GBB002 人字抱杆的参数

3)人字抱杆的参数

人字抱杆参数如图 1-1-9 所示。

(1)抱杆的初始角 α_0。抱杆初始角即为在整立杆塔现场布置时,抱杆起立后初受力时与地面的夹角。如果初始角偏小,在杆塔初离地面时,抱杆和牵引绳的受力会较大;如果初始角偏大,在杆塔初离地面时,抱杆和牵引绳的受力会相对减小,但随着 α_0 的增大,牵引绳的受力也随之增大,且当抱杆失效(因初始角大,抱杆失效偏早)时,牵引绳的受力可能达到最大值。因此,在整立杆塔的现场布置时,应该选择较为合适的抱杆初始角 α_0。

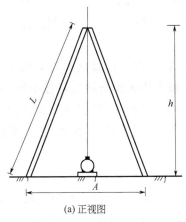
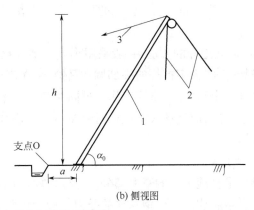

(a) 正视图　　　　　　　　　(b) 侧视图

图 1-1-9　人字抱杆参数示意图

1—抱杆;2—绑点绳;3—牵引绳索

　　(2)抱杆坐落点位置。即抱杆脚落地点至整立杆塔支点 O 的距离 a。在整体起立杆塔时,适当增大 a 值,对起吊设备受力是有利的,但当 a 值超出一定的限度时,绑点绳和牵引绳的受力反而随之增大,因此 a 值的确定,可根据抱杆的有效高度选择。

　　(3)抱杆的有效高度 h。抱杆的有效高度除了和抱杆的长度 L 有关外还与抱杆的根开 A 有关。当抱杆长度 L 值增大时,各起吊设备受力均相应减小,但抱杆加长以后,增加了施工中的拆装、运输和起立的困难,脱帽也较迟,同时也会削弱抱杆本身的承载能力。因此,在选用抱杆有效高度时,既要考虑设备受力大小,又要使抱杆本体不能太笨重。

　　(4)人字抱杆的根开 A。抱杆的根开即人字抱杆两腿分开的距离。根开过大,一方面会降低抱杆的有效高度 h,另一方面会增加单根抱杆的受力和水平推力;若根开过小,则抱杆的横向稳定性就差。因此,抱杆的根开应根据对抱杆强度和有效高度的要求进行选取。

　　4)抱杆参数取值的参考范围

　　抱杆参数取值的经验公式如下:

　　(1)α_0 的取值范围为 $\alpha_0 = 55° \sim 75°$。

　　(2)a 的取值范围 $a = (0.2 \sim 0.4)h$ 或 $a = 3 \sim 6m$。

　　(3)h 的取值范围 $h = (0.8 \sim 1.0)H_0$ 或 $h = (0.5 \sim 0.7)H$。H_0 为杆塔的重心高,m;H 为绑点绳及支点 O 的距离,即绑点高,m。

　　(4)A 的取值范围为 $A = (1/3 \sim 1/4)L$。L 为单根抱杆的全长,m。

　　5)人字抱杆组装与起立

　　(1)根据被立杆塔高度和质量,选定抱杆的形式和高度,组装成所需高度抬放到位。

　　(2)整立单杆时人字抱杆置于混凝土杆两侧,头部用一根小木杠垫在混凝土杆上或搁在马镫上。双杆置于两主杆之间,头部放在叉梁补强木上或马镫上。

　　(3)抱杆的坐落位置(包括根开、对杆塔基础中心的距离、初始角)按施工设计要求布置。两抱杆必须等长,组装正确,不准有歪扭和迈步,且两支点应平整。

　　(4)将脱帽环套在抱杆顶端,连接抱杆控制绳。抱杆根部设置抱杆防滑、防沉设施。

　　(5)地势不平,可在抱杆顶端加设侧面临时拉线。

（6）为防止抱杆在失控时从高处倒落,在抱杆环的耳环中穿入两根控制绳,绳的一端绑在距抱杆顶部 0.5m 左右处,绳的另一端在杆塔底部绕 1~2 圈,用于人力控制抱杆脱帽后的下落速度。

（7）起立抱杆的方法:一般采用小人字抱杆（6m 长圆木抱杆）,整立大人字抱杆。如果抱杆较轻,先将人字抱杆的头部搁在马镫上,在牵引过程中用人配合将抱杆往上抬一把,在抱杆升到一定高度后,指挥工作人员同时撤离。牵引动力继续将抱杆起立到要求位置。人字抱杆立好后,应复核人字抱杆对地夹角是否符合平面布置图要求,夹角过大时,要适当调整固定钢丝绳。

2. 牵引系统

GBB007 整立电杆牵引系统的布置方法

整立电杆施工中的牵引部分,主要由总牵引钢丝绳、牵引复滑车组、牵引转向滑车和牵引设备组成。牵引钢丝绳的受力一般为电杆总重的 0.9~1.3 倍,为了减小牵引力,因此常用滑轮组。

1）总牵引钢丝绳

牵引系统的接线形式如图 1-1-10 所示。

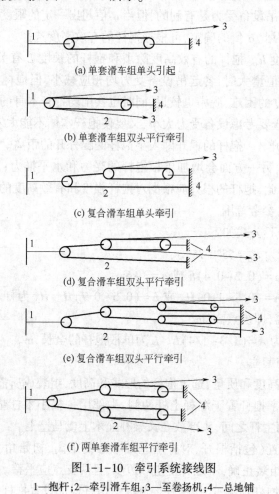

(a) 单套滑车组单头引起

(b) 单套滑车组双头平行牵引

(c) 复合滑车组单头牵引

(d) 复合滑车组双头平行牵引

(e) 复合滑车组双头平行牵引

(f) 两单套滑车组平行牵引

图 1-1-10 牵引系统接线图

1—抱杆;2—牵引滑车组;3—至卷扬机;4—总地锚

　　总牵引钢丝绳均采用多股软钢丝绳,两端做有套环。牵引绳一端连抱杆脱帽环,另一端连滑轮组的动滑轮。在杆塔刚起头时,牵引钢丝绳的受力最大,随着杆塔的起立,其受力逐渐减小,待杆塔起立到90°时,牵引钢丝绳已不受力,仅起稳定杆塔的临时拉线作用。在起立过程中,当抱杆失效脱离抱杆环时,牵引绳承受吊点的总合力,这时如果杆塔起立角度小,则牵引力较大,反之则小。

　　2)牵引复滑车组及转向滑车

　　在整立杆塔中,由于杆塔吨位较重,不宜用牵引机械直接进行牵引。通常是通过复滑车组串入牵引机械,可大大减小牵引机械的拉力。

　　3)牵引设备

GBB008 整立
电杆的动力系统

　　在整立杆塔过程中,用来拖曳钢丝绳以起立杆塔的设备称为牵引设备。常用牵引设备有人力绞磨、机动绞磨或行走机械(如拖拉机)等。

　　(1)人力绞磨。人力绞磨由磨芯、磨轴、磨杆和磨架组成。工作时,可先将钢丝绳的牵引端头在磨芯上缠绕3~6圈,尾绳用人力拉紧。用人力推动磨杠时,带动磨轴、磨芯,钢丝绳即被拉紧进行牵引。人力绞磨具有结构简单、制作方便、工作平稳等优点,但牵引速度慢,劳动量大,现已基本被机动绞磨取代。

　　(2)机动绞磨。机动绞磨主要由小型汽(柴)油机、变速箱、离合器、卷筒和固定支架组成。工作时,由汽油机带动皮带轮转动,通过传动离合器和操作把手,控制变速箱内齿轮正转或反转并变换速度。另外,还有刹车装置。

　　(3)卷扬机。卷扬机也称电动绞车,以电动机作为动力,其操作方法可分为电动可逆式和电动摩擦式两种。

　　(4)汽车、拖拉机。在整立杆塔的施工现场,如施工场地比较宽阔且条件许可,可采用汽车或拖拉机作为牵引动力。优点是节省劳动力,并能加快牵引速度,还可利用其拔出地锚、转移工具等。使用时应注意信号,并控制车速。

　　4)牵引部分布置和要求

　　牵引部分布置如图1-1-11所示。

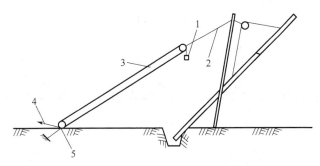

图1-1-11　牵引部分布置示意图

1—平衡重物;2—总牵引绳;3—滑轮组;4—至牵引设备;5—定滑轮

　　(1)滑轮组的定滑车与牵引侧锚桩相连,动滑车侧与牵引钢丝绳相连,牵引滑车组的钢丝绳穿好后,应使动滑车和定滑车之间的距离满足其立杆塔的要求,以免在牵引过程中出现两滑车对头而杆塔还未起立到位的现象。滑轮组滑轮间的距离,应满足起吊完成后两滑轮互不碰撞,有 4~5m 余地。

（2）滑轮组一般采用顺穿法,当采用走三走三以上滑轮组时,可考虑花穿法,以使各钢丝绳受力尽可能均匀。

（3）为了防止滑轮组钢丝绳受力后发生扭转,应在动滑轮上加一木棒,在木棒一端系上重物,防止动滑车翻滚。

（4）动力装置应尽量布置在线路中心线或转角的两等分线上,当出现角度时,与牵引方向的夹角小于 90°。

（5）牵引钢丝绳与地面夹角不应大于 30°,同时应严格保证牵引钢丝绳与抱杆中心线和杆塔中心线位于同一直线上,以保证人字抱杆受力均匀。

GBB009 整立电杆的固定钢丝绳系统（6）使用行走机械牵引时,牵引绳应通过转向滑车与行走机械相连。

3. 固定钢丝绳系统

由抱杆顶端至杆塔绑扎处的所有钢丝绳、滑车、绑扎钢丝绳套统称为绑点部分（也称固定钢丝绳系统）。它由绑点绳（起吊绳）、平衡滑车和连接卸扣等组成。

起吊绑扎点又称吊点,在整立杆塔施工中,常用的吊点形式有单吊点、双吊点及多吊点等,吊点数量的选择和各吊点的相对位置,取决于杆塔整立时的受力状况,应使杆塔所承受的弯矩不致使杆塔本身发生变形或损坏。为此,应根据杆塔本身的结构、高度、质量、杆塔的中心位置和抱杆的各项参数,选择吊点数量和相对位置。

起吊绑点布置方法和步骤如下：

（1）施工中常用的固定钢丝绳系统形式有单点固定、两点固定及多点固定等,如图 1-1-12 所示。

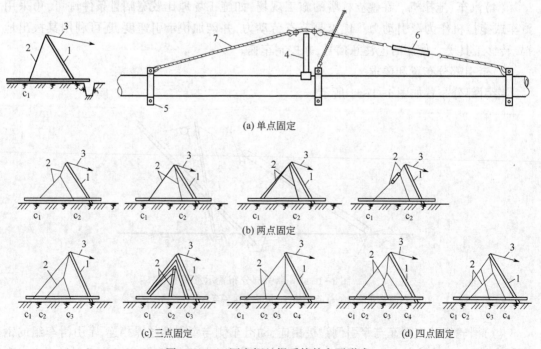

(a) 单点固定

(b) 两点固定

(c) 三点固定　　　　　　　　　　　　　　　　(d) 四点固定

图 1-1-12　固定钢丝绳系统的主要形式

1—抱杆;2—固定钢丝绳;3—牵引钢丝绳;4—背弓支架;5—抱箍;6—双钩紧线器;7—钢丝绳

（2）绑扎点的数量和位置由工艺设计而定。

（3）固定绳套在主杆上的绑固方法，当采用两点起吊时，绳套的绕向应一反一正缠绕1~2道后用 U 形环连接，以保证电杆起立时不"翻滚"。

（4）整立双杆时，应使两侧的固定钢丝绳套长度相等，以保证两固定钢丝绳受力一致，防止杆塔在起立过程中倾斜。

（5）挂在抱杆环上的绑点绳平衡滑车，其滑车的活门必须关好并销上，滑车的钩头应用铁丝等加封，以免在杆塔起立时发生意外。

（6）绑点绳和杆塔接触处应加垫物，以免损伤或磨损杆塔结构。

（7）绑点绳布置完成后，应再做一次全面检查，发现问题，应及时调整和处理。

GBB010 整立电杆的制动系统

4. 制动系统

在整体起立杆塔时，杆塔根部相当于一个支点，只有在杆塔根部固定不动的情况下，才能利用倒落式抱杆将其整体"搬立"起来。这套控制杆塔根部固定不动的工器具统称为制动系统。制动系统由制动钢丝绳、滑轮组、制动器组成。制动部分的现场布置如图 1-1-13 所示。

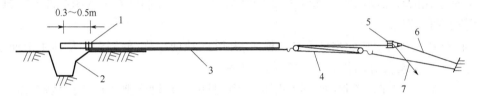

图 1-1-13 制动部分现场布置示意图

1—制动绳绑扎点；2—杆坑；3—制动钢丝绳；4—制动地锚；5—制动器；
6—制动地锚；7—尾绳

常用制动系统接线形式如图 1-1-14 所示。

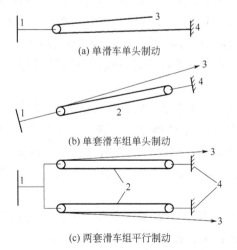

(a) 单滑车单头制动

(b) 单套滑车组单头制动

(c) 两套滑车组平行制动

图 1-1-14 制动系统接线图

1—杆塔；2—制动钢丝绳滑车组；3—至制动器或手扳葫芦；4—制动地锚

1）制动器

制动器是制动系统的主要部件，一般用直径 20cm 的圆钢管制作而成。为增加平稳性，可在钢管底部焊一稍大的圆形或方形钢板。由于各地的施工习惯不同，因此制动器的形状也不尽相同。制动器一般由防窜钢筋、钢管、制动钢绳、连接地锚套组成。

2）制动钢丝绳

制动钢丝绳多采用多股细丝钢丝绳，其受力情况是随杆塔起立角度而变化的。杆塔起立到 40°～60°时制动钢丝绳受力最大，为杆塔总重量的 1.3～1.7 倍。因此，为减小制动器的受力，制动绳都是通过滑车组后再与制动器连接。

3）制动部分组装

（1）将制动钢丝绳沿混凝土杆轴线方向布置，在距杆根部 0.3～0.5m 处绕主杆 2 圈后用 U 形环锁住，锁口应在杆根正下方，以免制动绳受力后扭坏主杆。将制动钢丝绳另一端与制动滑轮组的动滑轮连接。

（2）将制动器的尾部用卸扣与固定地锚相连，并做好防止制动器受力后翻滚的措施。

（3）将制动滑轮组的动滑轮与制动绳相连，制动滑轮组的定滑轮固定在地锚上，制动滑轮组的钢丝绳活端在制动器上缠绕 3～5 圈后引出。活端在制动器上的缠绕部分应排列整齐，无重叠扭绞现象。

（4）在基坑马道上口的主杆下垫一横木，并卧入地面少许，使制动绳从横木上通过，然后调整并收紧制动部分的各部位，等待起立杆塔。

（5）在整立双杆时，各制动绳的松紧应一致，且每根制动绳要使用单独地锚，以防止相互影响。

（6）受力不太大的制动系统，有缓冲制动装置的可不用制动滑轮组。

5. 辅助部分

| GBB006 临时拉线布置方法 |

1）临时拉线

| GBB011 地锚布置 |

临时拉线（俗称浪风）在竖立杆塔时起到防止杆塔倾倒和稳定杆塔作用。不论单杆或双杆，在整立时均应设置防倾倒临时拉线。对于单杆或抱杆失效后，临时拉线的作用尤为重要。在杆塔刚起吊离开地面时，由于各处受力的钢丝绳处于刚收紧的程度，杆塔可能要向某一侧偏斜。这时，可收紧对侧的临时拉线，使杆塔恢复到中心线位置，临时拉线的装设应注意以下几点。

（1）临时拉线由钢丝绳通过控制器（绳子滑车组、手扳葫芦等）固定地锚上，临时拉线在杆塔上的固定点：单杆应选在上、下横担之间；双杆则选在紧靠导线横担下边。

（2）临时拉线分左右拉线和反向拉线。左右拉线沿横线路方向布置，反向拉线沿牵引反方向布置。横线路临时拉线地锚位置应设置在杆塔起立位置的两侧，其距离应大于杆塔高度的 1.2 倍。

（3）在杆塔上固定临时拉线时，应注意固定扣的方向不要偏移，U 形环扣住位置应朝向拉线，以免在拉线受力后使杆塔受扭力。

（4）临时拉线应通过手拉葫芦或滑车组等固定在地锚上，滑车组应有足够的松、紧能力，以调节杆塔偏移，且滑车组的活头应在地锚侧，以免在收紧或放松临时拉线时造成晃动。

2）地锚布置和埋设

在送电线路施工中，固定牵引绞磨、牵引滑车组、转向滑车、制动器及各种临时拉线等均需采用地锚。因此，地锚是关系到整立杆塔安全的重要受力装置，如地锚受力后产生较大的变形和位移，将会引起严重的后果。地锚坑的位置、地锚的规格及埋深、埋设方向和方法以及地锚之间的连接方式按施工设计要求进行。在埋设和布置地锚时应注意以下几点：

（1）总牵引地锚应位于线路中心线上或线路转角二等分线上，使牵引钢丝绳对地夹角不大于30°。

（2）制动地锚位于主杆的延长线上，距离主杆端部的距离不应小于5m。

（3）牵引机具地锚应在牵引方向，如需改变方向，则必须设置转向滑车。

（4）侧面临时拉线地锚，在牵引方向两侧布置，反向临时拉线地锚布置在牵引反方向。地锚坑位与杆塔中心的距离，一般应为杆塔全高加5m。

（5）坚硬土壤地带临时拉线和牵引机具的固定，可采用桩式地锚。

（6）不得用腐蚀的木料做地锚的横木。

（7）应使用合格的钢绞线制作地锚的拉套，钢绞线拉套应沿直线方向引出，不得在锚坑内弯曲。

（8）埋设地锚必须开设马道，马道的方向、角度应与地锚受力方向一致。

（9）在回填地锚坑时，应分层回填夯实，以保证地锚的抗拉能力。

3）其他

（1）总牵引地锚、抱杆中心、混凝土杆中心、制动地锚中心，必须在一条直线上。

（2）按施工设计要求对混凝土杆临时补强。

（3）对准底盘中心，开设马道。马道不宜太浅，宽度以杆径1.3倍为宜，双杆的马道，坡度应一致。清理坑内余土，排除坑内积水。

（三）杆塔整立的方法、步骤和注意事项

整体起立杆塔是一项专业性较强的工作，一般都是由多人配合操作进行，工作时必须统一指挥和统一信号，使其各部分动作统一步调。整立过程中必须集中精力、密切配合，协调一致。

（1）起立前，对平面布置、机具、设备进行全面、细致检查，内容如下：

① 牵引地锚、抱杆中心、杆塔中心及制动地锚中心等四点是否在一条直线上。

② 抱杆落点位置、根开和初始角是否正确，抱杆帽及环的接触是否吻合，抱杆脚和反向防滑的措施是否做好，抱杆落地控制绳是否绑好。

③ 绑点绳的长短是否一致（对双杆而言），绑点位置是否正确，绑点绳的平衡滑车是否已封口。

④ 牵引系统、制动系统连接是否可靠正确；总牵引钢丝绳的规范是否满足强度要求，牵引滑车组的钢丝绳规格是否正确、有无断股现象，滑车组有无扭绕，防止滑车组扭绕的悬挂物是否已配好挂上。牵引部分的转向滑车是否封口，牵引设备的布置方向是否合理。

⑤ 制动绳是否有压在其他构件或索具上面的情况，制动绳和杆塔的绑扎出是否牢靠、正确，制动器上缠绕的制动绳有无叠压现象，是否已收紧，活头有无人握紧。

⑥ 永久拉线是否已连接好，位置是否合适；临时拉线和其他绑件在杆塔上绑扎位置是

GBB012 杆塔整立前检查内容

GBB013 倒落式人字抱杆整立杆塔的杆塔起吊

否正确,方向是否正确。所采用的滑车组收、放长度是否能满足需要,与地锚连接处是否已挂好并封口。

⑦ 杆塔各部的螺栓是否紧固,各部尺寸是否正确,绑点及杆塔本体的补强措施是否已做好。

⑧ 影响起立的障碍是否清除完毕。

(2)杆塔起吊。

用倒落式人字抱杆整立混凝土杆是一项较复杂的施工技术。由于混凝土电杆较长,杆身重,施工场面大,人员较多,所以施工前必须对所有工作人员进行技术交底,使每位工作人员熟悉施工过程、施工措施、安全操作规程,同时要明确分工,统一指挥,熟悉信号。经认真检查现场布置情况并确认无误后,工作负责人应站在被起吊杆塔的正面(俗称大面)的合适位置(以能看到整个施工现场为原则),侧面有助手配合,其他人员各就各位,集中精力,听从工作负责人的指挥。

① 当工作负责人发出起吊的信号后,除看守杆根人员外,其他人员应退出组装现场,非工作人员远离工作区(杆塔全高的 1.2 倍以外)。

② 当混凝土杆离地 0.5~1m 时,停止牵引,再次对杆塔及其他各受力部件进行检查,检查时可在杆塔头部适当地晃动几次,如发现下列情况,应将杆塔再放回地面,待处理无问题后再行起吊。

(a)混凝土杆是否有弯曲、裂纹,各构件受力是否正常。

(b)各地锚是否牢靠。

(c)抱杆受力是否均匀,有无滑动和下沉。

(d)各绳扣是否牢靠。

③ 检查无异常,进行冲击试验(即杆头上站 1~2 人,上下晃动),无异常情况即可继续起吊。

④ 在杆塔起立过程中,两侧的临时拉线应进行必要的调整,始终使杆塔、抱杆中心、牵引地锚、底盘中心在一条轴线上,并根据需要调整制动钢丝绳,使杆根大体对准底盘中心。

⑤ 在杆塔立到抱杆失效前 10°左右,应使杆根正确进入底盘槽内。如不能进入槽内,应停止牵引,用撬杠拨动杆根使其入槽。过早进入,侧水平推力过大,底盘容易移动,过迟则会使制动绳受力过大,且杆根不稳。如果杆根不能入槽时,应立即停止牵引,用撬杠拨动杆根使其入槽。

⑥ 杆塔立至 60°~65°时,抱杆开始失效。抱杆失效前,应减慢牵引速度,抱杆失效时,应停止杆塔的起立,随后操作抱杆落地控制绳使抱杆徐徐落地,然后再起立杆塔。

⑦ 立至 60°~70°时,必须打上反向临时拉线,配合杆的起立,随时调整其松紧,使其符合要求。

⑧ 立至 70°以后,应放慢牵引速度,同时放松制动绳,以免扳动底盘。

⑨ 立至 80°时,应停止牵引,利用牵引索具自重使杆塔垂直,也可用 1~2 人轻压牵引钢丝绳,使杆塔达到垂直位置。为了防止 180°倒杆,可采用"定长反向永久拉线""定长反向临时拉线"或控制牵引滑轮组长度等措施,确保不发生倒杆事故。

⑩ 在整立过程中,需始终保持总牵引地锚、抱杆顶端、混凝土杆中心、制动地锚中心在

一条直线上,相互间的横向偏移不宜超过 0.3m。为此制动绳与左右临时拉线的操作必须松紧适度,配合得当,随电杆起立徐徐对称松出。

⑪ 装好永久拉线,工作人员才能登高拆除起吊工具及临时拉线,但转角杆内侧临时拉线要待架好线后才能拆除。

⑫ 倒落式人字抱杆整立过程中地锚埋设必须安全可靠,遇有淤泥、流砂及松软土壤,应采取加固措施。

二、技能要求

(一)准备工作

1. 设备准备

名称	规格	数量	备注
电杆	ϕ190mm×12000mm	1根	

2. 工具准备

序号	名称	规格	数量	备注
1	人力绞磨	1.5t	1台	配足够长 16in 钢丝绳
2	地锚	自转式	若干	根据实际情况而定
3	人字木抱杆	ϕ120mm×8000mm	1副	
4	钢丝绳	8in	若干	足够长
5	棕绳		4根	足够长
6	经纬仪		1台	经检验合格
7	皮尺	50m	1卷	
8	卷尺		1卷	
9	制动器		1台	
10	铁锹		若干	
11	撬棍	ϕ25mm×1500mm	若干	

(二)操作程序

序号	工序	操作步骤
1	准备工作	选择工具、用具
2	施工现场布置	主牵引地锚中心线、电杆中心线、制动地锚中心及人字抱杆的顶点在同一垂直面上
3	主牵引地锚布置	主牵引地锚与电杆基坑的距离为杆高的 1.3~1.5 倍,主牵引绳与地面夹角一般不大于 30°
4	制动绳地锚布置	制动绳位置应与电杆中心平行,制动锚位置与基坑的距离为杆高的 1.3 倍,制动绳与制动地锚之间应装制动器,以调整制动绳
5	抱杆的选择与设定	抱杆有效高度的选择一般以杆身重心高度的 0.7~1.1 倍为宜
		抱杆根部距支点的距离一般为 2~5m
		抱杆的根开一般取 2.5~5m
		抱杆顶部的脱落帽应能保证抱杆倒落时顺利脱落

续表

序号	工序	操作步骤
6	吊点选择	采用单点起吊方式,并正确选择起吊点
7	立杆组织工作	按施工要求合理分配、布置人员,打好临时拉线,检查起吊绳索,组织进行立杆工作
8	起吊立杆前的检查	应根据起吊的施工技术措施,按起吊现场的布置,检查各项措施及工具、器具是否符合规范要求
9	指挥立杆	当电杆吊离开地面 0.5~1m 时,应停止起吊,检查各部位受力情况并做振动试验
		电杆起吊到 40°~50° 时,应检查杆根是否对准底盘中心,如有偏斜应及时调正;在抱杆脱落前应使杆根顶在底盘上
		抱杆脱落时,应预先发出信号,使电杆起吊暂停,待抱杆缓缓落下后,检查各部分受力情况有无异常;电杆起立到约 70° 时要停止牵引,并收紧稳好四方拉线,特别是制动方向拉线,调整好电杆的角度
10	调整电杆	电杆立好后,使用经纬仪找正,调整杆塔垂直度至符合要求,埋设卡盘,回填土按要求夯实;安装好拉线再进行电杆调整;然后拆除临时拉线及所有地面上立杆用的临时地锚等
11	验收检查	检查电杆组立后的尺寸位移
12	调整拉线	每条拉线受力均匀,UT 型线夹采用双螺帽并紧
13	清理现场	清理现场

(三)注意事项

(1)采用单点起吊方式时,要正确选择起吊点。

(2)按施工要求合理分配、布置人员,组织进行立杆工作。

(3)当电杆吊离开地面 0.5~1m 时,应停止起吊,检查各部位受力情况并做振动试验。

项目四　用预绞式接续条补修损伤导线

一、相关知识

(一)导线的修补

根据有关规定,在一个档距内钢芯铝绞线断股、损伤为总面积的 7%~25% 时,可以用补修管补修或预绞丝修补。铝绞线或铝合金绞线断股、损伤为总面积的 7%~17% 时,也可以用补修管补修或预绞丝修补。

GBA008 预绞丝修补导线的方法

(二)预绞式接续条修复导线的方法

(1)彻底清理导线需接续区域,使其光亮、洁净,如果导线受损处出现散开现象,必须将其剥至两个节距长度处剪掉,注意不要扭曲、改变导线绕向。

(2)将一组接续条的中心标识置于受损导线的中心处(如果一套接续条中每组的根数不同,应从组成根数最多的一组开始)。用拇指和其他手指将接续条握牢并缠绕在导线上。

(3)将第二组接续条置于中心标识位置并紧扣第一组接续条。

　　(4)第二组接续条沿中心标识处向两边各绕一个节距时,用同样方法安装第三组接续条。

　　(5)然后同时缠绕第二组和第三组接续条,直至各剩两个节距。

　　(6)为便于安装和防止变形,可将接续条末端分开,把每一股单独缠绕在导线上,并用拇指使其扣紧、就位。

　　用预绞丝修补导线时应注意:

　　(1)将受伤处线股处理平整。

　　(2)预绞丝长度不得小于3个节距。

　　(3)预绞丝应与导线紧密接触,其中心应位于损伤最严重处,并将损伤部位全部覆盖。

二、技能要求

(一)准备工作

1. 材料准备

序号	名称	规格	数量	备注
1	预绞式接续条	各种型号	2组	
2	油盘		1盒	
3	汽油		1瓶	

2. 工具准备

序号	名称	规格	数量	备注
1	扳手		2把	
2	钢卷尺		1把	
3	记号笔		1支	
4	棉纱		1块	
5	电工钳		1把	

(二)操作程序

序号	工序	操作步骤
1	准备工作	选择工具、用具
2	检查材料	检查预绞式接续条散股情况;检查预绞式接续条镁砂脱落情况
3	处理导线表面	清理导线接续区
		将损伤导线处理平整,若导线受损散开,应将导线剥离两个节距处理掉
		判断导线损伤最严重处
4	安装预绞式接续条	缠绕第一组接续条
		缠绕第二组接续条
		缠绕第三组接续条
		同时缠绕第二组和第三组接续条,直至各剩两个节距
		预绞丝端头应平齐、扣紧
5	清理现场	清理现场

（三）注意事项

（1）接续导线前应先清理导线接续区。

（2）接续条的中心标识应置于受损导线的中心处。

（3）同时缠绕第二、三组接续条，防止缠绕变形。

项目五　用全张力接续条连接导线

一、相关知识

GBA011 导线、地线连接的一般规定 **（一）导线、地线连接的一般规定**

（1）不同金属、不同规格、不同绞制方向的导线或避雷线，严禁在一个耐张段内连接。

（2）线路在跨越铁路、公路、一、二级通信线、35kV 及以上电力线、通航河流、管道等重要设施档内，不允许有直线接续管。

（3）导线或避雷线采用液压、爆压接续的操作，必须由经过培训并经考试合格的技术工人担任。在压接操作完成并自检合格后，应在接续管上打上操作人员的钢印。

（4）导线或避雷线必须使用与现行的电力金具配套的接续管及耐张线夹管进行连接。连接后的握着强度，在架线施工前应进行试件试验。各种型号的试件不得少于 3 件（允许直线接续管与耐张线夹管合为一试件），其试验握着强度，对液压及爆压都不得小于导线或避雷线保证计算拉断力的 95%。

（5）导线或避雷线的连接部分线别应正确，无混绞现象，连接部分应平整完好，不得存有线股绞制不良、线股断股、缺股、线股交叉、锈蚀等缺陷。

（6）接续管的型号应符合金具标准或设计规定，外观检查内外表面应平滑，不得有砂眼、气孔、裂纹等缺陷。

（7）对小截面导线采用螺栓式耐张线夹及钳接管连接时，其试件应分别制作。

（8）螺栓式耐张线夹连接导线时，螺栓式耐张线夹的握着强度不得小于导线保证计算拉断力的 90%。

（9）导线、避雷线接续后，必须符合以下标准：

① 接续管必须平直，弯曲度（弯度与长度之比）不得过大。在压接前弯曲度不得超过1%，压接后弯曲度不得大于 2%。超过时应校直，校直后的接续管不得有裂纹或明显的槌痕，达不到规定时应割断重接。

② 接续管外飞边、毛刺及表面未超过允许的损伤，应锉平并用砂纸磨光。

③ 接续管两端不应有鼓包现象，接续管两端口处，钢接续管应涂以防锈漆。

④ 钢接续管在压缩后表皮脱落时，应涂以防锈漆。

⑤ 爆压管爆压后出现裂缝或穿孔时，必须割断重接。

（10）紧线后在一个档距内每根导线或避雷线上只允许有一个接续管和不超过三个补修管。当采用张力放线时，一个档距内不应超过两个补修管，并应满足下列规定：

① 各类管或耐张线夹间的距离不应小于 15m。

② 接续管或补修管与悬垂线夹的距离不应小于 5m。

③ 接续管与补修管或间隔棒的距离不宜小于 0.5 m,且宜减少因损伤而增加的接续管。

(二)导线、地线连接的要求

(1)接触紧密,接头电阻小,稳定性好。与同长度、同截面积导线的电阻比应不大于 1。

(2)接头的机械强度应不小于导线机械强度的 80%。

(3)耐腐蚀。对于铝与铝连接,如采用熔焊法,主要防止残余熔剂或熔渣的化学腐蚀。对于铝与铜连接,主要防止电化学腐蚀。在接头前后,要采取措施,避免这类腐蚀的存在。

(4)接头的绝缘层强度应与导线的绝缘强度一样。

GBA012 导线、地线连接的要求

(三)重接导线

(1)重接时不需要增添新线,又在直线杆塔将导线放下后损伤处导线能落地,可在损伤导线前后 3~5 m 处各装一个卡线器,用滑车组或其他紧线工具将两卡线器收紧,使导线张力转移到紧线工具上,然后锯断导线进行重接。

GBA009 预绞丝接续导线的方法

(2)重接时需增添新线,或从直线杆塔放下导线后损伤处导线不能落地时,则采用在耐张杆塔松放导线的办法:在导线损伤档一侧的直线杆塔上,损伤相导线悬挂点处装一卡线器,并向松线侧打一临时拉线,锚住受力侧导线,锯断导线进行重接,然后采用串引流线的办法,重新安装耐张线夹,紧线。

(3)全张力接续条接续导线的方法。

由于预绞式接续金具具有能恢复导线的机械强度、良好的抗腐蚀性能和导电性能好的优点,目前已广泛应用在输电线路接续导线中。其具体操作方法如下:

① 将需要接续的导线两端头用钢锯修齐。

② 将钢芯接续条的中心标记置于一方导线的尾端,沿导线方向量出半个接续条长度加 6.35 mm,使用乙烯胶带缠于此点,并剪掉量出的外层铝绞线,露出内层钢芯。用同样的方法处理另一边导线。

③ 选择组成数目最多的一组钢芯接续条。将中心标记置于一边钢芯的尾端开始操作,并将其一半长度缠绕到钢芯上。

④ 将另一导线的末端置于中心标记附近,使两端大约相距 2 mm,握牢,将接续条完全绕在导线上。

⑤ 将第二组接续条置于中心标记处,在中心两侧各缠绕一至两个节距。用同样的方法安装第三组接续条,然后同时缠绕第二组、第三组接续条,直至完全缠好。

⑥ 将组成数目最多的填充条的中心标记对准钢芯接续条的中心标记处并缠绕上。

⑦ 将第二组填充条置于中心标记处,在中心两侧各缠绕一个节距长。用同样方法安装第三条填充条,然后缠绕第二组、第三组填充条,直至完全缠好。

⑧ 为保证可靠的电气连接,所有导线,无论新旧,都必须进行彻底打磨以使其光亮、洁净,然后马上安装,应使用优质导电膏来延迟氧化作用。

⑨ 将组成数目最多的外层接续条的中心标记对准填充条的中心标记处并小心缠绕。

⑩ 将第二组接续条置于中心标记处,在中心两侧各缠绕一至两个节距,用同样方法安装第三组接续条,然后同时缠绕第二组、第三组接续条,直至完全缠好。

⑪ 外层接续条的尾端可以通过弯曲导线或用拇指压力转动接续条使接续条末端轻松

就位,接续条完全装好。

二、技能要求

(一)准备工作

1. 材料准备

序号	名称	规格	数量	备注
1	全张力接续条	各种型号	2组	
2	油盘		1盒	
3	汽油		1瓶	

2. 工具准备

序号	名称	规格	数量	备注
1	扳手		2把	
2	钢卷尺		1个	
3	记号笔		1支	
4	棉纱		1块	
5	电工钳		1把	

(二)操作程序

序号	工序	操作步骤
1	准备工作	选择工具、用具
2	检查材料	检查全张力接续条散股情况;检查全张力接续条镁砂脱落情况
3	处理导线	将需要接续的导线两端头用钢锯修齐
		量取半个接续条长度加6.35mm,缠乙烯胶带(两边导线均需操作)
		剪掉量出的外层铝绞线,露出钢芯(两边导线均需操作)
4	安装钢芯接续条	第一组钢芯接续条缠绕在一边导线钢芯上
		第一组钢芯接续条缠绕在另一边导线钢芯上
		缠绕第二组接续条
		缠绕第三组接续条
5	安装填充条	缠绕第一组填充条
		缠绕第二组填充条
		缠绕第三组填充条
6	处理导线表面	打磨导线表面、涂导电膏
7	安装外层接续条	缠绕第一组接续条
		缠绕第二组接续条
		缠绕第三组接续条
		同时缠绕第二组和第三组接续条,直至各剩两个节距
		预绞丝端头应平齐、扣紧
8	清理现场	清理现场

(三)注意事项

(1)连接导线前,应检查全张力接续条镁砂脱落情况。

(2)接续条中心应处于中心标识位置,填充条的中心标识置于钢芯接续条的中心处。

(3)导线表面应进行打磨处理,表面涂导电膏。

项目六 调整混凝土直线双杆迈步

一、相关知识

由于杆塔基础或其他因素的影响,使杆顶与杆根不在同一铅垂线上称为倾斜。其倾斜值与杆塔高比值的百分数称为倾斜度,如图 1-1-15 所示。

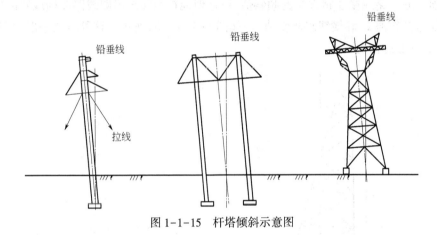

图 1-1-15 杆塔倾斜示意图

由于杆塔受机械荷载和其他因素的影响,造成头部或身部偏离了正常位置,发生弯曲变形,这种情况称为挠曲,如图 1-1-16 所示。

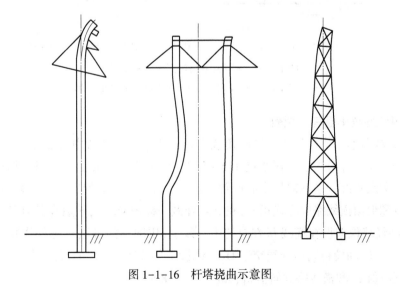

图 1-1-16 杆塔挠曲示意图

测量杆塔倾斜和杆塔挠曲度一般可采用铅锤或经纬仪进行。

（一）用铅锤测量杆塔倾斜

用铅锤测量杆塔倾斜时，可在杆塔顶部中心用一绝缘细绳（线）吊一铅锤至地面，在地面量出锤尖触地点到杆塔中心的距离 s，即为该杆塔地面以上的倾斜值，如图 1-1-17（a）所示。

杆塔的倾斜度，可按下式计算：

$$q = \frac{s}{H} \times 100\%$$

式中　q——倾斜度，%；

　　　s——倾斜值，m；

　　　H——杆塔顶或测量点至地面的高度，m。

若须知顺线路或横线路方向的倾斜值，可近似地在地面画出顺线路或横线路的中心线，量出顺线路倾斜值 s_1 和横线路倾斜值 s_2，如图 1-1-17（b）所示。这种方法一般用在杆塔不高，又缺少仪器的情况下。

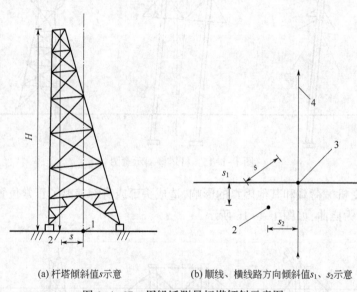

(a) 杆塔倾斜值 s 示意　　　　(b) 顺线、横线路方向倾斜值 s_1、s_2 示意

图 1-1-17　用铅锤测量杆塔倾斜示意图

1—杆塔中心；2—铅锤触点；3—线路中心点；4—线路方向

（二）用经纬仪测量杆塔倾斜

用经纬仪测量时，应先利用铁塔底角或电杆拉线等找出杆塔中心点 O 点，然后将经纬仪在顺线路方向距杆塔中心为杆塔高 1.5～2 倍的线路中心位置上架好，调整好仪器，把镜筒内的准线交点对准杆塔顶部的中心位置，固定仪器的水平制动螺旋。将镜筒向下转动使镜筒内准线和地面横线路中心线相交，在交点处做一标记 O_1 点，然后在其延长线上再做一标记 O_1'。将经纬仪架设在横线路方向的中心线上，用同样的方法对准杆塔顶部中心位置后，将镜筒向下转动使镜筒内准线交于 $O_1 O_1'$ 线段上的 O' 点上，以 O' 点为中心，分别量出杆塔顺线路倾斜值 s_2 和横线路倾斜值 s_1，如图 1-1-18 所示。

则杆塔总倾斜值为：

$$s = \sqrt{s_1^2 + s_2^2} = \overline{O}\ \overline{O}'$$

用经纬仪测出杆塔地面以上高度得到 H 值，则杆塔倾斜度便可按式 $q = \dfrac{s}{H}$ 求出。

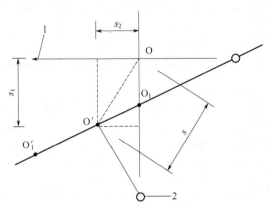

图 1-1-18　用经纬仪测量杆塔倾斜度示意图
1—顺线路方向;2—仪器

(三)杆塔挠曲度测量

杆塔挠曲度的测量方法与杆塔倾斜度测量方法基本相同,根据不同的挠曲部位,可采用不同的测量方法。最简单的测量方法是拉线(靠线)法。其操作步骤如下:在杆塔挠曲面内侧拉(靠)上一根细绳(线)并收紧,这时细线和挠曲面有一距离,用钢尺量出挠曲面的最大弯曲值 s,即为杆塔的最大挠曲距离,如图 1 1-19 所示。

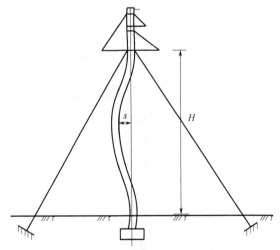

图 1-1-19　杆塔挠曲度测量示意图

测出细绳和杆塔面开始分开的两点间的距离 H,则该段杆塔的挠曲度可按式 $q = s/H$ 求得。杆塔挠曲度也可用经纬仪测出杆塔各点对杆塔中心线的偏移值,通过计算或作图求出 s 值。

二、技能要求

(一)准备工作

1. 设备准备

序号	名称	规格	数量	备注
1	经纬仪		1台	
2	三脚架		1个	
3	千斤顶		1个	

2. 工具准备

序号	名称	规格	数量	备注
1	手扳葫芦		1个	
2	钢丝绳套		3个	
3	木板		5块	
4	皮尺		2个	
5	铁锹		8把	

(二)操作程序

序号	工序	操作步骤
1	准备工作	准备工具、用具
2	核对迈步尺寸及方向	确定一侧电杆线路中心
		过中心线确定垂直于线路方向的中心线
		钉该侧线路中心桩
		确定另一侧电杆线路中心
		测量另一侧电杆中心到中心线的距离
3	确定电杆调整方式	测量二分之一根开的距离
		比较迈步距离与二分之一根开距离的差值
		根据计算结果确定电杆调整方式
4	挖开杆基检查	检查调整拉线
		将已核对准确的迈步杆根部的回填土全部挖出
5	调整电杆	分析引起迈步的原因
		调整电杆横向出现的误差
		调整根开出现的误差
		调整绝缘子
		调整防振锤的位置误差
		调整时避免造成电杆损伤
		调整时不得损伤横担
		复测
6	回填夯实基础	调整拉线
		回填夯实基础
7	清理现场	清理现场

(三)注意事项

(1)挖开杆基检查时,应检查、调整拉线。

(2)调整电杆时,应避免造成电杆和横担的损坏。

项目七　用回弹仪检验混凝土基础强度

一、相关知识

(一)混凝土表面缺陷和产生原因

(1)麻面:结构构件表面上呈现无数的小凹点,而无钢筋暴露现象。这类缺陷一般是由于模板湿润不够、不严密,捣固时发生漏浆或捣固不足,气泡未排出,以及捣固后没有很好养护而产生。

> GBC001　混凝土常见缺陷产生的原因

(2)露筋:钢筋暴露在混凝土外面。产生原因主要是浇筑时垫块位移,钢筋紧贴模板,以致混凝土保护层厚度不够所造成。有时也因保护层的混凝土振捣不密实或模板湿润不够,吸收过多造成掉角而露筋。

(3)蜂窝:结构构件中形成有蜂窝状的窟窿,骨料间有空隙存在。这种现象主要是由于材料配合比不准确(浆少石多),或搅拌不匀,造成砂浆与石子分离,或浇筑方法不当,或捣固不足以及模板严重漏浆等原因产生。

(4)空洞:混凝土结构内存在着空隙,局部或全部地没有混凝土。这种现象主要是由于混凝土捣空,砂浆严重分离,石子成堆,砂子和水泥分离而产生。另外,混凝土受冻、泥块杂物掺入等,都会形成空洞事故。

(二)缺陷修补和处理

(1)麻面。麻面主要影响混凝土外观,对于表面不再装饰的部分应加以修补,即将麻面部位用清水刷洗,充分湿润后用水泥浆或1∶2水泥砂浆抹平。

> GBC002　混凝土常见缺陷处理方法

> GBC003　阶梯形基础混凝土施工易发生问题的处理方法

(2)露筋。将外露钢筋上的混凝土残渣和铁锈清理干净,用水冲洗湿润,再用1∶2或1∶2.5水泥砂浆抹压平整。如露筋较深,应将薄弱混凝土剔除,冲刷干净后湿润,再用高一级强度等级的细石混凝土捣实并养护好。

(3)蜂窝。混凝土有小蜂窝,可先用水冲洗干净,然后用1∶2或1∶2.5水泥修补,如果是大蜂窝则先将松动的石子和突出颗粒剔除,尽量剔成喇叭口,外边大些,然后用清水冲洗干净并湿透,再用高一级强度等级的细石混凝土捣实,并加强养护。

(4)空洞。对混凝土空洞的处理,一般应与有关单位共同研究,制订补强方案后进行处理,为使新旧混凝土结合良好,应将剔凿好的空洞用清水冲洗,或用钢丝刷仔细清刷,并充分湿润24h后,浇注比原混凝土的强度等级高一级的细石混凝土。细石混凝土水灰比可控制在0.5以内,并掺入适量的膨胀剂,采用小振捣棒分层仔细捣实,并做好养护。

三阶梯形基础混凝土施工易发生的问题及处理方法如下:

阶梯形现浇基础,最易发生立柱和台阶交接阴角处以及台阶阴角处产生蜂窝麻面。产生的原因一般有:浇灌方法不当;振捣过度或漏振捣;混凝土泌水现象严重,泌水从上往下冲去阴角处;清底抹面不注意;捣入柱底破坏了混凝土。可采取以下对策:

（1）混凝土加至阴角处，采取人工铁锹加料，且铁锹背贴模板。

（2）延长混凝土搅拌时间1min，减少15%石子量拌和混凝土。

（3）加料高度超过台阶阴角处20cm左右时，用插入式振捣器离模板四棱角边缘30cm处稍加振捣出浆，然后用人工对四周及四棱角补振捣。

（4）阴角处模板外侧宜堆放少量混凝土做成坡状，待上台阶灌注振捣后，再将下一台阶抹平。

GBC005 混凝土基础质量检查的内容

（三）混凝土浇注后质量检查的内容

1. 混凝土表面质量

混凝土基础浇制拆模后立即对混凝土基础做全面检查并做记录。浇制的混凝土结构表面应光滑，无麻面、蜂窝、露筋，更不允许出现空洞及影响结构强度的缺陷。基础混凝土的强度应以试块的极限抗压强度的平均值为依据，其值应不小于设计强度。

浇制基础尺寸的误差，应不超过下述规定：

（1）保护层厚度为−5mm。

（2）立柱断面尺寸为−1%。

（3）同组地脚螺栓中心对立柱中心的偏移为10mm。

GBC006 混凝土基础尺寸偏差

2. 尺寸偏差

整基铁塔基础在回填夯实后，尺寸允许偏差应符合表1-1-2规定。

表1-1-2　整基铁塔基础尺寸允许误差

误差项目		地脚螺栓式		主角钢插入式		高塔基础	拉线高塔基础
		直线	转角	直线	转角		
整基基础中心与芯桩之间的位移	横线路方向 mm	30	30	30	30	30	30
	顺线路方向 mm	—	30	—	30	—	—
基础根开及对角线尺寸		±0.2%	±0.2%	±0.1%	±0.1%	±0.07%	—
基础顶面间或主角钢操平印记间的相对高差，mm		5	5	5	5	5	—
整基基础的扭转角，(′)		10	10	10	10	5	—

注：（1）转角塔基础的横线路方向，是指内角平分线方向；顺线路方向是指转角平分线方向。
　　（2）基础根开及对角线是指同组地脚螺栓中心之间或塔腿主角钢准线之间的水平距离。
　　（3）转角或终端塔的基础顶面在操平时，应使受压侧较高或按照设计要求。

GBC004 混凝土基础强度试验

3. 混凝土强度检测

现场浇注基础混凝土的最终强度应以同等条件养护的试块强度为依据。试块强度的验收评定应符合现行国家标准GB 50204—2015《混凝土结构工程施工质量验收规范》的要求。当试块的强度不足以代表混凝土本身强度时，可采用以下两种方法之一进行补充鉴定：一是从基础混凝土本体上钻取试块进行鉴定；二是根据现行标准JGJ/T 23—2011《回弹法检测混凝土抗压强度技术规程》的规定，采用回弹仪进行鉴定。

1）混凝土的坍落度检查

混凝土的坍落度是评价混凝土和易性及稀稠程度的重要指标。GB 50233—2014《110~

750kV 架空输电线路施工及验收规范》对现场浇注混凝土做坍落度检查有如下规定:混凝土浇注过程中应严格控制水胶比。每班日或每个基础腿,混凝土坍落度应至少检查 2 次。每班日或每基基础,混凝土配合比材料用量应对照混凝土配合比设计至少检查 2 次。

GB 50233—2014 对现场浇注混凝土基础的捣固和搅拌有如下规定:现场浇注混凝土的振捣应采用机械捣固、机械搅拌的方式,特殊地形无法机械搅拌、捣固时,应有专门的质量保证措施。

2)混凝土试块检查

(1)线路验收规范的要求。

GBC009 线路验收规范对混凝土试块的要求

GB 50233—2014 中规定,混凝土基础的强度应以试块为依据,试块的制作应符合下列规定:

① 试块应在现场浇注过程中随机取样制作,并应采用标准养护,当有特殊需要时,应加做同条件养护试块。

② 试块的数量应符合下列规定:

(a)耐张塔、悬垂转角塔基础每基应取一组。

(b)一般直线悬垂塔基础,同一施工队每 5 基或不足 5 基取一组;单基或连续浇注混凝土超过 100m³ 时也应取一组。

③ 按大跨越设计的直线塔基础及其拉线基础,每腿取一组,但当基础混凝土量不超过同工程大转角或终端塔基础时,每基取一组。

④ 原材料、配合比变更时应另外制作试块。

(2)混凝土验收规范的要求。

① 混凝土的抗压极限强度,应以立方体试块,在温度为(20+1)℃和相对湿度为90%以上的潮湿环境或水中的标准条件下,经 28d 养护后试压确定。其试压结果,作为核算结构或构件的混凝土是否能达到设计标号的依据。

② 每组三个试件应在同盘混凝土中取样制作,并按下列规定确定该组试件的混凝土强度代表值:

(a)取三个试件强度的平均值。

(b)当三个试件强度中的最大值或最小值之一与中间值之差超过中间值的 15%时,取中间值。

③ 当三个试件强度中的最大值和最小值与中间值之差均超过中间值的 15%时,该试件不应作为强度评定的依据。

GBC007 混凝土基础试块制作

3)试块制作要求

制作混凝土试块应采用标准的立方体试块模盒,试块尺寸为 150mm×150mm×150mm;每组三个。

4)施工现场试块制作步骤

(1)清理模盒,盒内表面涂脱模剂(机油)。

(2)混凝土搅拌好后分两次装入盒内,两次厚度基本相同,每层插捣 50 次。

(3)插捣要在混凝土全面积上均匀进行,由边缘逐渐向中心,插捣底层时,捣固棒应到达盒底,捣固上层时,捣固棒应插入上层底面下 2~3cm。

（4）捣固完毕后，用抹刀沿四周插捣数次后，刮去表面多余混凝土，并将表面抹平。

（5）静止 0.5h，对试块再进行一次抹面，抹平抹光，然后盖好盒盖。

（6）保持试块湿度，与基础同条件下养护两昼夜，拆模编号，并埋在基础附近土内继续养护。

5）混凝土强度检测方法

GBC008 回弹
法测混凝土强度

（1）回弹法。

GBC010 超声
波法测混凝土
强度

回弹法的基本原理是利用混凝土强度与表面硬度之间的关系，通过钢锤冲击混凝土表面，用表面硬度值来推断混凝土强度。

回弹法检测混凝土强度，混凝土被测表面应有代表性，每一被测面必须选择 15～20 个不同的测点做回弹检测，取其回弹值 N 的算术平均值 $\overline{N}$。与表 1-1-3 对照后，凡超过表中允许误差的回弹值都会舍去，然后把余下各点的回弹值求取算数平均值。查未碳化的自然养护混凝土强度与平均回弹值或已碳化混凝土强度与回弹值关系表确定混凝土强度。

表 1-1-3　回弹值 $\overline{N}$ 的允许误差表

回弹值 $\overline{N}$，MPa	$15 \leqslant \overline{N} < 25$	$25 \leqslant \overline{N} < 35$	$35 \leqslant \overline{N} < 45$	$45 \leqslant \overline{N} < 55$
允许误差，MPa	±2.5	±3.0	±3.5	±4.0

在选择测点时，每一测点只能测一次；测点间或测点与试件边缘至少相距 3cm 测试，应尽量选择铅直的测面，使仪器的中轴线处于水平方位。如果在仪器与水平线存在交角的情况下测试时，应按给定的角度曲线确定混凝土强度。

① 混凝土碳化对平均回弹值的影响：在混凝土浇制基础灌注以后，由于混凝土暴露于空气中，受大气中二氧化碳的作用，表面会产生碳酸钙而变硬。因此，这时测的回弹值偏高，需加以修正。修正值需查已碳化混凝土强度与回弹值关系表。

② 鉴定碳化的方法：在混凝土的边角部分，用小锤击一缺口，立即在脱落面上滴入含量 1%～2%的酚酞试液，此时内部未碳化的混凝土立刻变红，外部已碳化部分则不变色，不变色的深度即为混凝土的表面碳化深度，如量不出碳化深度时，即为未碳化混凝土。

③ 注意事项：被测面应洁净，必要时用砂轮磨平后再测试；混凝土表面潮湿也会影响测试结果，因此应待表面干燥后方可进行测试；早期受冻的混凝土误差较大，表面如有蜂窝、麻面、气孔、脱皮、露筋、预埋件等，均不宜选作被测面。

（2）超声波法。

在混凝土中传播的超声波，其速度和频率反映了混凝土材料的性能、内部结构和组成情况，那么混凝土的弹性模量和密实度与波速和频率密切相关，即强度越高，其超声波的速度和频率也越高。因此，通过测定混凝土声速来确定其强度。

① 数据采集：

（a）测区布置：在构件上均布划出不少于 10 个 200mm×200mm 方网格，把每个网格视为一个测区。对同批构件，抽检30%，且不少于 4 个，每个构件测区不少于 10 个。测区应布置在构件混凝土浇注方向的侧面，侧面应清洁平整。

（b）测点布置：为使混凝土测试条件、方法尽可能与率定曲线时一致，在每个测区内布置 3~5 对测点。

（c）数据采集:测量每对测点之间的直线距离,即声程,采集记录对应声时。根据隧道不同区段衬砌强度的差异,可布置多个测站,在同一测站中应布置不同的测点（比如 3~5 个）,测区声速取其平均值。

② 强度推定:根据各测区超声波声速检测值,按回归方程计算或查表得出对应测区混凝土强度值

（a）当按单个构件检测时,单个构件的混凝土强度推定值,取该构件各测区中最小的混凝土强度换算值。

（b）当按批抽样检测时,该批构件的混凝土强度推定值应按数理统计公式计算。

（c）当同批测区混凝土强度换算值标准差过大时,以该批每个构件中最小的测区混凝土强度换算值的平均值和第 1 个构件中的最小测区混凝土强度换算值（MPa）为准。

（d）当属同批构件按批抽样检测时,按单个构件检测:当混凝土强度等级不大于 C_{20} 时,$S>2.45MPa$;当混凝土强度等级高于 C_{20} 时,$S>5.5MPa$。

二、技能要求

（一）准备工作

1. 材料准备

名称	规格	数量	备注
钢筋混凝土基础		1	

2. 工具准备

序号	名称	规格	数量	备注
1	混凝土回弹仪		1个	
2	碳化深度测试仪		1个	
3	钢钎		1个	
4	钢卷尺		1把	
5	粉笔		1支	

（二）操作程序

序号	工序	操作步骤
1	准备工作	选择工具、用具
2	选择混凝土测区及测试点	对于一般构件,测区不少于 10 个
		相邻测区间距不应大于 2m
		测区离构件端部或施工边缘距离不大于 0.5m,且不小于 0.2m
		测区面积不宜大于 0.04m²
		每一被测面必须选 16 个不同测点
		被测表面应洁净,必要时可用砂轮磨平后测试
		混凝土被测表面无蜂窝、麻面、气孔、脱皮、露筋、预埋件
		混凝土被测表面应干燥

序号	工序	操作步骤
3	测量回弹值	回弹仪的轴线垂直于混凝土检测面，缓慢施压，准确读数，快速复位
		每个测区读取 16 个回弹值，每一测定的回弹值读数精确到 1
		测点在测区范围内均匀分布
		相邻两测点的净距离不小于 20mm
4	测量碳化深度	采用工具在测区表面形成直径 15mm 孔洞，深度大于混凝土碳化深度
		清除孔洞中的粉末，不得用水擦洗
		采用浓度 1%~3% 的酚酞酒精溶液滴在孔洞内壁边缘
		测量碳化深度应采用碳化深度测量仪，测量碳化与未碳化混凝土交界面到混凝土表面处置距离，应测量 3 次，每次读数精确至 0.25mm
		取 3 次测量平均值为检测结果，精确至 0.5mm
5	计算回弹值	从测区的 16 个回弹值中剔除 3 个最大值和 3 个最小值
		求其余 10 个回弹值的算术平均值，结果精确到 0.1
6	换算混凝土强度	根据碳化深度及平均回弹值查表求测区混凝土强度
7	清理现场	清理现场

（三）注意事项

（1）选择混凝土测区及测试点时，每一被测面必须选 16 个不同测点，被测表面洁净，必要时可用砂轮磨平后测试。

（2）碳化深度测量时，清除孔洞中的粉末，不得用水擦洗。

（3）回弹值计算时，从测区的 16 个回弹值中剔除 3 个最大值和 3 个最小值后，再求其余 10 个回弹值的算术平均值，结果要精确到 0.1。

模块二　送电线路运行与测量

项目一　用兆欧表测定线路绝缘电阻

一、相关知识

(一)送电线路启动验收的目的和组织形式

1. 启动验收的目的

送电线路启动验收的目的,是以设计图纸、验收规范、施工记录和工艺标准为依据,对已竣工的送电线路工程和生产准备情况,进行送电前最后一次全面检查,以保证工程质量全部合格,使线路送电后安全可靠运行。

2. 启动验收的组织形式

在线路基建工程竣工前,工程建设单位应牵头组织生技、设计、质量、施工、运行及其他有关部门组成启动验收委员会,在启动验收委员会的统一布置下,对施工单位移交的资料和记录进行审查,组织现场验收和启动送电工作。

(二)送电线路启动验收内容

1. 竣工图纸审查

竣工图纸是指经过设计变更修改后,与拟启动线路实际相符合的图纸。它应具有真实性,应作为归档资料存档,并且是线路运行维护使用的第一手资料。

审核竣工图纸时,应对照现场施工记录和设计变更通知书进行。对设计变更较大处,应做好记录,以便在现场验收时进行核对。

2. 施工资料和记录的审查

施工资料和记录,是施工现场形成的原始资料,它必须反映施工中的实际情况。施工单位移交的资料主要有:

(1)隐蔽工程验收检查记录。

(2)原材料和线路器材出厂证明或试验记录。

(3)设计部门的设计变更通知单。

(4)线路杆塔偏移和挠度记录。

(5)架线弛度记录。

(6)导线、避雷线的接头数量、补修位置及数量。

(7)跳线弛度及对杆塔各部位的电气距离。

(8)线路导线对跨越物的距离及对建筑物的接近距离。

(9)接地装置采用形式及接地电阻测量记录。

(10)未按设计施工的各项明细表和附图。

GBG011 送电线路启动验收的程序

（11）经设计同意的代用材料清单。

（12）有关的实验报告。

（13）其他有关的记录。

施工记录审查，主要是对照设计图纸的各设计参数和规定，对记录中的有关数据进行验算和核对。如发现记录与现场实际情况不符，应向施工单位问明情况并做好记录。

3. 施工现场验收

在竣工图和施工资料、记录审查完成后，即可组织有关人员进行现场验收。竣工验收时，应对全线路每一基杆塔、每一档架空线逐项验收而不应抽验，把好线路送电前的最后一关。竣工验收除要对中间验收所列项目进行验收外，还必须对下列项目进行检查验收：

（1）中间验收检查中存在问题的处理情况。

（2）对设计变更处进行检查审核。

（3）线路通道、障碍物的开通和处理情况。

（4）线路路径，杆塔形式，转角度数，绝缘子形式，导线、避雷线规格，线间距离和进、出线相位等是否符合设计规定。

（5）线路杆塔上有关标志是否齐全。

（6）线路施工时的临时设施和杆塔上的遗留物是否已清理拆除。

（7）有无遗留未完工项目。

竣工验收结束后，参与验收检查人员应写出验收情况报告，逐条列出工程中存在的缺陷和遗留问题。然后报告给启动验收委员会，根据工程存在问题的性质和归属，由工程建设单位责成有关部门进行处理。

（三）送电线路启动方案编制

启动方案一般由工程建设单位进行编制，主要有：

（1）启动组织分工。

根据工程情况，设立相应的专业组，并确定各专业组组长和组员名单。

（2）启动范围。

写明拟启动线路的电压等级、名称、开关编号等，对同时启动的其他附属设备和公用设备一并进行说明。

（3）启动方案。

启动方案是对拟启动的线路或变电设备送电的方法及启动步骤，做出条理性的书面说明，主要有以下几点：

① 由工程建设单位向调度部门提出新建设备投入运行申请。

② 线路送电前，使用摇表进行核相，变电二次侧的核相应按调度令进行。

③ 核相无误后，用某发电厂或变电所的某号开关对拟启动线路及线路侧的断路器、隔离开关加电压冲击三次。第三次冲击后不再拉开，待二次侧核相成功后带负荷试运行。

（4）启动条件。

启动条件主要内容如下：

① 启动前，所有的施工人员、使用的施工机械及材料必须全部撤离现场，线路走廊畅通，变电运行场地无障碍物，线路及变电所的临时地线应全部拆除。

② 启动前,与送电线路有关的所有断路器、隔离开关应有编号,且均应处于分闸状态,线路的有关标志牌应装设完毕。

③ 线路继电器保护定值核对无误,保护应按调度要求投入。

④ 启动前,调度通信保持畅通。启动过程中,制订并采取相关措施,确保人身和设备的安全。

⑤ 有关部门的人员必须认真学习启动方案和启动操作步骤。

(5)启动操作步骤。

启动操作步骤一般由调度部门负责编制,它是一个详细的操作命令,罗列内容较多。

(6)附图。

启动方案中应附有启动送电设备接线示意图,图上注明两端发电厂或变电所的名称、线路名称及线路两侧的断路器、隔离开关编号。

GBE009 线路投产前线路参数测定方法

(四)送电线路参数测定

当线路具备加压试运行条件后,应在启动加压前对线路的有关参数进行测定。

1. 测定线路绝缘电阻

线路绝缘电阻的测定,主要是检查线路的绝缘程度,有无接地或相间短路现象,同时也可检查施工人员是否在线路导线上留有异物。

(1)用试验合格的验电器验明线路确无电压,且线路上已无人工作。

(2)在征得启动委员会的许可后,通知线路另一端"开始测量绝缘电阻,请人员退出现场"。

(3)将非测的两相导线在始端临时进行接地,然后用 2500V 或 5000V 摇表测量未接地相的绝缘电阻。

(4)测量前,先进行开、短路试验,确定绝缘摇表准确,并按正确使用摇表方式测量绝缘电阻。

(5)当测量完一相,用同样方式测量另外两相导线,并认真作好记录。

如测的三相绝缘电阻均较低时,应根据线路状况及测量时的气候条件综合分析,不要轻易下结论。

2. 核定线路相位

线路相位核定,主要对线路始、末端的设计相位进行核定,以验证是否为同一根导线。由于相位核定和绝缘电阻测量均采用绝缘摇表法进行,因此这两项工作可结合在一起进行。

(1)用试验合格的验电器验明线路确无电压,且线路上已无人工作。

(2)在征得启动委员会的许可后,通知线路另一端"将被测相 A 相接地后,请人员退出现场"。

(3)测量端将 U 相导线通过引线接至摇表的"L"端,再将摇表"E"端接地,慢慢摇动手柄,如表针指示为"0",则线路始、末两端为同一相导线,反之则为异相。

3. 测定线路参数

需要测定的线路参数主要是线路电阻、电容和电感,零序阻抗和正、负序阻抗等。这些参数和线路长度、线号大小以及导线间距和排列方式有一定关系。测量参数的目的主要是与计算值进行比较,以便为继电保护工作提供准确的数据资料。

（五）送电线路启动冲击送电

待启动准备工作全部结束后，人员撤离现场，所有临时接地线拆除且核相无误后，即可向启动验收委员会汇报，得到送电许可，按启动操作步骤对线路送电。

二、技能要求

（一）准备工作

序号	名称	规格	数量	备注
1	兆欧表	5000V	1块	
2	常用工具	钢丝钳、扳手等	1套	

（二）操作程序

序号	工序	操作步骤
1	准备工作	选择工具、用具
2	检查兆欧表	将兆欧表两根引线相碰，慢慢摇动手柄，检查指针是不是指"0"
		将两根引线分开，检查指针是否指向"∞"
3	测量	断开与线路连接的电气设备的连线
		兆欧表接线
		测量与读数
		用同样的方法，依次测量其余两相绝缘电阻
4	工作终结	先断开"L"端钮的引线，再停止摇动手柄，防止线路电容电流向兆欧表放电
		利用引线将导线对地放电
5	结果分析	根据线路状况及测量时天气情况，综合分析、判断，作出结论
6	清理现场	清理现场

（三）注意事项

（1）测量前应检查兆欧表是否完好，并做开、短路试验。

（2）测量结束时，应先断开"L"端钮的引线，再停止摇动手柄，防止线路电容电流向兆欧表放电。

（3）测量后，应利用引线将导线对地放电。

项目二　验收线路中间工程

一、相关知识

在送电线路施工中，由于某些客观原因和主观原因，可能有部分施工质量不符合设计要求和线路施工验收规范，为了使这部分不合格的施工能在线路投运前得到妥善处理，不留隐患，在线路施工全部或部分工程竣工后，应根据设计图纸、规程规定和有关技术标准，对线路进行仔细验收。验收检查由施工单位在向建设单位提出验收申请。建设单位接到验收申请报告后，组织设计、施工、运行等单位有关人员，对已完工的线路进行验收检查。一般分为隐蔽工程验收检查、中间验收检查、施工记录移交与检查和竣工总体验收检查四个阶段。

（一）隐蔽工程验收检查

隐蔽工程是指该项工程工序施工结束后难以检查的工程项目,如杆塔基础施工、接地工程施工、导线、地线的压接均属于隐蔽工程。在送电线路施工开工时,建设单位应委派质检员进驻工地,进行施工质检工作;质检员应对各施工项目进行技术监督,并对工程质量全权负责,严格把关,在进行隐蔽工程施工时,施工单位应认真、完整准确地填写各项记录,并在验收时向建设单位提供。隐蔽工程验收检查,应在隐蔽前进行。下列项目为隐蔽工程。

（GBG002　隐蔽工程验收检查内容）

（1）基础坑深处理情况。

（2）现场现浇基础中钢筋和预埋件的规格、尺寸、数量、位置、保护层、底座断面尺寸以及混凝土的浇注质量。

（3）预制基础中钢筋和预埋件的规格、数量、安装位置、立柱倾斜与组装质量。

（4）岩石基础的成孔尺寸、孔深、铁件的预埋及混凝土浇注质量。

（5）液压与爆压的接续管及耐张线夹的检查:①连接前的内径、外径、长度;②管及线的清洗情况;③钢管在铝管中的位置;④钢管及铝股断头在连接管中的位置。

（6）导线或架空地线修补处线股损伤的情况。

（7）接地体的埋设情况。

（二）中间验收检查

在线路工程施工完成到某一个阶段后,施工单位应请建设单位对已完成施工的部分工程进行中间验收。目的是对工程作出质量和技术评议,做到心中有数,以便对下一阶段施工作出进一步改善。

1. 铁塔基础部分验收检查

（GBG003　中间铁塔基础验收检查内容）

（1）基础地脚螺栓的根开即对角线误差、同组地脚螺栓中心对立柱中心的偏移。

（2）基础顶面的相互偏差或主角钢操平印记的相互偏差。

（3）基础顶面的中心与中心桩之间的位移及线路中心之间的扭转。

（4）基础立柱断面尺寸及基础平面操平和基础预偏情况。

（5）混凝土强度浇制时的隐蔽工程记录。

（6）焊接、螺栓连接情况。

（7）回填土情况。

2. 中间杆塔及拉线验收检查

（GBG006　中间杆塔及拉线验收检查内容）

（1）杆塔焊接组立前后的变形及焊接质量。

（2）根开误差、迈步及中心桩位移。

（3）杆塔的挠度。

（4）各部件的规格、组装质量及各部分连接情况,螺栓紧固程度、穿入方向、打冲等。

（5）双杆塔横担与电杆连接处高差。

（6）拉线方位、安装质量及受力。

（7）回填土情况。

（8）耐张线夹螺栓、花篮螺栓的可调范围。

GBG007 中间
架线验收检查
内容

3. 中间架线验收检查

（1）导线、地线弧垂的各项偏差。

（2）绝缘子串倾斜程度及绝缘子串绝缘程度的测定。

（3）使用金具的规格、安装位置及连接质量，螺栓、穿钉及弹簧销子的穿入方向。

（4）架线后杆塔的倾斜及挠度。

（5）跳线连接质量、弧垂（弛度）及各部分跳线的空气间距。

（6）导线、避雷线接续和修补的位置、数量和质量。

（7）防振装置的安装位置、数量和质量。

（8）导线的换位情况。

（9）线路通过建筑物、交叉跨越物上方时的垂直距离。

（10）线路与相邻山坡、森林等的距离。

GBG004 杆塔
组立的质量检
查内容

（三）杆塔组立技术要点

1. 铁塔组立条件

（1）分解组立铁塔时，混凝土强度应达到设计强度的70%。

（2）整体组立铁塔时，混凝土强度应达到设计强度的100%。

（3）当立塔操作采取有效防止基础承受水平推力的措施时，混凝土的抗压强度允许低于设计强度的70%。

2. 塔材检查与矫正

（1）组立铁塔时，对运到桩位的角钢，当弯曲度超过长度的2%，但未超过表1-2-1规定的变形限度时，可采用冷镀锌矫正法进行矫正。

表1-2-1　采用冷矫正法的角钢变形限度

角钢宽度 mm	变形限度 ‰	角钢宽度 mm	变形限度 ‰	角钢宽度 mm	变形限度 ‰
40	35	75	19	140	10
45	31	80	17	160	9
50	28	90	15	180	8
56	25	100	14	200	7
63	22	110	12.7		
70	20	125	11		

（2）铁塔组立后各相邻节点间塔材弯曲度不得超过1/750。

（3）铁塔组立后，塔脚板应与基础面接触良好，有空隙时应垫铁片，并应浇注水泥砂浆。铁塔经检查合格后可随时浇注混凝土保护帽；混凝土保护帽尺寸应符合设计规定、与塔座接合紧密且不得有裂缝。

3. 钢管杆组立技术要点

（1）钢管电杆在装卸及运输中杆端应有保护措施，运至桩位的杆段及构件不应有明显的凹坑、扭曲等变形。

（2）钢管电杆连接后，其分段及整根电杆的弯曲均不应超过其对应长度的2‰。

(3)杆架线后直线电杆的倾斜不应超过杆高的5‰。转角钢管杆组立前宜向受力侧预倾斜,预倾斜值由设计确定。

4. 杆塔组立质量要点

1)螺栓穿向及安装要求

(1)规定螺栓穿入方向的目的是为紧固螺栓提供方便,便于拧紧;为质量检查提供方便,实现统一、整齐、美观。

① 对于立体结构:水平方向由内向外;垂直方向由下向上;斜向者宜斜下向斜上穿,不便时应在同一斜面内取统一方向。

② 对于平面结构:顺线路方向,按线路方向穿入或按统一方向穿入;横线路方向,两侧由内向外,中间由左向右(按线路方向)或按统一方向穿入;垂直地面方向者由下向上;斜向者宜斜下向斜上穿,不便时应在同一斜面内取统一方向。

(2)杆塔各构件的组装应牢固,交叉处有空隙者,应装设相应厚度的垫片或垫板。

(3)当采用螺栓连接构件时,应符合下列规定:

① 螺栓应与构件平面垂直,螺栓头与构件间的接触处不应有空隙。

② 螺母拧紧后,螺杆露出螺母的长度:对于单螺母,不应小于两个螺距;对于双螺母,可与螺母相平。

③ 螺杆必须加垫片者,每端不宜超过两个垫圈。

④ 螺栓的防卸、防松动应符合设计要求。

2)浇制保护帽

(1)铁塔组立后,塔脚底板应与基础面接触良好,空隙处应用铁片填塞,并灌注水泥砂浆。直线塔及耐张塔经检查合格后随即浇制塔座保护帽;其作用是保护地脚螺栓的螺母不被拆除及避免塔座积水。

(2)保护帽浇制前应将立柱顶面外露部分打毛清洗干净,保护帽的混凝土强度等级符合设计要求,设计无规定时,可按基础混凝土强度等级或低一级施工。

(3)塔座保护帽的断面尺寸及高度应符合设计要求,在无设计规定时按以下要求处理:顶面高出地脚螺栓顶面100~150mm;断面尺寸应超出塔脚板边缘100~150mm;断面尺寸与基础立柱断面相同;保护帽顶面应有淌水坡度。

(四)钢管杆验收技术要点

(1)镀锌检查。镀锌层不应有起层、明显氧化现象。

(2)外观检查。杆段及构件不应有明显的凹坑、扭曲等变形。

(3)法兰连接螺栓检查。法兰盘与基础顶面之间宜留设置调节螺母的间隙,其间隙一般可取锚栓直径的1.5倍。

(4)受力构件检查。受力构件及其连接件的最小厚度不宜小于3mm,螺栓直径不宜小于16mm。

(5)攀爬装置检查。钢管杆身及横担应设攀爬装置。

(6)挠度检查。钢管杆杆顶的最大挠度:

① 直线杆不大于杆身高度的5‰。

② 直线转角杆不大于杆身高度最大挠度的7‰。

③ 转角和终端杆 66kV 及以下电压等级挠度不大于杆身高度的 15‰。

④ 转角和终端杆 110~220kV 电压等级挠度不大于杆身高度的 20‰。

二、技能要求

（一）准备工作

1. 设备准备

名称	规格	数量	备注
35kV 停电线路		1 条	

2. 工具准备

序号	名称	规格	数量	备注
1	记录本		1 本	
2	钢笔		1 支	

（二）操作程序

序号	工序	操作步骤
1	准备工作	选择工具、用具
2	检查铁塔基础	检查基础地脚螺栓或主角钢的根开及对角线的距离偏差,同组地脚螺栓中心对立柱中心的偏移
		检查基础顶面或主角钢操平印记的相互高差
		检查基础立柱断面尺寸
		检查整基基础的中心位移及扭转
		检查混凝土强度
		检查回填土情况
3	检查杆塔及拉线	检查混凝土电杆焊接后弯曲度及焊口焊接质量
		检查混凝土电杆的根开偏差、迈步及整基对中心桩的位移
		检查结构倾斜
		检查双立柱杆塔横担与主柱连接处的高差及立柱弯曲
		检查各部件规格及组装质量
		检查螺栓紧固程度、穿入方向、打冲等
		检查拉线的方位、安装质量及外应力情况
		检查 NUT 线夹螺栓、花篮螺栓的可调范围
		检查保护帽浇注情况
		检查回填土情况
4	检查架线	检查弧垂各项偏差
		检查悬垂绝缘子串倾斜、绝缘子清洗及绝缘测定情况
		检查金具的规格、安装位置及连接质量,螺栓、穿钉及弹簧销子的穿入方向
		检查杆塔在架线后的偏斜与挠曲

序号	工序	操作步骤
4	检查架线	检查引流线连接质量、弧垂及对各部位的电气间隙
		检查接头和补修的位置及数量
		检查防振装置的安装位置、数量及质量
		检查间隔棒的安装位置及质量
		检查导线及避雷线的换位情况
		检查线路对建筑物的接近距离
		检查导线对地及跨越物的距离
5	检查接地装置	实测接地电阻值
		检查接地引下线与杆塔连接情况
6	清理现场	清理现场

(三)注意事项

(1)验收工作应逐项进行,验收合格后,应进行记录。

(2)验收过程中,出现问题的,应进行记录,并要求施工方按期进行整改。

(3)整改过后,应再次按标准进行验收,直至验收合格为止。

项目三 使用经纬仪测量交叉跨越物净空距离

一、相关知识

(一)弧度观测

送电线路导线、避雷线的弧度或应力,必须符合设计规定和线路施工工艺标准。在紧线过程中,如架空线路弧度过小,则架空线必将承受过大的张力,降低了架空线路运行时安全程度。弧度过大,则架空线对地、对被跨越物的距离将减小,必将威胁架空线路的正常运行。

1. 弧度观测档选择

合理地选择弧度观测档,直接关系到能否准确控制紧线段的架空线应力。因此,在选择观测档时,应满足下列规定。

> GBA003 弧度观测档选择的方法

(1)紧线段在 5 档及以下时,靠近中间选择一档。

(2)紧线段在 6~12 档时,靠近两端各选一档。

(3)紧线段在 12 档以上时,靠近两端及中间各选择一档。

(4)观测档宜选档距较大、架空线悬挂点高差较小及接近代表档距的线档。

(5)弧垂观测档的数量可以根据现场条件适当增加,但不得减少。

> GBF007 线路弧度的测量方法

2. 弧度观测方法

送电线路弧度观测方法大体有等长法、异长法、角度法和平视法等四种方法,在一般线路施工中,等长法和异长法应用得比较广泛,角度法和平视法则多用在大档距、大高差的超高压线路的弧度观测。

1）等长法

等长法又称平行四边形法，是最常用的观测弧垂的方法。等长法的布置如图 1-2-1 所示。

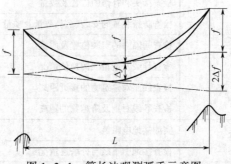

图 1-2-1 等长法观测弧垂示意图

从观测档两侧架空线悬挂点垂直向下量取选定的弧垂观测值，绑上弧垂板。调整架空线的拉力，当架空线与弧垂板连线相切时，中间弧垂即为施工要求的弧垂。

气温变化会引起弧垂发生变化。用等长法观测弧垂，当气温变化而引起弧垂变化时，可移动一侧的弧垂板调整，调整量是弧垂变化值 Δf 的 2 倍，若气温变化较大（大于 10℃），则需重新在观测档两侧设置弧垂板。

等长法观测弧垂的精度，随架空线悬挂点高差的增大而降低。当悬挂点高差为零时，其切点在架空线弧垂最低点，此时观测弧垂精度最高；若悬挂点高差增大，则其视线也随之倾斜，切点将远离架空线弧垂最低点，弧垂的精度将降低。

一般当架空线悬挂点高差 $h < 10\%L$ 时，适用等长法观测弧垂。

2）异长法

观测档两侧弧垂板绑扎位置不等长的弧垂观测方法称为异长法，又称不等长法。异长法布置如图 1-2-2 所示。

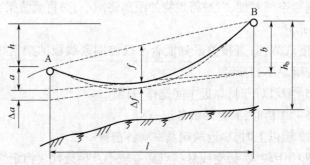

图 1-2-2 异长法观测弧垂示意图

采用异长法观测弧垂时，先选择一侧悬挂点至弧垂板绑扎点的距离 a 值（$a \neq f$ 使视线切点尽量靠近弧垂最低点）。然后根据关系式 $\sqrt{a} + \sqrt{b} = 2\sqrt{f}$ 算出 b 值，即：

$$b = \left(2\sqrt{f} - \sqrt{a}\right)^2$$

式中 a——观测档一端所选择的架空线悬挂点至弧垂板绑扎点的距离，mm；

b——观测档另一侧架空线悬挂点至弧垂板距离,mm;

f——观测档施工弧垂,mm。

在观测档另一侧架空线悬挂点垂直下方量取 b 值,绑上弧垂板。调整架空线拉力,当架空线与弧垂板连线相切时,中间弧垂即施工要求的弧垂。

用异长法观测弧垂,当气温变化而引起弧垂变化时,可移动一侧的弧垂板调整,调整距离 Δa 可按下列公式计算:

$$\Delta a = 2\Delta f \sqrt{\frac{a}{f}}$$

异长法的适用范围:

$$\left(\frac{a}{f}\right)_{\max} \geqslant \frac{a}{f} \geqslant \left(\frac{a}{f}\right)_{\min}$$

$$\left(\frac{a}{f}\right)_{\max} = \left(1+\sqrt{1-120\frac{d}{f}}\right)^2$$

$$\left(\frac{a}{f}\right)_{\min} = \left(1-\sqrt{1-120\frac{d}{f}}\right)^2$$

式中 $\left(\dfrac{a}{f}\right)_{\max}$ —— $\dfrac{a}{f}$ 的最大允许值;

$\left(\dfrac{a}{f}\right)_{\min}$ —— $\dfrac{a}{f}$ 的最小允许值;

d——架空线直径,mm。

3)角度法

角度法是使用经纬仪观测弧垂的一种方法,可分为档端角度法、档外角度法、档内角度法以及档侧角度法。线路施工中常采用档端角度法。

(1)经纬仪架在档端低悬挂点下方,如图1-2-3(a)所示。

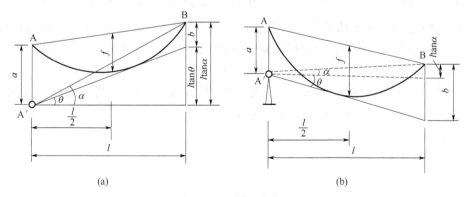

(a)　　　　　　　　　　(b)

图1-2-3 档端角度法

a—仪器中心至 A 点的垂直距离;f—根据观测弧垂时的气温选出的档距重点弧垂;

θ—仪器视线与导线相切时的垂直角,仰角为正,俯角为负;

α—仪器安置在 A′点瞄准 B 点时的垂直角;l—档距

由图 1-2-3（a）中所示关系得：

$$b = l\tan\alpha - l\tan\theta$$

$$\tan\theta = \tan\alpha - \frac{b}{l}$$

不难看出，角度法中，a、f、b 之间的关系与异长法相同，即 $\sqrt{a} + \sqrt{b} = 2\sqrt{f}$，由已知 a、f 可算出 b 值，把 b 值代入上式即可算出 θ 角。

（2）经纬仪架在档端高悬挂点下方，如图 1-2-3（b）所示。由图中所示关系得：

$$b = l\tan\alpha + l\tan\theta$$

$$\tan\theta = -\left(\tan\alpha - \frac{b}{l}\right)$$

（3）可根据悬挂点高差，直接计算 θ 值：

$$\theta = \tan^{-1}\frac{\pm h - 4f + 4\sqrt{af}}{l}$$

式中 h——高差，近方（对仪器而言）悬挂点低时，h 取"+"；近方（对仪器而言）悬挂点高时，h 取"-"。

（4）观测步骤如下：

① 置仪器中心于观测档架空线悬挂点垂直下方 A'点（保证 a 长度）。

② 调整经纬仪观测角 θ 值（根据当时架空线温度）。

③ 调整架空线拉力，使架空线与经纬仪横丝相切，这时架空线中点弧垂就是架线弧垂。

④ 水平偏转望远镜筒，使边线与横丝相切，即为边线弧垂。

⑤ 温度变化时，调整观测角 θ 值。

（5）适用范围如下：

不难发现，档端角度法是在异长法的基础上演变推广来的。由 $\sqrt{a} + \sqrt{b} = 2\sqrt{f}$ 关系式得知，当 $b \leq 0$ 时，$4f \leq a$，角度法和异长法都不适用了。所以角度法适用范围为：$b > 0$，$a < 4f$。应注意避免在 b 值很小时使用档端角度法观测弧垂，这样才能得到较高的观测精度。

4）水平弧垂法（平视法）

在大高差、大跨越的档距，弧垂 f 与杆塔高度 H 之间出现与前不同的关系，即 $f > H_A$。在这样的档距观测弧垂时，前面介绍的等长法、异长法、角度法都不适用。

平视法观测弧垂如图 1-2-4 所示。

当 $h < 10\% l$ 时：

$$f_A = f\left(1 - \frac{h}{4f}\right)^2$$

观测步骤：

（1）根据 h、f 计算架空线低悬挂点水平弧垂值 f_A。

（2）根据 f_A、仪高 i_m、$H_A(AA')$ 计算 Δh，由图 1-2-4 可看出：$\Delta h = (f_A + i_m) - H_A$。

（3）仪器架 A'点，根据 Δh 找出测站 M 点。

（4）仪器架 M 点，使仪高等于 i_m，并使望远镜视线水平。

（5）调整架空线张力，使架空线与视线相切，此时档距中点的弧垂就是施工弧垂值。观测二边线时，可利用目测使边线与中线同高即可。

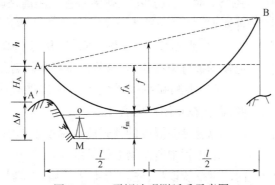

图 1-2-4 平视法观测弧垂示意图

h—架空线悬挂点高差，m；i_m—经纬仪高度，m；f_A—由低悬挂点计算的水平弧垂，m

GBA004 初伸长处理的方法

（二）初伸长及处理的方法

导线、地线受温度和张力的长期作用，除弹性伸长外，还将产生塑性伸长和蠕变伸长，综称塑蠕伸长。塑蠕伸长分别与施加的恒拉应力大小、作用时间长短成正比。塑蠕伸长使导线、地线产生永久性变形，即使拉力除去后，这两部分伸长仍不消失，称为初伸长。

初伸长造成弧垂永久性增大，而运行时间越长，弧垂越大，最终在 5~10 年后趋于一个定值。在运行中，由于这种初伸长逐渐放出，增加了档内线长，引起弧垂增大（应力减小），致使线路导线对地及其他被跨越物的安全距离减小，所以在架线施工中必须考虑补偿。

我国在架空输电线路施工时，一般采用降温法来补偿，即架线时用比实际温度低的温度下的弧垂值架线（相当于安装弧垂减小）以补偿架空线初伸长的影响，因此称该法为降温补偿法。

（1）钢绞线（架空避雷线）降 10℃。

（2）普通钢芯铝绞线降 15~20℃。

（3）轻型钢芯铝绞线降 20~25℃。

国外已普遍使用按单位塑蠕变伸长等效的温度校正（简称蠕变曲线）架线法。由于我国国产钢芯铝绞线制造厂尚未具备提供蠕变曲线的条件，因此也限制了我国架空输电线路施工上广泛采用此法。

为了消除导线塑性增长对弧垂的影响，应采取如下措施：

（1）导线弧垂应经计算确定，应尽量减少导线架设好后的塑性伸长对弧垂的影响。

（2）弧垂法补偿弧垂减小的百分数：铝绞线为 20%；钢芯铝绞线为 12%；铜绞线为 7%~8%。

GBA005 观测弧垂的工艺要求

（三）观测弧垂的工艺要求

（1）弧垂板应置于架空线悬挂点的垂直下方绑扎牢固，若遇铁塔塔身宽度较大，弧垂板应绑扎于铁塔横线路方向的中心线。

（2）观测者应距弧垂板 0.5m 左右单眼观测。观测档较大时，宜配用带十字刻线的望远

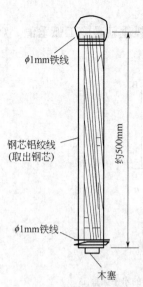

ϕ1mm铁线

钢芯铝绞线
（取出钢芯）

约500mm

ϕ1mm铁线

木塞

图1-2-5　棒式测线温度表

镜观测（可固定在杆塔上的单筒望远镜）。

（3）用等长法、异长法观测弧垂时，当实测温度与观测弧垂所取气温相差不超过±2.5℃时，其观测弧垂值可不作调整，超过±2.5℃时，可用调整一侧弧垂板的距离来调整弧垂，调整量应符合要求。

（4）观测弧垂，应顺着阳光，从低向高处观测，并尽可能避免弧垂板背景有树木、杂物。选择前塔背景清晰的观测位置。

（5）观测弧垂时的实测温度应能代表导线或避雷线的温度，温度在观测档内实测。

测量导线温度的棒式测线温度表如图1-2-5所示。

取工程中所用钢芯铝绞线长约0.5m，两端用铁线绑扎后将内部钢绞线取出，底端用木塞封堵，上端加一提手，将上端带线绳的棒式温度表放入内部，挂在弧垂观测档平均导线、地线高度的杆塔上，让太阳晒，记取温度时，提线绳将温度表取出，其读数即为导线、地线的温度。

（6）雾天、大风、大雪、雷雨天应停止弧垂观测。

（四）架线后的弧垂允许误差

GBA006 架线后的弧垂允许误差

（1）紧线弧垂在挂线后应随即在该观测档检查，其允许偏差应符合下列规定：

① 一般情况下应符合表1-2-2的规定。

表1-2-2　弧垂允许偏差

线路电压等级	110kV	220kV及以上
允许偏差	+5%，-2.5%	±2.5%

② 对跨越通航河流的大跨越档，其弧垂允许偏差不应大于±1%，其正偏差值不应超过1m。

（2）导线和避雷线各相间的弧垂应力求一致，当满足上述弧垂允许偏差标准时，各相间弧垂的相对偏差最大值不应超过下列规定：

① 一般情况下应符合表1-2-3的规定。

表1-2-3　相间弧垂允许不平衡最大值

线路电压等级	110kV	220kV及以上
相间弧垂允许偏差，mm	200	300

② 跨越通航河流大跨越档的相间弧垂最大允许偏差应为500mm。

（3）相分裂导线同相子导线的弧垂应力求一致，在满足上述弧垂允许偏差标准时，其相对偏差应符合下列规定：

① 不安装间隔棒的垂直双分裂导线，同相子导线间的弧垂允许偏差为+100mm/-0。

② 安装间隔棒的其他形式分裂导线，同相子导线的弧垂允许偏差符合下列规定：220kV，80mm；330～500kV，50mm。

(五)架空避雷线架设

采用张力架线方法施工的输电线路,在架设避雷线时,如果采用钢绞线作避雷线,一般以耐张段为施工单元,按传统的方法架设,但宜提前于导线一个施工段放紧线。受停电作业限制或其他特殊原因时,也可与导线同时放紧线。如果避雷线采用良导体,则应采取张力架线方法施工。如果采用光缆作避雷线,则应采用专用的机械架设。

二、技能要求

(一)准备工作

1. 设备准备

名称	规格	数量	备注
模拟线路		1条	

2. 工具准备

序号	名称	规格	数量	备注
1	经纬仪		1台	
2	塔尺		1个	
3	钢卷尺		1个	

(二)操作程序

序号	工序	操作步骤
1	准备工作	选择工具、用具
2	架设经纬仪	架设位置在线路交叉角的平分线上的四个位置任选一个,与线路交叉点距离20~40m
3	仪器调平、对光、调焦	指挥在线路交叉点正下方树一塔尺,塔尺竖直
		对光、调平经纬仪
		将镜筒瞄准塔尺、调焦,使塔尺可读最清晰
4	测距离	读出中丝和上丝及下丝所夹塔尺可读长度乘100得出的距离A
5	测垂直角	垂直移动望远镜,瞄准上层导线
		使十字丝与上层导线精确相切
		读取角度值β
		垂直移动望远镜,瞄准下层导线
		使十字丝与下层导线精确相切
		用同样方法读出下层线的垂直角度α
6	计算	利用公式计算出交叉跨越间的距离$S = A(\tan\beta - \tan\alpha)$
7	收仪器	转动所有制动手轮使仪器活动:松开仪器中心固定旋钮,一手握住仪器,另一手旋下固定螺旋
		双手将经纬仪轻轻拿下放进箱内,要求位置正确、一次成功
		清除三脚架上的泥土,将三脚架收回扣上皮带
8	清理现场	清理现场

（三）注意事项

（1）使用、运输仪器过程中要注意安全，防止摔坏、碰坏仪器。

（2）使用过程中一定要将三脚架踩紧或调整各脚的高度，使圆水泡中的气泡居中。

项目四　使用经纬仪测量线路对地面高度

一、相关知识

（一）线路限距及弛度换算

> GBF008　线路
> 弛度的换算

架空线路的导线长度随温度的变化而变化，所以线路的限距和架空线弛度也随温度的变化而变化，测量线路限距和弛度不一定是在最高气温下进行的，因此所测得的数据一般不是最小限距或是最大弛度。因此，在测量线路限距及弛度数据时，应及时记录测量时的气温和风速，以便对其进行必要的换算。送电线路导线在最大计算弛度下，对地面的最小距离（限距）不应小于表1-2-4的规定值。

表1-2-4　导线对地面最小距离（限距）

线路电压，kV	35~110	220	330	500
居民区，m	7.0	7.5	8.5	14
非居民区，m	6.0	6.5	7.5	11
交通困难地区，m	5.0	5.5	6.5	9

1. 实测弛度换算为最高气温时的弛度

当忽略弹性伸长系数 β 的影响时：

$$f_{max} = \sqrt{f^2 + \frac{3l^4}{8l_{np}^2}(t_{max} - t)\alpha}$$

式中　f——实测弛度，m；

　　　t——测量时的气温，℃；

　　　t_{max}——需换算的最高气温，℃；

　　　f_{max}——最高气温下的弛度，m；

　　　l——实测档的档距，m；

　　　l_{np}——实测耐张段的代表档距，m；

　　　α——导线的线膨胀系数。

2. 实测交叉跨越距离换算为最高气温时的数值

导线与地面、建筑物、树木及各种架空线路的距离，应根据最高气温情况或覆冰无风情况求得的最大弧垂和最大风情况或覆冰情况求得的最大风偏进行计算。送电线路与标准轨距铁路、高速公路及一级公路交叉时，如交叉档距超过200m，最大弧垂应按导线温度70℃计算。因此，实测交叉跨越距离均应换算为最高气温时的数值。

交叉跨越是送电线路经常遇到的情况，运行中的线路也经常又有新的交叉跨越出现，为掌握运行资料，需对原有和新增的交叉跨越点进行测量，并将实测数据填入记录簿中，电力线路对被交叉跨越物在最高气温下的垂直距离应满足规程要求,如表 1-2-5 所示。

表 1-2-5　导线对跨越物的最小净空距离　　　　　单位:m

被交叉跨越物名称	线路额定电压,kV				
	35	110	220	330	500
铁路标准轨顶	7.5	7.5	8.5	9.5	14
公路	7	7	8	9	14
通航河套最高轨顶	2	2	3	4	6
不通航河流	6	6	6.5	7.5	
通信线	3	3	4	5	8.5
电力线	3	3	4	5	
建筑物	4	5	6	7	8.5

(1)首先测出跨越档的弛度 f 和交叉跨越点到较近杆塔的水平距离 x。

$$f=\frac{1}{4}(\sqrt{a}+\sqrt{b})^2$$

式中　f——跨越档的弛度,m;

　　　a——视点 A_o 与导线悬挂点距离,m;

　　　b——视点 B_o 与导线悬挂点距离,m。

(2)将跨越档实测的弛度 f 换算为最高气温时的弛度 f_{max}:

$$f_{max}=\sqrt{f^2+\frac{3l^4}{8l_{np}^2}(t_{max}-t)\alpha}$$

(3)计算出跨越点导线弛度的增量 Δf_x 为:

$$\Delta f_x=\frac{4X}{L}\left(1-\frac{X}{L}\right)(f_{max}-f)$$

式中　Δf_x——跨越点导线弛度增量,m;

　　　X——交叉跨越点到杆塔的距离,m;

　　　L——测量档档距,m。

(4)用同样的方法算出被跨物在交叉跨越点的弛度。

(二)验收规范对线路各组件的质量要求

1. 对导线、地线弧垂的要求

(1)观察弧垂时的实测温度应足以代表导线与避雷线的温度,温度应在观察档内实测,温度计放在背阴的地方,不能有太阳晒。

(2)线路弧垂应符合设计要求,110kV 线路弧垂允许偏差在+5%、-2.5%之间;220kV 及以上线路弧垂允许偏差为±2.5%。跨越通航河道的大跨越档的弧垂允许偏差不应大于±1%,其正偏差不应超过 1m。

(3)导线或避雷线各相间弧垂应力求一致,在各相弧垂满足上述允许偏差时,各相间弧垂相对偏差最大值,110kV 线路一般允许 200mm,220kV 及以上线路允许 300mm。跨越通航河流大跨越档相间弧垂最大允许偏差为 500mm。

GBG009 线路
施工验收规程
对导线、地线
弧垂的要求

（4）相分裂导线同相子导线的弧垂应力求一致，在满足前述各相弧垂允许偏差时，其相对偏差，对于不安装间隔棒的垂直双分裂导线，允许偏差为+100mm。安装间隔棒的其他形式分裂导线同相子导线的允许偏差，220kV 线路为 80mm，330kV 和 500kV 线路为 50mm。

GBG008 施工验收规程对接地装置的要求

2. 对接地装置的要求

（1）接地体的规格及埋深不应小于设计规定。

（2）不能按原设计图形敷设接地体时，应根据实际施工情况在施工记录上绘制接地装置敷设简图，并标明其相对位置和尺寸，但原设计图形为环形者仍应呈环形。

（3）敷设水平接地体时，在倾斜地形宜沿高线敷设，防止接地沟被雨水冲刷后接地体外露；两接地体之间平行接近距离应不小于 5m；接地体不宜有明显的弯曲。

（4）垂直接地体应垂直打入，并防止晃动，保证与土壤接触良好。

（5）接地装置连接应可靠，除设计规定的断开点可用螺栓连接外，应用焊接或爆压连接。连接前应除锈，若采用搭接焊，其搭接长度圆钢为直径的 6 倍，并双面施焊；扁钢为其宽度的 2 倍，并四面施焊；若圆钢采用爆压焊接，爆压管壁厚度不得小于 3mm，搭接长度不小于圆钢直径的 10 倍，对接为圆钢直径的 20 倍。

（6）接地引下线与杆塔的连接应接触良好，并便于解开测量接地电阻，当引下线直接从架空避雷线引下时，应紧靠杆身，每隔一定距离与杆身固定一次。

（7）接地电阻的测量方法应按接地装置规程执行，如设计接地电阻已经考虑了季节系数，则所测得的接地电阻值应符合换算后的要求。

3. 对杆塔接地电阻值的要求

（1）对于有避雷线的电力线路每基杆塔的接地装置，在雷季干燥时，不连避雷线的工频接地电阻不宜超过表 1-2-6 所示。

表 1-2-6　有避雷线架空电力线路工频接地电阻

土壤电阻率，Ω·m	100 及以上	100 以上至 500	500 以上至 1000	1000 以上至 2000	2000 以上
工频接地电阻，Ω	10	15	20	25	30

注：如土壤电阻率很高，接地电阻很难降低到 30Ω 时，可采用 6～8 根总长度不超过 500m 的放射形接地体或连续伸长接地体，其接地电阻可不受限制。

（2）35kV 及以上无避雷线小接地短路电流中的钢筋混凝土杆和金属杆塔，以及木杆线路中的铁横担，均宜接地，接地电阻不受限制，但年平均雷暴日数超过 40 的地区，不宜超过 30Ω。在土壤电阻率不超过 100Ω·m 的地区或已有运行经验的地区，钢筋混凝土杆和金属杆塔可不另设人工接地装置。

二、技能要求

（一）准备工作

序号	名称	规格	数量	备注
1	经纬仪		1 台	
2	塔尺		1 个	
3	钢卷尺		1 个	
4	计算器		1 个	

（二）操作程序

序号	工序	操作步骤
1	准备工作	选择工具、用具
2	架设经纬仪	经纬仪与线路弧垂被测点距离为20~40m
3	仪器调平、对光、调焦	指挥在线路被测点垂直正下方立一塔尺，塔尺竖直
		经纬仪调平、对光
		将镜筒瞄准塔尺、调焦
4	测距离	利用仪器读取中丝值，确定望远镜视线高度h
		读出上丝及下丝所夹塔尺可读长度乘100得出的仪器与塔尺距离S
5	测垂直角	垂直移动望远镜，瞄准导线
		使十字丝、导线精确相切
		读取垂直角β
6	计算	利用公式计算出导线对地距离$H = S\tan\beta + h$
7	收仪器	转动所有制动手轮使仪器活动，松开仪器中心固定旋钮，一手握住仪器，另一手旋下固定螺旋
		双手将经纬仪轻轻拿下放进箱内，要求位置正确、一次成功
		清除三脚架上的泥土，将三脚架收回扣上皮带
8	清理现场	清理现场

（三）注意事项

（1）使用、运输仪器过程中要注意安全，防止摔坏、碰坏仪器。

（2）使用过程中一定要将三脚架踩紧或调整各脚的高度，使圆水泡中的气泡居中。

项目五　测试绝缘子等值附盐密度

一、相关知识

绝缘子的污闪由两个因素决定，一是大气污染造成的绝缘子表面积污；二是能使积聚污秽物质充分受潮的气象条件。

在干燥气象条件下，表面脏污的绝缘子仍有很高的绝缘强度。但在大雾、凝露、毛毛雨等气象条件下，污层中的电解质成分会充分溶于水中，在绝缘子表面形成导电通路，使绝缘强度大大降低，在正常运行电压下就能导致绝缘子沿面闪络，即污闪。

绝缘子表面沉积的污秽种类繁多，按污秽来源大致可分为工业污秽和自然污秽。

GBK005 污闪事故的原因分析

（一）污闪事故原因

当路绝缘子表面附着有各种污秽物质，如灰尘、烟尘、化工粉尘、盐类时，在一定湿度条件下，如雾天、下霜或微雨时，污秽物质溶解于水中，形成电解质的覆盖膜，或含有导电性质的化学气体包围着绝缘子时，都将会大大降低绝缘子的绝缘性能，致使绝缘子表面泄漏电流增加，导致绝缘子闪络，造成输电线路污闪故障。

污闪放电是涉及电、热和化学现象的错综复杂的变化过程。一般而言,可将污闪过程分为四个阶段:

(1)绝缘表面的积污;

(2)绝缘表面的湿润;

(3)局部放电的产生;

(4)局部放电的发展并导致闪络。

(二)线路污闪故障的形式及特点

GBK007 污闪事故的特点

1. 故障表现

绝缘子串闪络,导线和地线烧伤、导线和地线及杆塔上金属构件部分发生锈蚀,以及由此而引起的线路跳闸、供电中断等。

2. 污闪事故的特点

(1)一般发生在工频运行电压长时间作用下。

(2)可造成大面积、长时间的停电事故,且不易被自动重合闸消除,受影响的面积大、范围广、后果严重——区域性故障。污闪事故是电力系统重大灾害(恶性事故)之一。

(3)与气象条件关系密切,季节性强。一般发生在气温低、湿度大的气象条件下:毛毛雨、大雾、小雪及雨雪交加的天气。时间大多在傍晚、后半夜或清晨。季节一般为冬末春初。

(4)绝缘子串中有零值绝缘子时易污闪。当此串绝缘子发生污闪时,零值瓶因短路电流穿过其头部而导致过热,铁帽炸裂。

(5)由于耐张绝缘子自洁性好,积污轻,且直线串绝缘子个数比耐张串绝缘子个数少一个,因此直线串绝缘子比耐张串绝缘子易污闪。

(6)直线双串比单串绝缘子易闪络,特别是 500kV 带均压环的双串绝缘子。

(7)污闪与相别、塔型无关。

(8)绝缘子串有覆冰、积雪现象时,在冰雪消融时易发生污闪。

(9)中性点不直接接地系统中,一相首先闪络接地,其他两相电压升高 $\sqrt{3}$ 倍,会加剧闪络。

(三)污闪与雷击闪络的判别方式

(1)根据发生的条件判断:运行条件、气象条件、时间段及季节等。

(2)根据绝缘子上留下的痕迹判断:雷击闪络或污闪在绝缘子上留下的闪络痕迹并没有十分明显区别。污闪的电弧总是从瓷瓶局部放电开始,在最终阶段才使绝缘子附近空气间隙击穿。一般情况下,污闪发生在运行电压(工频电压)下,一般只在绝缘子串两端各 1~2 片绝缘子上留下明显的闪络痕迹,只有重复闪络才会造成整个绝缘子串均有闪络痕迹,甚至造成绝缘子破碎和钢脚或钢帽的烧伤、损坏及导线落地、导线烧断,从而造成长时间的停电事故。雷击闪络发生于雷击过电压下,且雷击时,由于雷电流很大,一般形成的是沿绝缘子串表面的爬闪。有时一次雷击就会引起整串绝缘子闪络。因此,雷击引起的闪络是爬闪,污闪则是跳闪。

(3)根据导线上的烧伤痕迹判断:污闪在绝缘子上留下的烧伤痕迹比较集中,甚至在线夹上或靠近线夹的导线上留下痕迹,但由于污闪形成和作用的时间很长,因此导线烧伤面积虽小但严重;而雷击闪络往往在线夹到防振锤之间的导线上留下痕迹,且因雷电流大但作用时间短,因此导线烧伤面积大而烧伤程度相对轻。

GBK006 污秽
等级的划分原则

(四)污秽等级划分

　　输电线路的污秽严重程度在技术上分为 5 个等级管理,对每一级提出不同的要求。高压架空线路污秽分级标准见表 1-2-7。根据污湿特征、运行经验、绝缘子的等值盐密度综合考虑污秽等级。运行经验主要包括线路污闪跳闸和污闪事故记录、绝缘子形式和片数、泄漏比距和老化率、地理和气候的特点、采取的防污措施及清扫周期等。

表 1-2-7　高压架空线路污秽分级标准

污秽等级	污湿特征	等值盐密	线路绝缘子爬电比距,cm/kV	
			220kV 及以下	330kV 及以上
0	大气清洁地区及离海盐场 50km 以上无明显污染地区	≤0.03 或 0.06	1.39(1.60)	1.45(1.60)
I	大气轻度污染地区,工业和人口低密集区,离海岸盐场 10~50km 地区。在污闪季节中干燥少雾(含毛毛雨)但雨量较多时	>0.03~0.06	1.39~1.74 (1.60~2.0)	1.45~1.82 (1.60~2.0)
II	大气中等污染地区,轻盐和炉烟污秽地区,离海岸盐场 3~10km 地区,在污闪季节中潮湿多雾(含毛毛雨)但雨量较少时	>0.06~0.10	1.74~2.17 (2.0~2.5)	1.82~2.27 (2.0~2.5)
III	大气污染较严重的地区,重雾和重盐地区,近海岸盐场 1~3km 地区,工业与人口密度较大地区,离化学污源 300~1500m 的较严重污秽区	>0.10~0.25	2.17~2.78 (2.50~3.20)	2.27~2.91 (2.50~3.20
IV	大气特别严重污染地区,离海岸盐场 1km 以内,离化学污源和炉烟污秽 300m 以内的地区	>0.25~0.35	2.78~3.30 (3.20~3.80)	2.91~3.45 (3.20~3.80)

　　爬电比距是指外绝缘的爬电距离对系统额定线电压之比,它是根据标准型悬式绝缘子运行经验总结出来的。爬电比距也称泄漏比距。

　　绝缘子爬电距离是指正常承受运行电压的两电极间沿绝缘件外表面轮廓的最短距离。多元件串联式叠装的绝缘子,其爬电距离为各元件爬电距离之和。绝缘子的污闪电压不仅与爬电距离有关,而且还受绝缘子造型的影响。

　　造成绝缘子污闪的主要原因是绝缘子的单位爬电距离不够,单位爬电距离值是指每千伏线电压绝缘子应具备的最小爬电距离,即:

$$L = \frac{nL_0}{U_n}$$

式中　L——绝缘子单位爬电距离,cm/kV;

　　　L_0——每片绝缘子表面爬电距离,cm;

　　　U_n——线路额定电压,kV;

　　　n——每串绝缘子片数。

　　判别污秽等级用了盐密概念。盐密是等值附盐密度的简称,它是反映污秽程度的一个特征参数。在绝缘子表面上,每平方厘米附着的污秽相当的盐(以毫克计)就是等值附盐密度。

GBE008 绝缘子等值附盐密度的测量计算方法

（五）绝缘子等值附盐密度的测量计算

绝缘子等值附盐密度是衡量绝缘子介质和玻璃件表面污秽导电能力大小的主要参数，也是划分污秽区等级的重要依据。它用与清洗绝缘子介质表面污秽水溶液导电系数大小相等的氯化钠量来表示，即单位介质面积上附着的氯化钠量的大小，用公式表示为：

$$m = \frac{m_0}{S}$$

式中　　m_0——被测介质表面污秽的等值附盐量，mg；

　　　　S——被测介质表面积，cm^2。

1. 等值附盐密度的测量方法

常用的测量方法有两种，一种是用直读式等值盐密表测量；另一种是用电导率仪测量。目前使用较普遍的是用电导率仪测量。测量方法和步骤如下：

（1）测量前，应将所用的量具、烧杯、毛刷、盆具等充分清洁，以免引起测量误差。另外，在清洗绝缘子前应首先测出并记录所用蒸馏水的温度 t_I 和电导率 σ_I。

（2）由于绝缘子的型号不同，其介质的表面积也不相同，因此，清洗绝缘子用水量为 $200cm^3/1000cm^2$，具体用水量应按与绝缘子介质表面积成正比例关系推算得出，但最少用水量不应小于 $100cm^3$。

（3）清洗绝缘子时，将蒸馏水分成两份，一份用于清洗绝缘子上表面的污秽物，另一份用于清洗下表面的污秽物，两份污秽液应单独盛放，然后分别测出两份污秽液的温度 t_I 和电导率 σ_I，并作记录。

（4）待两份污秽液分别测量完成后，将其合并在一起，经搅拌后测出总面积的电导率，然后分别计算出绝缘子上表面、下表面和总面积的盐密值。

（5）如果测出的污秽液温度 t_{II} 和清洗前蒸馏水温度 t_I 不是+20℃，则需将测得的电导率换算为+20℃时的数值，其换算公式为：

$$\sigma_{20} = K_t \sigma_t$$

式中　　σ_{20}——+20℃时清洗液的电导率，μS/cm；

　　　　σ_t——t℃时清洗液的电导率，μS/cm；

　　　　K_t——温度换算系数。

（6）根据温度换算后的电导率，可计算出污秽液的含盐浓度，计算公式为：

$$D = \frac{(5.7 \times 10^{-4} \times \sigma_{20})^{1.03}}{10}$$

式中　　D——污秽液含盐浓度，%。

根据 D 值，再按下列公式计算出被测绝缘子表面的盐密，计算公式为：

$$d = 10 \times \frac{V(D_{II} - D_I)}{S}$$

式中　　d——等值附盐密度，mg/cm^2；

　　　　V——蒸馏水量，mL；

　　　　S——绝缘子被测部分表面积，cm^2；

　　　　D_{II}——清洗后包含污秽物的溶液含盐浓度，%；

D_1——清洗前蒸馏水的含盐浓度,%。

2. 等值附盐密度的测量要求

(1)选择最佳测量时间。一般应在每年无雨雪时间最长的季节进行,以得到最大盐密度。

(2)在选择被测绝缘子时,应在绝缘子串的上、中、下部各选择一片分别进行测量。

(3)要定时、定点进行取样测量,根据多次测量结果,才可确定污秽等级。

(4)清洗绝缘子的污秽液不要散失,要用刷子在盛污秽液的容器中搅拌,使污物充分溶解,以提高测试准确性。

(5)测试用的电极一用一清洗,以免影响测量精度。

(六)防污措施

GBK004　污闪故障预防措施

目前比较有效的防污技术措施有以下几项:

GBK008　防治污秽事故的措施

(1)加强运行维护。

① 有针对性地做好线路巡视。线路巡视要掌握季节与气象,多雾季节,下毛毛雨和融雪的时候,有露水,早晨气温较低时候要特别注意,线路巡视过程中应特别注意线路附近污染源情况。

② 定期检测和及时更换不良绝缘子。线路存在不良绝缘子,绝缘水平就要降低,再加上线路周边污染环境影响,就容易发生污闪事故。因此,必须对绝缘子进行定期测试,及时更换不合格绝缘子。

(2)做好线路防污工作。

① 定期清扫绝缘子。定期或不定期清扫绝缘子是恢复外绝缘抗污闪能力,防止设备外绝缘闪络的重要手段。在清扫的同时,要详细检查绝缘子有无裂纹、损伤、闪络烧伤、零值和其他缺陷,发现零值瓷瓶要及时更换。

② 采用耐污型绝缘子。新型耐污合成绝缘子重量轻,机械强度高,有弹性,不易碎,绝缘性能强,运行维护工作量小。

③ 增加绝缘子片数,但要注意它的合理性、可靠性和经济性。

④ 绝缘子表面涂上一层涂料或半导体釉。涂上一层涂料或半导体釉的绝缘子,由于泄漏电流的发热效应,可以起到烘干潮湿作用,防止污闪,延长清扫周期。试验证明:在盐密为 $0.1mg/cm^2$ 及灰密为 $2mg/cm^2$ 时,涂有硅橡胶的绝缘子人工污闪电压可比没有涂的提高1.5 倍以上。

绝缘子表面加涂憎水性涂料,可以提高抗污能力。当下小雨、小雪时,绝缘子表面的水分会结成水珠,而不是连成一片,因而可以增大绝缘电阻、减小泄漏电流、提高闪络电压。

(3)安装泄漏电流记录仪。

由于污秽绝缘子上有大量活性炭和固体污秽,它们并不被水溶解,在盐密测试时无法反映,且绝缘子表面积污不均,按绝缘子表面积计算的等值附盐密度与实际污秽度差异很大。泄漏电流记录仪可以实现绝缘子污秽的在线连续监测,同时对于线路检修在防污方面可以实现预知检修,避免盲目性,增加科学性。

(4)使用便携式微电流检测仪。

仪器主要用于带电检测交、直流 35～500kV 线路、变电所各种绝缘子泄漏电流,通过对比分析测量数据来指导清扫和检修,也可以用来检查零值或低值绝缘子。

(5)污闪季节临时降压运行。

在污闪发生的季节,根据需要采取电网临时降压运行可以有效防止事故发生。

(七)防治污闪技术管理规定和要求

GBK009 防治污闪的要求

《防污闪技术管理规定》是 35～500kV 输、变电设备的设计、基建和运行部门的指导性规定。对重污区的运行作出了特殊要求:

(1)重污区线路外绝缘应配置足够的爬电比距,并留有裕度。

(2)应选点定期测量盐密,且要求监测点比一般地区多,必要时建立污秽实验站,以掌握污秽程度、污秽性质、绝缘子表面积污速率及气象变化规律。

(3)污闪季节前,应确定污秽等级、检查防污措施的落实情况,污秽等级与爬电比距不相适应时,应及时调整绝缘子串的爬电比距、绝缘子类型或采取其他有效的防污闪措施,线路上的零(低)值绝缘子应及时更换。

(4)防污清扫工作应根据盐密值、积污速度、气象变化规律等因素确定周期及时安排清扫、保证质量。污闪季节,可根据巡视及检测情况临时增加清扫次数。

(5)应建立特殊巡视责任制,在恶劣天气时进行现场巡视,发现异常时分析并采取措施。

(6)做好测试分析,掌握规律,总结经验,针对不同性质的污秽物选择相应有效的防污闪措施,临时采取的补救措施要及时改造为长期防御措施。

二、技能要求

(一)准备工作

1. 材料准备

序号	名称	规格	数量	备注
1	蒸馏水		1000mL	
2	污秽绝缘子	XP-70	1个	总面积 1400cm²(下表面 715cm²、上表面 685cm²)

2. 工具准备

序号	名称	规格	数量	备注
1	盐密测试仪		1台	
2	量筒		1个	
3	烧杯	500mL	1个	
4	毛刷		1把	
5	排笔刷		1把	
6	水盆		1个	
7	布、脱脂棉		1块	

（二）操作程序

序号	工序	操作步骤
1	准备工作	选择工具、用具
2	检查	检查烧杯、量具、毛刷等工具
3	确定用水量	清洗绝缘子用水量为 $200mL/1000cm^2$
4	测量蒸馏水的电导率	测量探针全部浸入溶解液中
		准确记录测量数值
5	清洗绝缘子表面	上下表面分别清洗两次
		清洗要彻底
		清洗前后水量无明显变化
6	溶解污秽物	将含有污秽物的布、棉花或刷子放入烧杯中搅拌，充分溶解
7	测量电导率	测量探针全部浸入溶解液中
8	记录测量结果	准确记录测量数值
9	计算盐密度	将污秽溶液 t℃时测得电导率换算到 20℃时电导率，换算公式：$\sigma_{20} = K_t \cdot \sigma_t$
		根据公式计算污秽液的含盐浓度：$D = (5.7 \times 10^{-6} \times \sigma_{20})^{1.03}/10$
		根据公式计算绝缘子表面的等值附盐密度：$d = 10 \times V(D_2 - D_1)/S$
10	清理现场	清理现场

（三）注意事项

（1）测量过程中，探针必须全部进入溶解液。

（2）计算过程中，要注意换算到 20℃时的电导率。

项目六　测量 10kV 电力电缆绝缘电阻

一、相关知识

（一）变压器绝缘电阻的测量

测量绕组绝缘电阻、吸收比或极化指数，能有效地检查出变压器绝缘整体受潮情况，部件表面受潮或脏污情况，以及贯穿性的集中性缺陷，如瓷件破裂、引线接壳、器身内有金属接地等缺陷。

1. 变压器绝缘电阻的测量顺序和部位

测量绕组绝缘电阻时，应依次测量各绕组对地和对其他绕组间的绝缘电阻值。测量时，被测绕组各引线端均应短接在一起，其余非被测绕组皆短路接地。

变压器绝缘电阻和吸收比的测量顺序及部位见表 1-2-8。

表 1-2-8　变压器绝缘电阻和吸收比的测量顺序及部位

顺序	双绕组变压器		三绕组变压器	
	被测绕组	接地绕组	被测绕组	接地绕组
1	低压绕组	外壳及高压绕组	低压绕组	外壳、高压绕组及中压绕组
2	高压绕组	外壳及低压绕组	中压绕组	外壳、高压绕组及低压绕组
3	—	—	高压绕组	外壳、中压绕组及低压绕组
4	高压绕组及低压绕组	外壳	高压绕组及中压绕组	外壳及低压绕组
5			高压绕组、中压绕组及低压绕组	外壳

如果变压器为自耦变压器时,自耦绕组可视为一个绕组。如三绕组变压器高、中压绕组自耦时,则共测三次,测量顺序及部位如下:(1)低压绕组—高、中压绕组及地;(2)高、中、低压绕组—地;(3)高、中压绕组—低压绕组及地。测量绝缘电阻时,对额定电压为 1000V 以上的绕组用 2500V 兆欧表,其量程一般不低于 10000MΩ,1000V 以下者用 1000V 兆欧表。

为避免绕组上残余电荷导致较大的测量误差,测量前或测量后均应将被测绕组与外壳短路充分放电,放电时间应不少于 2min。对于新投入或大修后的变压器,应充满合格油并静置一定时间,待气泡消除后方可进行试验。一般 110kV 及以上变压器应静置 20h 以上;3~10kV 的变压器需静置 5h 以上。测量时,以变压器顶层油温作为测量时的温度。

2. 变压器绝缘电阻试验标准

《电力设备预防性试验规程》对绝缘电阻标准未做具体规定,表 1-2-9 给出了电力变压器绕组的绝缘电阻、吸收比试验周期和要求。

表 1-2-9　电力变压器及电抗器的试验项目、周期和要求

项目	周期	要求	说明
绕组绝缘电阻、吸收比或(和)极化指数	(1)1～3 年或自行规定; (2)大修后; (3)必要时	(1)绝缘电阻换算至同一温度下,与前一次测试结果相比应无明显变化; (2)吸收比(10～30℃范围)不低于 1.3 或极化指数不低于 1.5	(1)采用 2500V 或 5000V 兆欧表。 (2)测量前被试绕组应充分放电。 (3)测量温度以顶层油温为准,尽量使每次测量温度相近。 (4)尽量在油温低于 50℃ 时测量,不同温度下的绝缘电阻值一般可按下式换算:$R_2 = R_1 \times 1.5^{(t_1-t_2)/10}$。式中 R_1、R_2 分别为温度 t_1、t_2 时的绝缘电阻值。 (5)吸收比和极化指数不进行温度换算

除表 1-2-9 所列要求外,一般推荐综合分析方法,其试验标准如下:

(1)安装时绝缘电阻值不应低于出厂试验时绝缘电阻的 70%。

(2)预防性试验时绝缘电阻值不应低于安装或大修后投入运行前的测量值的 50%。

(3)同期同类型变压器同类绕组的绝缘电阻不应有明显异常。

(4)同一变压器绝缘电阻测量结果,一般高压绕组测量值应大于中压绕组测量值,中压绕组测量值大于低压绕组测量值。

（5）温度对绝缘电阻影响很大，当温度增加时，绝缘电阻将按指数规律下降。为便于比较每次测量结果，最好能在相近的温度下进行测量。当现场无法满足上述条件时，可对测量结果按下式进行换算。

$$R_2 = R_1 \times 1.5^{(t_1-t_2)/10}$$

式中，R_1、R_2 分别为温度 t_1、t_2 时的绝缘电阻值。

（6）若发现某一绕组绝缘电阻低于允许值或与比较值相比降低很多时，可利用绝缘电阻表屏蔽法确定变压器绝缘劣化的具体部位。

（7）吸收比在反映变压器绝缘的局部缺陷及受潮方面是很灵敏的。一般对于高电压或大容量的电力变压器，多用吸收比指标来考核其绝缘性能。《电力设备预防性试验规程》对变压器吸收比的要求为：10~30℃时一般不低于 1.3。

（8）《电力设备预防性试验规程》中对铁芯、穿芯螺栓、轭铁梁对地及相互之间的绝缘电阻未做明确规定，但要求与以前测试值相比无显著差异。实测时应根据出厂值及历次试验值比较来判断。对于 220kV 及以上变压器，这些绝缘电阻一般不低于 500MΩ。

（9）对于电压 110kV、容量 63000kV·A 及以上和电压 154kV 及以上的电力变压器，所有穿芯螺栓对铁芯、夹件应能承受 2kV/min 的工频耐压试验；上下夹件、连接片、方铁等对铁芯应能承受 2kV/min 的工频耐压试验。对于其他变压器（电压 110kV 及以下、容量 50000kV·A 及以下的电力变压器），可用 2500V 兆欧表测量绝缘电阻，代替工频耐压试验。

3. 变压器绝缘电阻的测试方法

（1）应按设备的电压等级选择摇表，10~35kV 的变压器，应选用 2500V 摇表。

GBE002 用兆欧表测量变压器绝缘电阻的方法

（2）测量绝缘电阻以前，应切断被测设备的电源，并进行短路放电，放电的目的是保障人身和设备的安全，并使测量结果准确。

（3）摇表的连线应是绝缘良好的两条分开的单根线（最好是两色），两根连线不要缠绞在一起，最好不使连线与地面接触，以免因连线绝缘不良而引起误差。

（4）测量前先将摇表进行一次开路和短路试验，检查摇表是否良好，若将两连接线开路并摇动手柄，指针应指在"∞"（无穷大）处，这时如把两连线头瞬间短接一下，指针应指在"0"处，此时说明摇表是良好的，否则摇表是有误差的。

（5）摇测一次绕组对二次绕组及地（壳）的绝缘电阻的接线方法：将一次绕组三相引出端 1U、1V、1W 用裸铜线短接，以备接兆欧表"L"端；将二次绕组引出端 N、2U、2V、2W 及地（壳）用裸铜线短接后，接在兆欧表"E"端；必要时，为减少表面泄漏影响测量值可用裸铜线在一次侧瓷套管的瓷裙上缠绕几匝之后，再用绝缘导线接在兆欧表"G"端。

（6）摇测二次绕组对一次绕组及地（壳）的绝缘电阻的接线方法：将二次绕组引出端 2U、2V、2W、N 用裸铜线短接，以备接兆欧表"L"端；将一次绕组三相引出端 1U、1V、1W 及地（壳）用裸铜线短接后，接在兆欧表"E"端；必要时，为减少表面泄漏影响测量值可用裸铜线在二次侧瓷套管的瓷裙上缠绕几匝之后，再用绝缘导线接在兆欧表"G"端。

（7）在测量时，一手按着摇表外壳（以防摇表振动）。当表针指示为"0"时，应立即停止摇动，以免烧表。

（8）测量时，应将摇表置于水平位置，以大约 120r/min 的速度转动发电机的摇把，在 15s 时读取一数（R_{15}），在 60s 时再读一数（R_{60}），记录摇测数据。

（9）待表针基本稳定后读取数值，先撤出"L"端测线后再停摇兆欧表。

（10）摇测前后均要用放电棒将变压器绕组对地放电。

（二）电缆绝缘电阻的测量

1. 电缆绝缘电阻的测量要求

电力电缆是大电容被试品，对电缆进行绝缘电阻的测量的目的是检查电缆绝缘是否受潮、老化及有无局部缺陷。

测量绝缘电阻应测量电缆每一相绝缘电阻。对一相进行测量时，两相导体、金属屏蔽或金属套和铠甲层应一起接地。对电缆进行绝缘电阻测量前，应对试品充分放电；测量时，应先将兆欧表摇到额定转速后再用绝缘笔棒接入试品，读取 1min 的绝缘电阻值；为防止试品反充电，读完数值后应先将绝缘笔棒断开试品，再停止摇动兆欧表。

从测量电缆绝缘电阻的数值可初步判断电缆绝缘是否受潮、老化，并可检查由耐压试验检查出的缺陷的性质，所以，耐压试验前均应测量绝缘电阻。测量时，额定电压为 1kV 及以上的电缆应使用 2500V 兆欧表进行逐相测量。1000V 以下电压等级的电缆用 500～1000V 的兆欧表。

运行中的电缆，其绝缘电阻应从各次试验数值的变化规律及相间的相互比较来综合判定，其相间不平衡系数一般不大于 2～2.5。

电缆绝缘电阻的数值随电缆的温度和长度而变化。为了方便比较，应换算为 20℃时每千米长的数值（具体换算请查电缆绝缘电阻的温度换算系数）。

良好电缆的绝缘电阻值通常很高，其最低值参照制造厂的规定。新的交联聚乙烯电缆，每一缆芯对外皮的绝缘电阻（20℃时每千米的数值），额定电压 6kV 的应不小于 1000MΩ；额定电压 10kV 的应不小于 1200MΩ；额定电压 35kV 的应不小于 3000MΩ。对于橡塑绝缘电缆（主要指交联聚乙烯电缆），除测量芯线绝缘电阻外，还要测量钢铠甲对地的绝缘电阻及铜屏蔽对钢铠甲的绝缘电阻，以确定外、内护套有无损伤，判断绝缘有无受潮的可能。测量时通常用 500V 兆欧表进行，当绝缘电阻低于 0.5MΩ 时，应用万用表正反接线分别测屏蔽层对铠装、铠装对地的绝缘电阻，当两次测得的阻值相差很大时，表明外护套或内衬层已破损受潮。

表 1-2-10 为 20℃时不同类型电力电缆每千米芯线主绝缘的绝缘电阻最低值，此表数值仅供参考。

表 1-2-10　电力电缆绝缘电阻最低值（20℃时）

电缆类型	额定电压，kV	绝缘电阻不小于，MΩ/km
油浸纸绝缘	3 及以下	50
	6 及以上	100
油浸纸滴干绝缘电缆	3 及以下	100
	6～10	200
不滴流电缆	6～10	200

续表

电缆类型	额定电压，kV	绝缘电阻不小于，MΩ/km
聚氯乙烯绝缘电缆	0.5	30
	1	40
	3	50
	6	60
交联聚乙烯绝缘电缆	6~10	1000
	35	2500

2. 电缆绝缘电阻的测试方法

（1）试验前电缆要充分放电并接地，方法是将导电线芯及电缆金属护套接地。

（2）根据被试电缆的额定电压选择适当的兆欧表。

GBG012 电缆绝缘电阻的测试方法

（3）将兆欧表放置在平稳的地方，不接线空摇，在额定转速下（120r/min）指针应指到"∞"，再慢摇兆欧表，将兆欧表用引线短接，兆欧表指针应指零。

（4）测试前应将电缆终端头管表面擦净，兆欧表有三个端子：接地端子（E）、屏蔽端子（G）、线路端子（L）。为了减少表面泄漏，应将另一绝缘线芯作屏蔽回路，将该线芯两端的金属导体用金属软线接到被测试绝缘线芯的套管或绝缘上，并绕几圈，再引到兆欧表的屏蔽端子上。应注意，线路端子上引出的软线处于被测绝缘状况，不可放在地上，而应悬空。用兆欧表测量电缆的绝缘电阻接线时，E端子引线必须接电缆的被测相，测量值才能准确。

（5）以恒定额定转速摇动兆欧表手柄，达到额定转速后，再搭到被测线芯导体上。测试电缆完毕仍应使兆欧表保持转速，待引线与被测物分开后，才能停止兆欧表的转动，以防被试物反馈充电造成兆欧表损坏。

（6）每次测试完毕后或重复测试时，必须将被试物充分放电，至少1~5min。

（三）接地装置导通测试

GBE001 接地装置电气完整性测试

接地装置的电气完整性是指接地装置中应该接地的各种电气之间、接地装置的各部分及与各设备之间的电气连接性，即直流电阻值，也称电气导通性。电力设备的接地引下线与地网的可靠、有效连接是设备安全运行的根本保障。接地引下线是电力设备与地网的连接部分，在电力设备长时间运行过程中，连接处有可能因受潮等因素影响，出现节点锈蚀、甚至断裂等现象，导致接地引下线与主接地网连接点电阻增大，从而不能满足电力规程的要求，使设备运行中存在安全隐患，严重时会造成设备失地运行。接地装置的地下接地极及其连接部分也可能出现锈蚀、甚至断裂现象。因此，定期对接地装置进行电气完整性测试是很有必要的。

电力行业标准 DL/T 475—2017《接地装置特性参数测量导则》规定电气通用性应选用专门的仪器进行测量，仪器的分辨率为1mΩ，准确率不低于1.0级。接地装置的特性参数大都与土壤的潮湿程度密切相关，因此接地装置的状况评估和验收测试应尽量在干燥季节和土壤未冻结时进行；不应在雷、雨、雪中和雨、雪后立即进行。

测试结果的判断和处理：

（1）状况良好的设备测试值应在50mΩ以下。

（2）50~200mΩ 的设备状况尚可,宜在以后例行测试中重点关注其变化,重要的设备宜在适当时候检查处理。

（3）200mΩ~1Ω 的设备状况不佳,对重要的设备应尽快检查处理,其他设备宜在适当时候检查处理。

（4）1Ω 以上的设备与主地网未连接,应尽快检查处理。

（5）独立避雷针的测试值应在 500mΩ 以上。

（6）测试中相对值明显高于其他设备,而绝对值又不大的,按状况尚可对待。

二、技能要求

（一）准备工作

1. 设备准备

名称	规格	数量	备注
电力电缆线路	10kV	1 条	

2. 工具准备

序号	名称	规格	数量	备注
1	兆欧表	2500V	1 个	
2	活动扳手	300mm	1 把	

（二）操作程序

序号	工序	操作步骤
1	准备工作	准备工具、仪表
2	检查兆欧表	对兆欧表进行开路试验、短路试验
3	做安全措施	核对线路名称,履行停电手续
		停电后进行验电,并做好安全措施
4	放电	将电缆解开并放电
5	测量绝缘电阻	接线柱"L"接电缆芯线,"E"接电缆金属外皮,接线柱"G"的引线缠绕在电缆的屏蔽纸上;将非被测相线芯短接并接地
		按顺时针方向由慢到快摇动兆欧表手柄,然后以 120r/min 的转速均匀地摇动兆欧表手柄
6	读数	保持均匀转速,待表盘上的指针停稳后(1min),指针指示值就是被测电缆的绝缘电阻值(不低于 500MΩ)
		和以前的测量值进行比较
7	测量后放电	测量后将电缆充分放电
8	连接电缆头	将电缆头按原来的相序重新连接
9	拆除兆欧表引线及安全措施	拆下兆欧表的引线,拆除安全措施
10	清理现场	清理现场,收好工具

（三）注意事项

（1）使用兆欧表前应检查外观完好，并进行开路、短路试验。

（2）每测量一次，均应进行充分放电。

项目七　用智能巡检系统手持终端机进行杆塔坐标定位

一、相关知识

（一）线路的特殊巡视

特殊巡视是在气候剧烈变化（大雾、冰冻、狂风暴雨等）、自然灾害（地震、河水泛滥、森林起火等）、外力影响、异常运行和其他特殊情况时，及时发现线路异常现象及部件的变形损坏情况。一般巡视全线、某几段或某些部件，以发现线路的异常现象及部件的变形损坏。特殊巡视，一般不能一人单独巡视，而且是根据情况随时进行的。

> GBF002　线路特殊巡视的内容
>
> GBF001　线路特殊巡视的要求

在遭受严重污染的线段上，大气潮湿时可能会引起绝缘闪络。所以，在降大雾、毛毛雨和湿雪的时候，对于污区绝缘子需例外进行特殊巡视。如果这种情况发生在长久干旱之后，应格外注意。因为久旱后，绝缘子表面的积污总是比较严重的。如果运行人员经验丰富，根据绝缘子表面的火花放电（白天可以听到比平时大的"嘶嘶"放电声），可以判断闪络的危险性和绝缘子清扫的必要性。

当线路上发生覆冰时，如不及时采取防冻或破冰措施，就可能导致严重的断线或倒杆（塔）事故。对于有严重覆冰的地区或地段，这一点更为重要。所以，在覆冰时，需要组织特殊巡视。巡线工必须仔细观察线路上的覆冰情况，查清在哪些地段上的覆冰情况最严重，并取得覆冰的有关数据。根据这些观察，如果线路有发生故障的危险时，必须及时采取反事故措施。这些措施包括机械除冰、电流融冰等。若采取电流融冰时，巡险工需继续留在线路上，观察脱冰情况。如果此时发现导线、地线接管过热，应立即报告工区（队）领导。

在春天，冰冻地区开始解冻，这时江（河）上的流冰可能堵塞河道。因此，对于河湾旁边的杆塔或者江中沙滩上的杆塔要加强监视。必要时，每天都要观察。如果水位上升，而且水面上的流冰能够到达杆塔时，则必须日夜观察，以便查看流冰流动情况和它的流动方向，观察是否有流冰阻塞的地方以及对杆塔是否构成威胁。根据观察情况，采取必要的措施，以保证杆塔安全运行。

当线路附近（旁边）发生火灾时，需立即进行特殊巡视。线路上的火灾所引起的高温不仅能损坏杆塔的结构，而且可能导致导线的溶解或线（相）间发生短路故障。这时，巡线工的任务是确定火灾对于线路的危险性和火灾的性质，并立即向工区（队）领导报告。如果火灾直接威胁线路的安全，应在工区（队）领导到达火灾地方以前，巡线工尽可能采取一些防止火焰接近杆塔的措施，并向灭火人员讲明在带电线路附近灭火的规则。线路经过的森林内发生大火或在泥煤地区发生火灾时，巡线工的任务是确定火灾地点距线路的远近程度、火灾扩大的速度、移动的方向，确定受火灾威胁的线段，也必须检查防火沟或防火走廊的状况，线路路径上有无干树枝、干草等可燃物体，并将这些情况及时报告给工区领导。

暴风雨之后一般要进行全线特殊巡视，判明暴风雨对线路的损坏程度，以确定检修方案。

严寒时，导线、地线张力增大，可能使导线、地线断股，使导线、地线接头拔出甚至完全拉断，使金属个别零件损坏等。由于温度剧变，可能使绝缘子发生裂缝或使已有的裂缝扩大。因此，在寒流（严寒）之后，需进行特殊巡视。在检查时，应特别注意导线、地线，绝缘子和金具的情况，以及导线、地线连接和金具在杆塔上固定的地方。

在输电线路过负荷情况下，特别是又处在高温期间，一是导线接头如有缺陷容易烧坏，二是导线弛度要变大，对地限距和交叉间距要缩小。因此，在这种情况下，非但要夜间巡视，而且在白天还要进行特殊巡视，以弥补夜间巡视的不足。白天巡视要注意接头状况，但更要注意各种限距是否足够。

在线路防护区或线路附近进行线路施工、建筑施工、建立高型起重机械、爆破作业、砍树等作业时，线路运行工人要协助监护。

GBF003 线路夜间、交叉和诊断性巡视的目的要求

（二）线路的夜间、交叉和诊断巡视

一般根据运行季节特点、线路健康情况和环境特点确定巡视重点。巡视应根据运行情况及时进行，一般巡视全线、某线段或某部件。

每次巡视均应有确定的重点，如分别以环境、污秽情况、金具磨损变形、防雷设施状况等作为重点巡视内容。为提高巡视效果，可采取不同巡视方式，如为了检查导线连接器的发热、绝缘子的污秽放电或其他局部放电现象，可组织夜间巡视。为检查和交流巡视质量，可组织两个专责组互换巡视线路进行交叉巡视。对某些问题一时不能确定的，可组织有经验的巡线员、技术人员等进行诊断巡视，以确定缺陷性质。

夜间巡视是为了检查导线及连接器的发热或绝缘子污秽及裂纹的放电情况。夜间巡视至少两人一起巡视，应沿线路外侧进行，大风巡线应沿线路上风侧前进，以免万一触及断落的导线。

夜间巡视绝缘子的工作，只限于污秽地区。由于漆黑的夜晚很容易观察绝缘子放电情况，如果污秽严重，就会发现电压梯度特别大的瓷件和铁帽、钢角的黏结处，有蓝色的电晕光环。这是电晕放电，时有时无，则说明污秽相当严重。

夜间巡视另一主要内容是检查导线连接部分是否良好，特别是对于铜铝过渡接头，用螺栓固定的并沟线夹、跳线接板等，如接触不良，接头温度升高，将致使接头或者旁边的导线熔化发光。如发现这种发光的接头，应立即更换。否则，很快会造成导线烧断。这种夜间巡视应在最大负荷电流时，还应选择在农历月底或月初，月色暗淡时进行。

应该指出，这种检查方法，只能检查出部分具有最严重缺陷的连接器。为了查明所有不良的连接器，光凭这种方法，显然是不够的。

GBF004 线路故障巡视的目的要求

（三）线路的故障巡视

由于架空线路分布很广，又长期处于露天环境下运行，所以经常会受到周围环境和大自然变化的影响，从而使架空线路在运行中发生各种各样的故障。

1. 故障巡线的方法

（1）线路接地故障或短路发生之后，无论是否重合闸成功，都要立即组织故障巡视。

如果开关重合不成,查明故障的时间直接关系到线路故障停电的时间;如果开关重合成功,同样应尽快地发现故障点,因为长时间在线路上存在故障性缺陷,还有可能导致再次发生故障。巡视中,巡视人员应将所分担的巡视区段全部巡完,不得在巡视时发现一处故障后立即停止继续巡视,应强调不得中断或遗漏。

(2)故障巡视必须集中人力,以便在最短时间内查明故障原因,必要时需登杆进行检查。

为了加速故障巡线,必须采取现代化的交通工具,如摩托车、汽车,甚至飞机。当乘飞机巡视时,只能看到导线、地线断线,绝缘子和杆塔损坏情况。所以,地面巡线仍然同时进行。事故巡视过程中,要始终注意和护线员、沿线居民作调查,因为线路故障最早的发现者往往是护线员或沿线居民。必要时需登杆检查。

组织事故巡线,要靠平时积累的地形、地貌、交通等资料,把一条线分成若干段,能几乎同时完成分工段的巡线。

(3)巡视时要根据继电保护动作情况、当时的天气情况和线路运行情况,初步分析有可能发生故障的地段,有针对性地重点巡视。

事故巡线要突出重点。例如,在潮湿大气里,清晨前后发生的跳闸故障,应注意污秽区的绝缘子是否闪络。如果在雷雨天发生了跳闸事故,要特别注意重雷区和易击区点的绝缘子、导线是否闪络烧伤。

事故巡视需注意档距内导线、地线是否平衡,导线下有无破损物,有无闪络损坏的绝缘子,杆塔下面有无死鸟等。

发现故障点后,应尽快向有关领导或技术人员报告,报告内容必须具体详细,包括故障地点、线路号、杆塔号、故障性质等,以便确定线路能否临时供电或者确定抢修方案。重大事故应设法保护现场。对所发现的可能造成故障的所有物件应搜索带回,并对故障现场做好详细记录,以作为事故分析的依据和参考。必要时要保留现场,待上一级安全监察部门来调查。

事故查线有时并非一次就能查清。这时不论线路是否已投入运行,均需派人复查,直至查到故障点。

如果事故查线发现了故障点,且故障点还可能扩大,甚至危及周围居民,如绝缘子串断裂、导线落下,但重合已成功,导线对地距离很近;导线上悬挂物对地距离很近;双回路杆塔断一根导线,但这根导线离二回路线很近,应采取措施防止行人或家畜接近导线(在8m以外),并立即报告等候处理。

2. 故障巡线的注意事项

(1)故障巡视时,巡线员应将所分配的巡视区段全部巡完,不得中断或遗漏。

故障巡视是为了查明线路上发生故障接地、跳闸的原因,找出故障点并查明故障情况。故障巡视应在发生故障后及时进行,巡视发生故障的区段或全线。

(2)发现故障点后应及时报告,重大事故应设法保护现场。

在故障巡视时更应注意人身安全,如发现导线断线接地时,所有人员都应站在距故障点8~10m以外的地方,并应设专人看管,绝对禁止任何人走近接地点。同时,应设法及时处理。

（3）巡线时除了注意线路本身各部件外，还应注意附近环境，如树木、建筑物和其他临时障碍物，杆塔下有无烧过的线头、木棍、鸟兽等物体，还应向附近的居民询问是否看到、听到线路异常现象。

（4）对所发现的有可能造成故障的所有物件均应收集起来，并将故障现场周围情况做好详细记录，以作为故障分析的依据和参考。

GBF005 线路登杆巡视的目的要求

（四）线路的登杆巡视

登杆巡视是为了弥补地面巡视的不足，而对杆塔上部部件的巡查，有条件的也可采用乘飞机巡视的方式，500kV 线路应开展登塔、走导线检查工作。

线路上有很多缺陷是不能从地面上发现的，甚至用望远镜也无济于事。例如，悬式绝缘子上表面的电弧闪络痕迹，导线、地线悬垂线夹出口处的振动断股，绝缘子金具上的微小裂纹，螺栓连接部分的松动，以及其他类似情况。

为了查明上述缺陷，每年必须进行登杆检查，500kV 线路也可走导线检查。登杆检查时，必须仔细地检查所有地面上不易看清楚的部分，同时也检查地面巡视时被忽视的缺陷和故障点。对于档距中的导线、地线，在杆塔上也要认真查看。例如，导线、地线上有无电弧灼伤的痕迹，导线、地线腐蚀情况和接头接触情况，导线、地线有无断股等。如发现疑点，在杆塔上面仍看不清楚，那就必须设法登上导线、地线进行检查。这种情况在平原地区，可用高空飞车进行。如果没有这个条件，或者在山区，或者在平原水田地区，那只好使用滑轮，工作人员从导线或地线上滑出去。有的地方，导线对地距离很短，也可以利用抛上牵引绳、悬挂软梯的办法。

登杆检查需要特别详细检查的是导线和地线在线夹里面是否断股，绝缘子是否老化及损坏，导线和架空地线的接头如何。检查导线和架空地线固定的地方时，需检查线夹里面，特别是线夹出口处，是否断股，或者生锈严重。但这需要打开线夹，松开铝包带，才能看得清楚。同时，也应检查线夹的固定螺栓是否松动。

在检查中发现的一般缺陷，要边检查边改，及时修理好，如果发现弹簧销或开口销、闭口销缺少，要立即补上。即使锈蚀，也要更换。对导线、架空地线或耦合地线，如果发现烧伤、断股，在允许修补的范围内，应马上补修，或者绑扎，或者用补修条补修。断股严重的话，如果不换导线，可以把耐张杆塔的跳线放出来，并重做跳线。这样，导线在整个耐张段内移动了一个距离。

检查并沟线夹或跳线搭接板时，需注意有无过热的痕迹，并检查螺栓的夹紧程度。当发现螺栓松动、铝夹板过热退火时，应仔细检查，在必要时需解开线夹，检查接触面是否氧化发黑，是否电弧灼伤。螺栓松动的需要重新拧紧，铝夹板过热退火的要及时更换。接触面氧化发热变黑的，要重新清除氧化膜。

检查绝缘子时，要注意瓷件上有无裂纹，有无瓷釉烧伤痕迹，绝缘子的铁附件有无变形，有无电弧灼伤痕迹，是否锈蚀严重。对于悬式绝缘子的球头，应特别注意是否锈蚀（曾有过球头运行中拉断的事故）。检查金具时，要注意是否有错用或不符合设计的情况。对于铸件应注意是否有裂纹，有裂纹的应及时更换。

检查杆塔上部件时，需检查螺栓是否松动，杆塔是否锈蚀，水泥杆有无裂纹、剥落，钢筋有无外露、锈蚀。导线、架空地线容易振动之处的螺栓容易松动。两节水泥杆连接处和顶部,以及塔材靠近水田的地方容易锈蚀。

登杆检查可以在带电情况下进行,也可在停电时进行。在一般情况下停电登杆检查,边查边改。为完成这项任务,工具和材料必须准备充分。带电时登杆检查,必须遵守带电作业一切规定。

登杆检查时所发现一切缺陷,不论当时是否修好,均应在检查卡上填写清楚。工作结束后,再交回工区(队)由技术人员整理登记,一式两份,一份存技术档案,一份留线路运行班。

(五)使用智能巡检仪巡视线路

1. 智能巡检系统

智能巡检系统是以地理空间信息为背景,基于 3G(GIS、GPS、GPRS)技术的"巡检管理信息系统",实时掌握巡检人员的行踪并将巡线的动态数据进行采集,通过系统可视化查询、分析,实现对巡线人员的远程管理,达到对电力设施运行状态的实时监控,实现巡检工作的科学化、规范化管理,杜绝安全隐患,保证电力系统安全运行。

2. 智能巡检仪

巡检人员手持巡检仪,沿电力线路现场巡视,检查电力设施的运行状态;将相关的巡检属性数据(如线路名称、电压等级、敷设形式、人为破坏情况等),录入巡检仪内;点击巡检仪的"提交"按钮,将数据通过 GPRS 网络传输至远程的管理中心;管理中心接收数据并作相应处理,将巡检结果实时反映在相关的电子地图上,管理部门便可直观、实时地掌握巡检人员的工作情况和野外电力线路(或附属设施)的运行情况,管理人员依此对线路巡检工作进行规范化管理和科学化监督。

数据采集型巡检仪主要用于缺陷信息、杆塔坐标等数据采集,它同时具有拍照和通话功能;测量型巡检仪可用于线路测量,其单点定位精度可以达到 3～5m,配合 CORS 基站使用可以获得亚米级的高精度数据;如在小范围巡检 GPS 误差较大,可以使用 RFID 型巡检仪。

3. 智能巡检仪的特点

(1)使用智能巡检仪采集杆塔坐标主要应用的是 GPS 定位技术,一般高大建筑物会影响 GPS 信号质量,因此使用 GPS 定位要在空旷处。

(2)电磁场对智能巡检仪信号接收有一定影响,使用 GPS 采集杆塔坐标时,为了保证接收机能够正常工作及观测数据的可靠性,应注意避开周围的电磁波干扰源。

(3)使用 GPS 采集杆塔坐标时,测量精度会受到地形条件、卫星状况、接收机类型的影响。

(4)智能巡检手持机的 GPRS 信号是指手机通信信号,主要用来传输巡线系统数据信号。

(六)送电线路巡视检查的内容

1. 杆塔

(1)杆塔是否倾斜;铁塔构件有无弯曲、变形、锈蚀;螺栓有无松动;混凝土杆有无裂纹、疏松、钢筋外露,焊接处有无开裂、锈蚀。

(2)基础有无损坏、下沉或上拔,周围土壤有无挖掘或沉陷,寒冷地区电杆有无冻鼓现象;铁塔基础表面有无水泥脱落、钢筋外露、装配式基础锈蚀,基础周围环境是否发生不良变化。

GBF011 智能巡检系统的应用

GBE007 GPS智能巡检仪定位杆塔坐标的方法

GBF012 架空输电线路巡视的主要内容

（3）杆塔位置是否合适，有无被车撞的可能，保护设施是否完好，标志是否清楚。

（4）杆塔有无被水淹、水冲的可能，防洪设施有无损坏和坍塌。

（5）杆塔标志（杆号、相位警告牌）是否齐全、明显。

（6）杆塔周围有无杂草和蔓藤类植物附生，有无危及安全的鸟巢、风筝及杂草。

2. 横担及金具

（1）横担有无锈蚀、歪斜、变形。

（2）金具有无锈蚀、变形；螺栓是否紧固，是否缺帽；开口销有无锈蚀、断裂、脱落。

3. 绝缘子

（1）瓷件有无脏污、损伤、裂纹和闪络痕迹。

（2）铁脚、铁帽有无锈蚀、松动、弯曲。

4. 导线（包括架空地线、耦合地线）

（1）有无断股、损伤、烧伤痕迹，在化工、沿海等地区的导线有无腐蚀现象。

（2）三相弛度是否平衡，有无过紧、过松现象。

（3）接头是否良好、有无过热现象（如接头变色、雪先融化等），连接线夹弹簧垫是否齐全，螺帽是否紧固。

（4）过（跳）引线有无损伤、断股、歪扭，构件及其他引线间距离是否符合规定。

（5）导线上有无抛扔物。

（6）固定导线用绝缘子上的绑线有无松弛或开断现象。

5. 防雷设施

（1）避雷器伞裙有无裂缝、损伤、闪络痕迹，表面是否脏污。

（2）避雷器的连接固定是否牢固；计数器动作情况。

（3）引线连接是否良好，与邻相和杆塔构件的距离是否符合规定。

（4）各部件是否锈蚀，接地端焊接处有无开裂、脱落。

（5）保护间隙有无烧损、锈蚀或被外物短接，间隙距离是否符合规定。

（6）雷电观测装置是否完好。

6. 接地装置

（1）接地引下线有无丢失、断股、损伤。

（2）接头接触是否良好，线夹螺栓有无松动、锈蚀。

（3）接地引下线的保护管有无破损、丢失，固定是否牢靠。

（4）接地体有无外露、严重腐蚀，在埋设范围内有无土方工程。

7. 拉线和拉线基础

（1）拉线及部件有无锈蚀、松弛、断股抽筋、张力分配不均，缺螺栓、螺帽等，部件丢失和被破坏等现象。

（2）杆塔及拉线的基础有无变异，周围土壤有无突起或沉陷，基础有无裂纹、损坏、下沉或上拔，护基有无沉塌或被冲刷。

（3）拉线是否妨碍交通或被车碰撞。

（4）拉线棒（下把）、抱箍等金具有无变形、锈蚀。

8. 沿线情况

（1）沿线有无易燃、易爆物品和腐蚀性液体、气体。

（2）导线对地及对道路、公路、铁路、管道、索道、河流、建筑物等距离是否符合规定,有无可能触及导线的烟囱和天线等。

（3）周围有无被风刮起而危及线路安全的金属薄膜和杂物等。

（4）有无威胁线路安全的工程设施(机械、脚手架等)。

（5）查明线路附近的爆破工程有无爆破申报手续,其安全措施是否妥当。

（6）查明防护区内的植树、种竹情况及导线与树、竹间距离是否符合规定。

（7）线路附近有无射击、放风筝、抛扔物、飘洒金属和在杆塔、拉线上拴牲畜等。

（8）查明沿线污秽情况。

（9）查明沿线江河泛滥、山洪和泥石流等异常现象。

（10）沿线有无违反《电力设施保护条例》的建筑。

（七）巡视检查附件

GBF009 巡视检查附件

（1）预绞丝滑动、断股或烧伤。

（2）防振锤移位、脱落、偏斜、钢丝断股,阻尼线变形、烧伤,绑线松动。

（3）均压环、屏蔽环锈蚀及螺栓松动、偏斜。

（4）防鸟设施损坏、变形或缺损。

（5）相分裂导线的间隔棒松动、移位、折断、线夹脱落、连接处磨损和放电烧伤。

（6）附属通信设施损坏。

（7）各种检测装置缺损。

（8）相位、警告、指示及防护等标志缺损、丢失,线路名称、杆塔编号字迹不清。

总而言之,从沿线情况到线路本身,从杆塔、导线、地线、绝缘子到防雷设施、接地装置、附件,巡视人员无不需要关心。

（八）线路保护区运行要求

GBF013 输电线路运行标准

1. 弧垂计算

导线对地面、建筑物、树木、铁路、道路、河流、管道、索道及各种架空线路交叉或接近的要求应根据运行温度40℃情况或覆冰无风情况求得的最大弧垂计算垂直距离,根据最大风速情况或覆冰情况求得的最大风偏进行计算。

GBF010 架空输电设备防护内容

计算上述距离,可不考虑由于电流、太阳辐射等引起的弧垂增大,但应计入导线架线后塑性伸长的影响和设计、施工的误差。重冰区的线路,还应计算不均匀覆冰和验算覆冰情况下的弧垂增大。

大跨越的导线弧垂应按导线实际能够达到的最高温度计算。

输电线路与主干铁路、高速公路交叉,采取独立耐张段。

当架空电力线路与标准轨距铁路、高速公路和一级公路交叉,如架空电力线路的档距超过200m时,最大弧垂应按导线温度为+70℃或+80℃计算。

架空送电线路和弱电线路交叉角为:与一级弱电线路交叉角≥45°;与二级弱电线路交叉角≥30°;与三级弱电线路交叉角不限制。

2. 导线对地距离

导线与地面的最小距离，在最大计算弧垂情况下，应符合表 1-2-11 的规定。

表 1-2-11　导线与地面的最小距离

线路经过区域	最小距离，m		
	线路电压 35~110kV	线路电压 154~220kV	线路电压 330kV
人口密集地区	7.0	7.5	8.5
人口稀少地区	6.0	6.5	7.5
交通困难地区	5.0	5.5	6.5

3. 导线与山坡距离

导线与山坡、峭壁、岩石之间的最小距离，在最大计算风偏情况下，应符合表 1-2-12 的规定。

表 1-2-12　导线与山坡、峭壁、岩石间的最小距离

线路经过地区	最小距离，m		
	线路电压 35~110kV	线路电压 154~220kV	线路电压 330kV
步行可以到达的山坡	5.0	5.5	6.5
步行不能到达的山坡、峭壁、岩石	3.0	4.0	5.0

4. 导线与建筑物之间的垂直距离

线路导线不应跨越屋顶为易燃材料做成的建筑物。对耐火屋顶的建筑物，应尽量不跨越，特殊情况时，电力部门应采取一定的安全措施，并与有关部门达成协议或取得当地政府同意。

导线与建筑物之间的垂直距离，在最大计算弧垂情况下，应符合表 1-2-13 的规定。

表 1-2-13　导线与建筑物间的最小垂直距离

线路电压，kV	35	66~110	220	330
最小垂直距离，m	4.0	5.0	6.0	7.0

5. 线路边导线与建筑物之间的距离

线路在最大计算风偏情况下，边导线与建筑物间的最小净空距离，应符合表 1-2-14 的规定。

表 1-2-14　边导线与建筑物间的最小净空距离

线路电压，kV	35	60~110	220	330
最小净空距离，m	3.5	4.0	5.0	6.0

6. 线路通过林区

线路通过林区及成片林时应采取高跨设计，未采取高跨设计时，应砍伐出通道，通道内不得再种植树木。通道宽度不应小于线路两边相导线间的距离和林区主要树种自然生长最终高度的两倍之和。

导线与树木(考虑自然生长高度)之间的安全距离应符合表1-2-15的规定。

表1-2-15　导线在最大弧垂、最大风偏时与树木之间的安全距离

线路电压,kV	35～110	220	330
最大弧垂时垂直距离,m	4.0	4.5	5.5
最大风偏时净空距离,m	3.5	4.0	5.0

导线与果树、经济作物或城市绿化灌木之间的最小垂直距离,在最大计算弧垂情况下,应符合表1-2-16规定。

表1-2-16　裸导线与果树、经济作物或城市绿化灌木之间的最小垂直距离

线路电压,kV	35～110	220	330
最小垂直距离,m	3.0	3.0	4.5

二、技能要求

(一)准备工作

1. 设备准备

名称	规格	数量	备注
35kV 停电线路		1 条	

2. 工具准备

名称	规格	数量	备注
智能巡检系统手持终端机		1 套	

(二)操作程序

序号	工序	操作步骤
1	准备工作	选择工具、用具
2	开机	将智能巡检系统手持终端机开机并等待登录界面
3	账号登录	输入账号、密码登录界面,观察 GPS、网络信号是否畅通
4	进入采集界面	选取相应工区,进入采集界面
5	录入杆塔信息	输入杆塔的线路名称、电压等级、杆号、杆型等信息并点击获取
6	关机	采集成功后关机
7	清理现场	清理现场

(三)注意事项

(1)使用前应检查仪器完好,电量充足。

(2)使用时,注意选取相应的工区。

(3)使用后,注意关机。

项目八　测量导线连接器的温度

一、相关知识

导线连接器（导线接头）是导线最薄弱的地方，很容易发生故障。发生故障的原因是：(1)安装导线连接器时压接不紧；(2)在施工中损坏了连接器或导线的线股，因而降低了导线连接处的机械强度。因此，要求施工时必须保证质量，并进行认真检查和试验。

此外，有些故障常常是由导线通过电流使连接处发生高热造成的。这是由于导线连接处与连接器的电气接触不良，接触面之间的紧密程度降低，致使接触面发生了氧化，因而连接器电阻增加；当电流（特别是短路电流）通过连接器时，会产生高热，使导线个别线股烧断，甚至烧坏连接器，造成断线事故。因此线路在运行时，必须对导线连接器的电阻和温度进行检测和测试，以保证线路安全运行。

> GBE004 用红外测量方式检查导线连接器的方法
>
> GBE005 红外线热像仪及测温仪的使用

（一）对红外测温仪的要求

红外测温是利用红外辐射原理，采用非接触方式，对被测物体表面的温度进行观测和记录。红外测温仪应操作简单，携带方便，测温精度高，测量结果的重复性好，不受测量环境中高压电磁场的干扰，仪器的距离系数应满足实测距离的要求，图像清晰、稳定，具有必要的图像分析功能，具有较高的温度分辨率，具有合适的测温范围。

（二）导线连接器红外测温方法

(1)测试仪选择。导线连接器红外测温的适用范围是线路导线接续管、引流线夹、耐张线夹等运行导线的连接器，比较易出现热缺陷的主要是螺栓连接方式的导线接头。这部分元件因制造或安装工艺可能会存在缺陷，以及机械拉力增大、长期振动、金属疲劳、过电压、酸碱盐类尘埃的腐蚀，都会造成连接器内接触面接触电阻增大，继而温度增加，当温度超过70℃时，金属氧化加剧，最终可导致接续元件故障。红外测温是防止连接器故障的重要监督方法。

(2)红外测温主要使用红外点温仪、红外热像探测仪、红外成像仪三种仪器，线路测试考虑方便灵巧，常用红外热像探测仪。它通过非接触探测红外能量，并将其转化为电信号，进而在显示器上生成热图像和温度值，并可以对温度值进行计算。该设备是以热释电摄管为探测器，由光学系统、光电测距器、信号处理及显示输出等部分组成，通过接收目标物体发射、反射、传导的能量测量其表面温度。其主要性能指标有视场、距离和光点大小、发射率等。

（三）红外测温诊断方法和判断依据

(1)表面温度判断。根据测得的设备表面温度值，电气设备中各零件材料最高允许温度和温升见表1-2-17。

表1-2-17　电气设备中各零件材料最高允许温度和温升

序号	电气零件、材料及介质类别	最高允许温度 ℃	周围空气为40℃时的允许温升，K
1	用螺栓或其他等效方法连接的导体结构部分裸铝（铝合金）	空气中 90	50
2	用螺栓或螺钉与外部导体连接的端子裸铝（铝合金）	空气中 90	60
3	需要考虑发热对机械强度影响的裸铝、铝合金、钢、铸铁及其他	空气中 110	70

（2）相对温差判断。对于电流致热型设备，若发现设备的导流部分热态异常，应对所测部分全面扫描，找出热态异常部位进行准确测温，计算相对温差，按表1-2-18规定判断设备缺陷的性质。

表1-2-18 部分电流致热型设备的相对温差判别

设备类别	相对温差值,%		
	一般缺陷	重大缺陷	紧急缺陷
其他导流设备	≥35	≥80	≥95

（3）当发热点的温升小于10K时，不宜按表1-2-20的规定确定设备缺陷。

（4）一般情况下，对电压致热型设备宜用允许温升或同类允许温差的判断依据判定。

（5）一般应以导线连接处端部1m处的导线温度为参考点，在额定电流下，测量风速为0级时的温升值，经过距离系数修正后，再行判断。测试距离修正系数见表1-2-19。

表1-2-19 测试距离修正系数

测试距离,m	5	10	15	20	25	30	35	40
修正系数	1.00	1.08	1.14	1.20	1.26	1.35	1.45	1.52

当探测器距离线路大于10m时，所测的温升值乘以表1-2-19修正系数为导线连接器对导线的实际温升。

（6）准确测温时应针对不同检测对象选择不同的环境温度参照体。

（7）准确测温时应正确选择被测物体的发射率，常用材料发射率参考值见表1-2-20。

表1-2-20 常用材料发射率的参考值（比辐射率 ξ）

材料	温度,℃	发射率近似值	材料	温度,℃	发射率近似值
轻度氧化铝	25~600	0.10~0.20	电瓷	—	0.90~0.92
强氧化铝	25~600	0.30~0.40	完全生锈铁板	25	0.80
抛光铸铁	200	0.21	水	00~100	0.95~0.96
加工铸铁	20	0.44	冰	—	0.98
完全生锈氧化钢	22	0.66	完全生锈钢板	20	0.69
完全生锈铸铁	40~250	0.95	混凝土	—	0.94

（8）观测时风速超过0.5m/s时，应记录风速，必要进行测量数据修正。风速小于1.5m/s，定量检测值可按下式进行修正：

$$\tau_0 = \tau_v e^{v/W}$$

式中　τ_0——折算到 $v=0$ 时的标准温升值,℃；

　　　τ_v——检测时现场的风速,m/s；

　　　v——风速,检测时现场的风速,m/s；

　　　W——衰减系数,迎风取1.3,背风取0.9。

风速大于1.5m/s时，定量检测值可按下式进行修正：

$$\tau_{01} = \tau_{02}(v_2/v_1)^{0.448}$$

式中　τ_{01}——在风速 v_1 时的温升值,K；

　　　τ_{02}——在风速 v_2 时的温升值,K。

（四）红外诊断设备操作方法

（1）红外检测时一般先用红外热像仪或红外热电视对所有应测部位进行全面扫描，找出热态异常部位，然后对异常部位和重点检测设备进行准确测温。

（2）准确测温应注意下列各项：

① 针对不同的检测对象选择不同的环境温度参照体。

② 测量设备发热点、正常相的对应点及环境温度参照体的温度时，应使用同一仪器相继测量。

③ 正确选择被测体的发射率。

④ 作同类比较时，要注意保持仪器与各对应测点的距离一致。

⑤ 正确键入大气温度、相对湿度、测量距离等补偿参数，并选择适当的测温范围。

⑥ 应从不同方位进行测量，取出最热点的温度值。

⑦ 记录异常设备的实际负荷电流和发热相、正常相及环境温度参照体的温度值。

（五）设备红外诊断方法

1. 金属氧化物避雷器

无间隙金属氧化物避雷器的诊断可按表 1-2-23 的规定执行，当热像异常或相间温差超过表 1-2-21 规定时，应用其他试验手段确定缺陷性质。

表 1-2-21　金属氧化物避雷器允许的相间温差及最大工作温升参考值

电压等级 kV	正常热像特征	异常热像特征	允许温升 K	相间温差 K
3~20			0.5	—
35~60			1.0	—
110	整体有轻微发热，热场分布基本均匀	整体或局部有明显发热	1.0 或 1.5	0.5
220			1.2 或 2.0	0.6
330~500			3.0 或 4.0	1.2

注：（1）有间隙金属氧化物避雷器正常时整体温度与环境温度基本相同，凡出现整体或局部发热者均属异常。

　　（2）允许温升大值适用于室内设备，小值适用于无风条件下的室外设备。

2. 瓷质绝缘子串

（1）正常绝缘子串的温度分布同电压分布规律对应，即呈不对称的马鞍形，相邻绝缘子之间温差很小。

（2）低值绝缘子的热像特征是铁帽温升偏大，零值绝缘子的热像特征是铁帽温升偏低，污秽绝缘子表现为瓷盘温升偏大。

（六）红外检测注意事项

（1）检测目标及环境的温度不宜低于 5℃，如果必须在低温下进行检测，应注意仪器自身的工作温度要求，同时还要考虑水汽受潮的设备的缺陷漏检。

（2）空气湿度不大于 85%，不应在有雷、雨、雾、雪及风速超过 0.5m/s 的环境下进行检测，若检测中风速发生明显变化，应记录风速，必要时按要求修正测量数据。

（3）使用红外测温仪时应正确输入大气温度、相对湿度、测量距离等补偿参数，并选择适当的测温范围。

（4）室外检测应在日出之前、日落之后或阴天进行。

（5）测温应选择夏季电力负荷高峰时进行。

（七）状态热红外测温管理办法

GBE003　状态热红外测温管理方法

（1）架空送电线路状态测温应该选择在天气晴朗、湿度不大、风速不大于 5m/s、气温高、线路负荷大的情况下进行。

（2）线路运行单位应在线路投运两年内完成该线路设备测温对象的初次测温，导线连接器四年测试一次。

（3）状态测温对象判定为重大缺陷状态的消缺时间不应超过一个月。

（4）红外诊断导线及金具，测量点一般选取接续金具、跳线连接板、压接式耐张线夹、引流板等。

（5）设备停电检修之前要做好红外检测诊断工作，检修后复查缺陷是否真的消除。

（6）红外诊断提出的缺陷应纳入设备缺陷管理制度的范围。

（7）红外检测和诊断的数据资料应妥善保管、立案保管。

（八）红外测温优点

（1）采用红外或热红外成像仪检测设备连接点发热、温升方式来完成每年度线路检修中普查、紧固并沟线夹、导流板的工作效果显著。

（2）红外测温既减轻了线路检修高空作业量和劳动强度，又减少了设备停电时间，提高了输电设备的可用率。

二、技能要求

（一）准备工作

1. 设备准备

名称	规格	数量	备注
35kV 带电线路		1 条	

2. 工具准备

序号	名称	规格	数量	备注
1	远红外测温仪		1 台	
2	笔记本		1 本	
3	钢笔		1 支	

（二）操作程序

序号	工序	操作步骤
1	准备工作	选择工具、用具
2	检查设备	检查仪器偏压电池、连接接收镜筒和控制盒的电缆线
3	仪器指示调零	将仪器指示调零
4	测量环境温度	测量环境温度
		调整仪器存放温度和环境温度
5	固定仪器	在有效测距内固定仪器

续表

序号	工序	操作步骤
6	调整 辐射率	选择和调整辐射率旋钮
		调整刻度
7	瞄准被测导线	调整水平、垂直及微调旋钮
8	测量被测导线温度	读取测量温度
9	记录读数	记录测量温度读数
10	清理现场	清理现场

（三）注意事项

（1）使用前，应检查设备完好。

（2）测量时，要先测量环境温度。

模块三　送电线路检修

项目一　10kV线路停电倒闸操作

一、相关知识

（一）倒闸操作的内容

> GBH011 倒闸操作的内容

要将电气设备由一种状态转换到另一种状态，就需要进行一系列的倒闸操作。所谓倒闸操作就是拉开或合上某些断路器和隔离开关，其中包括拉开或合上相应的直流操作回路，改变继电保护装置或自动装置的定值，拆除或安装临时接地线，以及检查设备的绝缘等。

（二）操作票的填写要求

> GBH012 操作票的填写要求

倒闸操作应使用倒闸操作票。倒闸操作人员应根据值班调度员（工区值班员）的操作指令（口头、电话或传真、电子邮件）填写或打印倒闸操作票。每张操作票只能填写一个操作任务。操作指令应清楚明确，受指令人应将指令内容向发令人复诵，核对无误。每条操作令，最多可以填写1个操作任务。发令人发布指令的全过程（包括对方复诵指令）和听取指令的报告时，都应录音并做好记录。事故应急处理和拉合断路器（开关）的单一操作可不使用操作票。

操作票应用钢笔或圆珠笔逐项填写。用计算机开出的操作票应与手写格式票面统一。操作票票面应清楚整洁，不得任意涂改，审票人发现操作票的错误后，应由签发人重新填写。操作票应填写设备双重名称，即设备名称和编号。操作票填写后，操作人和监护人应根据模拟图或接线图核对所填写的操作项目，并分别签名。

（三）倒闸操作的方法

> GBH015 倒闸操作的步骤

（1）倒闸操作前，应按操作票顺序在模拟图或接线图上预演，核对无误后执行。操作前、后，都应检查核对现场设备名称、编号和断路器（开关）、隔离开关（刀闸）的断、合位置。电气设备操作后的位置检查应以设备实际位置为准，无法看到实际位置时，可

> GBH013 操作监护的制度

通过设备机械指示位置、电气指示、仪表及各种遥测、遥控信号的变化，且至少应由两个及以上的指示同时发生对应变化，才能确认该设备已操作到位。

（2）倒闸操作应由两人进行，一人操作，一人监护，并认真执行唱票、复诵制。监护人按照操作票上的顺序高声唱票，每次准唱一项。由监护人唱票，操作人复诵并执行。发布指令和复诵指令都要严肃认真，使用规范术语，准确清晰，按操作顺序逐项操作，每操作完一项，应检查无误后，做一个"√"记号。操作中产生疑问时，不准擅自更改操作票，应向操作发令人询问清楚无误后再进行操作。操作完毕，受令人应立即汇报发令人。

二、技能要求

（一）准备工作

1. 设备准备

名称	规格	数量	备注
10kV 模拟线路		1 条	

2. 工具准备

序号	名称	规格	数量	备注
1	绝缘操作棒		1 组	
2	绝缘手套		1 副	
3	绝缘靴		1 双	

（二）操作程序

序号	工序	操作步骤
1	准备工作	选择工具、用具
2	检查工具	检查绝缘操作棒无裂纹或硬伤；检查绝缘手套、绝缘靴无破损
3	拉开断路器	穿绝缘靴、戴绝缘手套，将 101 断路器拉开
4	拉开隔离开关	穿绝缘靴、戴绝缘手套，将 1012 隔离开关拉开
		穿绝缘靴、戴绝缘手套，将 1011 隔离开关拉开
5	挂接地线	在 1012 隔离开关处验电：握住验电器的绝缘手柄，将验电器前端的金属部分与导线接触进行验电
		挂接地线，先装设接地端，后装设导线端
6	悬挂标示牌	在 101 断路器、1012 隔离开关的操作把手上悬挂"禁止合闸，线路有人工作"标示牌
7	清理现场	清理现场

（三）注意事项

（1）操作前，要检查绝缘用护具是否完好

（2）操作时，注意核对开关刀闸的编号。

（3）验电、挂接地线时，应注意操作顺序。

项目二　10kV 线路送电倒闸操作

一、相关知识

GBH017 倒闸操作的安全要求

（一）倒闸操作的安全要求

（1）操作机械传动的断路器（开关）或隔离开关（刀闸）时应戴绝缘手套。没有机械传动的断路器（开关）、隔离开关（刀闸）和跌落式熔断器（保险），应使用合格的绝缘棒进行操作。雨天操作应使用有防雨罩的绝缘棒，并戴绝缘手套。操作柱上断路器（开关）时，应有防止断路器(开关)爆炸时伤人的措施。

(2)更换配电变压器跌落式熔断器熔断丝(保险丝)的工作,应先将低压刀闸和高压隔离开关或跌落式熔断器拉开。摘挂跌落式熔断器的熔断管时,应使用绝缘棒,并应由专人监护。其他人员不得触及设备。

(3)雷电时,严禁进行倒闸操作和更换熔断丝工作。

(4)如发生严重危及人身安全的情况时,可不等待指令即行断开电源,但事后应立即报告调度或设备运行管理单位。

(二)倒闸操作注意事项

(1)倒闸操作要有统一的、确切的操作术语。

GBH014 倒闸操作的要求

(2)倒闸操作要有合格的操作工具、安全用具和安全设施。

(3)除处理事故外,倒闸操作应有确切的调度命令和合格的操作票。

GBH016 倒闸操作的注意事项

(4)倒闸操作的操作人和监护人需由经考试合格并经领导批准的人员担任。

(5)在进行倒闸操作期间,不得做与操作无关的交谈或工作。

(6)倒闸操作时送电范围内的设备在送电前,必须检查其上有无接地线、工具、擦布等物品。

(7)倒闸操作要求现场一次、二次设备要有明显的标志,包括名称、编号、铭牌、转动方向、切换位置的指示、区别相别的颜色等。

(8)倒闸操作必须持操作票进行,严禁只凭记忆和不核对电气设备的名称和编号就进行操作。

(9)操作中需要上级调度下达命令后方可执行操作的项目,应在该操作项目前用红笔标以"待令"字样,并在前一项后画一红线。

(10)倒闸操作应尽量避免在高峰负荷、异常运行和气候恶劣情况下进行。

(11)倒闸操作前,应了解系统的运行方式、继电保护、自动装置及电源与负荷的分布等情况。

(12)在倒闸操作中,应注意和分析仪表的指示。

(13)在倒闸操作中,登杆操作人员应戴安全帽、使用安全带。

二、技能要求

(一)准备工作

1. 设备准备

名称	规格	数量	备注
10kV 模拟线路		1 条	含开关与刀闸

2. 工具准备

序号	名称	规格	数量	备注
1	绝缘操作棒		1 组	
2	绝缘手套		1 副	
3	绝缘靴		1 双	

（二）操作程序

序号	工序	操作步骤
1	准备工作	选择工具、用具
2	检查工具	检查绝缘操作棒无裂纹或硬伤；检查绝缘手套、绝缘靴无破损
3	拆除安全措施	拆除1012隔离开关出线侧地线，先拆除导线端，后拆除接地端
4	检查断路器	检查101断路器确在断开位置
5	合隔离开关	穿绝缘靴，戴绝缘手套，将1011隔离开关合上
		摘除在101断路器、1021隔离开关操作把手上的"禁止合闸，线路有人工作"标示牌
		穿绝缘靴，戴绝缘手套，将1012隔离开关合上
6	合断路器	穿绝缘靴，戴绝缘手套，将101断路器合上
7	清理现场	清理现场

（三）注意事项

（1）操作前，要检查绝缘用护具是否完好。

（2）操作时，注意核对开关刀闸的编号。

（3）拆除接地线时，应注意操作顺序。

项目三　用液压钳压接接线端子

一、相关知识

（一）电缆导体连接概述

电缆导电线芯的连接质量，直接关系到电缆线路能否长期安全运行。电缆导线连接不良时，导体的导电性能将在线芯温度的冷热循环变化下趋于恶化，最后导致事故的发生。因此，正确进行导体连接工作十分重要，切不可掉以轻心。

电缆线芯的连接可采取焊接和压接两种方法。由于焊接法工艺复杂，在施工现场不方便，所以电缆线芯的连接多采用压接法。压接的基本原理就是使用对应于接续管或接线端子型号的压接模具，借助于专用工具——压接钳（有液压钳和机械钳两种）的压力，将接续管或接线端子紧压在线芯上，并使接续管或接线端子与线芯接触面之间产生金属表面渗透，从而形成可靠的导电通路。

压接方式可分为局部压接（点压）和整体压接（围压）两种。局部压接就是将接续管或接线端子接管部分的局部（接续管压四点，接线端子压两点）压接成特殊规格的坑状；整体压接则是沿整个接续管或接线端子接管部分均匀地进行挤压，挤压的道数与局部压接法的点数相同。

根据以往运行的经验，局部压接的质量优于整体压接。因为局部压接时，特殊形状的压坑在运行中接续管或接线端子接管部分不易扩张，即能保持稳定的压缩比，而整体压接法则会使接续管或接线端子接管部分因压接蠕变而伸长，以致达不到足够的压缩比。虽然局部压接优于整体压接，但因整体压接在压接后压接部位比较平直，几何形状变化不大，容易解决接续管或接线端子接管部分压接后的局部电场过于集中问题。因此,整体压接方式的应用比较广泛。

(二)电缆导体压接工艺要求

1. 剥除线芯绝缘

压接之前,线芯端部绝缘的剥切长度应为接线端子接管部分的孔深加 5mm;接续管长度的一半加 5mm。如有特殊规定或要求时,应按特殊规定或要求的尺寸剥切。

2. 接续管或接线端子的选择与清洁

根据线芯截面选择相应的接续管或接线端子,并将接续管内壁或接线端子接管部分孔内以及线芯表面擦拭干净,清除氧化层和油污。对于终端头的接线端子放置方位,应保持接触面方向一致,以利于接引。

3. 线芯压接

按线芯截面选择相应的压模(生产实际中,常用小一规格的铝压模压接铜线芯),根据以下程序进行压接:

(1)采用局部压接时,顺序是先外后内。压接接线端子时,应先压接线端子接管部分末端的压坑;压接接续管时,应先压接续管两端的压坑,然后再压中间的两个压坑。

(2)采用整体压接时,顺序是先内后外。压接接线端子时,应先压接线端子接管部分内侧的压坑;压接接续管时,应先从接续管中间开始,然后向两端压。为了保持接续管压接表面的平整,可用半导电胶带填平压坑。

4. 压后修整

压接后的接续管或接线端子,应将压痕边缘修整圆滑、平齐,无尖角、毛刺,以免造成电场的恶化。局部压接示意图见图 1-3-1。

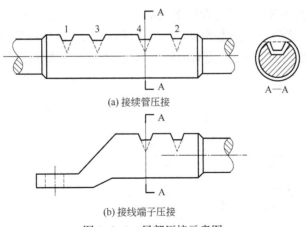

(a) 接续管压接

(b) 接线端子压接

图 1-3-1　局部压接示意图

(三)电缆三头金具压接注意事项

(1)压接前,按连接需要长度剥除绝缘,清除导体表面油污或氧化膜,对铝绞合导体要用钢丝刷刷导体,使导体表面出现光泽为止。

(2)电缆导体端部圆端后插入接续管或端子圆筒内,中间连接时,导体每端插入长度至截止坑(或堵油栅)止;接线端子连接时,导体应充分插入端子圆筒内,再进行压接。

（3）压接部位,整体压接的成形边或局部压接的压坑中心线应各自同在一个平面或直线上。

（4）按顺序（整体压接）为:

① 接续管:先压内侧,再压两端。

② 接线端子:先压内侧,再压圆筒边缘。

（5）压痕间距及其与圆筒端部的距离见表 1-3-1。

表 1-3-1　压痕间距与圆筒端部的距离

导体标称截面积 mm²	铜压接圆筒		铝压接圆筒	
	离筒端距离,mm	压痕间距离,mm	离筒端距离,mm	压痕间距离,mm
10	3	3	3	3
16~35		4		
50				
70~95		5	5	
120				4
150				
185	4	6		5
240			6	
300~400	5	7	7	6

（6）压模每压接一次在压模合拢到位后应停留 10~15s,使压接部位金属塑性变形达到基本稳定后,才能消除压力。

（7）压钳操作方法及注意事项,应按压钳制造厂说明书规定进行。

（8）压接后,接头外观质量应符合以下规定:

① 围压后,压接部位表面应光滑,不应有裂纹和毛刺,所有边缘处不应有尖端。

② 点压后,压坑深度应与压模应有的压入部位高度一致,坑底应平坦无损。

二、技能要求

(一)准备工作

1. 材料准备

序号	名称	规格	数量	备注
1	汽油		1kg	
2	凡士林油		0.5kg	
3	铝绞线		2m	
4	接线端子		10个	

2. 工具准备

序号	名称	规格	数量	备注
1	压接钳		1把	
2	钢丝钳		1把	

（二）操作程序

序号	工序	操作步骤
1	准备工作	选择工具、用具
2	锯线头	用手锯锯断线头，使线头断面整齐
3	导线端头防腐	用汽油清洗导线的两个接头
		将导线的两个接头涂抹凡士林油进行防氧化处理
4	接线端子防腐	用汽油清洗接线端子；将接线端子内部涂抹凡士林油进行防氧化处理
5	压接	从压接管的导线侧开始，先从端子边缘侧开始压接，然后再向另一端压接。接线端子两侧应压两个坑
6	质量检查	压接后，接线端子两端的压坑均匀
		压接后的接线端子不应弯曲，有明显弯曲时应校直
		压接后或校直后的接线端子不应有裂纹
7	清理现场	清理现场

（三）注意事项

（1）锯开线头后，要用汽油清洗线头，并涂抹凡士林油进行防氧化处理。

（2）注意压接顺序，从压接管的导线侧开始，先从端子边缘侧开始压接，然后再向另一端压接。接线端子两侧应压两个坑。

项目四　安装杆上避雷器

一、相关知识

（一）输电线路防雷

1. 线路遭受雷击的形式

1）感应雷

感应雷是指当雷击线路附近时，其先导路径上的电荷对导线产生静电感应电荷，当主放电开始时，该电荷被迅速中和而产生的雷电流及雷过电压现象。由感应雷形成的感应过电压数值常为 100~200kV，最大也不超过 600kV。因此，其对 110kV 以上线路的危害不大，但足以破坏 35kV 及以下的输电线路。

2）直击雷

直击雷是指带电的雷云直接对架空线路的地线、杆塔顶或导线、绝缘子等放电，以波的形式分左右两路前进而引起直击雷过电压的现象。直击雷过电压对于任何电压等级的线路都是危险的。

线路的雷电过电压除雷击杆顶之外，通常还有以下三种情况：

（1）雷电击于无避雷线的导线。

（2）雷电绕过避雷线击于导线。

（3）雷击于档距中央附近的避雷线。

反击：在地电阻较高的地区，当雷击避雷线或杆塔顶部时，如接地电阻值很大，则杆塔顶部的电位就可能比导线的电位高很多，由这个电压引起的绝缘子串闪络称为反击。

雷电的绕击：雷电绕过避雷线直击于导线的现象。雷电绕过避雷线直击于导线的概率，与避雷线对导线的保护角、杆塔的高度以及线路所经过地区的地形、地貌、地质等因素有关。

2. 线路防雷要求

GBH004 线路防雷的要求

线路防雷的基本任务是采用技术上与经济上合理的措施，将雷击事故减少到可以接受的程度，以保证供电的可靠性与经济性。

雷电易击地面突出物。因此，架空输电线路对地越高，遭受雷击频率越高；架空输电线路越长，遭受雷击频率越高。运行经验显示，不是沿全线均匀雷击，而是有的杆塔和线段雷击频率很高（特别是经山岳地区和大档距杆塔），有的杆塔和线段长期（几十年）无雷击。实践证明，雷击有选择性，人们称这些易遭受雷击线段和杆塔为易击段和易击点。总之，雷电活动随所在地区的地形、地貌、矿化程度和湿度会有很大不同。还有，靠雷暴日分布图来预测架空输电线路雷击频率会引入误判断，因为"雷暴日"是按预报在这一日里只要有一次雷暴来定义的，未表明在这一个雷暴日内雷电活动持续多久或雷击密度，以及至报告点的距离和方向，雷电放电是在云之间还是云对地。年平均雷击密度分布图比现在所用的雷暴日分布图能更精确地确定架空输电线路的雷击频率。

过去认为，超高压架空输电线路绝缘水平高，雷害不是主要的。实际运行表明，不仅对于超高压架空输电线路，而且对于特高压输电线路，雷害仍是主要的。

3. 线路防雷的任务和措施

GBH001 线路防雷的任务

线路防雷的主要任务是：防止直接雷击导线；防止发生反击；防止发生绕击。

GBH006 避雷线的作用

第一道防线：保护导线不受或少受雷直击，可采用避雷线、可控放电避雷针、消雷器或改用电缆。

GBH002 线路防雷的措施

第二道防线：雷击塔顶或避雷线时不使或少使绝缘发生闪络。因此，需要提高线路的耐雷水平或线路的绝缘水平。

GBH003 线路防雷的具体方法

第三道防线：当绝缘发生闪络时，尽量减小由冲击闪络转变为稳定电力电弧的概率，从而减小雷击跳闸率。为此，应减少绝缘上的工频电场强度，或电网中性点采用不直接接地方式。采用此办法应谨慎，因为改变中性点的接地方式，将改变系统的运行方式和系统参数，搞不好会出大的事故。

第四道防线：即使跳闸也不中断电力供应，可用自动重合闸或用双回线以及环网供电。

当然，不是所有线路都要具备以上四道防线，而是要因地制宜、合理采用，把雷害引起的停电事故次数减少到最低程度。

1）防直击（第一道防线）

雷直击于架空输电线路相导线时的耐雷水平较低，将造成架空输电线路频繁跳闸，会严重威胁电力系统安全运行。至今还不能防止雷击的发生，仅能对其拦截改变导引入地路径。架设避雷线是世界上公认的架空输电线路最基本的防雷保护措施之一。避雷线的防护作用如下：

（1）拦截雷直击于相导线。随着避雷线对边相导线保护角降低，绕击率显著减小。所谓保护角是指地线与边导线的连线与地线对地垂线间所夹的锐角 α，希望 α 小些为好，因为避雷线保护角越小时,保护可靠性越高。单雷线保护角一般不大于 30°,双避雷线可在 20°及以下,500kV 一般不大于 15°,山区宜采用较小的保护角,一般为 25°左右,在山区高雷区,也可采用负保护角,杆塔上两根避雷线间距离不应超过导线与避雷线间垂直距离的 5 倍。

(2)避雷线分流作用。雷击杆塔时,流经被击杆塔和接地体的雷电流只是总雷电流的一部分。避雷线根数越多,分流作用越大,耐雷水平越高。

(3)避雷线与相导线之间的电磁耦合作用。这种耦合作用,降低了作用于线路绝缘两端的电位差,提高了耐雷水平。

35kV 及以下线路:一般只在发电厂、变电所进线 1~2km 处架避雷线。

110kV 线路:一般地区沿全线架设单避雷线;雷电活动强烈地区架设双避雷线;少雷区可不沿全线架设避雷线,但应装设自动重合闸装置。

220kV 线路:全线架设单避雷线;山区架设双地线。

330kV 及 500kV 线路:全线架设双避雷线。

另外除了采用避雷线外,安装可控放电避雷针和将架空线路改用电缆也是防直击的有效措施。

2)防反击(第二道防线)

防反击即避雷线遭受雷击后不使线路发生闪络。为此,需改善避雷线接地,或适当加强线路绝缘,个别杆塔可使用避雷器。

由于雷电流很大,在接地电阻上的电压降数值很大。对于装有避雷线的线路,降低杆塔的冲击接地阻抗是提高线路耐雷水平,减少反击闪络次数的有效措施。

中雷区及以上地区 35kV 及 66kV 无避雷线线路钢筋混凝土杆和铁塔宜接地,接地电阻不受限制,但多雷区不宜超过 30Ω。钢筋混凝土电杆和铁塔应充分利用其自然接地作用,在土壤电阻率不超过 100Ω·m 或有运行经验地区可不另接人工接地装置。

钢筋混凝土杆铁横担和钢筋混凝土横担线路的避雷线支架、导线横担与绝缘子固定部分或瓷横担固定部分之间,宜有可靠的电气连接并与接地引下线相连。主杆非预应力钢筋如上下已用绑扎或焊接连成电气通路,则可兼作接地引下线。

利用钢筋作接地引下线的钢筋混凝土电杆,其钢筋与接地螺母、铁横担间应有可靠的电气连接。

近几年来,中国、日本、美国等国家在多雷地区和易击点、高土壤电阻率地区、大跨越档距高杆塔上,安装线路型金属氧化物避雷器,加强防雷保护。避雷器与相导线绝缘子串并联,可防护线路绝缘雷击(包括反击和绕击)闪络。线路型金属氧化物避雷器分带外部串联间隙和不带外部串联间隙两种。外部串联间隙起隔离相导线上运行电压的作用。避雷器阀体起限制工频续流作用,使外串间隙自动熄弧恢复正常。

3)降低建弧率(第三道防线)

即使绝缘受到冲击电压发生闪络,也不能使它发展成两相接地短路事故而跳闸。电力系统中性点谐振接地,在单相导线对地闪络后常能自动熄弧,可有效地降低线路跳闸率。

3~10kV 钢筋混凝土杆配电线路,宜采用瓷或其他绝缘材料的横担。如果用铁横担,对于供电可靠性要求高的线路,宜采用高一电压等级绝缘子,并尽快切除故障,以减少跳闸和断线事故。

4）自动重合闸装置或有备用电源供电（第四道防线）

雷击闪络一般不构成永久性故障。自动重合闸装置常能使线路及时恢复供电。高压架空线路单相自动重合闸装置成功率一般达 75%～95%。35kV 及以下一般为 50%～80%。采用双回路线路、环网等方式供电，也能使线路保持连续供电。

5）线路交叉部分保护

线路交叉档两端绝缘不应低于其邻档绝缘。交叉点应尽量靠近上下方线路的杆塔，以免因初伸长、覆冰、过载温升、短路电流过热而增大弧垂的影响，以及降低雷击交叉档时交叉点上的过电压。

同级电压线路相互交叉或与较低电压线路、通信线路交叉时（导线温度 40℃）的交叉距离应满足表 1-3-2 所列数值。

表 1-3-2   同级电压线路相互交叉或与较低电压线路、通信线路交叉时的交叉距离

系统标称电压,kV	3～10	20～110	220	330	500
交叉距离,m	2	3	4	5	6

对于按允许载流量计算导线截面的线路，还应校验当导线最高允许温度时的交叉距离，此距离应大于操作过电压时的间隙距离，且不得小于 0.8m。

3kV 及以上电压的同级电压线路相互交叉或与较低电压线路、通信线路交叉时，交叉档一般采取下列保护措施：（1）交叉档两端的钢筋混凝土杆或铁塔（共 4 基），不论有无避雷装置均应接地；（2）3kV 及以上线路交叉档两端为木杆或木横担钢筋混凝土杆且无避雷线时，应设排气式避雷器或保护间隙；（3）与 3kV 及以上的电力线路交叉的低压线路和通信线路，当交叉档两端为木杆时，应装保护间隙。

如交叉距离比表 1-3-2 所列数值大 2m 及以上，则交叉档可不采取保护措施。如交叉点至最近杆塔的距离不超过 40m，可不在此线路交叉档的另一杆塔上装设交叉保护用的接地装置、排气式避雷器或保护间隙。

6）大跨越档距高杆塔防雷保护

大跨越档距杆塔常常达 100～300m，甚至更高。由于杆塔高，造成雷击频率急剧升高，雷击时塔头反击电位差增大，绕击率急增，事故后不易维修等，因而要求加强防护措施：

（1）增加绝缘子片数。中国现行经验表明，全高超过 40m 有避雷线的杆塔，每增高 10m，增加一个绝缘子。全高超过 10m 的杆塔，绝缘子数量应结合运行经验，综合分析后确定。

（2）减小避雷线对边相导线的保护角。对于 66kV 及以下和 110kV 及以上电压等级，分别不大于 20° 和 15°。

（3）减小接地电阻。高杆塔的接地电阻值为一般杆塔值的一半。当土壤电阻率大于 2000Ω·m 时也不宜超过 20Ω。

（4）安装线路金属氧化物避雷器。

根据雷击大跨越档距中央避雷线时防止相导线反击或反击后不建立稳定工频电弧的条件，要求避雷线与相导线之间距离（S）满足表 1-3-3 数值或符合下面条件：

$$S \geq 0.1I \quad 或 \quad S \geq 0.1U_n$$

式中　I——雷击档距中央避雷线时要求的耐雷水平，kA；

　　　U_n——线路标称电压，kV。

表1-3-3　防止反击要求的大跨越档避雷线与相导线间距离

系统标称电压，kV	35	66	110	220	330	500
距离，m	3.0	6.0	7.5	11.0	15.0	17.5

7) 同杆多回线路防雷

同杆并架多回路线路在雷击时，除了引起被击回路跳闸外，还可引起另一回路同时跳闸。为防止同时跳闸或将跳闸频率降到最低程度，除降低杆塔冲击接地阻抗外，可在杆塔上安装适量的线路型金属氧化物避雷器。

为了避免电气设备遭受直击雷以及防止感应雷过电压击穿绝缘，通常采用避雷针、避雷线、避雷器等设备进行过压保护。对于多雷区的线路应做好综合防雷技术措施，降低杆塔接地电阻，并适当缩短检测周期。

（二）避雷器

1. 氧化锌避雷器

> GBH005　避雷器的作用

氧化锌避雷器是一种无间隙避雷器，结构简单，瓷套内部装有氧化锌阀片电阻。氧化锌阀片的主要成分是氧化锌，另外还有氧化铋等附加物，将其磨成极细的粉末均匀混合，模压成圆饼，在高温下烧结，形成了稠密的多结晶体的陶瓷非线性原件。氧化锌阀片实际上就是一种晶体稳压管，而且它的非线性伏安特性在正、反极性时是对称的。

2. 避雷器的作用

现行的线路避雷器有两种，一种是带间隙的，另一种是不带间隙的。带间隙的避雷器不承受连续工作电压，工作寿命长，线路型避雷器一般并联于绝缘子串，当雷击于输电线路时，雷击过电压将可能使线路避雷器的间隙击穿。由于氧化锌阀片的非线性特征将迅速切断电弧，避免发生跳闸，起到了防雷击跳闸的作用。氧化锌避雷器可承受多重雷击，由于没有续流问题，所以冲击波过后，通过阀片的能量大为减少，再次导通毫无问题。

1) 带串联间隙的线路避雷器

当线路避雷器采用避雷器本体和串联间隙的组合结构时，避雷器本体基本不承担系统运行电压，不必考虑在长期运行电压下的电老化问题，在本体发生故障时也不影响线路运行。

串联间隙有两种，一种是空气串联间隙，另一种是有合成绝缘子支撑的串联间隙。纯空气间隙不必担忧空气间隙发生故障，但在安装时需要在杆塔上调整间隙距离；对于绝缘子间隙，由于间隙距离已由合成绝缘子固定，安装较为方便，但支撑串联间隙的合成绝缘子承担较高的系统电压，与一般线路合成绝缘子一样，有一定的事故率。

2) 线路避雷器与绝缘子的配合原则

串联间隙与被保护绝缘子(串)放电特性的配合原则是：

(1)能可靠耐受最大工频电压。

(2)雷电冲击下串联间隙应可靠动作，被保护绝缘子串免于发生雷击闪络事故。

(3)对于纯空气间隙，导线风偏不改变或不明显改变串联间隙的放电特性。

(4)雷击使间隙动作后，在系统工频恢复电压下，间隙应在1~2个工频周期内可靠地熄灭工频续流。

线路避雷器的放电特性应满足以下要求:线路型避雷器整体的雷电冲击放电电压低于线路绝缘子串的50%放电电压的20%以上。

(三)避雷针

1. 避雷针的原理

防直击雷电的避雷针装置一般由三部分组成,即接闪器、引下线和接地体;接闪器又分为避雷针、避雷线、避雷带、避雷网。

避雷针通过导线接入地下,与地面形成等电位差,利用自身的高度,使电场强度增加到极限值的雷电云电场发生畸变,开始离解并下行先导放电;避雷针在强电场作用下产生尖端放电,形成向上先导放电;两者会合形成雷电涌路,随之泻入大地,达到避雷效果。

实际上,避雷装置是引雷针,可将周围的雷电引来并提前放电,将雷电电流通过自身的接地导体传向地面,避免保护对象直接遭雷击。因此,安装的避雷针和导线通体要有良好的导电性,接地网一定要保证尽量小的阻抗值。

GBH007 避雷针的作用

2. 避雷针的作用

避雷针的装设可分为独立避雷针和架构避雷针两种。独立避雷针落雷时,雷电流经过避雷针及接地体流入大地(图1-3-2),独立避雷针的工频电阻不宜大于10Ω。接地电阻过大时,避雷针与被保护的物体之间空气间隙 d_1 及避雷针与被保护物体的地中距离 d_2 都需要增大,致使避雷针也要加高。从技术、经济角度权衡这是不合理的。架构避雷针有造价低廉,便于布置的优点,但因构架离电气设备较近,必须满足保证不发生反击的要求。

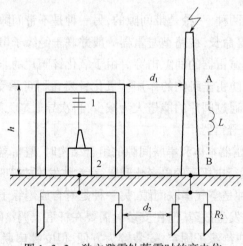

图 1-3-2　独立避雷针落雷时的高电位

(1)35kV及以下配电装置的绝缘较弱,所以其构架或房顶上不易装设架构避雷针,而应装设独立避雷针。

(2)60kV的配电装置,在土壤电阻率小于500Ω·m的地区允许采用架构避雷针,而在土壤电阻率大于500Ω·m的地区宜采用独立避雷针。

(3)110kV及以上的配电装置,在土壤电阻率不大于500Ω·m时,不易反击,允许装设架构避雷针。

安装避雷针的构架还应埋设辅助接地装置,此接地装置与主变压器接地点之间的电气距离应大于15m,这可保证当雷击辅助接地体的过电压波在沿接地网向主变压器接地点传播过程中有足够的衰减,而不致对变压器发生反击。为了确保主变压器的安全,不允许在变压器门形架上装设避雷针。

发电厂房一般不装设避雷针,以免发生感应或反击,以使继电保护误动作,甚至造成绝缘损坏。

二、技能要求

(一)准备工作

1. 设备准备

名称	规格	数量	备注
模拟线路		1条	

2. 材料准备

名称	规格	数量	备注
合格避雷器	各种型号	1组	

3. 工具准备

序号	名称	规格	数量	备注
1	悬垂线夹	XGU-3	3个	
2	球头挂环	Q-7	3个	
3	直角挂板	Z-7	3个	
4	铝包带	1mm×10mm	0.5m	
5	避雷器引线	30mm^2 或 50mm^2	3根	

(二)操作程序

序号	工序	操作步骤
1	准备工作	选择工具、用具
2	检测	外观检查无裂纹、破损
		检测绝缘电阻,其数值应在1000MΩ以上
3	组装	将避雷器、连接金具等按说明书进行组装
4	上杆	携带传递绳登杆
5	安装避雷器	在横担上打出避雷器挂孔和计数器挂孔
		将线夹安装在导线上
		悬挂避雷器
		安装计数器
6	连接引线	将引线连接螺栓弹簧垫平
		电气距离符合要求
7	下杆	将工具材料使用传递绳传递至杆下再下杆
8	清理现场	清理现场

(三)注意事项

(1)安装前要进行外观检查。

(2)安装时,要注意安装的电气距离。

项目五 调整35kV输电线路孤立档导线弧垂

GBF006 运行
规程对导线弧
垂的要求

一、相关知识

(一)运行规程对导线弧垂的要求

(1)一般情况设计弧垂允许偏差。110kV及以下线路为+6%、-2.5%,220kV及以上线路为+0.3%、-2.5%,而导线、地线弧垂超过上述偏差值。

(2)一般情况下各相间弧垂允许偏差最大值。110kV及以下线路为200mm,220kV及以上线路为300mm,而导线、地线相间弧垂超过允许偏差最大值。

(3)相分裂导线同相子导线的弧垂允许偏差值。垂直排列双分裂导线为+100mm,其他排列形式分裂导线:220kV为80mm,330kV、500kV为50mm,而相分裂导线同相子导线弧垂超过允许偏差值。

(4)在运行规程中弧垂允许偏差值是以验收规范的标准为基础,负误差没有放宽,正误差适当加大而提出的。对地距离及交叉跨越的标准是根据多年积累的运行经验以及《电力设施保护条例》《电力设施保护条例实施细则》中的规定提出的。

GBH008 弧垂
观测调整的方法

(二)弧垂观测与调整的方法

对于水平架设的线路来说,导线相邻两个悬挂点之间的水平连线与导线最低点的垂直距离,称为弧垂或弛度。

1. 观测档选择

(1)观测档位置分布比较均匀,相邻两观测档相距不宜超过四个线档。

(2)观测档具有代表性:连续倾斜档的高处和低处、较高悬点的前后两侧、相邻紧线段的接合处、重要被跨越物附近,应设观测档。

(3)宜选档距较大、悬点高差较小的线档作观测档。

(4)宜选对邻近线档监测范围较大的塔号作测站。

(5)不宜选邻近转角塔的线档作观测档。

2. 观测弧垂的方法

可采用等长法、异长法、角度法、平视法观测和检查弧垂。优先使用等长法观测和检查弧垂。

3. 弧垂调整顺序和方法

(1)以各观测档和紧线场架空线温度平均值作为观测气温。

(2)收紧导线,调整距紧线场最远的观测档的弧垂,使其合格或略小于要求弧垂;放松导线,调整距紧线场次远的观测档的弧垂,使其合格或略大于要求弧垂;再收紧,使较近的观测档合格,依此类推,直到全部观测档调整完毕。

(3)同一观测档同相子导线应同为收紧调整或同为放松调整,否则可能造成非观测档子导线弧垂不平。

（4）同相子导线用经纬仪统一操平，并利用测站尽量多检查一些非观测档的子导线弧垂情况。

（5）同相子导线应基本同时收紧或同时放松，不使其张力相差过大。

（6）弧垂调整发生困难，各观测档不能统一时，应检查观测数据；发生紊乱时，应放松导线，暂停一段时间后重新调整。

（三）调整导线、避雷线弛度

GBH009 调整导线、地线弛度的方法

GBH010 调整导线、地线弛度的注意事项

调整导线、避雷线弛度，分为收紧和放松两种情况。在运行线路上，弛度需放松的情况一般较少，即使需放松弛度，其弛度调整量也不会很大。因此，在遇有这种情况时，可采用增加耐张绝缘子串片数、增加连接金具以及利用导线弛度调节板进行调整。如线路弛度偏大，则需要收紧弛度，这种情况较多。

1. 拆开螺栓式耐张线夹后收紧导线弛度

1）操作方法

（1）两名高空作业人员带传递绳相继登杆至导线横担处，一人在横担绝缘子串挂点附近装设钢丝绳套，另一人沿绝缘子串或脚手架行至导线处，在距耐张线夹 3~4m 处的导线上安装一副紧线卡头。

（2）横担上的人员传递双钩紧线器，和导线处人员配合，将已装设好的钢丝绳套、紧线卡线器用双钩紧线器线路连接并稍收紧双钩紧线器，作为拆开耐张线夹时的后备保护。

（3）横担上人员沿绝缘子串或脚手架行至导线侧第一或第二片绝缘子处，装设绝缘子卡具（后卡），导线处人员在已装设的卡头偏后处再装设一副紧线卡头，然后用另一个双钩紧线器将绝缘子卡具和紧线卡头相互连接。

（4）收紧第二个双钩紧线器（作为后备保护的第一个双钩紧线器也相应收紧），使导线弛度达到要求弛度，然后拆开耐张线夹的卡线 U 形螺栓，将调整过来的导线顺线夹"窜"好，并重新紧固好线夹的 U 形螺栓，放松紧线双钩，使耐张线夹受力。

（5）在耐张线夹受力后无问题时，拆除作为后备保护的一套装置。

（6）如果导线收紧量较大时，则应对跳线进行调整，锯掉和调整等量的线段，重新连接跳线。

（7）拆除所用的工器具，两名高空作业人员下杆塔，工作结束。

2）安全注意事项

（1）调整导线、地线弛度前，应再次检查绝缘子卡具、双钩紧线器、钢丝套及卡头的受力情况，确认无问题后，方可收紧导线。

（2）拆开耐张线夹 U 形螺栓前，必须连好并收紧用于后备保护的双钩紧线器，并检查各部分的受力情况是否良好。

（3）当高空作业人员调整导线弛度时，被调整的导线下不得有人员逗留。

（4）在调整导线弛度工作的过程中，工作负责人对全体工作人员不得中断监护。工作人员应听从工作负责人的统一指挥，相互配合，不得随意行事。

2. 切除压接式耐张线夹收紧导线弛度

1）操作方法

（1）两名高空作业人员带传递绳相继登杆至导线横担处，系好安全带，和地面人员配合

传递并装设脚手架。

（2）一名作业人员沿脚手架行至导线处，在压接式耐张线夹前 3～4m 处的导线上安装两副紧线卡头，然后在挂线二连板上装设一钢丝绳套，钢丝绳套的两端用 U 形环分别连在二连板的两个孔上。

（3）杆塔上的两个作业人员配合，装设保险钢丝绳，保险钢丝绳的一端与导线上前一个卡头相连，另一端固定在横担上。然后，利用双钩紧线器将导线上另一个卡头和连在二连板上的钢丝绳套相互连接，收紧双钩紧线器，调整导线弛度。

（4）待弛度调整合格后，拆下挂在二连板上的压接式耐张线夹，切除因调整导线弛度多出的线段（连同压接式耐张线夹）并将主导线端头表面氧化物清理干净。

（5）和地面人员配合，提升压接所用工器具，按照压接工艺标准，重压耐张线夹。

（6）将压接完毕的新耐张线夹拉锚与二连板上的直角挂板连接好，放松双钩紧线器使压接式耐张线夹呈受力状态。

（7）检查压接式耐张线夹的受力情况，确认无问题后，拆除全部工器具，作业人员下杆，调整弛度工作结束。

2）安全注意事项

（1）切除压接式耐张线夹收紧导线弛度时，应先检查所用工具的受力情况，确认无问题后，方可拆除挂在二连板上的压接式耐张线夹。

（2）切除压接式耐张线夹收紧导线弛度时，应量准尺寸，以免因切除多或少而引起导线弛度误差。

二、技能要求

（一）准备工作

1. 设备准备

名称	规格	数量	备注
模拟线路		1 条	

2. 材料准备

名称	规格	数量	备注
铝包带		1m	

3. 工具准备

序号	名称	规格	数量	备注
1	手拉葫芦	0.5t	1 个	
2	导线紧线器	与导线型号相符	2 个	
3	尼龙套	0.5m	10 个	
4	传递绳	15m	1 根	

(二)操作程序

序号	工序	操作步骤
1	准备工作	选择工具、用具
2	检查	检查杆根、拉线、安全带
3	登杆	携带传递绳登杆
		到达位置后将安全带扎在适当位置
4	传递工具	用传递绳将手拉葫芦、卡线器传递至杆上
5	调整弧垂	在横担上安装手拉葫芦
		在导线上安装卡线器
		卡线器离耐张线夹距离大于调整余量
		打开耐张线夹及防振锤
		调整弧垂
		安装耐张线夹及防振锤
6	检查验收	检查耐张线夹螺帽无松动
		导线、弧垂调整符合 35kV 输电线路运行规范
		检查导线无损伤
		杆上无遗留物
7	清理现场	清理现场

(三)注意事项

(1)要在合适的位置安装手拉葫芦和卡线器,防止在操作过程中发生断、脱。

(2)调整的弛度,应符合线路的运行规范。

项目六 组织指挥更换耐张杆绝缘子

一、相关知识

(一)线路故障的原因

GBK001 线路
故障的原因

造成线路故障的主要原因有以下几个方面。

1. 外力破坏

(1)机动车辆撞杆或在线路附近开挖土方等造成倒杆、断线事故。

(2)建筑施工工地的起重设备及脚手架碰撞导线,以及从高空扔落东西造成导线损伤、断股、断线等事故。

(3)施工爆破、烟花爆竹、放风筝造成的导线事故。

(4)线路杆塔器材被盗所致的线路损坏等。

2. 自然灾害事故

(1)大风事故。当风速超过或接近线路的设计风速时,在线路本身有局部缺陷的情况下,将造成杆塔倾倒或损坏;此外,大风还会造成导线振动、跳跃和碰线;刮起地面或屋顶上的金属物或刮断树枝等搭接在导线上而引起线路闪络及短路故障。

（2）微风振动。事故由于微风引起的导线、避雷线振动，将使导线疲劳断股、断线或金具零件断裂而引起线路事故。

（3）导线覆冰事故。当线路导线上出现严重覆冰时，首先是加重了导线和杆塔的机械荷载，致使导线弧垂过分加大，从而在风的作用下造成混线、断线或倒杆、倒塔及横担变形；当导线避雷线上的覆冰脱落时，又会引起导线跳跃舞动造成导线间及导线与避雷线间的短路故障。

（4）洪水暴雨事故。雷雨季节大雨导致河流暴涨或山洪暴发冲刷杆塔基础，造成电杆倒塌和断线事故。

（5）雷害。由雷击线路而引起的设备绝缘损坏或绝缘子串闪络及断线事故。

（6）鸟害。鸟在杆塔上筑巢或在导线上停落以及大鸟在导线间穿梭飞行，造成导线接地或短路事故。

（7）污闪事故。架空输配电线路，特别是在化工区和沿海盐碱地区的线路，由于绝缘子表面污染使绝缘水平降低，当遇有小雨、大雾等不良天气时，引起绝缘子泄漏电流加大而产生闪络或木杆、木横担燃烧等事故。

3. 人为因素所导致的事故

（1）由于设计、施工质量不良，或设备制造质量不良所引起的各种事故；线路施工时，使用不合格的材料和工艺方法错误，以及杆塔结构设计或安装不合格，都可能在运行中造成事故。

（2）工作人员失误造成的误操作、误调度引起的事故。

（3）由于线路负荷自然增长，运行人员未掌握负荷增长量而引起的烧断接头或导线烧伤事故。

运行经验表明，架空输电线路的事故发生与季节密切相关，如能妥善地做好预防工作，做到及时发现问题，防患于未然，则可消除隐患，避免事故的发生，保证输电线路安全、可靠运行。

（二）架空线路常见的故障

架空线路常见故障有机械性故障和设备电气故障两方面。

1. 机械性故障

（1）倒杆。由于外界自然或人为原因（如洪水冲刷、大风、外力撞击、拉线丢失），使电杆的平衡失去控制，造成倒杆停电。在架空线路中，倒杆是一种恶性故障，某些时候电杆未倒但严重倾斜，虽然还在运行，但由于各种电气距离发生很大变化，将会危及设备和人身安全，必须停电予以修复。

（2）断线。因低温或其他外界原因（枪击、爆破采石等）造成导线断裂，致使供电中断。

2. 设备电气故障

（1）单相接地。线路某一相的一点对地绝缘性能丧失，该相电流经此点流入大地称为单相接地。单相接地是电气故障中出现机会最多的一种，使三相平衡受到破坏，非故障相的电压升高到原来的$\sqrt{3}$倍，可能会引起非故障性的绝缘破坏或烧坏用电设备。造成单相接地的原因很多，如一相导线的断落接地、树枝碰及导线和跳线因大风刮偏而对杆塔放电等。

（2）两相短路。线路的任意两相间直接放电称为两相短路。两相短路时使通过导线的电流比正常时增大许多倍,并在放电点形成强烈电弧,烧坏导线。两相短路包括两相同时接地短路,比单相接地情况严重得多。造成两相短路的原因有混线、雷击、外力破坏等多种因素。

(3)三相短路。线路的三相间直接放电称为三相短路。三相短路(包括三相接地短路)是线路上最严重的电气故障,但出现的机会较少。造成三相短路的原因有线路带地线合闸送电、线路倒杆等造成三相同时接地。

(4)缺相。断线而不接地称为缺相,通常又称缺相运行。缺相时送电端三相有电压,受电端一相无电流,三相电动机无法正常运行。

(三)线路故障的处理

GBK002　线路
故障的处理方法

为了总结经验教训,研究事故规律,开展反事故斗争,必须认真进行事故调查分析。通过反馈事故信息,为提高运行、检修、设计、施工安装水平及设备制造的可靠性创造条件。

事故调查要做到及时、准确、完整。事故发生后,必须认真保护事故现场,调查人员迅速赶到现场,收集有关的各种原始记录和技术资料,对待大事故、重大事故和比较典型的事故应该录像。事故分析应实事求是,查清事故发生、扩大的原因和暴露的问题及责任,采取防止事故的对策。事故报告应及时准确地上报。

对发生的责任事故必须严肃处理。对严重官僚主义、玩忽职守、工作不负责任、违章指挥、安全管理不善等造成重大责任事故的应追究有关主要领导人员的责任。

对待大、重大事故以及其他性质严重的事故,应按规定及时报告上级主管部门并邀请派人参加调查,并应按事故调查规程进行。

为了全面吸取教训,事故发生后,除了及时将事故情况报告上级主管部门外,还应及时将事故信息反馈到与事故有关的单位,如设计、制造、修造、安装和科研等部门,必要时请他们派人参加调查。

输配电线路事故的原因是多方面的,但只要严格执行各种运行、检修制度,切实做好维护和检修工作,认真执行各项反事故技术措施,发生事故后认真调查研究,及时总结经验教训,落实整改措施,输配电线路的事故是可以避免的。

1. 导线损伤、断股的处理

从架空线路侧面垂直吹来的风速在 0.5~4m/s 的均匀微风,就会造成导线振动。由于在架空线路后面形成了空气涡流,而产生一个垂直方向的推动力,迫使导线振动。导线振动时,又在导线中产生一个附加机械应力,振动的时间过久,使导线产生疲劳,从而在垂直线夹和耐张线夹处导线受力较大,最容易使导线断股折断。

若导线损伤、断股,轻则降低载流量,重则造成断线事故,影响线路的安全运行。当发现导线损伤、断股,应立即进行处理,根据导线损伤、断股程度,一般采用护线条、防振锤或阻尼线来防止架空导线断股。通过防振阻止导线继续受机械损伤。

由于导线损伤、断股会造成导线的机械强度和安全载流量下降,所以应及时处理。导线有以下损失之一时,应重新连接:

(1)在同一断面内,导线损伤或断股面积超过导线导电部分的15%。

(2)导线出现"灯笼",其直径超过导线直径的 1.5 倍而无法修复时。

(3)导线调直后(金钩破股),已形成无法修复的永久变形。

（4）导线连续磨损应进行修补，但修补长度需要超过一个修管长度。

（5）钢芯铝线钢芯断股：

① 导线截面损伤、断股不超过截面的15%时，输电线路可采用补修管补修，补修管的长度应超出损伤部分两端各30mm。配电线路可采用敷线补修，敷线长度应超出损伤部分，两端各缠绕长度不应小于100mm。

② 导线截面损伤、断股不超过截面的15%时，或单股导线损伤深度不超过其直径的1/3时，可用同规格的导线在损伤部位缠绕，缠绕长度超过损伤部分两端各30mm。

2. 导线接头过热的处理

导线接头在运行过程中，常因氧化、腐蚀等原因产生接触不良，使接头的电阻远远大于同长度导线的电阻。当电流通过时，由于电流的热效应使接头处导线温度升高造成接头处过热。

导线接头过热的检查方法，一般有观察导线有无变色，雨、雪天气接头处有无水蒸气，夜间巡视观察接头处有无发红，也可用贴示温蜡片或红外测温仪等方法。发现导线接头过热首先应减少线路的负荷后，还需要继续观察，并增加夜间巡视，发现接头处变红，应立即通知变配电所的值班员将电路停电进行处理，导线接头重新接好后，需经测试合格，才能再次投入运行。

3. 线路一相断线的处理

35kV配电系统采用中性点不接地或经消弧线圈接地方式，当发生一相断线时，可能导致单相接地故障，无论导线断线后是悬挂在电杆上还是落于地面上，由于接地短路电流小（不大于30A），都不会使断路器跳闸。这样对运行的电气设备和人身安全均构成威胁。因此，巡视检查人员当发现配电线路一相断线时，必须加强警惕，防止发生更大事故。《电业安全工作规程》中明确规定：巡线人员发现导线落地或悬吊空中时，应设置警戒线，以接地故障点为圆心，半径为8m的范围内，防止行人进入，并迅速报告主管领导，进行处理。

4. 线路单相接地的处理

在中性点不接地或经消弧线圈接地的系统中，当发生非间歇性的单相接地时，线路仍可继续运行；若发生间歇性单相接地时，由于它所产生的过电压很高，会使变电设备和线路绝缘很快损坏，并造成事故范围扩大，应立即进行巡视，迅速找出故障点，争取在接地故障发展成相间短路故障之前切除故障线路。

5. 导线断线碰线的处理

（1）导线弧度过大或过小，导线截面有损伤或受外力作用产生断线或碰线，应加强巡视检查及预防性试验，找出缺陷，及时修补损伤的导线及绑接好拉断的导线或调整弧垂。

（2）大风刮树枝使导线接地或有抛落的金属导线造成短路，使导线熔断，应剪、砍去妨碍线路导线的树枝。

（3）制造上的缺陷或施工时造成导线表面损伤、断股等现象，应及时修补或更换导线。

（4）导线弧垂过大或同档水平排列的弧垂不相等，以致刮大风时摆动不一造成相间导线相碰引起放电、短路。应检查调整导线弧垂，避免刮风时导线相碰而造成短路，产生放电现象。

（5）导线连接工艺不当，连接不紧密，使通过负荷时造成烧红熔断，应更换连接器并重新连接。

（6）长期受空气中的有害气体侵蚀,应控制腐蚀气体或远离、隔离腐蚀性气体。

6. 导线振荡的处理

由于线路负荷不均,单相负荷过大或线路发生短路接地、电流过大、线间距离过近,引起导线振荡。应检查负荷,找出故障点,并采取相应调整负荷或增大线间距离的措施排除故障。

7. 拉线折断的处理

（1）根据拉线所承受的拉力大小,合理选择拉线棒的截面,以免在运行中由于强度不足而拉断。

（2）采用镀锌钢绞线或镀锌铁线作为拉线,以增强耐腐蚀能力,从而提高抗拉断强度,但拉线的地下部分不宜采用镀锌钢绞线或镀锌铁线,通常采用拉线棒。

（3）拉线不要装在路旁,以免被车辆撞断。若受地形限制,需设在路旁,应在拉线靠道路侧埋设护杆。

（4）跨越道路的拉线至路面的垂直距离要符合规程要求。

8. 拉线基础上拔的处理

（1）根据拉线所承受的拉力和土质情况,合理选择拉线盘的规格和埋设深度。

（2）安装拉线盘时,使拉线棒与拉线盘垂直,以增大拉线盘上部的承压面积。

（3）不要将拉线盘安装在易受洪水冲刷的地点,应根据现场情况采取必要的防洪措施。

（4）禁止在拉线周围取土,若发现有人取土要立即制止,并填土夯实。

（四）鸟害的形式及防鸟害措施

> GBK003　鸟害
> 故障预防措施

1. 鸟害基本形式

鸟害的形式有两种:第一种是在铁塔上筑巢,树枝等筑巢材料下落,短接绝缘子串引起跳闸;第二种是鸟粪下落并污染瓷瓶,当鸟粪污染绝缘子表面,在潮湿气候和雨雾作用下,使线路外绝缘水平降低,最终导致线路跳闸,会形成沿绝缘子表面的闪络,此种情况最常见。在潮湿状态下能否引起污闪,与鸟粪的电导率、污秽面积、污秽路径有关。

容易产生鸟害的鸟主要有喜鹊、猫头鹰、雕、秃鹫和以鱼虾为食的大体型鸟。如喜鹊喜欢在铁塔上筑新巢,进行繁殖,其筑巢材料有树枝、枯藤、废棉线,甚至还有铁丝,这些材料下落可能短接几片瓷瓶,引起线路跳闸。而其他各种大鸟觅食后,喜欢落在铁塔中线横担上,歇息时大量排放粪便,污染瓷瓶,降低瓷瓶串外绝缘强度,引起线路跳闸。鸟害故障一般均属线路瞬间故障,不会造成永久性故障,线路的重合闸都能成功。而且鸟害引起的接地故障多发生在220kV以下电压等级的线路。

2. 鸟害预防对策

防鸟害思路:一是不让鸟落在导线挂点上方的横担上;二是不要让鸟粪落在绝缘子串上。具体做法如下:

（1）准确划分架空送电线路鸟害区域。要深入线路,沿线摸清靠近冬季不干枯的河流、湖泊、水库和鱼塘的杆塔,位于山区、丘陵植被较好且群鸟和大鸟活动频繁的铁塔,有鸟巢和发生过鸟害的铁塔。上述铁塔应作为重点鸟害区域。

（2）加强线路巡视,若发现铁塔挂点上方有鸟巢,必须尽快拆除,并安装防鸟设施。

（3）及时安装防鸟害装置。对于鸟害区域,安装好防鸟设施,重点采用防鸟刺、防鸟罩、驱鸟器等设施。

（4）采取防污措施。安装大盘径防污型绝缘子,大盘径绝缘子能防止鸟粪沿绝缘子边沿形成贯穿性通道,使大盘径绝缘子下的绝缘子表面清洁。

（五）导线振动类型及防振措施

GBK010 导线防振工作

架空送电线路的导线、避雷线由于风力等因素的作用而引起的周期性振荡称为导线振动。

1. 导线振动类型

（1）微风振动。在 0.5~4m/s 风速作用下而产生的导线振动。

（2）次档距振动。在 4~18m/s 风速作用下而产生分裂导线的子导线振动。

（3）舞动。在覆冰厚度为 2~5mm,气温通常为 0~5℃,风速为 8~16m/s 时产生的导线舞动。

（4）电晕振动。在电压和雨水作用下产生的导线振动。

导线振动的可能性和振动过程的性质（频率、波长、振幅）,取决于多种因素:导线的材料和直径;线路的档距和导线张力;导线距地面高度;风的速度和方向以及线路经过地区的性质等。

一般导线振动的频率仅取决于风速和导线的直径,其关系式为:

$$f = 200\,\frac{v}{d}$$

式中　f——导线振动频率,Hz;

　　　v——风速,m/s;

　　　d——导线直径,mm。

导线振动的波长取决于振动频率、导线张力和质量,其公式为:

$$\lambda = \frac{1}{f}\sqrt{\frac{9.81T}{G_0}}$$

式中　λ——导线振动波长,m;

　　　T——导线张力,kg;

　　　G_0——导线单位长度的质量,kg/m。

2. 防止导线振动措施

防振的方法有两种类型:一种是利用护线条或特殊线夹专为防止振动所引起的导线损坏;另一种是采用防振锤、防振线（阻尼线）来吸收振动的能量以消除振动。

1）护线条

在导线悬挂点使用专用的护线条,其目的是加强导线的机械强度。护线条是用与导线相同的材料制成,其外形是中间粗两头细的一根铝棍,如图 1-3-3 所示。在悬垂线夹处用护线条将导线缠起来,这样,当导线发生振动时,就可以防止导线在悬垂线夹出口处发生剧烈的波折,也就增加了导线的强度。运行经验证实,采用护线条,不仅能很好地保护导线,而且能减少导线的振动。

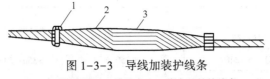

图 1-3-3 导线加装护线条

1—两端卡箍;2—护线条;3—线夹处的护线条

2)防振锤

防振锤是由两个形状如杯子的生铁块组成的。两个生铁块分别固定在一根钢绞线的两端,而钢绞线中部用线夹固定在导线上,如图 1-3-4 所示。当导线振动时,线夹随同导线一同上、下振动,由于锤重的惰性,使钢绞线两端不断上下弯曲,使钢绞线股间及分子间都产生摩擦,从而消耗振动的能量。钢绞线弯曲得越厉害,所消耗的能量也越大,使风传给导线的振动能量被消耗得不能产生大幅度的振动,而且风传给导线的能量也随振幅的下降而下降。防振锤消耗的能量也随振幅下降而下降,最终在能量平衡条件下,以很低的振幅振动。一般是在每一档距内的每一条导线两端上安装防振锤,如图 1-3-5 所示。防振锤的安装个数见表 1-3-4。

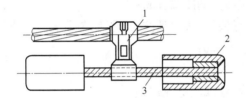

图 1-3-4 防振锤

1—在导线上的固定装置;2—铸钢重锤;3—钢绞线

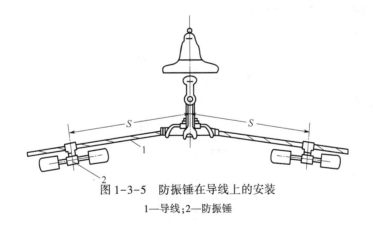

图 1-3-5 防振锤在导线上的安装

1—导线;2—防振锤

表 1-3-4 防振锤安装个数

安装个数		1	2	3
架空导线直径 d,mm		档距,m		
$d<12$	LGJ-70	≤300	>300~600	>600~900
	GL-35~70			

安装个数		1	2	3
$12 \leqslant d \leqslant 22$	LGJJ-185	≤350	>350~700	>700~1000
	LGJ-95~240			
	LGJQ-240			
$22 \leqslant d \leqslant 37.1$	LGJ-330~400	≤450	>450~800	>800~1200
	LGJ-240~400			
	LGJQ-300~500			

防振锤距导线、地线固定线夹距离的计算公式,工程中一般采用平均运行张力及最大风速求波长,将公式简化为下式:

$$\frac{\lambda}{2} = \frac{d}{400v}\sqrt{\frac{T}{p}}$$

$$b = 0.9 - 0.95\left(\frac{\lambda_{max}}{2}\right)$$

式中　b——防振锤距固定线夹的距离,mm;

　　　λ,λ_{max}——分别为导线、地线振动波长、最大波长,m;

　　　d——导线、地线直径,mm;

　　　T——平均运行张力,N;

　　　p——单位长度导线、地线质量,kg/m;

　　　v——垂直于导线的风速,m/s。

有时,工程中也采取最高气温下导线应力与最低气温下导线应力和最大风速及最小风速来计算防振锤安装距离,公式如下:

(1)最大半波长:

$$\frac{\lambda_{max}}{2} = \frac{d}{400v_{min}}\sqrt{\frac{9.81\sigma_{max}}{g}}$$

(2)最小半波长:

$$\frac{\lambda_{min}}{2} = \frac{d}{400v_{max}}\sqrt{\frac{9.81\sigma_{min}}{g}}$$

(3)安装距离:

$$S = \frac{\dfrac{\lambda_{max}}{2}\dfrac{\lambda_{min}}{2}}{\dfrac{\lambda_{max}}{2} + \dfrac{\lambda_{min}}{2}}$$

式中　S——防振锤安装距离,m;

　　　g——导线自重比载,kg/m;

　　　σ_{max}——导线最低温度的应力,N;

　　　σ_{min}——导线最高温度的应力,N;

v_{max}——风速上限,m/s;

v_{min}——风速下限,m/s。

3）阻尼线

阻尼线有较好的防振效果,它在高频率的情况下,比防振锤有更好的防振性能。阻尼线取材容易,最好采用与导线同型号的导线作阻尼线(避雷线也可采用与其型号相同的材料)。阻尼线的长度及弧垂的确定,应使导线的振动波在最大波长和最小波长时,均能起到同样的消振效果。对于一般档距,阻尼线的总长度可取 7~8m,导线线夹每侧装设三个连接点,如图 1-3-6 所示。

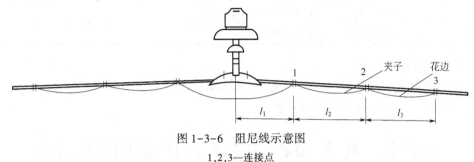

图 1-3-6　阻尼线示意图

1,2,3—连接点

阻尼线与导线的连接一般采用绑扎法,或用 U 形夹子夹住。阻尼线花边的弧垂与防振效果关系不大,一般手牵阻尼线自然形成弧垂即可,取 10~100mm。

二、技能要求

(一)准备工作

1. 材料准备

名称	规格	数量	备注
悬式绝缘子	XP-7	4 片	

2. 工具准备

序号	名称	规格	数量	备注
1	手扳葫芦		1 个	
2	绳套		2 个	
3	紧线机头		1 个	
4	钢丝绳		30m	
5	提绳		1 条	

(二)操作程序

序号	工序	操作步骤
1	准备工作	选择工具、用具
2	分配人员	设专人指挥机车
		4 人在杆下作地勤人员
		更换耐张杆绝缘子 1 人上杆,做准备工作
		每基杆塔设专人看护

续表

序号	工序	操作步骤
3	指挥更换绝缘子	指挥摆好拖拉机
		指挥挂好滑轮组
		指挥连接紧线机头并卡在导线上
		指挥地勤人员连接好手扳葫芦
		指挥拖拉机倒车使导线吃劲,然后指挥地勤人员用手扳葫芦使绝缘子串松懈
4	检查质量	检查耐张绝缘子更换质量
5	清理现场	清理现场

(三)注意事项

(1)工作时,应有专人指挥机车,并统一手势、口令。

(2)更换后,检查绝缘子的更换质量。

项目七　制作10kV三芯户内冷缩电缆终端头

一、相关知识

(一)电缆的选择要求

1. 芯线材质

GBI001 电缆的选择要求

电力电缆用于振动剧烈、有爆炸危险或对铝有腐蚀等严酷的工作环境中,防火电缆应采用铜芯。若用于紧靠高温设备装置、安全性要求高的重要公共设施和水中敷设,当工作电流较大需增多电缆根数时,宜采用铜芯。

2. 芯数

对于低压中性点直接接地三相回路保护线与受电设备外壳连接接地情况,当保护线与中性线合用同一导体时,应采用四芯电缆;各自独立则宜用五芯电缆或采用四芯电缆与另加的保护线。单相回路保护线与中性线合用同一导体时,采用两芯电缆;各自独立则用三芯电缆或采用两芯电缆与另外的保护线导体。工作电流较大回路或水中敷设时,可经经济技术比较,采用单芯电缆。

3. 绝缘水平

交流系统中电力电缆缆芯的相间额定电压不得低于使用回路的工作线电压。交流电力系统中电力电缆缆芯与绝缘屏蔽或金属套之间额定电压,在中性点直接接地或经低阻抗接地系统中,当接地保护动作不超过1min切除故障时,应按100%的使用回路工作相电压;除此之外的供电系统中,应按不宜低于133%的使用回路工作相电压;在单相接地故障可能持续8h以上或发电机回路等有安全性要求的情况下,宜按173%的使用回路工作相电压。交流系统中电缆的冲击耐压水平,应满足系统绝缘配合要求。

4. 绝缘类型

油浸纸绝缘电缆应注意允许高差:6～10kV 允许 15m;35kV 有防止油干枯补救措施

的允许 10m,否则只允许 5m。移动式电气设备等经常弯移或有较高柔软性要求的回路应使用橡胶绝缘电缆。放射线作用场所,应选用交联聚乙烯、乙丙橡胶绝缘等耐辐照强度的电缆。60℃以上高温场所应按经受高温及其持续时间,选用耐热聚氯乙烯、普通交联聚乙烯、辐照式交联聚乙烯或乙丙橡胶绝缘等适合的耐热型电缆;100℃以上高温环境宜采用矿物绝缘电缆。在高温场所、低温环境和有防火低毒要求时,不宜用聚氯乙烯电缆。在低温−20℃以下环境,应按低温条件选用油浸纸绝缘或交联聚乙烯、聚乙烯绝缘、耐寒橡胶绝缘电缆。有低毒难燃性防火要求的场所,可采用交联聚乙烯或乙丙橡胶等不含卤素的电缆。

根据了解到的情况,大多数城市尽可能选用塑料电缆,除了上面提到的几处明确不适用情况外,6kV 以下回路可采用聚氯乙烯绝缘电缆。用在中、高压回路的交联聚乙烯电缆,应选择属于具备耐水特性的绝缘构造形式。对于重要回路的 6kV 及以上电压回路,宜采用含有干式交联和内、外半导电与绝缘层三层共挤工艺特征的电缆。

5. 电缆外护层

交流单相回路的电力电缆外护层不得有未经非磁性处理的金属带、钢丝铠装;在潮湿含化学腐蚀环境或受水浸泡的电缆金属套、加强层、铠装上应有挤塑外套,水中电缆粗钢丝铠装尚应有纤维外被。挤塑外套一般可采用聚氯乙烯,但和采用聚氯乙烯绝缘禁忌一样的场合,可采用聚乙烯外套;在水中或化学浸泡场所的 6~35kV 或 35kV 以上的交联聚乙烯电缆,应具有金属复合阻水层、铅套、铝套或膨胀式阻水带等防水结构。敷设在水下的中、高压交联聚乙烯电缆还宜具有纵向阻水结构。

直埋电缆外护层在电缆承受较大压力或有机械损伤危险时,应有加强层或钢带铠装;在流沙层、回填土地带可能出现位移的土壤中,电缆应有钢丝铠装;有白蚁严重危害且塑料电缆未有尼龙外套时,可用金属套或钢带铠装;除上述情况外,直埋电缆可采用不带铠装的外护层。

空气中固定敷设电缆,油浸纸绝缘铅套和小截面挤塑绝缘电缆直接在臂式支架上敷设时,应有钢带铠装;在地下客运、商业设施等安全性要求高而鼠害严重的场所,塑料电缆可具有金属套或钢带铠装;在高落差地段,可含有钢丝铠装;除了上述情况外,敷设在梯架或托盘等支撑密接的电缆,可不含铠装,宜用聚氯乙烯外套(超低温、有低毒、难燃、60℃以上高温场合除外)。严禁在封闭通道内使用纤维外被的明敷电缆。

移动式电器、放射线作用场所电缆用的护套应相应采用橡胶、耐受辐射材料的护套。保护管中电缆应有挤塑外套,油浸纸绝缘铅套的尚宜含有钢铠层。水中敷设的电缆,在不通航小河只需钢带铠装;在江、河、湖、海中电缆采用的钢丝铠装要求应能满足受力要求。

(二)电缆选择的方法

电力电缆的选择包括正确选择电缆的型号、电压等级和线芯截面等。这对电缆投 [GBI003　电缆选择的方法]
入使用后能否确保安全运行十分重要。

电力电缆的额定电压必须不小于其运行的网络额定电压;电缆的最高运行电压不得超过其额定电压的 15%。这就是电力电缆电压等级选择的两个原则。

对电缆型号的选择,应在满足电缆敷设场合技术要求的前提下,兼顾我国电缆工业发展的技术政策,即线芯以铝代铜、绝缘层以橡塑代油浸纸、金属护套以铝代铅以及在外护层上发展橡塑护套或组合护套等。综合以上诸多因素,电力电缆选择的一般原则如下：

(1)对有剧烈震动的柴油机房、空压机房、锻工车间等处以及移动机械的供电,应选用铜芯电缆;对其他地点应首先考虑选用铝芯电缆。

(2)地下直埋电缆,一般应选用裸塑料护套电缆,当电缆需要穿过铁路、公路,跨越桥梁、隧道等有可能受到机械损伤的处所时,应选用具有钢带铠装的电缆,必要处还应采取穿管等防护措施。

(3)在大型调度中心、通信中心、微机站等重要部门室内、夹层或易燃易爆场所敷设的电力电缆,应选用难燃或阻燃电缆。

(4)在电缆线路不可避免地要穿过具有化学腐蚀、直流泄漏区域时,应选用塑料电缆或具有裸塑料护套的电缆。

(5)在需要承受拉力的沼泽地带、水中或竖直敷设的电缆,应选用整根的、能承受拉力的钢丝铠装电缆。但通过小溪流时,一般选用具有铠装及外护层的电缆。

(6)当整个电缆线路在其周围具有几种完全不同的介质条件时,电缆的型号应按其中最不利的条件选择。

(三)电缆截面的选择

GBI002 电缆截面的选择方法

1. 概述

在选择配电电缆时,通常都根据敷设条件确定电缆型号,再按发热条件选择电缆截面,最后选出符合其载流量要求,并满足电压损失及热稳定要求的电缆截面。

若考虑经济效益,则电缆最佳截面应是使初投资和整个电缆经济寿命中的损耗费用之和达到最少的截面。从这一点考虑选择电缆截面时,需在按发热条件选出的截面基础上,再人为地加大 4~5 级截面,称此截面为最佳截面。

由于加大了电缆截面,提高了载流能力,使电缆的使用寿命得以延长;由于截面增大,线路电阻降低,使线路压降减少,从而大大提高了供电质量,电能损耗降低,使运行费用降低,这样,可保证在整个电缆经济寿命中总费用最低。

2. 电缆截面的选择方法

电力电缆的截面,一般是按长期允许载流量选择电缆截面;然后对 3kV 以下的低压电缆校验其电压降,对 3kV 及以上的电缆校验其短路时的热稳定度。对于较长的高压电缆供电线路,应按经济电流密度选择导线截面。

1)根据电缆长期允许载流量选择电缆截面

为了保证电缆的使用寿命,运行中的电缆导体温度不应超过其规定的长期允许工作温度。根据这一原则,在选择电缆截面时,必须满足下列条件

$$I_{max} \leqslant KI_0$$

式中　I_{max}——通过电缆的最大持续负荷电流,A;

　　I_0——指定条件下的长期允许载流量,A;

　　K——电缆长期允许载流量的总修正系数。

在不同的敷设环境与条件下,总修正系数 K 可以是下列不同的组成：

(1)空气中并列敷设时：

$$K = K_1 K_2$$

（2）空气中单根穿管敷设时：

$$K = K_1 K_3$$

（3）单根直埋敷设时：

$$K = K_1 K_4$$

（4）并列直埋敷设时：

$$K = K_1 K_4 K_s$$

上述各式中　K_1——温度修正系数；

　　　　　　K_2——空气中并列修正系数；

　　　　　　K_3——空气中穿管修正系数；

　　　　　　K_4——土壤热阻系数不同时的修正系数；

　　　　　　K_s——直埋并列修正系数。

10kV 及以下电缆穿管敷设载流量修正系数见表 1-3-5。

表 1-3-5　10kV 及以下电缆穿管敷设载流量修正系数

线芯截面，mm	≤95	120~240	≥300
修正系数	0.90	0.85	0.80

2）根据电缆短路时的热稳定性选择电缆截面

对于电压为 0.6/1kV 及以下的电缆，当采用自动开关或熔断器作网络的保护时，一般电缆均可满足短路热稳定性的要求，不必再进行核算。而对于 3.6/6kV 及以上电压等级的电缆，应按下列公式校核其短路热稳定性：

$$S_{\min} = \frac{I_\infty \sqrt{t}}{C}$$

式中　$S_{\min}$——热稳定要求的最小截面积，mm^2；

　　　I_∞——稳态短路电流，A；

　　　t——短路电流的作用时间，s；

　　　C——热稳定系数，见表 1-3-6。

表 1-3-6　热稳定系数值

长期允许温度 ℃		短路允许温度，℃						
		230	220	160	150	140	130	120
90	铜	129.0	125.3	95.8	89.3	62.3	74.5	64.5
	铝	83.6	81.2	62.0	57.9	53.2	48.2	41.7
80	铜	134.6	131.2	103.2	97.1	90.6	83.4	75.2
	铝	87.2	85.0	66.9	62.9	58.7	54.0	48.7
75	铜	137.5	133.6	106.7	100.8	94.7	87.7	80.1
	铝	89.1	86.6	69.1	65.3	61.4	56.8	51.9
70	铜	140.0	136.5	110.2	104.6	98.8	92.0	84.5
	铝	90.7	88.5	71.5	67.8	64.0	59.6	54.7

长期允许温度 ℃		短路允许温度,℃						
		230	220	160	150	140	130	120
65	铜	142.4	139.2	113.8	108.2	102.5	96.2	89.1
	铝	92.3	90.3	73.7	70.1	66.5	62.3	57.1
60	铜	145.3	141.8	117.0	111.8	106.1	100.1	93.4
	铝	94.2	91.9	75.8	72.5	68.8	65.0	60.4
50	铜	150.3	147.3	123.7	118.7	113.7	108.0	101.5
	铝	97.3	95.5	80.1	77.0	73.6	70.0	65.7

3）根据经济电流密度选择电缆截面

根据长期允许载流量选择电缆截面，只考虑了电缆的长期允许温度，若绝缘结构具有高的耐热等级，载流量就可以很高。由于功率损耗与电流的平方成正比，因此有时要从经济电流密度来选择电缆截面。

根据经济电流密度选择电缆截面时，首先应知道电缆线路中年最大负荷利用时间，从表中查得所选导电线芯材料的经济电流密度，然后再按下式计算导线截面积：

$$S = \frac{I_{max}}{j_n}$$

式中　　S——导线截面积，mm^2；

　　　　I_{max}——最大负荷电流，A；

　　　　j_n——经济电流密度，A/mm^2。

根据计算所得的导线截面积值，通常选择不小于这个值并最靠近这个值的标准电缆截面。

3. 根据供电网络允许电压降校核电缆截面

当电力网络中无调压设备，而且电缆截面较小、线路较长时，为了保证供电质量，应按允许电压降校核电缆截面积，其校核公式如下。

在三相系统中：

$$S \geqslant \frac{\sqrt{3} I \rho L}{U \Delta u\%}$$

在单相系统中：

$$S \geqslant \frac{2 I \rho L}{U \Delta u\%}$$

式中　　S——电缆截面积，mm^2；

　　　　I——负荷电流，A；

　　　　U——网络额定电压，三相系统为线电压，单相系统为相电压；

　　　　L——电缆长度，m；

　　　　$\Delta u\%$——网络允许电压降百分数；

　　　　ρ——电阻率，$\Omega \cdot mm^2/m$。

铜芯电缆:$\rho_{铜} = 0.02060\Omega \cdot \text{mm}^2/\text{m}$(50℃)。

铝芯电缆:$\rho_{铝} = 0.0350\Omega \cdot \text{mm}^2/\text{m}$(50℃)。

根据我国实际情况,选择电缆截面的大小时,应首先考虑长期允许载流量;其次进行热稳定的校核;最后考虑经济电流密度和网络允许电压降。

理论上,无论根据哪种方法选择的电缆截面,都应该用其他方法去校核,也应根据各种方法分别求出最小截面积,然后从中选择最大值为最终选定值。

（四）不同电缆头的特点

电缆头按照制作工艺的特点可分为传统电缆头、热缩电缆头、冷缩电缆头和预制电缆头四大类。本文仅介绍热缩电缆头、冷缩电缆头和预制电缆头。

1. 热缩电缆头特点

热缩电缆头是 20 世纪 70 年代发展起来的新型工艺。它具有耐热、耐芳香烃、耐应力开裂,以及防潮、防腐蚀、抗放射性、使用寿命长等一系列优点。其缺点是机械强度和界面稳定性不够。

热缩电缆头经过几十年的运行考验和不断研究与改进,其各方面性能日趋完善。目前已成为塑料绝缘电力电缆头和油浸纸绝缘电力电缆头的主导产品之一。热缩电缆头的制作工艺简单,并且轻巧、廉价、便于维护,如有终端头故障,也不会伤人,特别适用于电缆故障的紧急抢修。

2. 冷缩电缆头特点

电缆头的冷缩工艺,是继热缩工艺之后的最新制作工艺。新型冷缩电缆头主绝缘部分采用和电缆绝缘(XLPE)紧密配合方式,利用橡胶的高弹性,使界面长期保持一定压力,确保界面无论在什么时候都紧密无间,绝缘性能稳定。

冷缩电缆头的内部,有一个精心设计的应力锥,妥善地解决了电缆外屏蔽切断处的电应力集中问题,确保了电缆头质量和运行的可靠性。

冷缩电缆头采用特种硅橡胶制成,具有电气性能好、介电强度高、抗漏电痕、抗电蚀、抗紫外线、耐热(-50~200℃)、阻燃、弹性好、化学性能稳定、耐老化、使用寿命长等极为良好的性能,适于在各种气候条件及污秽环境中使用。但其机械强度较差。

可见,冷缩电缆头除了具备热缩电缆头的一切优点之外,还具有独特的优点:

(1)提供恒定持久的径向压力。

(2)与电缆本体同"呼吸"。

(3)不需明火加热,使施工更方便、更安全。

(4)绝缘裕度大,耐污性能好。

(5)采用独特的折射扩散法处理电应力,控制了轴向场强。

(6)无须胶黏,即可密封电缆本体。冷缩电缆头是橡塑绝缘电力电缆头制作工艺的最新发展途径,目前已逐渐形成取代热缩电缆头的趋势。

3. 预制电缆头特点

预制电缆头,主要适用于 66kV 及以上的高压电缆和超高压电缆,在经济发达国家已广泛使用,并有较长时间的运行经验。在我国是近几年才开始引进并投入使用的。这种电缆头的内部与冷缩电缆头一样,具有一个精心设计的应力锥,以妥善解决电缆外屏蔽切断处的电应力集中问题,确保电缆头质量和运行的可靠性。

预制电缆头安装工艺简单、劳动强度低、安装时间短、安装技术容易掌握,只要按说明书要求,剥切好电缆,套上预制件即可。预制电缆头是高压及超高压塑料绝缘电力电缆头制作工艺中的最新发展趋势。

GBI007 电缆接头制作所需附件的特性

（五）电缆头制作所需附件的要求

制作电缆头的绝缘材料主要包括绝缘胶、绝缘带、绝缘管、绝缘手套和绝缘树脂等,这些绝缘材料性能的优劣与电缆头能否安全运行直接相关。因此,要求制作电缆头所使用的绝缘材料具有良好的物理性能和稳定的化学性能。

1. 绝缘带

电缆头常用的绝缘带有聚氯乙烯带、聚四氟乙烯带、塑料胶黏带、自黏性橡胶绝缘带、自黏性橡胶半导电带等。

1）聚氯乙烯带

聚氯乙烯带是由聚氯乙烯树脂加入增塑剂、稳定剂、润滑剂、着色剂等均匀混合经挤压加工而成。它的机械强度和伸长率都能满足电缆头的要求,其主要缺点是耐热性能较差,长期允许温度为70~80℃。目前,在10kV及以下电压等级户内电缆终端头的安装中,聚氯乙烯带的应用较为多见。

2）聚四氟乙烯带

聚四氟乙烯带是在电缆头制作中采用的优质绝缘材料,它具有优良的绝缘性能和耐电弧性能,不吸水、化学性能稳定,在浓酸、浓碱及各种溶剂和强氧化剂中都不起反应。它具有足够的抗张强度,耐寒性好,能承受-150℃的温度,在-170℃下仍保持柔软状态。需强调指出的是,聚四氟乙烯薄膜当温度超过180℃时,将产生具有强烈毒性的气态氟化物,吸入人体会损坏呼吸道和肺脏。因此,使用聚四氟乙烯带时,必须严格管理,不得使其碰及火焰。

聚四氟乙烯薄膜有不定向薄膜和定向薄膜两种。不定向薄膜由聚四氟乙烯树脂经模压后烧结而成;定向薄膜由聚四氟乙烯树脂经模压后定向加工而成。两者相比较,定向薄膜具有更好的抗张强度和交流击穿强度,因而更适宜作为电缆头的绕包绝缘材料。

3）塑料胶黏带

塑料胶黏带是以聚氯乙烯（PVC）塑料薄膜或聚乙烯（PE）塑料薄膜为底材,涂以胶黏剂而成。它具有一定的黏性、防潮密封性和电气绝缘性,主要用作橡塑绝缘电力电缆头自黏性绕包绝缘带的外层保护和工艺性黏结固定用,也可用作3kV及以下电压等级塑料绝缘电力电缆头的绝缘。目前,市场供应的塑料胶黏带,其抗污能力、抗日照能力等较差,因此电缆接头不能依靠这种胶带作为长期密封用。

4）自黏性橡胶绝缘带

自黏性橡胶绝缘带是一种具有自黏性的带状胶黏材料。它以丁基橡胶、聚异丁烯、聚乙烯为基础,配合适量的增黏剂、填料、防老化剂和硫化剂,经均匀混合压延和局部硫化而成。其特点是在拉伸后绕包于需要绝缘和保护的物体上,经过一定的时间,在室温下就能自黏成一个整体或近似一个整体,从而起到电缆头的绝缘和防水密封作用。自黏性橡胶绝缘带的主要缺点是在空气中易产生龟裂,因此在其绕包的外面必须覆盖两层黑色聚氯乙烯带。

目前,自黏性橡胶绝缘带已成为10kV及以下电压等级橡塑绝缘电力电缆头的主要绝缘和密封绕包材料,并在10kV及以下电压等级的油浸纸绝缘电力电缆头中也得到了一定程度的应用。

5)自黏性橡胶半导电带

自黏性橡胶半导电带也是一种具有自黏性的带状胶黏材料。它的配方和生产工艺基本上与自黏性橡胶绝缘带相似。经拉伸绕包后,在室温下,经一定的时间,也具有自黏成一个整体或近似一个整体的特性,即具有一定的防水密封性。

自黏性橡胶半导电带主要用于橡塑绝缘电力电缆头的半导电层恢复、金具压坑的修平和密封处。

2. 绝缘管

用于电力电缆头制作的绝缘管主要有热收缩管和冷收缩管两种,现简述如下。

1)热收缩管

热收缩管和其他热收缩预制件,是利用高分子聚合物材料"弹性记忆"效应的原理研制而成的,在使用过程中,对其加热,可使其收缩紧箍在所需的位置上。

热收缩材料具有耐热、耐芳香烃、耐应力开裂以及防腐蚀、防潮、寿命长、抗放射性污染等一系列优点。因此,近年来已广泛地应用在35kV及以下电压等级电力电缆的头制作中,使电力电缆头突破了陈旧式的绕包与浇注式工艺。热收缩材料的应用,是电力电缆头工艺的一项重要突破,使电缆头工艺大为简化,并且轻巧、廉价、便于维护。

2)冷收缩管

冷收缩管和其他冷收缩预制件,是以硅橡胶或三元乙丙橡胶为主要原料,经特殊配方合成后,预扩张在螺旋支撑芯线上而制成。安装使用时,无须任何外部热源,只要拉开支撑芯线就会收缩,并紧箍在所需的位置上。

冷收缩材料的主要成分决定了冷收缩管具有优良的电气性能和物理性能,其抗污能力强,在很大的温度范围内仍然保持高弹性,是35kV及以下电压等级橡塑绝缘电力电缆头的理想材料。目前,市场上除了美国3M公司等进口产品以外,国产的冷收缩管也已有多家产品投放市场。

GBl009　电缆终端头的制作程序

(六)电缆终端头的制作程序

(1)剥切外护层、锯钢铠、剥内衬层、铜带屏蔽、半导电层和线芯端部绝缘。首先校直电缆,按图1-3-7进行剥切。户外(户内)终端头自电缆末端量取700(500)mm,在外护套上刻一环形刀痕,向电缆末端切开并剥除电缆外护层,在钢铠切断处内侧用绑线绑扎铠装

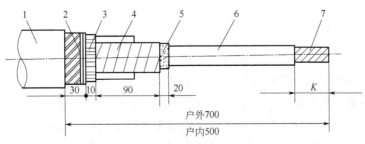

图1-3-7　10kV三芯交联聚乙烯绝缘电缆热缩终端头剥切尺寸

1—外护套;2—钢带铠装;3—内衬层;4—钢带屏蔽;5—半导电层;6—线芯;7—导线

层,锯切钢带,锯口要整齐。无铠装电缆则绑扎线芯,在钢带断口外保留 10mm 内衬层,其余切除。除去填充物,分开线芯。

(2)焊接地线。将编织接地铜线一端拆开均分三份,将每一份重新编织后分别绕包在三相屏蔽层上,并绑扎牢固,锡焊在各相铜带屏蔽上。对铠装电缆需用镀锡铜线将接地线绑在钢铠上并用焊锡焊牢再行引下,对于无铠装电缆可直接将接地线引下。

在密封段内,用焊锡熔填 15~20mm 长的一段编织接地线的缝隙,用作防潮段(图 1-3-8),阻断编织线毛细管吸湿通道。

(3)安装分支手套。用自黏带式填充胶填充三芯分支处及铠装周围,使外形整齐呈苹果形状,最大直径大于电缆外径约 15mm,如图 1-3-9 所示。

清洁密封段电缆外护套,在密封段下段作出标记,在编织接地线内层和外层各绕包热熔胶带 1~2 层,长度约 60mm,将接地线包在当中。套进三芯分支手套直到手套下口到达标记处。先从手指根部向下缓慢环绕加热收缩,完全收缩后下口应有少量胶液挤出。再从手指根部向上缓慢环绕加热收缩手指部至全部收缩。从手套中部开始加热收缩有利于固定手套位置并充分排出手套内气体。

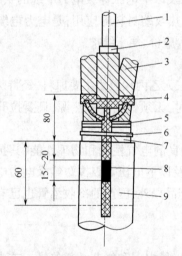

图 1-3-8　10kV 三芯交联聚乙烯绝缘
电缆热缩终端头接地线和防潮段
1—线芯;2—半导电层;3—钢带屏蔽;4—接地线
及焊点;5—钢铠绑扎;6—接地段绑扎;7—钢带铠装;
8—防潮段;9—密封段

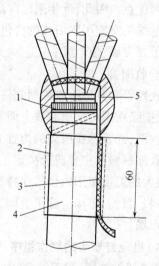

图 1-3-9　10kV 三芯交联聚乙烯绝缘
电缆热缩终端头填充三芯分支处
1—自黏带或填充胶;2—密封胶;
3—防潮段;4—密封段;5—接地线

(4)剥切铜带屏蔽、半导电层、绕包自黏带。从手套端部向上量 40mm 为钢带屏蔽切断处,先用铜线将铜带屏蔽绑扎再进行切割,切断口要整齐。保留半导电层 20mm,其余剥除,剥除要干净,不要损伤主绝缘。对于残留在主绝缘外层的半导电层,可用细砂布打磨干净。用溶剂清洁主绝缘,用半导电带填充半导电层与主绝缘的间隙 20mm,以半叠绕方式绕包 1 层,与半导电层和主绝缘各搭接 10mm,形成平滑过渡。从半导电层中间开始向上以半叠绕方式绕包自黏带 1~2 层,绕包长度为 110mm。半导电带和自黏带线包时,都要先将其拉伸至其原来宽度的一半,再进行绕包。

(5)压接线鼻子。线芯末端绝缘剥切长度为接线鼻子孔深加5mm,线端绝缘削成"铅笔头"形状,长度为30mm。用压钳和模具进行接线鼻子压接,环压宽度为接管外径的1.5倍。压后用锉刀修整棱角毛刺。清洁鼻子表面,用自黏带填充压坑及不平之处,并填充线芯绝缘末端与鼻子之间,自黏带与主绝缘及接线鼻子各搭接5mm,形成平滑过渡。

(6)安装应力控制管。清洁半导电层和铜带屏蔽表面,清洁线芯绝缘表面,确保绝缘表面没有炭迹,套入应力控制管。应力控制管下端与分支手套手指上端相距20mm。用微弱火焰自下而上环绕应力控制管加热使其收缩。在应力控制管上端包绕自黏带,使其平滑过渡。

(7)套装热收缩管。清洁线芯绝缘表面、应力控制管及分支手套表面。在分支手套手指部和接线鼻子根部,包绕热熔胶带(如热收缩管内侧已涂胶,则不必再包热熔胶带)。套入热收缩管,热收缩管下部与分支手套手指部搭接20mm,如图1-3-10(a)所示。用弱火焰自下往上环绕加热收缩。完全收缩后管口应有少量胶液挤出。

在热收缩管与接线鼻子搭接处及分支手套根部,用自黏带拉伸到原来宽度的一半,以半叠绕方式绕包2~3层,包绕长度为30~40mm,与热收缩管和接线鼻子分别搭接,确保密封。

(8)安装雨裙。户外终端头需安装雨裙。清洁热收缩管表面,套入三孔雨裙,下落到分支手套手指根部,自下而上加热收缩。再在每相上套入两个单孔雨裙,找正后自下而上加热收缩,如图1-3-10(b)所示。

要求:使用喷灯热缩电缆头时,工作地点不准靠近易燃物品和带电体。

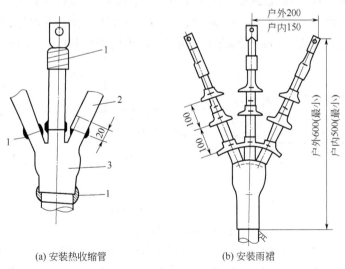

(a) 安装热收缩管　　　(b) 安装雨裙

图1-3-10　10kV三芯交联聚乙烯绝缘电缆头安装热收缩管和雨裙

1—自黏带;2—热收缩管;3—分支手套

GBI010　电缆中间头的制作程序

(七)电缆中间接头的制作程序

中间接头制作除可参考终端头制作有关要求外,还应注意到由于中间接头处电缆铜带屏蔽已断开,因此要包铜丝网并与两根电缆铜带屏蔽绑扎用锡焊牢;压接连接管时,先压两端后压中间;接头施工完毕要待安全冷却后才可移动,以免损坏密封,具体结构如

图 1-3-11 所示。

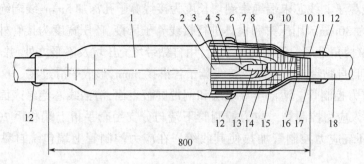

图 1-3-11　10kV 三芯交联聚乙烯绝缘电缆中间接头

1—自黏带；2—连接管；3—半导电带；4—半导电热缩管；5—绝缘热缩管；6—自黏带；7—钢丝网；

8—半导电带；9—接地线；10—镀锡钢丝；11—焊点；12—自黏带；13—线芯；14—半导电层；

15—钢带屏蔽；16—内衬层；17—铠装层；18—外护套

交联聚乙烯电缆热缩中间接头具体制作步骤如下：

（1）剥切电缆前将两端电缆校直，末端重叠 200mm，取其中心作出中心标记（即离末端 100mm）。剥切尺寸如图 1-3-12 所示，图中长端长度统一为 800mm，短端长度 L 的尺寸：对于 10kV，$16 \sim 95mm^2$ 为 500mm；$120 \sim 300mm^2$ 为 600mm。按照长端 800mm、短端 L 的尺寸剥切外护套；在距外护套切断口 40mm 以内绑扎铜线，锯切钢带；保留 10mm 长内衬层，去除填充物；按中心标记位置锯切电缆，切口要整齐。

（2）剥切铜带屏蔽、削末端绝缘。按图 1-3-12 中尺寸，在铜带屏蔽断口内侧绑扎铜线，剥切铜带屏蔽；保留 30mm 半导电外屏蔽层，其余剥除；剥除多余线芯绝缘，将线芯末端绝缘削成"铅笔头"形，长度为 30mm；剥除绝缘表面炭迹，可用细砂布打磨，用清洁剂擦净。

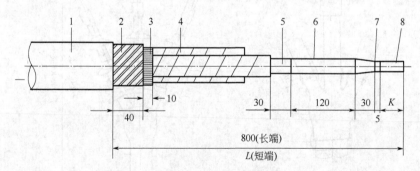

图 1-3-12　剥切尺寸

1—外护套；2—钢带铠装；3—内衬层；4—铜带屏蔽；5—半导电层外屏蔽；6—线芯绝缘；

7—半导电层外屏蔽；8—导线；K=连接管长度的一半加 5mm；L=电缆短端尺寸

（3）套热收缩管。将两根电缆距外护套断口 200mm 内的外护套表面打毛，再将长、短配套的两根热收缩保护管两端 100mm 内的内表面打毛，用清洁剂清洁干净，分别套到两根电缆上去。

（4）套绝缘热收缩管和半导电热收缩管。在长端电缆三根芯线上分别套入红色绝缘热收缩管和黑色半导电热收缩管，将三个铜丝网扩张后套入三个黑色外导电热收缩管上。

（5）压接连接管。将长端和短端的三相导线分别按相对应插入已清洁好的连接管内进行压接；先压两端，后压中间；用锉刀和砂布去除连接管表面的棱角和毛刺；用清洁剂清洁连接管表面，校直电缆，准备包绕屏蔽和绝缘。

（6）包绕屏蔽层和增绕绝缘层。用清洁剂清洁绝缘表面；用半导电带填平连接的压坑，并半叠绕方式包绕填平连接管与线芯半导电内屏蔽层之间的间隙，然后在连接管上半叠绕包两层半导电带；在两端反应力锥的"铅笔头"处与连接管端部用自黏带拉伸包绕填平；自长端距半导电层外屏蔽 10mm 处至短端距半导电层外屏蔽 10mm 处中间的一段用自黏带半叠绕包绕 6 层；将绝缘热收缩管从长端线芯上移至连接管上，中部对正，从中部加热向两端移动，加热要均匀、缓慢、环绕状进行，以保证收缩良好；在绝缘加热收缩管两端与半导电层外屏蔽上用半导电带以半叠绕方式绕包成约 40mm 长的锥形坡，以达到平滑过渡；将半导电热收缩管从线芯上移到绝缘热收缩管上，中部对正，从中部加热收缩，同样加热应均匀、缓慢、环绕状进行；两端包压在铜带屏蔽上 10~20mm；三根线芯依次收缩完毕；将先期套入三相线芯上的铜丝网放到中部，对正中心，将铜丝网拉紧拉直平滑紧凑地包在半导电收缩管上，两端用铜丝绑在铜带屏蔽上并用锡焊好。

（7）焊接地线，安装热收缩保护管。将编织接地线焊接在两端电缆的钢带铠装上；将三相线芯并拢收紧，用塑料带将三相线芯和接地线缠绕扎紧，使其成为平滑的圆柱；在电缆长短两端已打毛的外护套上，分别缠绕 100mm 宽的热熔胶带 1~2 层，钢带铠装上也缠绕 1~2 层热熔带更好；从短端电缆上将短热收缩套管拉出，使其与短端电缆的外护套搭接 100mm，从此端向另一端加热收缩；从长端电缆上将长热收缩护套管拉出，使其与长端的外护套搭接 100mm，在长热收缩套管的另一端与已收缩好的短端热收缩套管的搭接处做好搭接长度记号；在该搭接长度记号内，用热熔胶带包绕 1~2 层，从长端电缆侧向中间方向进行热收缩；加热也要均匀、缓慢、环绕状进行，完全收缩后，保护管两端应有少量胶液被挤出；在电缆外护套与保护管交界处，用自黏带绕包 3 层，长 200mm，分别包在外护套和护管上各 100mm；在两保护管交界处，用自黏带绕包 3 层，长 200mm，分别包在两保护管上各 100mm。待中间接头完全冷却后才可移动。

（八）热缩电缆头附件安装的一般规定

（1）安装环境温度应在 0℃ 以上，相对湿度在 70% 以下，以避免绝缘表面受潮。

（2）切割热收缩管时，切割端面要平整，不要有毛刺或裂痕，以免收缩时因应力集中而开裂，应力控制管不可随意切割。

（3）铅包或接线鼻子与热收缩电缆附件接触密封的部位要用溶剂清洁并打毛，并用热熔胶带绕包。

（4）收缩加热温度为 110~140℃，收缩率为 30%~40%。收缩加热时，火焰要缓慢接近，在其周围移动以保证收缩均匀，并缓慢延伸，火焰朝向收缩部位的方向，以利固定位置并排除气体。

（5）收缩后的绝缘管壁应光滑无褶皱，能清晰看出其内部轮廓。密封部位有少量胶挤出，表明密封良好。

（6）加热时宜用液化气（丙烷）的特制喷枪，其火焰特点是散、大、温度适中（火焰呈黄色）。使用汽油喷灯时，火焰温度高，应适当保持距离以控制温度不要太高。应选择蓝黄相

GBI008　热缩电缆附件安装的一般规定

间的火焰。

（7）热缩电缆头适用于环境温度范围为 $-40\sim70℃$。

（九）电缆的金属外皮接地

电缆的金属外皮要与接地装置连接，金属外皮是指钢带铠装。做法是在制作电缆头时，将铜编织线与电缆头钢带用铜线扎紧即可。然后将铜编织线用螺栓与接地装置连接起来。当低压线路全长采用埋地电缆或敷设在架空金属线槽内的电缆引入时，在入户端应将电缆金属外皮、金属线槽接地。

随着城市规划发展的要求，高压线路采用架空方式已经不能满足规划要求，很多城市规划部门要求高压线路采用埋地电缆。因此，线路设计在城市规划区域多采用埋地电缆方式。其中很多时候会碰到电缆长度只有 1km 左右的线路，这样长度的电缆经计算，电缆金属护套的感应电压如不能满足规程要求，则必须采取相应的设计方案，以满足规程的要求。

通常设计方案是在电缆的两端设置电缆户外终端，验算电缆金属护套的感应电压是否满足规程的要求，将电缆在中间位置分段，然后，设计人员根据实际情况和经济技术比较，确定是采用电缆中间金属护套切断的接头方式，还是采用电缆中间金属护套接地装置（假接头）的设计方案。本文对采用哪一种设计方案不作探讨，下面对电缆中间金属护套接地装置（假接头）的施工工艺进行介绍。

[例]某 110kV 电缆线路，电缆截面为 $500mm^2$，整段电缆长度为 900m，无中间接头，为降低电缆金属护套的感应电压，在整段电缆中间位置设置金属护套接地装置（假接头），金属护套直接接地，两侧终端设置保护接地。经过三年时间的运行，运行单位检查发现以下问题：由于电缆中间金属护套接地箱埋设深度将近 3m，地下水长时间淹没电缆接地箱；电缆经检测，绝缘电阻为 $5M\Omega$。该线路运行单位委托某公司对该接头进行技术改造。

公司施工班组办理线路停电申请手续后，将电缆原中间金属护套接地点打开，发现原施工措施简单，接地线端与电缆金属护套接触位置采用铝线绑扎，没有进行焊接。另外，防水措施只是采用防水带缠绕包裹，防水效果不理想，造成该接地点进水，这在打开该点防水绝缘层发现有水渍可以证明。

随后，对该电缆中间金属护套接地采取了如下的施工方案进行处理。第一步，对原电缆金属护套接地点进行修复，恢复原来的电缆外保护层。具体施工如下：

（1）用清洗液清洗电缆金属护套表面，待干后，在金属护套表面绕包 10 层绝缘自黏带，50%重叠搭盖，并且在原电缆金属护套接地点范围搭盖原电缆绝缘外护套 100mm。

（2）在绕包后的绝缘自黏带表面绕包 4 层环氧树脂丝带，50%重叠搭盖。

（3）在绕包后的环氧树脂带表面绕包 2 层防水沥青带，50%重叠搭盖。

（4）在绕包后的防水沥青带表面绕包 2 层 PVC 保护带，50%重叠搭盖。

（5）最后，用半导电自黏带恢复电缆外护套表面。

至此，完成了对原电缆金属护套接地点修复工序，该工序也可作为电缆外护套损坏修复的处理措施。

第二步，在离开原电缆金属护套接地点 2000mm 的位置，重新制作电缆中间金属护套接地装置（假接头），具体施工如下：

（1）剥除电缆绝缘外护套，清除包裹在电缆金属护套表面的防水沥青，清洗干净金属护套表面,并用粗砂纸打磨去掉金属表面的氧化层,长度为80mm,用底焊料将该范围的金属护套表面涂抹一层,然后将4条共160mm²的铜编织带焊接在上面,4条铜编织带的另一端用压接管压接到接地电缆上,接地电缆的截面为150mm²。在这一施工步骤时,要特别注意金属护套的表面温度,其温度不能超过120℃,要在规定位置安装电热偶检测金属护套表面温度。

(2)在金属护套表面绕包10层绝缘自黏带,50%重叠搭盖,并且搭盖原电缆绝缘外护套100mm。搭接处刮去电缆绝缘外护套表面的半导电涂层和石墨层。

(3)进行防水处理,在绕包的绝缘自黏带上绕包5层环氧树脂丝带,50%重叠搭盖。

(4)在绕包后的环氧树脂丝带表面绕包2层防水沥青带,50%重叠搭盖;接地电缆与铜编织带连接部位用热缩管密封。

(5)在上述电缆中间接地点装置套上防水壳,灌入防水胶。防水壳两端用环氧树脂丝带、PVC保护带密封,接地电缆接入接地箱。

至此,整个电缆中间金属护套接地装置(假接头)制作完成。整个施工过程最主要的是要考虑电缆防潮、防水措施,有些人认为交联聚乙烯电缆不怕受潮、不怕水,即使电缆内进入一些水分也不要紧,这种观念是错误的。交联电缆进水后,短时间内一般不会发现问题,但是长期运行中,水分会呈树枝状进入电缆绝缘内部,从而使电缆绝缘性能下降,最终导致电缆绝缘击穿,电缆外护套多点接地,会在电缆金属护套上产生环流,降低电缆的输送容量。因此,直埋敷设的电缆附件,必须有防水外壳。

接地电缆入接地箱后,采取热缩管在电缆进入箱体位置进行密封防水,箱盖安装密封胶圈进行防水,整个电缆接地箱安放位置,采用下水道渗井的形式进行排水,使整个接地箱不会长时间浸泡在水中,保障电缆的安全运行。

(十) 单芯电缆金属护套的接地

随着我国电网改造的深入,大量的架空线被电力电缆取代。电力电缆跟架空线不同,它被埋在地下,运行维护较困难,正确使用电缆,是降低工程投资,保证安全可靠供电的重要条件。在城市配电网络中,应用最广的是10kV的电力电缆,一般是使用交联聚乙烯铠装三芯电缆,这种电缆金属护套一般只需直接接地即可。而单芯电缆金属护套的接地和三芯电缆不同,单芯电缆使用过程中经常被忽略金属护套的感应电动势。现分析一起变电所单芯电力电缆金属护套错误接地引起的故障,并介绍实用的接地措施。

1. 单芯电缆金属护套过电压和环流的产生

单芯电力电缆的导体中通过交流电流时,其周围产生的磁场会与金属护套交连,在金属护套上会产生感应电动势。感应电动势的大小与导体中的电流大小、电缆的排列和电缆长度有关。对三相等边三角形排列的电缆,如果将金属护套两端直接接地,就会在金属护套中形成环流,环流的大小与电缆相应的长度、导体中电流大小有关。出于经济安全考虑,在一些电缆不长、导体中电流不大的场合,环流很小,对电缆载流量影响也不大,是可以将金属护套的两端直接接地的。

如果仅将电缆的金属护套一端直接接地,在正常运行时,电缆的金属护套另一端感应电压应不超过50V(或有安全措施时不超过100V),否则应划分适当的单元设置绝缘接头。在发生短路故障时,导体中有很大的电流,可能会在金属护套上产生很高的过电压,危及护层绝缘,因此在电缆线路单相接地时,在电缆的未接地端,应加装过电压保护器接地。

2. 单芯电缆金属护套的连接与接地

为了解决电缆金属护套两端同时接地存在环流和一端直接接地,在另一端会出现过电压矛盾的问题,电缆金属护套应针对电缆长度和导体中电流大小采取不同的接地形式。电缆线路不长时,电缆金属护套应在线路一端直接接地,另一端经过电压保护器接地,如图 1-3-13 所示。电缆越长,电缆非直接接地端产生的感应电压越高,为保证人身安全,电缆在正常运行时,非直接接地端感应电压应限制在 50V 以内,在短路等故障情况下,金属护套绝缘的冲击耐压和过电压保护器在冲击电流作用下的残压配合系数不小于 1.4。因此,一端直接接地的接线方式适用的电缆不能太长。

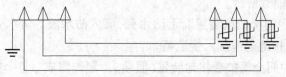

图 1-3-13　电缆金属护套一端互连接线图

电缆金属护套中间直接接地、两端经过电压保护器接地,是一端直接接地的引申,可以把一端直接接地电缆的最大长度增加一倍,接线方式和原理与一端直接接地一样。

电缆线路很长时,即使采用金属护套中间接地,也会有很高的感应电压。这时,可以采用金属护套交叉互连,如图 1-3-14 所示。

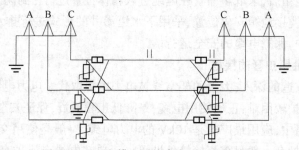

图 1-3-14　电缆金属护套交叉互连接线图

如果三相电流对称,那么电缆末端金属护套感应电压就是零,可以直接将其接地,而不会在金属护套中出现环流。感应电压最高的地方出现在绝缘接头处,因此在此处应装设过电压保护器。同样,在短路等故障情况下,金属护套绝缘的冲击耐压和过电压保护器在冲击电流作用下的残压配合系数不小于 1.4。如果把这样一个交叉互连接地,看作是一个单元,由于该单元金属护套是两端直接接地,所以任何长度的电缆,都可以分成若干个单元,理论上这种接线方式适用于各种长度的电缆。

以上两种方式都需要装过电压保护器,因此会增加运行维护工作。如果电缆线路很短,传输容量有较大的裕度,金属护套上的感应电压极小,可以采用金属护套两端直接接地。金属护套中的环流很小,造成的损耗不显著,对电缆载流量影响不大,运行维护工作较少。

二、技能要求

(一)准备工作

1. 设备准备

名称	规格	数量	备注
6kV 电力电缆	YJLV22-6kV/3×240	1 段	经检验合格

2. 材料准备

序号	名称	规格	数量	备注
1	10kV 三芯电缆户内冷缩终端头	5624PST-G2	1 套	附件齐全
2	铜接线端子	240mm^2	3 个	
3	10kV 三芯电缆户内冷缩终端头的制作安装工艺图		1 张	

3. 工具准备

序号	名称	规格	数量	备注
1	压接钳	液压式	1 套	
2	钢锯		1 把	备钢锯条若干
3	钢卷尺	2m	1 卷	
4	常用个人工具		1 套	

(二)操作程序

序号	工序	操作步骤
1	准备工作	选择工具、用具
2	检查电缆头型号及配件	型号是否与被制作电缆尺寸相符
		配件齐全,无漏项
3	电缆预处理	摆放电缆
		剥切外护套
		绑扎固定钢铠
		剥切钢铠
		剥切内护层及填充层
		剥除铜屏蔽层
		剥切外半导电层
		剥切绝缘层和内半导电层
		打磨清洁电缆
4	安装接地线	安装接地线
		固定接地线
		缠绕密封胶
5	安装绝缘冷缩三相指套	处理三相导线端口
		安装冷缩三相指套

序号	工序	操作步骤
6	安装绝缘冷缩护套管	冷缩管叠压在三相指套上
		收缩冷缩管
7	压接导线端子	安装导线端子
		清洁绝缘层
8	安装冷缩终端头	在外半导电层端口向内 40mm 做标识
		冷缩终端头
9	安装冷缩密封管	在各相冷缩密封管
10	清理现场	清理现场

（三）注意事项

（1）工作时，要注意刀、锯的使用方法，防止受伤。

（2）要按规定尺寸进行电缆的预处理。

（3）完成后，要对现场进行清理。

项目八　带电摘除导线、地线异物

一、相关知识

（一）带电作业技术

1. 带电作业时可能出现的过电压水平

GBJ005 带电作业时可能出现的过电压水平

1）从远方传来的大气过电压

带电作业时近处不可能产生大气过电压。远处大气过电压的最大值不可能超过绝缘子串的雷电冲击闪络电压，否则当地的绝缘子串必然发生闪络，雷电压将消失。雷电波经衰减后传到带电作业处，其值按浮士德和孟善提出的经验公式计算：

$$U = U_0 / (KXU_0 + 1)$$

式中　U——距雷击点 X 千米处的雷电压，kV；

U_0——起始雷电波幅值，kV；

X——传播的距离，km；

K——衰减系数，一般取 $(0.16 \sim 1.2) \times 10^{-8}$。

K 的变化范围：一般短波的 K 值比长波大；单根导线上 K 值比多根导线上的大一点。

2）系统内操作过电压

操作过电压随时随地都可能发生，一般把系统可能出现的最大操作过电压幅值作为带电作业可能遇到的内过电压值。操作过电压的幅值 U_{gc} 可按下式计算：

$$U_{gc} = \sqrt{2} K_1 K_2 U_e / \sqrt{3}$$

式中　U_e——系统额定电压，kV；

K_1, K_2——过电压倍数、电压升高系数。

过电压倍数 K_1 按过电压设计规程确定，K_2 取允许电压变动的上偏差值，列于表 1-3-7。

表 1-3-7 过电压倍数 K_1 及电压升高系数 K_2

电压等级，kV	K_1	K_2	电压等级，kV	K_1	K_2
35~66（非直接接地）	4	1.15	330	2.75	1.10
110~154（非直接接地）	3.5	1.15	500	2.5	1.10
110~220（直接接地）	3	1.15			

2. 惯用法确定安全距离

> GBJ006 惯用法确定安全距离

惯用法是早期绝缘配合的习惯用法。它以作用于绝缘的"最大过电压"和作为绝缘的"最低耐压强度"这两种概念为依据来选择绝缘，以便在最大过电压和耐压强度之间得到"足够的裕度"。人身与带电体安全距离的确定，是根据最大操作过电压、远方落雷可能传到作业点的最高大气过电压，按绝缘配合惯用法计算和推荐的。

（1）330kV 以下电压等级的安全距离。330kV 以下电压等级的安全距离确定见表 1-3-8。

表 1-3-8 用绝缘配合惯用法确定的安全距离

电压等级 kV	采用绝缘子片数	规程规定的过电压倍数	大气过电压			操作过电压		起控制作用的危险距离 cm	加20%裕度后安全距离 cm	推荐的安全距离，cm	安全裕度 %
			起始电压 kV	传输5km后衰减值 kV	危险距离 cm	幅值 kV	危险距离 cm				
10						62	12	12	14.4	40	
35	3	4	350	273	44	131	27	44	52.8	60	36.3
63(66)	4	4	420	314	48	248	50	50	60	70	40.0
110	7	3	650	427	67	310	70	70	84	100	30.0
220	13	3	1120	591	99	620	140	140	168	180	28.6
330	19	2.75	1670	625	103	815	190	190	228	260	36.8

注：(1)绝缘子 220kV 以下用 X-4.5 计算，300kV 用 XP-10 计算，500kV 用 XP-16 计算。
(2)危险距离按 1984 年电工手册正极性极板间隔放电曲线查得。
(3)10kV 操作过电压按 44kV 惯用值（有效值）计算。

确定安全距离可先按操作过电压幅值、远方传来的大气过电压幅值分别求出放电距离，取两者之中放电距离大者作为控制距离（S_j），S_j 另增 20% 的裕度作为安全距离，它一般取整数值作为推荐值。

（2）500kV 带电作业安全距离确定。500kV 线路最大操作过电压按 2.5 倍设计进行绝缘配合，操作过电压幅值为 $U_{gc} = KU_e = 2.5 \times 550\sqrt{2}/\sqrt{3} = 1122.5\text{kV}$。而东北地区进行了不同距离的 50% 放电电压 U_{50} 试验，安全距离 3.4m 时 $U_{50} = 1212\text{kV}$，3.6m 时 $U_{50} = 1237.4\text{kV}$，3.8m 时 $U_{50} = 1266.1\text{kV}$。按惯用法将可能遇到的最大过电压与安全距离的最低耐受电压比较，并留有一定裕度来确定安全距离。选择 3.6m 安全距离时裕度为（1237.4-1122.5）/1122.5 = 10.24%；选择 3.4m 时裕度为 7.97%。为安全起见，建议选 3.6m 为 500kV 线路带电作业相对地的安全距离。

3. 统计法确定安全距离

惯用法往往将使一些极端情况同时出现，并留有一定安全裕度，用这个裕度来补偿计算"最大过电压"和"设备最低耐压强度"的误差。由于安全裕度取值难以确定，往往使绝缘配合趋于保守，造成经济上浪费。因此，在 500kV 以上超高压等绝缘配合都采用统计法。

统计法是将绝缘设备（带电作业空气间隙）在过电压下放电的可能性，按数理统计，作定量描述，把发生放电的概率定义为危险率，用危险率 $R \leqslant 10^{-5}$（10^{-5} 属微概率，是几乎不可能发生的概率）来判断带电作业安全水平，是大家公认的。

统计法具有严格的数学精确性和可信性，是确定绝缘配合既不冒险，也不保守的好办法，克服了惯用法使一系列极端情况同时发生的作法，避免了对安全的不合理倾向。特别对于超高压电压等级、技术指标和经济效果更加明显合理。因此，在研究 500kV 线路带电作业安全技术水平时，通常用统计法来校核。

（二）带电作业方法

1. 等电位作业法

等电位带电作业就是作业人员借助于各种绝缘工具，对地绝缘后直接接触带电体进行的作业。这时人体与带电体间的电位差等于零，即等（同）电位。和地电位作业法原理一样，只是将人体和带电体之间的绝缘换到人体与地之间的绝缘，同样保证人体内不流过 1mA 的交流电流。

等电位作业时，作业人员穿全套均压服（包括手套、衣、裤、袜子、鞋、帽），相当于法拉第笼，起屏蔽作用。良好的均压服屏蔽系数（衣服内电场强度与衣服外的电场强度之比的百分数）都很小，通常为 1%~1.5%，远小于人体起始感觉电场强度（2.4kV/cm）的范围，从而消除了人体不舒服的感觉；作业人员穿全套均压服作业时，相当于人体和均压服并联，因为人体电阻远大于均压服电阻（人体电阻大于 800Ω，屏蔽服电阻小于 10Ω），所以人体与带电导体间的绝大部分电容电流流经均压服，而流经人体的电容电流极小，使人体毫无感觉。均压服的这种分流电容电流和屏蔽电场的作用，保证了等电位作业时的人身安全。

穿全套均压服后，因为手套和衣服是连在一起的，代替了过去沿用的等电位作业时的电位转移线，作业人员可以直接接触带电导线和脱离导线，等电位后可以直接接触不接地的金属工具和材料，而不会产生麻电的感觉。

等电位作业和间接作业不同之处，在于人体在带电作业时要占据部分净空尺寸，这样设备的净空尺寸将会变小，特别是在 66kV 以下，等电位人员在作业中误触接地体的概率就会增大，所以 35kV 及以下设备上不宜普遍采用。若需在 35kV 及以下电压等级采用等电位作业，应采取可靠的绝缘隔离措施，在措施可靠的条件下才能进行等电位作业。

等电位作业时人体直接接触带电设备，使检修工作既方便又可靠，是带电作业技术的一大进步。等电位作业除了依靠绝缘工具限制通过人体的电流外，人体在绝缘装置上还需对接地体保持一定的安全距离。并且由于带电体上及周围空间电场强度十分强烈，所以带电作业人员必须采用可靠的电场防护措施，使体表场强不超过感知水平。简而言之，优良的绝缘工具、足够的对地间距和可靠的电场保护措施是等电位作业缺一不可的三个条件。

一般而言，电压等级越高，等电位作业越方便。而电压降低时，如果把安装绝缘通道的时间考虑在内，有些等电位作业未必比间接作业来得快。带电设备距地面（杆塔）的高低不同,决定了等电位绝缘通道的长短尺寸不同;带电设备能否承担附加荷重,也决定了等电位绝缘通道结构的繁易程度,目前实用的等电位作业法大致有如下几种:

(1)低空设备的等电位作业。低空设备一般指 35~220kV 变电所内隔离开关、断路器、电流互感器等设备。这类设备高度一般为 3~8m,作业时一般使用人字梯、直立梯、升降梯或平台等,这些设备都以地面为支撑并以绝缘绳加以稳固,不会给带电设备增加附加荷重,但必须具备足够大的地面和空间。

(2)中等空间设备的等电位作业。中等空间设备一般指 35~220kV 变电所下层母线上各类 T 接点及压接管等设备,它们距地一般 6~12m,设备能承受附加荷重,可挂绝缘挂梯或软梯,隔离开关、断路器及互感器设备多在 12m 以上,不能承担附加荷重,可使用升降平台或绝缘高空斗臂车进行等电位作业。

(3)高空设备的等电位作业。高空设备通常指 110kV 以上输电线路的导线和 220~500kV 变电所高层母线上各种接点设备,对地高度一般在 15m 以上。这些设备均有承受附加荷重的能力,大都使用绝缘软梯和飞车进行等电位工作。当然,如能使用高架车也可考虑。

(4)邻近杆塔的等电位作业。这是指在杆塔附近的绝缘子串及导线上进行等电位作业。虽然设备高度均在 12m 以上,但可充分利用杆塔或横担的结构高度来缩短等电位作业工具的长度。一般使用各种平梯、转臂梯、吊篮、滑道梯或软梯进行等电位作业。它们大都以杆(塔)身、横担及导线为依托,工具较为轻便。

(5)小净空距离的等电位作业。小净空距离设备一般指 10~35kV 设备,关键在于要采用绝缘隔离设施,有效防止等电位人员接触地电位或异电位(邻相)体,可采用绝缘斗、绝缘挡板、绝缘垫、绝缘罩、绝缘套袖及绝缘披肩、绝缘服等。

2. 中间电位法

GBJ002 中间
电位法

中间电位法的作业方式可以表现为接地体→绝缘体 1→人体→绝缘体 2→带电体,即作业人员分别通过绝缘体 1、绝缘体 2 和接地体、带电体隔开。由于人体电位高于地电位,体表场强相对较高,应当采取相应的电场防护措施,以防止人体产生不适之感。穿绝缘服直接接触带电体工作和在绝缘平台用绝缘杆直接接触带电体工作是中间电位法的直接和间接作业的两种工作方法。而沿绝缘子串进入强电场仅仅是在出、入强电场的某一段时间内人体处于中间电位状态。人体在两部分绝缘体的保护下,在某一中间电位工作时由于人体宽度短接了一部分净空尺寸,设备净空必须大于间接法时净空 0.6m 以上才允许进行中间电位作业。

中间电位法作业时流过人体总电流大致略高于间接法,但也不超过几百微安,如果人体穿了屏蔽服分流,则真正流过人体的电流十分小,从这一点讲,它的安全水平绝不比间接法或等电位法低。中间电位法工作效率比间接法高得多。例如,沿绝缘子串进入强电场换单片绝缘子,一个人就能够完成间接法需要 5~10 人的工作量。即使在绝缘梯上用操作杆间接法操作,也由于操作工具大大缩短,操作的准确性和难度都相应得到改善,所以其工作效率比间接法要高,可以说中间电位法是人们在保证安全的基础上追求高效率的成果。

中间电位法作业工作方式主要有以下三种:

(1)通过绝缘体或绝缘子串,把作业人员输送到某一中间电位的检修设备上,人体与该设备保持等电位状态工作。此时,人体要短接一部分净空尺寸。

（2）通过绝缘梯把工作人员输送到距带电设备不远的地方,作业人员再通过较短的绝缘工具接触带电设备做检修。这种方法也要短接一部分空间尺寸,但往往能避免短接设备的净空尺寸。

（3）把作业人员用绝缘服装、绝缘手套、绝缘帽、绝缘靴包裹起来,送到带电设备上直接检修设备。这时可不担心人体空间尺寸会造成净空尺寸的减少。

GBJ003 分相检修法

3. 分相检修法

在 10~66kV 中性点不接地系统中,把检修相设备强行接地,从而使该相设备的电位从相电压降低到零。理论上检修人员无须借助绝缘工具就可以直接接触该设备工作。由于一相接地属于故障状态,这种状态最多允许 2h,因此只能适用于短时间可完成的工作项目。

分相检修作业时,检修相接地,电位降低到零,而另外两相电压将升高到线电压。由于设备绝缘是按线电压考虑的,这两相的设备不会损坏,同时由于线电压仍保持对称,因此仍能保持正常供电。分相检修作业必须考虑接触电压、跨步电压和如何接通、断开相对地的电容电流。接触电压、跨步电压均和接地电阻值有关,一般要求人为接地点的电阻必须小于 10Ω 才允许分相检修,人体必须穿全套屏蔽服和导电鞋分流,以减少流过人体的电流。架空线路的电容电流较小,10kV 可按 0.015A/km、35kV 可按 0.025A/km 估算,电缆线路的电容电流较大,可按表 1-3-9 估算,消弧开关两端分别可靠地接在合格的接地点、导线上,通过绝缘工具操作消弧开关接通接地电流后,方可进行分相检修工作。

表 1-3-9　3~6kV 电缆的电容电流　　　　　　单位:A/km

导线截面 mm²	电压,kV			导线截面 mm²	电压,kV		
	6	10	35		6	10	35
10	0.33	0.46		70	0.71	0.9	3.7
16	0.37	0.52		95	0.82	1.0	4.1
25	0.46	0.62		120	0.89	1.1	4.4
35	0.52	0.69		150	1.1	1.3	4.8
50	0.59	0.77		180	1.2	1.4	5.2

分相检修作业时,一种是把有缺陷相人为接地检修,待换上新的支持绝缘子后,再消除人为接地。另一种是导线已断线,导线的断开点通过接地电阻维持送电状态。这时,必须将断线后的两个接地点分别人为再接地,使负荷电流通过人为接地点流过,作业人员接续导线完毕并已恢复正常状态后,再去消除人为接地使设备完全恢复正常运行。

分相检修作业虽然像停电作业一样用双手直接完成,但对邻相带电设备的距离也需时刻加以防范,有时必须加装绝缘挡板。此外,选择接地设备、使用消弧工具和人为接地均要花不少时间,所以分相检修并不经常使用,只有当线路发生难以处理的接地故障,如断线落地时才采用。

GBJ004 带电水冲洗法

4. 带电水冲洗法

带电水冲洗是防止设备污闪的有效措施,也是带电作业中使用面广、工作量最大的工作之一。带电水冲洗按主绝缘分,有的以水柱做主绝缘,一般用于大（口径 8~12mm）、中型水冲洗,上海地区应用较多的长水柱、短水枪小型水冲洗属于这种类型。也有依靠组合绝缘(水柱加一段绝缘杆)为主绝缘,主要适用于小型水冲洗(口径2.5mm以下),东北地区应用较多的短水柱、长水枪属于这一种。

带电水冲洗是指把电阻率检测合格(不低于1500Ω·m)的水,用水泵加压并通过到水管送到水枪喷嘴,喷射压力水柱冲洗带电绝缘子、瓷套。水柱一般为连续的,也有断续的,后者由于射出水柱被空气隔断,水柱电气性能较好,泄漏电流较小,闪络电压较高。

水柱的电性能毕竟比绝缘材料要差得多,水柱不可能是拉得很长的,所以大、中型水冲洗中,泄漏电流大多超过1mA。为此,大、中型水冲洗必须采取限制流经人体电流的防护措施。最简单可靠的措施是在喷枪握手部分前面加一条接地线。它与大地并联,达到旁路分流的作用。

水冲洗在气温零摄氏度以下不但无冲洗效果,反而会导致设备发生冲闪事故,带电水冲洗会相对降低设备闪络电压(污湿闪络)。目前,带电设备水冲洗时冲闪事故率比较高,应引起足够重视。

带电水冲洗绝缘子时,由于水并非纯绝缘介质,绝缘子上的带电部分可以看成是带电导体通过电阻接地,这与用绝缘杆进行带电操作相似。所以,用高电阻水柱冲洗绝缘子,与用绝缘杆操作绝缘子的作用相同。不过,水冲洗的泄漏电流有两条回路:一条经由水柱、喷嘴、人体入地;另一条经绝缘子表面泄漏电阻入地。经人体入地的回路要满足对人体安全的要求,经绝缘子表面入地的回路要满足对设备安全的要求(不发生绝缘子表面闪络)。因此,通过人体的泄漏电流主要取决于水柱的电阻值,即冲洗水的电阻。水柱长度除满足前述规定外,还应满足表1-3-10的规定。

表1-3-10　水柱长度与电压和喷嘴的关系　　　　　　　　　单位:m

电压等级 kV	喷嘴直径,mm						
	3及以下	4~8		9~12		13~18	
	喷嘴接地方式						
	接地或不接地	接地	不接地	接地	不接地	接地	不接地
35~66	0.8	2	3	4	6	6	8
110	1.2	3	4	5	6	7	9
220	1.8	4	5	6	7	8	10

水冲洗运用的喷嘴和水龙带应装在有防雨罩的专用绝缘杆上。在进行水冲洗时,人处在潮湿的环境中。为保证人身安全,若使用大水流喷嘴,喷嘴与水泵均应有可靠的接地线;若使用小水流喷嘴,喷嘴与带电体距离较小,主要靠绝缘操作杆来加强绝缘,以保证安全。因此,操作绝缘杆的绝缘有效长度应满足1-3-11的规定。

表1-3-11　绝缘杆的绝缘有效长度

电压,kV	60以下	110	220	330
长度,m	1.5	2.0	2.5	3.5

另外,绝缘杆的手柄通常应接地。当采用不接地的绝缘杆时,水枪的水管接头与护环间的绝缘部分应满足以下要求:湿闪电压应大于3倍线电压(非接地电流系统)或3倍

相电压（接地电流系统），持续时间 5min，泄漏电流不大于 1mA。不满足以上需求时，应在护环前接地。

（三）带电作业工具的试验

GBJ008 带电作业工具的试验

1. 试验的目的、种类及标准

1）出厂试验与验收试验

一般地说，国家标准是大多数厂家都接受的较低标准，某些厂标往往高于国家标准。厂家一般采用抽验，买得的产品往往不一定真正经过出厂试验。为了安全，新工具必须按合格证数据试验，不合格者应予退货。

2）定期试验与抽查试验

定期试验又称监督性或预防性试验，试验标准应略低于出厂试验。定期试验应按一定周期反复进行，使用时间超过试验周期的工具即认为不合格。

绝缘工具经淋雨、洗涤或环境变迁，怀疑工具电气及机械性能有降低时，应及时进行抽查试验，标准与定期试验相同。

带电作业绝缘工具的电气试验要求六个月一次，其机械试验每年进行一次。金属工具的机械试验要求每两年进行一次。

2. 绝缘工具的电气试验

1）工频耐压试验

电压加在工具有效长度上整段施加，加压时间 5min。无发热、不放电为合格。如受加压设备限制，不能整段加压，允许对工具最多分四段，分段试验电压应增加 20%，每段试验电压应按长度比例计算。从分段试验与整段试验的等价性随电压等级升高而降低，建议 330kV 以上工具尽量采用整段试验。

一般来说，加压方式应尽量符合工具在现场使用的实际情况。例如，操作杆有效长度比支（拉）杆长 0.3m，所以应将端部 0.3m 不加电压。绝缘硬梯、绝缘绳分段加压处可用锡箔包绕表面，再加裸铜线加压或接地。绝缘手套内加压电极置于放入适当盐的水中，再浸入同样浓度盐水接地的金属水槽中。绝缘隔离物品两侧面贴锡并压紧，一侧加压，另一侧接地。小型水冲洗工具加压的布置，冲洗杆握手处和导水管距喷嘴 1.8m 处分别接地线，在接地前串入微安表测量泄漏电流。在加压和切换量程时应短接微安表，只在读数时才拉开隔离开关，泄漏电流不大于 1mA 为合格（试验电压查标准）。

2）操作波耐压试验

《电力安全工作规程》并无此项要求，但不少地区已做此试验，操作波试验电压幅值为计算所得再乘以 $\sqrt{2}$。波形为 $(250\pm50)/(2500\pm100)\,\mu s$，正极性，冲击 15 次无 1 次放电为合格。操作波耐压只能在有效长度内整段加压，握手或接地部分接地线。

3）长时间工频耐压试验

对于易击穿的吹塑薄膜等绝缘工具，在工具制作后的验收试验中，应增做长时间工频耐压试验。试验电压按系统动态过电压标准计算，即取 $1.4U_p$，耐压时间 30min，无发热、无破坏性放电为合格。

4）大电流试验

对载流工具（接引线夹、消弧绳、消弧工具）应按最大使用电流做热稳定试验。试验电流按工具允许使用电流的 1.2 倍。两接引线夹相距 1m 以上拧紧相配套的导线,用调压器和电流表控制大电流发生器到试验电流。2min 测量一次试品温度(导线、线夹),最高温升不超过 75℃(参考值)为合格。

3. 带电工具的机械试验

带电工具的机械试验分静负荷试验和动负荷试验两种。有些工具,如紧线拉杆、吊线杆等,只做静负荷试验。而有可能受到冲击荷重的工具,如操作杆、钩瓶钩、收紧器,除做静负荷试验外,还应做动负荷试验。

1)静负荷试验

静负荷试验是用试品以外的加载工具,以缓慢速度给试品施加荷重,并维持一定加载时间,以检验试品变形情况为目的的试验项目。

加载荷重为试品允许使用荷重的 2.5 倍,持续时间 5min,以卸载后试品部件无永久变形为合格。

对紧、拉、吊、支工具(包括牵引器、固定器),允许使用荷重可按出厂铭牌或实际使用荷重。对载人工具以 100kg(人和携带工具重)为使用荷重。托、吊、钩瓶工具,以一串绝缘子的重量为使用荷重。将工具组装成工作状态,模拟现场受力情况施加试验荷重。

2)动负荷试验

动负荷试验是检查试品在受冲击时,机构操作是否灵活可靠的试验项目,因此其负荷量不可太大。用 1.5 倍使用荷重加在装成工作状态的试品上,操作试品可动部件,操作三次,无卡住、失灵及异常现象为合格。

操作杆经常用于拔除开口销或拧动螺栓,因此要做抗冲击和抗扭试验(冲击荷重取 500kg,扭矩取 250kg·cm)。

4. 屏蔽服的试验

1)衣、裤的电阻试验

桌子上垫厚 5mm 的羊毛毡,衣服内垫塑料薄膜并平铺桌面。用底面积 $1cm^2$、质量 1kg 的两块黄铜为电极,检查衣服最远处各点之间(电极应距各接缝纫缘和加筋线 50mm 以远)的电阻。

电阻表量程为 $0.1 \sim 20\Omega$,误差 10 级,此时测得电阻值不大于 5Ω 为合格。

2)手套、袜子电阻试验

试验设备及程序与衣、裤相同,试验电极在手套的中指尖处(或袜子尖处),另一电极压在手套或袜子开口处的分流连接线,其间电阻值不大于 10Ω 为合格。

3)鞋子的电阻试验

试验另需尺寸为 6cm×18cm 及 12cm×30cm 的黄铜板各一块,板上焊接绝缘软铜线,还需 φ4mm 钢珠数千克。将鞋子平放在大的那块黄铜电极上,另一块小的放入鞋内底面上,再装入 φ4mm 钢珠,将鞋底盖住并在鞋脚后跟处测量并达到 20mm 深,用电阻表测量两极之间电阻,以不大于 10Ω 为合格。

4)整套衣服电阻试验

测量需用人体模型一个,穿上全套屏蔽服试品后,躺卧在条桌上,用黄铜电极垂直放在被测点上,测点距接缝及分流线 3cm 以远,分别测量手套与袜子间及帽子与袜子间的电阻,各最远点的电阻不大于 10Ω 为合格。

5）绝缘斗臂车的试验

一般根据出厂试验标准进行机械和电气试验，并做液压系统自锁性试验。

6）保护间隙的试验

保护间隙质量不好，将造成系统跳闸率升高。根据保护间隙试验要求，应做绝缘支架的耐压试验、整体耐压试验、操作波放电试验及耐弧性试验。

7）模拟试验

新带电作业工具或方法在第一次使用之前必须做模拟试验，试验应尽量做到与实际情况相符。

8）现场的测试工作

（1）绝缘子检测。

为了判明作业设备的绝缘程度是否满足需要，必须对作业人员可能触及的绝缘子串进行检测。测量可用固定火花间隙测杆，它可以测出零值绝缘子。应按每片最低分布电压50%调间隙。可变间隙杆测量时，应先将固定电极与可变电极按刻度板调零，有电容器的一侧要接高压侧（电源侧）。

（2）水电阻测试。

为判断冲洗水质量是否合格，水冲洗前先必须进行水电阻测量。测水电阻表必须是特制的交流低阻值兆欧表，不能用直流表。测试时必须用随表配带的测试管装水，不得乱用。取水时应先用被测水冲洗测管 2~3 次，水要满无气泡。水电阻应随用随测，不必进行温度换算。

（3）绝缘工具绝缘电阻（局部表面电阻）检测。

测量接线应按标准进行，非标准电极测量的数据是无效的。

二、技能要求

（一）准备工作

1. 设备准备

名称	规格	数量	备注
110kV 带电线路		1 条	

2. 工具准备

序号	名称	规格	数量	备注
1	绝缘操作杆	$\phi30mm\times2500mm$	1 套	
2	绝缘传递绳	$\phi10mm$	1 根	
3	绝缘斗臂车		1 台	
4	兆欧表	2500Ω	1 块	
5	防潮毡布	3m×3m	1 块	
6	测温风速仪	AVM07	1 台	
7	干毛巾		1 块	

（二）操作程序

序号	工序	操作步骤
1	准备工作	选择工具、用具
2	检查工具	清洁绝缘工具
		用兆欧表检测绝缘工具的绝缘电阻
		检查承力工具
3	作业准备	在合适位置支好绝缘斗臂车
		上斗臂车
4	清除导线、地线异物	操作斗臂车到达作业位置
		传递绝缘操作杆
		使用绝缘操作杆摘除导线、地线异物
5	转移工作点及收工	转移工作点
		收回绝缘工具
		返回地面
6	清理现场	清理现场

（三）注意事项

（1）工作前，要检查绝缘用具和设备的绝缘是否完好。

（2）作业时，要注意人身对带电体的最小安全距离。

第二部分

技师操作技能及相关知识

模块一 送电线路施工

项目一 组织指挥张力放线

一、相关知识

（一）张力架线的基本特征

JBA001 张力
架线的具体特征

用张力放线方法展放导线，以及与张力放线相配合的工艺方法进行紧线、挂线、附件安装等各项作业的整套架线施工方法，称为张力架线。张力架线可以避免导线与地面摩擦致伤，减轻运行中的电晕损失及对无线电系统的干扰。张力架线的基本特征如下：

（1）导线在架线施工全过程中处于架空状态。

（2）以施工段为架线施工的单元工程，放线、紧线等作业在施工段内进行。

（3）施工段不受设计耐张段限制，可以直线塔作施工段起止塔，在耐张塔上直通放线。

（4）在直线塔上紧线并作直线塔锚线，凡直通放线的耐张塔也直通紧线。

（5）在直通紧线的耐张塔上作平衡挂线。

（6）同相子线要求同时展放，同时收紧。

（二）张力放线的主要设备

JBA002 张力
放线的主要设备

用专门的牵、张机械，使架空线在展放过程中始终保持一定张力而处于悬空状态的放线方法称为张力放线。

1. 牵引机和牵引绳重绕机

1）牵引机

在牵引导线过程中起牵引作用的机械称为牵引机。牵引机应具有健全的工作机构、控制机构和保安机构，能在自然环境下连续、平稳地工作。牵引机主要用来牵引牵引绳（展放导线）或牵引导引绳（展放牵引绳）。

牵引牵引绳（展放导线）的牵引机，一般称为主牵引机，俗称"大牵"，一般以一牵四、一牵二的方式展放导线。牵引导引绳（展放牵引绳）的牵引机一般称为"小牵"，以一牵一的方式展放牵引绳。一牵四牵引机如图 2-1-1 所示，一牵一牵引机如图 2-1-2 所示。

2）牵引绳重绕机

牵引绳重绕机又称牵引绳轴架拖车。它的作用是将牵引机牵回的牵引钢丝绳重绕于牵引绳线盘上。牵引绳重绕机与牵引机配套，由牵引机控制操作。

牵引绳重绕机是由牵引机液压系统驱动的，所以它与牵引机同步运转，通过排线机将牵引绳整齐、均匀地重绕于牵引绳线盘上，牵引绳重绕机如图 2-1-3 所示。还有一种牵引机本身带有牵引绳重绕机，不需另设牵引绳重绕设备。

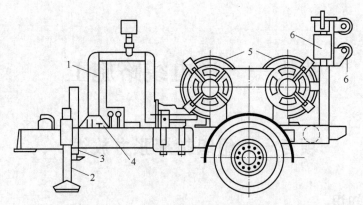

图 2-1-1　一牵四牵引机（加拿大 TE 公司产）

1—发动机；2—可调固定支撑；3—液压千斤顶；4—操作系统；5—牵引轮；6—滚筒

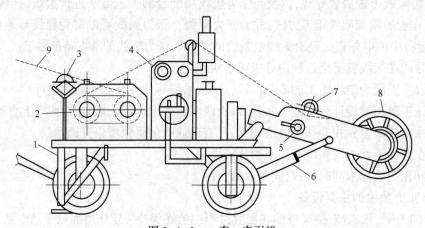

图 2-1-2　一牵一牵引机

1—支撑架；2—牵引轮；3—滚筒；4—发动机及操作系统；5—排线器手柄；6—导引钢丝绳盘液压升降机械；7—排线器；8—导引钢丝绳盘；9—导引钢丝绳

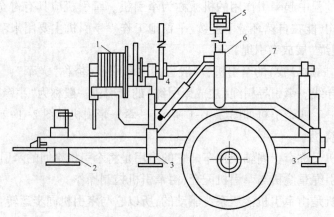

图 2-1-3　牵引绳重绕机外形

1—气动刹车；2—液压千斤顶；3—可调固定支撑；4—排线器液压执行机构；
5—排线器导滚；6—排线器；7—牵引钢丝绳盘轴

2. 张力机与导线线轴支架

1)张力机

张力机是对导线控制放线张力的机械。张力放线时,牵引机通过牵引绳牵引导线,为使导线在放线过程中保持一定张力,就要求张力机对导线施以张力。也就是说,放线中要使导线保持一定弧垂,张力机需以恒张力运转。

张力机按其产生张力方式的不同,可分为主动式和被动式两种。

(1)主动式张力机。

主动式张力机由张力机本身所带发动机带动液压马达,对缠绕导线的张力轮产生阻尼动力,从而使导线在牵引力作用下产生张力。这种张力机,各张力轮都有一套独立的动力系统,所以放线过程中,各子导线的张力可以单独调节。在一定条件下,这种张力机还可以使张力轮主动前进或倒转,这给放线和紧线施工都带来了方便。

(2)被动式张力机。

这种张力机本身无动力,它由导线承受牵引力后,带动张力轮旋转,再由张力轮带动液压马达产生阻尼制动力。此制动力再反馈于张力轮,以达到制动导线产生张力的目的。被动式张力机操作和维修都比较简单,也可以单独调节某一子导线的张力,但不能主动前进或倒转。张力机按每次可同时展放子导线的根数不同,可分为四线式、二线式和一线式。图 2-1-4 所示为四线式张力机。

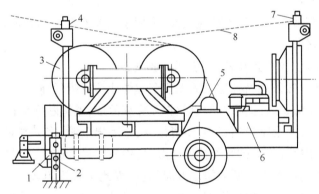

图 2-1-4　四线式张力机(加拿大 TE 公司产)

1—液压千斤顶;2—固定支撑;3—导线张力轮;4—前导滚;5—液压马达;
6—发动机及操作系统;7—后导滚;8—导线

2)导线线轴支架

导线线轴支架是与张力机配套使用的设备,它的作用是放置导线线轴。导线线轴分为拖车式和支架式两种。

(1)线轴支架拖车。

线轴支架拖车又称导线轴架车,它形如两轮拖车,如图 2-1-5 所示。

采用手动液压顶升装置,放线中更换线轴十分方便。线轴支架拖车通过高压胶管与张力机气泵相连,放线中张力机气动刹车泵系统对导线产生一个尾绳子张力,使导线得以顺利展放。

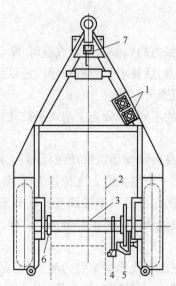

图 2-1-5　导线轴架车（加拿大 TE 公司产）

1—导线盘提升机构液压手柄；2—导线盘；3—导线盘轴；4—导线盘固定销；

5—气动刹车；6—导线盘限位卡；7—线盘拖车可调导轮手柄

（2）液压线轴支架。

液压线轴支架与普通的线轴支架相类似，采用手动刹车装置，以使导线产生尾绳张力。它结构简单，拆装方便。

3）导引绳、牵引绳、抗弯连接器、导引绳展放支架

导引绳、牵引绳一般采用特殊加工的无扭钢丝绳或防捻钢丝绳。

无扭的钢丝绳是编织式的，由八股钢丝相互穿编而成，整绳断面呈正方形。这种钢丝绳受拉后不产生断面扭矩，也不传递扭矩，本身柔软，不易出金钩，施工方便。

防捻钢丝绳是用粗细不等的钢丝捻合成股，再由三股捻合成绳，股与绳的捻向相反。此种钢丝绳受拉后，股与绳产生的断面扭矩方向相反，因此综合扭矩较小，加之扭合后用旋转锤将其表面的钢丝打成异形，保形性能较强，受扭力作用后原结构不易改变。这种钢丝绳断面呈圆形，缺点是比较硬，不易盘车，易出金钩，易伤放线滑车。导引绳是用来牵引牵引绳的，一般采用人力放线方法展放，所以其直径较小，且长度不宜过长，以方便现场搬运。牵引绳是直接牵引导线用的，所以它的规格应以每次牵引导线根数、放线张力及长度等，经计算后确定。

导引绳之间、牵引绳之间都需要一种特殊的连接器，它不但要和被连接的导引绳或牵引绳有相同的抗拉强度，而且因其要通过放线滑车和牵引机的牵引轮，所以还要求其具有光滑的外形、足够的抗弯强度。

导引绳是卷绕在绳盘上的，放导引绳时需要一个支架，即导引绳展放支架，它由钢管制成，重量轻，使用方便。

4）牵引板、防捻连接器、连接网套

导线和牵引绳的连接，是通过导线连接网套、导线防捻连接器、牵引板及牵引绳防捻连

接器来完成的。

(1)牵引板。

牵引板,又称走板、联板、滑板等。它不但要能够牵引导线顺利通过放线滑车,而且要使导线顺利落入各自的放线滑轮,所以要求牵引板的尺寸及导线间距要和放线滑车相匹配。牵引板尾部带有重锤,其作用为平衡和防止牵引板翻滚。

(2)防捻连接器。

防捻连接器,又称旋转连接器。它分为导线用和牵引绳用两种。两种防捻连接器构造相同,但因其承受放线张力不同而大小各异。

防捻连接器的作用,除连接导线或牵引绳外,还起释放放线中导线或牵引绳的残余扭力的作用。因此,要求防捻连接器在承受额定张力时,也能自由旋转。

(3)导线连接网套。

导线连接网套,又称蛇皮套。它是由细合金丝编织而成,主要用于导线与导线或其他部件的临时连接。

导线连接网套分为一端插线和两端插线两种,前者用于导线和其他部件的临时连接,后者用于导线与导线临时连接。

5)放线滑车、开口压线滑车、接地滑车

(1)放线滑车。

张力放线时的放线滑车,既要通过导引绳、牵引绳,又要通过牵引板、导线等,所以是特殊加工的放线滑轮。

张力放线的滑轮,中间为钢质滑轮,通过导引绳、牵引绳,两侧为挂胶滑轮,通过导线。选配时应满足下列要求:

① 放线滑车要与放线方式相配合。展放复导线时,各子导线对滑车中心要对称;子导线为奇数时,因中间滑轮既要过牵引绳,又要过导线,所以应特殊考虑(如用铝合金轮)。

② 轮槽底径和槽形,应符合 DL/T 685—1999《放线滑轮基本要求、检测规定和测试方法》的规定。

③ 轮槽宽度应能顺利通过连接管及连接保护钢甲,过导引绳、牵引绳的滑轮,应能顺利通过各种连接器。

④ 放线滑车应能顺利通过牵引板(联板)。

(2)开口压线滑车。

开口压线滑车是张力放线过程中,当导引绳、牵引绳、导线通过上扬杆塔及大转角耐张塔时,或导线压接升空时,用来压线的滑车。

(3)接地滑车。

张力放线时,挂在牵引绳上的是钢质接地滑车,挂在导线上的是铝质接地滑车。接地滑车的作用是将牵引钢丝绳、导线上的感应电有效地接地释放,以保证施工安全。

(三)张力放线施工

1. 施工段放线

1)施工段

张力架线以施工段为架线施工的单元工程,施工段不受设计耐张段限制,一般以直线塔

JBA003　施工
段放线的方法

作施工段起止塔,在耐张塔上直通放线。

施工段长度主要根据放线质量要求确定。导线通过放线滑车越多,受损伤的程度越大,当所通过的滑车达到一定数量时,受伤程度会急剧增大。施工段的理想长度为包含 15 个放线滑车(包括通过导线的转向滑车在内)的线路长度。当选择牵、张场地非常困难时,施工段所包含的放线滑车最多也不应超过 20 个。施工段长 5~8km。

施工段一端布置主牵引机,称牵引场,另一端布置张力机,称张力场。

2)牵、张场地的选择

(1)牵引机、张力机能直接运达,或道路桥梁稍加修整加固后即可运达。

(2)场地地形及面积满足设备、导线布置及施工操作要求。一般牵引场面积不宜小于 35m×25m,张力场面积不小于 60m×25m。

(3)相邻直线塔允许作过轮临锚。

(4)牵、张场不宜设在转角塔、耐张塔前。

(5)档内有重要交叉跨越或交叉跨越次数较多时不宜设牵、张场。

(6)档内不允许有导线接头处,不宜布置牵、张场。

(7)尽量使牵、张场不出现或少出现危险区,危险区内不得布置设备和进行作业。

3)牵、张场的布置

(1)牵引机、张力机一般布置在线路中心线上。牵引机、张力机进出口与邻塔悬挂点的高差角不宜超过 15°,与边线的水平角不宜超过 5°。

(2)小牵引机与小张力机应布置在大牵引机、大张力机同一侧,以不影响牵放牵引绳和牵放导线同时作业。

(3)锚线地锚坑位置尽可能接近弧垂最低点。

(4)牵、张场必须按施工设计要求设置接地系统。

(5)受地形限制,牵、张场选场困难时,牵引场可通过转向滑车转向张力场。张力场不宜转向牵引场。牵引场转向布置应注意如下各点:

① 每一个转向滑车的荷载均不得超过所用滑车的允许承载能力。各转向滑车荷载均衡,即转向角度相等。

② 靠近邻塔的最后一个转向滑车应接近线路中心线。

③ 靠近牵引机的第一个转向滑车应使牵引机受力方向正确。

④ 转向滑车应使用允许连续高速运转的大轮槽专用滑车,每个转向滑车均应可靠锚定。

⑤ 转向滑车围成的区域为危险区,不得布置其他设备材料,工作人员不应进入。

牵、张场转移时,宜采用"翻跟头"方式,即每完成一个放线段的放线任务后,只搬迁其中的牵引场或张力场,另一端则掉头布置。

JBA004 张力
放线的步骤

2. 张力放线的步骤

1)导引绳的展放

导引绳一般以 800~1200m 分段,两端作成插接式绳扣。平地及丘陵地带按 1.1~1.2 倍线路长度布线,山区按 1.2~1.3 倍线路长度布线,尽可能分散地运到施工段沿线指定点,以人工展放,以抗弯连接器将邻段相连,也可用钢丝绳股结扣连接导引绳,但必须保证连接强度。

2)牵引绳的展放

将已放通的导引绳,在张力场穿入小牵引机的牵引轮后,将其尾端卷入自卷式尾车卷盘,在牵引场,将导引绳尾端通过旋转连接器与已穿入小张力机张力轮的牵引绳相连接。

启动小牵引机和小张力机,收卷导引绳,使整个施工段置换成牵引绳。也可不使用小张力机,只使用牵引绳轴架拖车,即不加张力展放。

牵引绳与牵引绳的连接,使用能通过牵引机卷扬轮的抗弯连接器。

3)张力放线

(1)布线设计。

张力放线前,应作布线设计,布线原则如下:

① 有效控制直线压接管位置。

② 将直线压接管数量降至最少。

③ 保证直线松锚后导线仍不落地。

④ 节约导线,使放线中产生的不能继续使用的短线头最少。

⑤ 转场时余线转运量较少。

⑥ 布线时宜将压接管位置控制在靠近紧线锚端的半档距内。

(2)放线前的准备工作。

① 牵、张场按要求已布置就绪,牵引设备已按要求进行锚固和接地。

② 在牵引场,将展放的牵引绳端头用绳牵引入牵引轮,并和钢丝绳轴架连接好。

③ 在张力场:

(a)固定好线轴拖车或液压线轴支架,并装上线轴。

(b)将导线端头割齐,套上导线连接网套,通过尼龙绳将导线引过张力机张力轮,与牵引板通过旋转连接器相连。

(c)设置现场指挥,统一作业指令。按要求布置好通信设备与通信人员,并使信号通畅。

(3)放线操作。

① 拆除牵引绳临锚。

② 开始慢速牵引,并调整放张力,使牵引板呈水平状态。待牵引绳、导线全部架空后,方可逐步加快牵引速度。

③ 牵引板过直线塔放线滑车,可以不用减速,直接通过。牵引板过转角塔放线滑车,应减速,一般以 15m/min 为宜。牵引板过滑车前,应调整各子导线张力,使牵引板与放线滑车轮方向保持基本一致。

④ 角度较大的转角塔放线滑车应采取预倾斜措施,并随时调整预倾斜程度,使导引绳、牵引绳、导线的方向基本垂直于滑车轮轴,预倾斜方法一般是从滑车侧架下端将滑车向上吊起一段高度,如图 2-1-6 所示。

⑤ 更换线轴与压接作业:

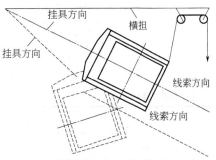

图 2-1-6 转角塔放线花车的预倾斜

（a）线轴上尚有少量（不少于 5 圈）导线时，停止牵引，张力机刹车。

（b）用人力（或其他方法）将张力轮上的导线拉紧。

（c）将线盘上剩余线倒出，卸下空线轴，装上新线轴。

（d）将余线的线头与新线轴上的线头用连接网套连接。连接网套最好用两端插线式，若用两个一端插线式时，两个连接网套间应用导线抗弯连接器连接。

（e）将连接好的余线重新绕到新线轴上，撤下拉尾线人。连接网套绕到新线轴时，应用麻袋、草包等软物垫好，以免伤线。

（f）开始缓慢牵引，待连接网套过张力轮至压接地点停止牵引，张力机制动。

（g）在接头点前方卡线，将导线分别锚于张力机上，打开张力机的刹车装置，松出一段导线。

（h）拆下连接网套，进行压接作业。采用爆炸压接时，爆压操作点与张力机的距离应大于 20m。

（i）用张力机将导线回收，主临锚不受力时将临锚拆除，打开张力机的刹车装置，继续牵引放线。

⑥ 连接管的保护：张力放线时，导线连接管若不采用保护措施，直接展放过滑轮时，连接管肯定要弯曲受到损伤，所以展放前在连接管外装上保护钢甲。连接管保护钢甲是由完全相同的两个钢制材料半圆形体组成，两端加硬橡胶衬垫，合在压好的连接管处，两端口凹槽上用 $\phi 2mm$ 铁丝捆扎数匝（与钢甲面平齐）后用黑胶布缠绕，以免鞭击时损伤相邻导线。钢甲在安装间隔棒时或在放线中连接管通过最后一个放线滑车时拆除。

⑦ 在牵引绳上挂钢接地滑轮，在导线上挂铝接地滑轮，并有良好的接地。

⑧ 每相导线放完，在牵放机前将导线临时锚固，锚线水平张力最大不得超过导线保证计算拉断力的 16%，锚线后导线距地面不应小于 5m。同相各子导线张力宜稍有差异，使子导线空间位置错开，避免发生线间鞭击。

⑨ 放线的顺序，一般应先放中相，后放边相导线。

二、技能要求

（一）准备工作

1. 设备准备

序号	名称	规格	数量	备注
1	耐张段线路	110kV	5~10 档	
2	张力放线机		2 台	
3	牵引机		1 台	

2. 材料准备

名称	规格	数量	备注
导线		5t	

3. 工具准备

序号	名称	规格	数量	备注
1	线盘		2个	
2	绕线盘		1个	
3	牵引钢丝绳		1根	
4	牵引板			
5	平衡锤			

(二)操作程序

序号	工序	操作步骤
1	准备工作	选择工具、用具
2	选择安置张力放线机和牵引机场地	根据沿线地形决定放线区间,合理安排张力放线机和牵引机场地
3	组织挂放线滑车	在各直线杆塔悬垂串下、耐张杆塔横担下方挂放线滑车
		每基杆塔应安排专人负责
4	安排展放导引绳	人力分段展放导引绳,逐基穿入放线滑车并相互连接
		各重要交叉跨越处或越线架处要安排监护人
5	展放牵引绳	放线端将牵引钢丝绳与导引绳连好,然后牵引端用小牵引机收卷导引绳,将导引绳更换为牵引绳
6	组织牵引展放导线	放线端将导线与牵引钢丝绳连接
		牵引端牵引绳绕在牵引机的绕线盘上
		沿线应有专人通信指挥
		启动牵引机收紧牵引绳,保持导线对地3m以上,牵引和展放导线
7	固定导线,拆除放线机和牵引机	导线展放后,将导线两端临时锚固好,拆除牵引机和张力机

项目二　紧线前耐张杆横担安装临时拉线

JBA005 紧线
的步骤

一、相关知识

张力放线结束后,应尽快进行紧线。一般以张力放线施工段作紧线段,以直线塔作紧线操作塔。

(一)紧线前的准备工作

(1)检查子导线在放线滑车中的位置,消除跳槽现象。

(2)检查子导线是否相互绞动,如绞动,需打开后再收紧导线。

(3)检查直线压接管位置,如不合适,应处理后再紧线。

(4)导线损伤应在紧线前按技术要求处理完毕,但补修预绞丝可在紧线后安装间隔棒时装设。

（5）现场核对弧垂观测档位置，复测观测档档距，设立观测标志。

（6）中间塔放线滑车在放线过程中设立的临时接地，紧线时仍应保留，并于紧线前检查是否仍良好接地。

（二）临锚

将处于施工过程中的导线锚定在某种承力体上，以便进行作业过渡或完成某些作业，在施工中称为临锚。张力架线施工中常用地面临锚、过轮临锚、反向过轮临锚等形式。

1. 地面临锚

将导线临时锚固在地面锚桩上称为地面临锚。如每相导线张力放线完毕，在牵引机、张力机前，将导线临时锚固在地面上即为地面临锚。地面临锚可分为不可调临锚和可调临锚两类。不可调临锚由卡线器、钢丝绳连接后固定在地锚上；可调临锚由卡线器、钢丝绳、调节装置（如手扳葫芦）连接后固定于地锚上。

2. 过轮临锚

过轮临锚是指紧线完毕，临锚钢丝绳穿过紧线塔放线滑车横梁锚住导线，使之不再窜动的临时锚固措施，如图2-1-7所示。过轮临锚平衡上一段紧线段导线张力。

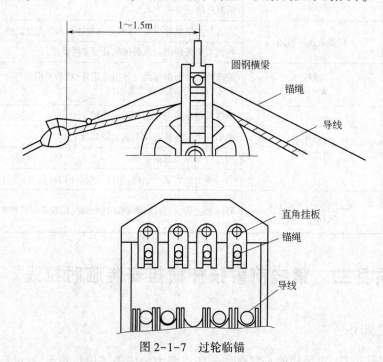

图 2-1-7 过轮临锚

3. 反向过轮临锚

反向过轮临锚是指在紧线操作塔的相邻塔上，待安装悬垂线夹后装的临时锚固措施。由于临锚方向与过轮临锚方向相反，因此称反向过轮临锚。反向过轮临锚的作用是保证上段紧线的独立性。反向过轮临锚保留至相邻两紧线段附件及间隔棒全部安装完毕后松锚。反向过轮临锚布置见图2-1-8。

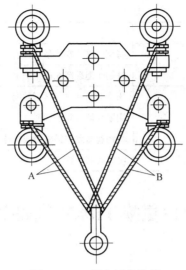

图 2-1-8　反向过轮临锚

二、技能要求

(一)准备工作

1. 设备准备

名称	规格	数量	备注
模拟线路	35kV	1 条	

2. 材料准备

序号	名称	规格	数量	备注
1	U 形环或卸扣	60~100kN	2 个	
2	铁丝	10 号	1m	

3. 工具准备

序号	名称	规格	数量	备注
1	登杆工具		1 套	
2	钢丝绳	10~12.5mm	1 根	
3	紧线器(手拉葫芦)		1 个	

(二)操作程序

序号	工序	操作步骤
1	准备工作	选择工具、用具
2	检查工具、用具	检查登杆工具、安全带
		登杆工具、安全带进行冲击试验
		检查钢丝绳、传递绳
		检查紧线器质量
		检查 U 形环或卸扣质量

续表

序号	工序	操作步骤
3	杆上 操作	将钢丝绳一端头吊至杆上
		将钢丝绳缠绕在横担头上
4	杆下 操作	用钢丝绳卡头夹紧钢丝绳
		用紧线器收紧钢丝绳
		将钢丝绳尾在锚桩上或拉棒上绑扎
5	拆除紧线工具	将紧线器拆除

项目三　指挥更换 110kV 线路孤立档导线

一、相关知识

(一)直线锚线升空(压接升空)

当一施工段已施工结束,相邻施工段放线完毕,为使两施工段导线在使用直线连接管连接之后能顺利进行紧线,必须拆除两侧尾线临锚,使导线升空,一般称为直线锚线升空(或压接升空),如图 2-1-9 所示。

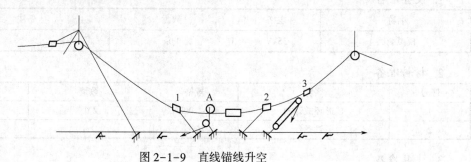

图 2-1-9　直线锚线升空

1,2,3—卡线器

操作步骤如下:

(1)将拟紧段和已紧段的导线,用直线压接管连接,然后在导线上装设压线滑车 A,并通过转向滑车收紧。

(2)回松卡线器 1,并拆除。

(3)收紧卡线器 3,拆除卡线器 2。

(4)回松滑轮组,并拆除卡线器 3。

(5)缓松压线滑车,待导线离地,张力不太大时可拆除压线滑车。如果余线较多,回松可能导致导线落地或对地距离不够,可通知紧线端配合牵引。

为了使本施工段紧线不影响上一紧线段的紧线质量,包括弧垂、子导线弧垂差异,在进行直线锚线升空作业前,上一施工段应具备如下条件:已装好过轮临锚和反向过轮临锚;除锚线塔外,其他杆塔上已装完线夹,距离锚线塔最近的三基塔之间已安装完间隔棒。

（二）紧线操作

JBA005 紧线的步骤

张力架线时的紧线，同普遍线路紧线施工方法基本相同，但也有一些特点：

（1）一般以直线塔作紧线操作塔，牵引设备沿每相导线延长线布置。

（2）综合考虑如下因素，确定子导线收紧次序：

① 同相子导线应基本同时收紧，避免因受力过程不同造成子导线间塑蠕变形残存量不同，影响弧垂质量。收紧时速度不宜过快。

② 不能同时收紧时，应先对称收紧位于放线滑车最外边的子导线，再收紧中间子导线，使滑车保持平衡。

③ 宜先收紧张力较大、弧垂较小的子导线。

④ 宜先收紧在线档中间搭在其他子导线之上的子导线。

⑤ 根据风向，尽量避免在紧线过程中子导线因相互驳线而绞劲。

（3）全线紧线方向一般是同一方向，即挂线端（固定端）和收紧端不能互相换位。

（4）挂线端（即固定端）是通过已紧段的导线张力取得平衡。

（5）紧线端当紧线段内所有杆塔均已画好印后，通过紧线段最后一基杆塔的过轮临锚和在紧线塔的地面临锚取得张力平衡。

（6）紧线后，为保证本紧线段内紧线应力达到标准后，保持紧线应力不变，在紧线段内，每基杆塔，不论是直线杆塔还是耐张杆塔、转角杆塔均应同时画印，不完成画印，不得进行锚线作业。印记应准确、清晰。

① 直线塔、无转角的耐张塔可用下述方法画印：用垂球将横担挂孔中心投影到任一子导线上，将直角三角板的一个直角边贴紧导线，另一直角边对准投影点，在其他子导线上画印，使诸印记点连成的直线垂直于导线。

② 直线转角塔取放线滑车顶点为画印点，用直角三角板在各子导线上画印。

③ 耐张转角塔的画印方法必须与导线尺寸计算方法相配合，常用方法有：

（a）三角板垂球法：以具有一个长直角边的直角三角板和垂球作画印工具，将短直角边贴紧导线，长直角边对准横担挂孔中心或由挂孔中心垂下的垂球线，顺长直角边在各子导线上画印。

（b）横担中心线延伸法：工具和方法同上，但长直角边不是对准挂孔中心，而是对准横担挂孔断面处的横担中心。杆塔挂双放线滑车时，用此法画印比较方便。

（c）挂点延伸法：用直尺对准横担挂孔中心，将挂孔中心连线准确地延伸到各子导线上画印。

（三）紧线施工的基本要求

JBA006 紧线施工的基本要求

紧线施工应在基础混凝土强度达到设计规定，全紧线段内的杆塔已经全部检查合格后方可进行。放线结束后，应尽快紧线。

当采用拖地放线时，一般均以耐张段作紧线区段，在耐张杆塔上进行紧线操作。一般习惯把紧线区段内锚固导线、地线的一端称为后尽头，进行紧线操作的一端称为前尽头。

架空线紧线前应做好下列准备工作：

（1）清除有碍架空线紧线工作的障碍物，对已施放好的架空线进行全面检查，如有损伤应按规定处理好。检查各处架空线有无缠绕物，架空线是否在滑轮内，牵引设备和固定地锚是否满足强度要求。

（2）对紧线和挂线杆塔进行补强，杆塔横担必须做好临时拉线。临时拉线应锚固在导线、避雷线悬挂点处，对地夹角应小于45°。锚固拉线的地锚埋深可根据受力情况确定。

（3）埋设紧线地锚，地锚位置应设置稍远些，并使紧线牵引绳对地夹角小于45°。以减少牵引时对横担的下压力。

（4）总牵引地锚与紧线操作杆塔之间的水平距离，应不小于挂线点高度的两倍，且与被紧架空线方向应一致。

（5）根据紧线的施工场地，确定其紧线方法。如采用汽车等机械牵引，最好是通过地滑车顺向牵引。如受地形限制需转向牵引时，则应考虑地锚横向受力后的强度是否满足要求。紧线滑车要紧靠挂线点。

二、技能工作

（一）准备工作

1. 设备准备

名称	规格	数量	备注
模拟线路		1条	

2. 材料准备

序号	名称	规格	数量	备注
1	钢芯铝绞线	150mm^2	120m	
2	绝缘子	XP-7	16片	
3	110kV合成绝缘子	FB-110/70	2个	
4	直角挂板	Z-7	2个	
5	球头挂环	Q-7	2个	
6	碗头挂板	W-7A	2个	
7	螺栓式耐张线夹	NLD-3	2个	
8	防振锤	FD-3	2个	
9	并沟线夹	B-3	6个	
10	铝包带	1mm×10mm	1盘	

3. 工具准备

序号	名称	规格	数量	备注
1	放线盘	ZGF-	1个	
2	110kV验电笔		1支	
3	接地线		2套	
4	绝缘手套	2500V	1副	
5	临时拉线用钢丝绳		2根	
6	紧线器(做临时拉线用)		2套	
7	大锤		2把	

续表

序号	名称	规格	数量	备注
8	紧线夹(鬼爪夹线器)		1把	
9	牵引钢丝绳		1根	
10	机动绞磨		1台	
11	角铁桩		4根	
12	断线钳		2把	
13	滑轮	20~30kN	2个	
14	滑轮	10kN	1个	
15	钢丝绳套		4根	

(二)操作程序

序号	工序	操作步骤
1	准备工作	选择工具、用具
2	检查材料、设备质量	检查材料齐备情况及质量,指定专人检查并亲自抽查
		检查工具规格型号、质量及是否符合安全要求,指定专人检查并亲自抽查
		检查验电笔,指定专人检查试验
		检查机动绞磨,指定专人检查并启动试验
3	办理停电手续	办理停电手续
4	人员分工	安全员(副指挥)1人
		杆上人员:1#杆2人,2#杆2人
		杆下人员:1#杆3人(含作业组负责人1人),2#杆3人(含作业组负责人1人),指定做临时拉线人员
		操作绞磨人员2人(指定机手及拉尾绳人)
		放线盘管理人员2人(指定1人负责)
		合理安排放线人员(指定1人负责),人力放线按每人抬扛15~25kg
5	宣讲安全措施	指定专人验电、挂接地线工作操作并指定专人监护
		指定专人检查操作起重用具,严禁超载使用
		松线前指定专人负责检查杆根及拉线,必要时调整或更换拉线
		只有安装好可靠的临时拉线后方可松线,指定专人负责
		指定安全员检查现场安全措施,杆上工作人员要使用合格的安全带,现场人员戴好安全帽
		指定专人负责检查牵引绳在绞磨芯上缠绕不少于5圈
		指定专人负责检查作业人员不得跨越受力钢丝绳或停留在受力钢丝绳内侧
		根据现场具体情况增加安全员、工作人员
		检查通信设备并统一指挥现场

续表

序号	工序	操作步骤
6	指挥现场 布置及操作	1#杆挂线，2#杆放紧线布置正确、清楚
		放线盘放至 2#杆杆根附近
		绞磨放至 1#杆适当位置松、紧线
7	指挥展放 新导线	指挥放新导线。展放导线时 3 根线要切实分开，不得相互压住
		指挥检查电杆及拉线，必要时调整或换拉线时注意检查，能发现问题
8	指挥撤线	指挥验电、挂接地线
		正确指挥人员在两耐张横担上安装临时拉线
		指挥临时拉线上端应在两杆横担头部，用 8 字形结锁紧，并不妨碍松紧线工作
		指挥杆上人员拆开引流线（跳绳、弓子线）
		松、紧线用滑车和钢丝绳套固定于横担挂线点附近，并不得妨碍松紧线工作
		指挥牵引钢丝绳及紧线器吊上杆塔并安装好
		指挥将紧线器卡在线夹与防振锤之间，绝缘子串和牵引钢丝绳绑扎在一起，绑扎不少于两点
		指挥绞磨收紧牵引钢丝绳，使绝缘子串不再受拉力
		指挥拆下绝缘子串，指挥绞磨放下旧导线
		指挥拆下 1#杆的绝缘子串，放下旧导线（放下的旧导线要及时回收，以免妨碍新线紧线）
9	指挥安装 新导线	指挥 1#杆挂上新导线和新绝缘子串
		指挥紧新线并观测弧垂，画印
		指挥将新导线和新绝缘子串挂上 2#杆挂点
		搭接引流线（跳绳、弓子线）
		指挥拆除临时拉线
		检查施工现场，拆除接地线，清理现场，仔细检查确无问题，撤离工作现场

项目四　利用抱杆组立 15m 铁塔

一、相关知识

（一）铁塔的结构

JBB001 铁塔
的基本结构

整基铁塔可分为塔头、塔身和塔腿三部分。导线按三角形排列的铁塔，下横担以上部分称为塔头，导线按水平排列的铁塔，颈部以上部分称为塔头。一般位于基础上面的第一段桁架称为塔腿。塔头与塔腿之间的各段桁架称为塔身。

　　铁塔的塔身为柱形的立体桁架,桁架的横断面多呈正方形、矩形或三角形。桁架由主材、斜材、水平材、横隔材等部件组成。桁架的每一侧面均为平面桁架。立体桁架的四个角的四根主要杆件称为主材。主材是铁塔受力的主要支持构件,承受铁塔水平、垂直荷载。相邻两主材之间用斜材连接,斜材除本身传递拉力、压力外,还决定主材稳定性。斜材有单斜材、双斜材和 K 形斜材之分。单斜材用于窄身铁塔,受力较小,110kV 以下直线塔都采用,单斜材既受拉又受压。双斜材刚度大,受力也大,按拉压各半或纯拉计算构件是宽身塔中普遍采用的形式。K 形结构常在大跨越及终端塔塔身上采用,并以吊杆连接,最普遍用在塔腿一段,这样便于高低腿的设计和施工。在塔身的某些断面设置隔材,称为横隔面。横隔面是用来传递水平力和扭力的,它还起到保证整个铁塔稳定的作用。一般铁塔所承受荷重的断面及所在塔身坡度变更处均设横隔面,另在塔身上不超过 8cm 设一横隔面。另外,根据结构需要设置一些辅助材,辅助材不受力,但能起到减小细长比、改善主斜材受力、稳定杆件的作用,是铁塔中数量最多的一种材料。

　　斜材与主材的连接处或斜材与斜材的连接处称为节点。杆件纵向中心线的交点称为节点的中心。相邻两节点间的主材部分称为节间,两节点中心间的距离称为节间长度。

(二)铁塔设计的基本要求

JBB002　铁塔设计的基本要求

1. 一般要求

(1)主材连接应外边线对齐,不同规格主材连接线的基准线应在接头处构件上变换。对于螺栓塔,如接头用连接板时,斜材应交于各自主材基准线上。

(2)采用热镀锌的构件,长度不宜超过 7.5m,宽度不得超过 0.75m,涂漆者长度不宜超过 8m。

(3)主材接头一律采用对接(外侧面包一根连接角钢或里外两侧面均已有连接角钢)。接头处两主材间应留 10mm 间隙。

(4)主材的接头位置应便于施工。塔身主材(即主角钢)的接头一般选在主材与水平材连接点的附近。横担主角钢的接头应尽量靠近塔身。

(5)为了避免偏心增大附加弯矩,受力构件的轴线(即角钢的基准线)应交于一点。

(6)为了减少联板及构件编号,如斜材端头用一个螺栓时,斜材宜直接与主材连接。

(7)铁塔塔腿四根主材均应设直径为 17.5mm 的接地孔,位置在离地 0.5m 左右处。

(8)若有材料代用时,其构件基准线一般按设计不变。

2. 角钢准线及螺栓孔位、最小间距端距

角钢准线及螺栓孔位、最小间距端距应符合表 2-1-1 的规定。

3. 脚钉的排列

(1)脚钉应布置在面向受电端的右后主材上。

(2)酒杯型塔头上的脚钉应布置在送电侧外侧主材的正面上。

(3)高低腿的脚钉应设置在面向受电端右后主材或其对角的主材上。

(4)不应以铁塔构件代替脚钉。

(5)脚钉布置应以地面开始,间距一般为 400~450mm。

(6)脚钉大小一般为 M16×160mm,但排在节点或外包角钢处时,应取与该处连接螺栓直径相同的脚钉。

表 2-1-1　角钢准线及螺栓孔位、最小间距端距表　　　　单位：mm

角钢肢宽	单排准距	双排准距		角钢肢宽	单排准距	双排准距	
b	d_1	d_2	d_3	b	d_1	d_2	d_3
40	20			90	50		
45	24			100~110	55		
50	28			120	65		
56~65	33			125~130	70		
70~80	40			140~160	70		

螺栓直径	螺栓孔径	间距排列方式	最小间距 L_a	端距 e	适用角钢肢宽
M16	$\phi13.5$	单排或双排	50	25	$b=40$ 及以上
M20	$\phi21.5$	单排	60	30	$b=60$ 及以上
		双排	80		

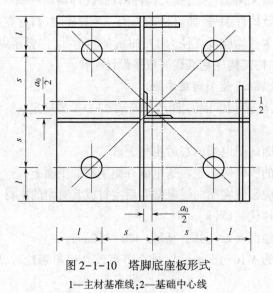

(a)　　　　　　　　　　　　　　(b)

注：角钢肢宽小于 90mm 的，无双排准距。

4. 塔脚的构造要求

（1）采用地脚螺栓连接的基础时，塔脚结构采用电焊结构，焊缝的布置应尽可能地与构件的中心对称。

（2）塔脚主材基准线尺寸的 1/2 应与基础中心线相重合；主材与斜材基准线的交点应在底座板的上平面。

（3）底座板常用形式如图 2-1-10 所示。

图 2-1-10　塔脚底座板形式

1—主材基准线；2—基础中心线

5. 构件的编号要求

(1)铁塔上所有构件除螺栓、脚钉及垫圈外均应编号,相同构件为同一个编号。

(2)构件编排顺序是:先编主材,后编其他构件;由下向上、由左到右、由正面到侧面,最后到横断面。

(3)当正面和背面的构件不相同只给正面时,应分别编号,并注明"前""后"字样。

(4)构件编号一般为三位数或四位数,前一位或两位数表示段别,后两位数为该段构件的顺序号。例如,401 表示第 4 段的 01 号构件,1211 表示 12 段的第 11 号构件。在构件明显处打上构件编号钢印。钢印深度根据钢材厚度为 0.5~1.0mm。

(5)铁塔的分段号通常是由上向下顺序排列,即一般从塔头至塔脚顺序分段。

(6)螺栓、脚钉、垫圈符号见表 2-1-2。

表 2-1-2　螺栓、脚钉和垫圈的符号

名称	规格	长度 l mm	符号	无扣长度 L_0 mm	通过厚度 mm	单个质量 kg
螺栓	M12	30	●	6	8~12	0.055
		40	◓	12	11~16	0.064
	M16	35	◑	8	9~13	0.120
		45	⊘	13	14~20	0.133
		55	⊗	20	21~24	0.147
	M20	40	○	8	9~14	0.230
		50	∅	14	15~20	0.248
		60	⊗	20	21~28	0.269
	M22	50	⊙	16	15~20	0.300
		60	∅	22	21~28	0.328
		70	⊗	30	29~40	0.353
脚钉	M16	160	⊖	110		0.319
	M20	200	⊖	120		0.622
	M22	200	⊖	120		0.756
垫圈	M12	3.4~4.6		12.5	25	0.0055
	M16	4~6	◌	16.5	32	0.0133
	M20	5~7		21.0	38	0.0242
	M22	5~7		23.0	42	0.0299

(三)铁塔的地面组装

JBB003　铁塔组装前对料

1. 对料

铁塔组立前,应先根据铁塔结构图清点运至桩位的构件及螺栓、脚钉、垫圈等,此称为对料,对料时应注意以下几点:

(1)清点构件的同时,应逐段按编号顺序排好。

(2)清点构件时应了解设计变更及材料代用引起的构件规格及数量的变化。

（3）构件应镀锌完好。如因运输造成局部锌层磨损时，应补刷防锈漆，其表面再涂刷银粉漆。涂刷前，应将磨损处清洗干净并保持干燥。

（4）检查构件的弯曲度。角钢的弯曲不应超过相应长度的 2%，且最大弯曲变形不应超过 5mm。若变形超过上述允许范围而未超过表 2-1-3 的变形限度时，容许采用冷矫法进行矫正，矫正后严禁出现裂纹。

表 2-1-3　采用冷矫法的角钢变形限度

角钢宽度 mm	变形限度 %	角钢宽度 mm	变形限度 %	角钢宽度 mm	变形限度 %	角钢宽度 mm	变形限度 %
40	3.5	63	2.2	90	1.5	140	1.0
45	3.4	70	2.0	100	1.4	160	0.9
50	2.8	75	1.9	110	1.27	180	0.8
56	2.5	80	1.7	125	1.1	200	0.7

JBB004　铁塔地面组装前的准备工作

2. 铁塔地面组装前的准备工作

杆塔组装前的准备工作大致有按图核对构件的规格和数量、按质量标准检查基础的质量、检查和筹划组装工器具、布置和准备组装场地及组装位置等方面。

（1）参加地面组装的施工人员均经组塔工序的施工技术交底。民工由现场施工负责人交代安全施工注意事项及现场操作基本知识。

（2）根据现场地形，确定铁塔组立方法，进而确定地面组装方法。地面组装方法主要有两种：一种是以汽车吊车为主的机械吊装方法；另一种是以人力为主，用小木抱杆或三脚架配合吊装。

（3）根据确立的铁塔组立方法及地面组装方法，选择配套合适的工器具。各类工器具使用前均应认真检查，不合格者不得使用。

（4）地面组装前，铁塔组装场地应进行平整，不应有大的高差，一般高差不超过 1m，如场地不平应进行平整，或加物垫平，以免构件受力变形。

（5）组装前应认真审核组装图纸，杆塔组装图包括杆塔总图和杆塔结构图。

（6）组装前应认真检查组装工具，组装杆塔用的工具包括质量检查工器具、支垫工具、整修场地工具、组装工具、构件修补工具。

JBB005　铁塔的整体组装

3. 铁塔的整体组立

整体组立杆塔的方法有倒落式抱杆和机械化吊装等方法。

铁塔组装前，应首先平整组装场地，清点塔材，并按组装顺序使塔材排列整齐，以便组装时按顺序找材。

为顾及横担组装方便，一般应顺线路方向组装铁塔。组装时应准备好垫木或其他合格的支垫物，将塔身垫平，以便安装铁塔地面角钢和螺栓。

铁塔的摆放位置，应根据铁塔的起吊方式而定。若利用吊车起吊铁塔，在一般情况下可将铁塔的 1/2 处置于铁塔基础处，如受地形限制，可在起吊铁塔时用吊车进行调整。若采用倒落式抱杆起立铁塔时，可在组装铁塔下节时，在两个下塔腿和对应的两个顺线路方向的基础上装设临时的特殊折页，折页的下板固定在铁塔基础上，上板则用螺栓和塔脚相连，连接用的螺栓数量和规格必须满足整体立塔的强度要求,待铁塔起立后,再按操作步骤拆除折页,使塔脚固定在基础上。

组装时应由腿部向头部方向逐段进行,并注意各面在地面的位置。在地面先组装下节的两个侧面,并尽可能地装上相邻两边的连接板。当根开大于2m时,上下腿之间应加装两根支撑物,将上下腿固定其上而不滑动,防止起立时腿部扭曲变形。然后将两个侧面竖立起来,用支杆或绳索将其稳固,填好垫木。支垫物高度应满足组装要求,同时调整好两侧面间的距离和位置,最后把底面、上面和两侧面连起来组成方框。这样,铁塔下节就组装好了。按上述方法一段段地组装,直至全部组装完成。

整体组装的优点如下:

(1)能提高组装质量。当铁塔各部尺寸及螺孔位置有误时,便于检查、调整和处理。

(2)安全系数大。因组装和吊装工作接近地面,高空作业量少,因此便于安装,劳动强度大大降低,发生事故的概率降低。

(3)进度快。采用地面整体组装,人工操作方便,各工序间工作面大,互相不影响。当气候条件较差时,仍可继续进行组装工作。

整体组装的缺点是因作业场面较人,容易受地形和起吊机械的限制。

> JBB006　铁塔的分段组装

4. 铁塔的分段组装

所谓分段组装铁塔,就是按设计图纸分段,将主材、斜材、水平材、横隔材在地面组装成桶状,然后利用外抱杆逐段地吊装成整塔。此种方法比较适用于窄基塔,如拉线塔、焊接塔等。

分段组装时应先摆好主材,两主材间距离应等于塔身宽度加两主材宽度。然后逐件组装两个侧面。侧面翻转竖起后再组装上层和底层。当塔身宽度小于2m时,可以先组装底层,再组装侧面,最后组装上层。

分段组装的优点如下:

(1)它具有地面组装的优点和安全性,是进度最快的一种铁塔组装方式。

(2)高空作业比其他分解组塔都要少。

(3)构件就位后只需加装包角钢螺栓即可,因此拼装较简便。

分段组装的缺点是由于塔身下部各段均较高,质量相对较大,需配备强度较高的抱杆,所需吊装场地也较大。

> JBB007　铁塔的分片组装

5. 铁塔的分片组装

分片组装是在地面将每段铁塔构件对应的各平面组装好后,然后利用抱杆分片吊装。组片时一般沿着顺线路方向在铁塔基础两侧,以塔腿对着基础的地脚螺栓,在地面先组装成前后两片。

分片组装的地面布置有两种方式:一是重叠式,二是铺开式。重叠式组装就是按照吊装的顺序,将各单片构件进行重叠组装,后吊的放在下层,先吊的放在上层。各片主材所带的辅铁(包括斜材、水平材)用麻绳绑牢,以防止上下层之间互相钩住。重叠式组装主要用于地形条件差的塔位。铺开式组装就是把各片构件铺在地面进行组装,用于地形平坦处。分片组装适用于塔身较宽及重量较大的塔。分片组装可以采用内抱杆法起吊,也可采用外抱杆法进行起吊。

分片组装的优点如下：

(1)每片的质量较小，起吊设备较小。

(2)需用的组装场地相对较小。

分片组装的缺点是高空作业量大、高空组装困难。

6. 铁塔的分角组装

分角组装就是将塔身中每段分成四个角，以每根主角钢为单元进行组装，而各个面的斜材、水平材在条件的允许情况下，可连在主角钢的联板上，但必须和主材绑在一起做临时固定，以免在起吊时摆动。然后利用抱杆将其竖于基础地脚螺栓上并予以固定。待四个角的主角钢均固定完成后，即将各面的斜材、水平材连接上。

待下段组装完成后，将抱杆升至该段上部，固定于某一主角钢上。固定时，抱杆和主角钢间应垫一方木，使其有一定的空隙以便装设包角钢。在吊装过程中，为防止碰撞变形，应在被吊构件上按不同方向绑设一根或数根留绳，以便使构件在吊装过程中不碰塔身。

分角吊装的优点如下：

(1)吊件质量小，起吊设备相对较小。

(2)需用的组装场地较小。

分角组装的缺点是高空作业量大，吊装次数多，吊装时稳定性差，工作效率低。

分角组装多用在地形条件较差地段和根开较大的塔型，或起吊重量大的铁塔。但对于横担、地线支架仍可采用分段或分片方式组装。

7. 铁塔组装的一般规定和注意事项

(1)组装铁塔前必须进行技术交底，包括施工图、安装质量、工艺标准、安全技术措施等内容，使施工人员熟悉图纸资料和施工方法。

(2)在多人进行窜动或翻动电杆或多人进行地面组装时，应统一指挥、步调一致、统一信号，各工序间应互相配合。

(3)组装铁塔时，螺杆和螺母的螺纹有滑牙(滑丝)及棱角磨损过大致使扳手打滑的螺栓，必须进行调换。

(4)无论以什么方式组装铁塔，在整体组装完成后，对各部的螺栓应重新紧固一遍，以防组装时漏紧。

(5)组装铁塔时，对角钢朝向和螺栓的穿向应按工艺标准进行，如遇有个别塔材或螺栓不易安装时，在持有设计变更通知单后才允许变更。

(6)组装铁塔时，发现杆塔构件缺孔或孔距对不上，应按设计图纸进行核对，如确属加工问题时，可采用打孔机扩孔和钻孔方式进行更正。

(7)组装铁塔时，若需更换杆塔材料时，需取得设计部门的同意后方可进行更换。

(8)地面组塔时，对构件的分段，原则上按铁塔主材的分段进行组装。

(9)布置构件时，应根据现场地形、塔段本身有无方向限制量以及地面组装与构件吊装是否同时进行等，确定构件的布置方位。

(10)分段组装时，当抱杆的提升高度及承载能力允许时，也可将两段主材组成一片进行吊装，以减少吊装次数。

(11)组装时应注意导线横担、地线横担的方位必须符合设计图要求。对于线路转角塔

JBB008 铁塔的分角组装

JBB009 铁塔组装的一般规定

JBB010 铁塔组装的注意事项

横担两端有长短区分者,必须注意长横担在转角外侧,短横担在转角内侧。地线横担相反,长的在内侧,短的在外角侧。

(12)根据抱杆可能提升的高度、抱杆的允许承载能力等,合理确定吊装构件的分段、分片、分角及应带附铁的数量。

(13)塔件吊装前,应按设计图纸做一次检查,发现问题要及时在地面进行处理,切忌高空作业处理。

二、技能要求

(一)准备工作

1. 设备准备

名称	规格	数量	备注
模拟线路	35kV	1 条	

2. 工具准备

序号	名称	规格	数量	备注
1	50kN 抱杆	高为 12~15m	2 根	
2	机动绞磨		2 台	
3	钢丝绳	直径为 11~12.5mm,长度为 30m 左右	8 根	临时拉线用
4	单滑车	20~30kN	2 个	
5	锚桩角钢		18~20 根	土质不好用地锚
6	铁塔地脚螺母套筒扳手		4 把	
7	牵引滑轮	50kN,三轮,二轮	各 2 台	
8	钢丝绳套	直径为 15.5mm	6 根	
9	牵引钢丝绳	$\phi11~12.5$mm,长度为 150~200m	2 根	
10	卸扣		1 个	
11	大锤		1 把	
12	红旗、绿旗		若干面	

(二)操作程序

序号	工序	操作步骤
1	准备工作	准备工具、用具
2	检查工具、用具	检查材料齐备情况
		检查材料规格型号及质量
		检查工具齐备情况
		检查工具规格型号、质量及是否符合安全要求
		检查机动绞磨
		检查基础尺寸
		检查基础铁塔组装情况

序号	工序	操作步骤
3	人员分工	副指挥 1 人
		安全员 1 人
		临时拉线每点 2 人，共 12 人
		机动绞磨每台 2 人，共 4 人
		机动人员 2~4 人
4	交代安全措施	认真检查所有起重工具、用具，不合格者严禁使用，严禁超载使用
		现场工作人员要听从指挥，注意信号，密切配合。除指定人员，其他人员都应在塔高 1.2 倍距离以外，并不得让行人进入工作现场
		锚桩要安装牢固，受力后要认真检查，并应有 1 人看护
		铁塔离地后要认真检查各受力点，并进行冲击检查
		铁塔吊点绑扎要对称，要选择有水平材或斜材支撑的地方，要有防止滑动的措施
		铁塔立起离地后，要慢慢移动对准螺栓，不得用冲击力
		起立过程中要密切监护，铁塔不得挂住其他设施（安全措施要根据现场情况增加）
		吊点绑扎要考虑不能损伤铁塔，绑扎点要用麻包等保护，必要时要补强或加吊点
		地脚螺栓要按要求拧紧，铁塔组立偏差合格
5	布置临时拉线锚桩及绞磨机锚桩	铁塔根部两处：锚桩位置距基础应大于 1.2 倍塔高，临时拉线基本平行线路方向，两锚桩之间的距离应稍大于铁塔根开
		左右两处：锚桩位置距基础大于 1.2 倍高，两锚桩位置连线与抱杆根部连线在一条直线上并垂直于线路方向
		绞磨锚桩位置分别位于铁塔根部桩销位置外侧并不影响绞磨操作
6	组立抱杆	将两根抱杆放于铁塔两边并平行于铁塔，抱杆头部放在铁塔下横担上，两腿齐平紧靠基础
		将滑轮组三轮滑车一侧挂于抱杆头部，滑轮组两轮滑车侧挂于抱杆根部
		每根抱杆顶上绑好四根临时拉线，要注意浪风绳方向，注意不能妨碍滑轮组的工作，临时拉线之间又不得互相干扰
		抱杆根用钢丝绳与铁塔基础连接作制动用
		将牵引钢丝绳上绞磨，控制好左、右、后方临时拉线，用 1 副木抱杆将抱杆立起
		木抱杆失效时要拉紧控制绳，让木抱杆缓缓放倒至地面
		重复操作，将第二根抱杆立起
		拆除抱杆制动，检查并调整抱杆位置（土质不好抱杆腿部要支垫）

续表

序号	工序	操作步骤
6	组立抱杆	调整临时拉线,并将临时拉线切实扎牢在锚桩上
		注意左右两侧有两根妨碍铁塔起立的临时拉线,要做好拆除准备,绑扎时不能被压住
7	起立铁塔	铁塔上按技术要求绑扎吊点
		将滑轮组的二轮滑车从抱杆根部取下挂至铁塔吊点上
		在每根抱杆根部加一垂直角铁桩(要求靠紧抱杆)
		角铁桩及抱杆根部用一根钢丝绳套套住并挂一个转向滑车
		牵引钢丝绳经转向滑车进绞磨芯,在绞磨芯上缠绕不得少于5圈
		开动机动绞磨,使牵引绳受力,检查各滑轮及绑扎点
		指挥同时开动两台机动绞磨,使铁塔头部平稳离地
		铁塔头部离地后停止牵引,进一步检查各受力点及所有锚桩并进行冲击检查
		确无问题后将中间两根妨碍铁塔起立的临时拉线从锚桩上拆下并抛过塔身
		前方临时拉线上准备两根大绳,必要时用大绳拉动临时拉线,让铁塔横担过前临时拉线
		指挥两台绞磨同时工作,并指挥控制其牵引速度,使铁塔平稳起立。铁塔根部人员及时用钢钎移动铁塔
		副指挥负责指挥控制使滑轮组始终垂直地面
		指挥时密切注意铁塔始终不能碰触抱杆、临时拉线等
		铁塔全部离地前,要用大绳绑住铁塔脚(最少绑两脚)并指定人员拉住。同时通知负责监护临时拉线人员,凡是未受力的临时拉线都要派人压紧,防止临时拉线及锚桩受冲击力
		铁塔全离地时,左右临时拉线受力成倍增大,要密切监视锚桩受力情况以确保安全
		铁塔悬空后塔下工作人员稳住塔脚,看哪只脚最低就先连接那只脚的地脚螺栓
		机动绞磨慢慢放松,进1个地脚螺栓上1个螺母(1只铁塔脚只上1个不加垫片的螺母)
8	拆除抱杆	慢慢压松左右两侧临时拉线,并控制前后临时拉线配合松动机动绞磨,使抱杆缓缓倒下
		倒抱杆时,抱杆根部用钢丝绳锁住,在铁塔基础上控制作为制动
		抱杆倒地后派人上塔拆下滑轮组,用吊绳慢慢放下,检查铁塔组立偏差

项目五　设计架空送电线路的路径

一、相关知识

（一）送电线路路径选择方法

送电线路路径的选择，要以经济合理、运行安全、施工和运行维护方便为原则，同时应遵循国家基本建设的各项方针政策和标准，从若干个拟定的路径方案中进行大方案比较，通过收集资料、现场勘测等一系列的技术分析，从中选出一两个比较好的线路路径方案，再全面地进行经济技术比较，最后确定一个最佳方案。

1. 室内选线

> JBC001　室内选线方法

室内选线也称图上选线，即在比例适宜（如 1/10000 或 1/50000）的地形图纸上，拟定出 2~3 条路径方案进行比较。其目的是根据系统和网络的要求，在线路的起止点间选出一条既符合国家建设的各项方针政策，又能保证线路安全，且经济合理、施工方便的线路路径。

1) 室内选线的一般要求

室内选线应以线路设计人员为主，会同勘测部门共同进行。在选线前，线路设计人员应根据设计任务书的要求和内容，充分了解线路工程概况及系统规划，明确线路的起、止点及中途必经点的位置，线路的电压等级、输送容量、回路数及导线型号等有关的设计依据。

室内选线所用的地图比例，应根据线路长短及沿线地区的复杂程度而定，一般以 1/10000、1/50000 或 1/100000 的地形图为宜，当线路经过居民区或拥挤地段时，可选用 1/10000 或更大比例的地形图，以便准确地选绘线路路径。

室内选线时，应结合电力系统的远景规划考虑预留及线路通道等情况，在发电厂或变电所附近，要充分考虑发展远景规划，预留进出线走廊显得尤为重要。并且在技术上可行、经济上合理，且没有特殊要求的情况下，应尽量选择路径最短、转角少、转角度数小、交叉跨越越少、施工及运行方便、地形地质较好的路径方案。

2) 室内选线方法

在地形图上选线时，根据发电厂或变电所的位置，将线路的起、止点（进、出线终端杆塔）分别标设在地形图上，用细线连成一直线并量其长度，作为路径的最短准线，或称为航空直线。然后将预先了解到的有关居民点等的城市规划，军事、水利、通信等设施的位置及其他已有或拟建的有关设施均标注在地形图上。待上述工作完成后，即可围绕线路直线，在避开各种障碍的同时，定出各条可能走向的转角点，用不同颜色的线条将转角点连接起来，绘出数条线路的路径方案。经反复推敲比较，淘汰不成熟的方案，最后选定 1~2 条较合理的路径方案，作为初勘方案。

2. 现场勘测

> JBC002　现场勘测方法

1) 初勘

初勘的任务是根据室内所选的路径方案做实地勘测，从而选择最合理的路径方案，并为初步设计提供必要的勘测资料和数据。

初勘工作量较大，一般应由线路设计、概算、测量、水文、地质等专业人员组成综合勘测队进行工作,还应邀请施工和运行单位派人参加,初勘大体有如下内容。

(1)根据地形、地物找出图上所选线路的实地位置并沿线勘察,对于特殊地段,应进行实地选线、定线,平断面图草测及地质水文勘察。

(2)由收资、协议人员到沿线的县、乡及有关工矿企业单位,补充收集对路径有影响的障碍、设施资料,办理初步协议,并收集沿线交通、污秽情况等资料。

(3)重点勘测可能影响路径方案的复杂地段,及仅凭图纸资料难以落实路径位置的地段。

(4)做好拆迁、砍树、修路建桥、所需建筑材料产地、材料堆放点设置、交通运输及运距的调查了解工作。

初勘结束后,应根据在初勘中获得的新资料修正所选的路径方案,并组织各专业人员对路径方案进行比较,然后按比较结果提出初步设计的推荐路径方案。

2)终勘

终勘工作是根据初步设计所批准的路径方案,到现场确定线路的最终方向,并设立线路走向标桩,为技术设计和施工图设计提供必需的勘测资料和数据。另外,终勘工作是在初勘工作完成、初步设计基本定性后进行的更加完善的勘测工作。它对线路的基本投资、施工安装和安全运行起着重要作用。因此,终勘工作应根据送电线路设计规程,以及批准的初步设计审查意见等,选定出一条即在经济、技术上合理,又方便施工和运行的线路路径。

(二)送电线路路径选择的要求

(1)应减少与其他设施交叉;当与其他架空线路交叉时,其交叉点不宜选在被跨越线路的杆塔顶上。

JBC003　送电
线路路径选择
要求

(2)35kV 及以上至 66kV 及以下架空电力线路,不应跨越储存易燃、易爆危险品的仓库区域。

(3)架空电力线路通过果林、经济作物林以及城市绿化灌木林时,不宜砍伐通道。

(4)35kV 以上的架空电力线路与储量超过 $200m^3$ 的液化石油气单罐的最近水平距离不应小于 40m。

(5)选择线路路径时应避开重冰区、低洼地带、冲刷地带、不良地质区、原始森林区及影响线路安全运行的其他地区。

(6)耐张段的长度应符合下列要求:35kV 和 66kV 架空电力线路耐张段的长度不宜大于 5km。10kV 及以下架空电力线路耐张段的长度不宜大于 2km。

二、技能要求

(一)准备工作

序号	名称	规格	数量	备注
1	绘图铅笔		1支	
2	三角板		1个	
3	直尺		1把	
4	橡皮		1块	

续表

序号	名称	规格	数量	备注
5	计算器		1个	
6	圆规		1个	
7	量角器		1个	

（二）操作程序

序号	工序	操作步骤
1	准备工作	准备工具、用具
2	识别地形图	能够清楚识别地形图中所标明的各个参数和图标
3	绘图前的综合考虑	架空电力线路路径的选择：应认真进行调查研究，综合考虑运行、施工、交通和路径长度等因素，统筹兼顾，全面安排，进行方案比较，做到经济合理
		市区架空电力线路的路径，应与城市总体规划相结合；线路路径走廊位置，应与各种管线和其他市政设施统一安排
4	设计交叉跨越的路径	架空电力线路路径的选择应减少与其他设施交叉；当与其他架空线路交叉时，其交叉点不应选在被跨线路的杆塔顶上
		架空电力线路跨越弱电线路的交叉角，应符合相关要求
		3kV 及以下架空电力线路，不应跨越储存易燃、易爆的仓库区域。间距应符合《建筑设计防火规范（2018 年版）》（GB 50016—2014）的规定
		不宜跨越房屋
5	选择路径地质	应避开洼地、冲刷地带、不良地质地区、原始森林以及影响线路安全运行的其他地区
6	路径通过森林的选择	架空电力线路通过林区，应砍伐出通道，且通道符合相关规定
		架空电力线路通过果林、经济作物林以及城市绿化灌木林时，不宜砍伐通道
7	选择耐张段的路径	耐张段的长度：35kV 线路耐张段长度不宜大于 5km，10kV 线路耐张段长度不宜大于 2km
8	绘制图纸	图纸中应使用正确的图例和符号
		图纸应清洁、清楚

项目六　利用线路施工图进行现场电杆定位

一、相关知识

送电线路施工图纸是线路施工的技术标准和施工依据，它是施工图设计的组成部分，主要有以下内容。

(一)施工图总说明书及附图

施工图总说明书主要说明为实现设计意图而要求的施工方法、原则和工艺标准等,一般包括以下内容:

(1)线路设计依据。

列出了该工程的计划设计任务书的批准文件和文号;上级对该工程的有关批示文件;线路初设和初设审核意见;其他有关文件和会议纪要等。

(2)设计范围及建设期限。

说明该工程的设计范围,即某发电厂或变电所到另一发电厂或变电所的全部或部分线路本体设计,对通信线路危险干扰影响的保护设计,施工组织设计,编制并修正概(预)算,确定运行组织设计的附属设备等,并对建设周期和投运时间加以说明。

(3)路径方案说明。

着重说明该线路的起、止点,线路全长、转角次数、沿线地形,所经过的村、镇和乡寨。还要详细阐述交叉跨越情况,交通运输道路、铁路分布情况,沿线路的地质、障碍物、水文及重要设施情况,沿线居民区、非居民区的地段划分和规划情况,军事部门、电台、电视台、机场、导航部门对线路所经过点的要求,并对线路沿线的采石场、爆破区、拟建工厂和矿山的地点进行说明,同时还要说明对通信线的干扰影响情况。

(4)工程技术特性。

说明本线路工程在电力系统中的作用和地位;线路输送容量、电压等级、回路数、实际长度;线路设计所采用的气象条件;导线、避雷线的型号、排列方式、设计安全系数、最大使用应力和年平均运行应力;线路的金具、绝缘配合、架空线的防振措施;杆塔、基础使用情况以及接地电阻情况。

(5)经济指标。

写明该线路初设概算或批准修正概算和施工图预算的全线路综合投资,每千米本体造价和综合造价,全线路的本体投资和综合投资。

(6)线路主要材料和设备汇总表。

注明该线路工程所需要的主要设备和安装材料,如全线所需用的导线、避雷线、绝缘子、金具、水泥、木材、钢材等数量。

(7)附图。

附图中主要包括该送电线路路径图、线路全线杆塔一览图以及线路全线基础形式一览图等。

(二)线路平断面图、杆塔明细表和交叉跨越分图

1. 线路平断面图

线路平断面图由线路沿线(线路中线向两侧扩展一定距离)的平面图和纵断面图组合而成,是线路测量人员的测量成果。平断面图通常是按照一定比例,将现场测量的有关数据绘在专用方格纸上,其内容主要包括:线路里程、杆塔高度和杆塔所处位置的大地标高,杆塔档距和线路耐张段长度,档距弧度模板曲线,被跨物的高度、大地标高、形状以及距本线路某杆塔的距离,线路转角方向和转角度数等。线路平断面图的比例,纵断面图为1/500,横断面图为1/5000。

JBC004　施工总图读图方法

JBC005　平断面图读图方法

2. 线路杆塔明细表

杆塔明细表是把线路平断面图上的设计、施工和运行所需要的各项主要数据，包括杆塔基础使用条件和设计要求，交叉跨越情况等，汇集并列于一张表格中。以方便设计、施工和运行工作使用。杆塔明细表中主要标示出杆塔距离、耐张段长度、代表档距和线路总长度；杆塔高度、型号、施工编号、基础形式、转角方向和角度数；绝缘子串及金具的组合方式；防振锤、重锤、间隔棒的安装方式及使用数量；被跨越物的名称及保护措施；铁塔腿部布置情况和需要统一说明的事项。

3. 交叉跨越分图

对于比较重要的被跨越物，如铁路、Ⅰ级公路、Ⅰ级和Ⅱ级通信线路、重要的通航河道等所绘制的单项交叉跨越图，可供有关部门掌握跨越情况及签订施工协议使用，图中标明了本线路与交叉物距离和其他有关尺寸。

（三）机电施工安装图及说明

机电施工安装图主要说明（标明）线路各元件安装标准和要求，其内容如下。

1. 架空线型号和机械物理特性

列出线路所使用的导线、避雷线型号，正常档距的应力和安装曲线，孤立档和进出线的应力和安装曲线。

2. 导线相位图

标明线路两端电厂或变电所相位排列情况，本线路是否换位，换位长度、方式、换位杆塔号及杆塔上导线排列方式。

3. 绝缘子和金具组合

标明本工程选用的绝缘子形式、型号和安装组合方式，绝缘子的机电性能；各种杆、塔类型使用的绝缘子串、片数；特殊大跨越杆塔使用的绝缘子型号、片数；污秽区的划分，污源地段的污秽情况和防污措施；所用金具的型号、安装和组合方式等。

4. 架空线防振措施

说明线路导线、避雷线应采取的防振措施，防振金具的型号，安装距离和安装数量。

5. 防雷保护及绝缘配合

说明避雷线在杆塔上的布置根数、保护角值、是否采用绝缘避雷线、避雷线的接地要求、交叉跨越防雷保护说明以及特殊地段、大跨越、山谷等地段的防雷措施。

6. 接地装置施工

列出杆塔接地装置的接地形式、材料和安装方式，在有腐蚀地区的接地装置应采取的防腐蚀措施等。

（四）杆、塔施工图

JBC006 施工图读图方法

1. 混凝土电杆制造图

混凝土电杆制造图上应标明电杆的平面图和剖面图；电杆内主筋和辅筋的配置；电杆预留孔的位置和尺寸；箍筋和电杆焊接钢圈的连接方式。

2. 混凝土电杆安装图

安装图上应注明采用的电杆形式、杆段结构、横担及地线支架结构和其他有关部位的结构。图中还应注明电杆各部位组装尺寸、横担长度和导线、避雷线间的距离，电杆及拉线盘的埋深,拉线对横担的夹角和对地面的夹角,并在图上附有设计条件和材料明细表。

3. 铁塔组装图

组装图上应标明铁塔正、侧面的单线图和各分段的组装图,各部位的安装尺寸,拉线角度和铁塔根开,并附有荷载计算、使用条件、各分段材料表和铁塔总体材料汇总表。

(五)基础施工图

1. 混凝土电杆基础

电杆基础图中注明线路所用"三盘"的制造、安装标准,埋设深度,安装位置等,并在图上列出电杆基础所用材料表。

2. 铁塔基础施工图

在基础施工图中,标明铁塔基础的构造和组装形式、铁塔基础的设计条件、基础根开和各部分的尺寸、地脚螺栓制作及地脚螺栓间距尺寸等。

二、技能要求

(一)准备工作

1. 设备准备

名称	规格	数量	备注
模拟线路	35kV	5~10 档	

2. 材料准备

名称	规格	数量	备注
木桩		5 块	

3. 工具准备

序号	名称	规格	数量	备注
1	经纬仪		1 台	
2	水准尺(塔尺)		1 个	
3	标杆		1 个	
4	卷尺		1 个	
5	锤子		3 个	

(二)操作程序

序号	工序	操作步骤
1	准备工作	准备工具、用具
2	定位前的准备工作	熟悉线路施工图和线路的大致走向及起点、终点方向,转角桩位和转角度数
		校正经纬仪
3	查找线路起点桩位	查找线路起点桩位

续表

序号	工序	操作步骤
4	查找第一个桩位，复测转角度数	查找第一个桩位，复测转角度数与原值相符
		用经纬仪调整、测量
		复测杆塔之间距离与设计距离误差
		复测重要的交叉跨越处标高
		复核设计杆位
5	定位直线杆塔，立定位桩	定位直线杆塔
		立定位桩

模块二　送电线路运行与测量

项目一　验收线路竣工工程

一、相关知识

(一)竣工验收

1. 竣工验收的主要内容

竣工验收检查应在全工程完成或其中一段各部分工程全部结束后进行。除中间验收检查所列各项外,竣工验收检查时尚应检查下列项目:

(1)中间验收检查中有关问题的处理情况。

(2)沿线障碍物的拆迁和清除情况。

(3)杆塔上的固定标志。

(4)临时接地线的拆除情况。

(5)各项记录。

(6)遗留未完的项目。

2. 工程竣工电气试验项目

(1)测定线路绝缘电阻。

(2)校对线路相位。

(3)测定线路参数和高频特性,线路参数包括电感阻抗、电阻、电容的常数测量。

(4)递增加压或冲击合闸试验三次,对于电压由零升至额定电压试验,无条件时可不做。

(5)试验合格,带负荷试运行48h后,线路可正式移交运行单位。

注意:线路未经竣工验收检查及试验判定合格前不得投入运行。

3. 工程竣工后移交资料

(1)原图修改后作为竣工图,并盖上竣工公章。

(2)设计变更通知单。

(3)原材料和器材出厂质量合格证明和试验记录。

(4)所用材料清单。

(5)工程试验报告和记录。

(6)未按设计施工的各项明细表及附图。

(7)施工竣工记录处理明细表及附图。

4. 工程竣工时移交施工原始记录

(1)隐蔽工程验收检查记录。

JBE005　工程竣工验收的内容

JBE007　工程竣工试验内容

JBE008　工程竣工资料移交的内容

JBE009　工程竣工施工记录卡移交的内容

（2）杆塔的偏斜和挠曲。

（3）架线弛度。

（4）导线和避雷线的接头及补修位置、数量。

（5）引流线弧垂及对杆塔各部的电气间隙。

（6）线路对跨越物的距离及对建筑物的接近距离。

（7）接地电阻测量记录及未按设计施工的实际情况简图。

JBE006 验收
检查评级方法

（二）验收检查评级方法

工程质量的评定是对照工程设计要求和国家规范标准的规定，按照国家（部门）规定的有关评定规则，对工程在建设过程中及单位工程竣工后进行的质量检查评定，确定工程项目达到的质量等级。

工程质量的评定划分为分项工程的评定、分部工程的评定和单位工程的评定。分项工程是质量管理的基础，属于质量管理的基本单元。分部工程是质量管理的一个中间环节，是汇总一个阶段的工程质量。单位工程是一个工程质量管理的整体。分项工程、分部工程和单位工程划分的目的在于方便质量管理和质量控制。

1. 分项工程质量等级标准

（1）合格。

① 保证项目必须符合相应质量检验评定标准的规定。

② 基本项目的抽检处（件）应符合相应质量检验评定标准的合格规定。

③ 允许偏差项目抽检的点数中，建筑工程有 70% 及以上、建筑设备安装工程有 80% 及以上的实测值应在相应质量检验评定标准的允许偏差范围内。

（2）优良。

① 保证项目必须符合相应质量检验评定标准的规定。

② 基本项目的抽检处（件）应符合相应质量检验评定标准的合格规定；其中有 50% 及以上的处（件）符合优良规定，该项即为优良；优良项数应占检验项数 50% 及以上。

③ 允许偏差项目抽检的点数中，有 90% 及以上的实测值应在相应质量检验评定标准的允许偏差范围内。

2. 分部工程质量等级标准

（1）合格。

所含分项工程的质量全部合格。

（2）优良。

所含分项工程的质量全部合格，其中有 50% 及以上为优良。

3. 单位工程质量等级标准

（1）合格。

① 所含分部工程的质量应全部合格。

② 质量保证资料应基本齐全。

③ 观感质量的评定得分率应达到 70% 及以上。

（2）优良。

① 所含分部工程的质量应全部合格，其中有 50% 及以上为优良。

② 质量保证资料应基本齐全。

③ 观感质量的评定得分率应达到85%及以上。

二、技能要求

(一)准备工作

1. 设备准备

名称	规格	数量	备注
一条输电线路	35kV	1条	

2. 工具准备

序号	名称	规格	数量	备注
1	记录本		1本	
2	钢笔		1支	

(二)操作程序

序号	工序	操作步骤
1	准备工作	选择工具、用具
2	验收遗留问题	检查中间验收检查中有关问题的处理情况
		遗留问题要列清单
3	验收障碍物处理情况	检查障碍物的处理情况
		遗留障碍物要列清单
4	验收杆塔标志	检查杆塔上的固定标志
5	检查接地线拆除情况	检查临时接地线的拆除情况
6	检查各项记录	检查各项记录
		检查各项试验报告是否齐全
7	检查遗留未完项目	检查遗留未完的项目
		列出遗留未完成项目清单

项目二 验收电缆线路安装工程

一、相关知识

JBE003 电缆敷设质量评定基本项目

(一)电缆线路的竣工验收

电缆施工单位在完成电缆线路的敷设、接头、交接试验等工作后,必须组织设计、运行单位对所施工的电缆线路进行竣工验收。运行单位必须在电缆线路竣工验收合格后才能将其接收并投入运行。

电缆质量检查方法根据不同情况可分为现场外观检查、隐蔽工程记录检查、现场试验记录检查等,如电缆的耐压试验、泄漏电流和绝缘电阻检查方法为试验记录检查;电缆敷设检验方法为观察检查和隐蔽工程记录检查;电缆的支、托架检验方法为外观检查;电缆保护管检验方法为外观检查;控制电缆的曲率半径检验方法为尺量检查;电缆在支架上排列检验方法是拉线和尺量检查等。

1. 电缆线路的竣工验收内容

为了防止电缆在运行过程中因施工质量问题而发生故障和事故,运行单位在接收电缆线路前,必须会同设计部门对电缆线路进行全面的竣工验收。如果验收结果未达到设计和运行的要求,运行单位有权拒绝接收或要求施工单位限期整改,然后进行复验。

1)竣工验收的参加人员

竣工验收参加的人员除了施工单位的施工管理人员、运行单位长期派驻的施工监理人员外,还主要包括以下人员:

(1)运行单位的技术管理人员、资料管理人员等。

(2)设计单位该项目的主设计人员。

2)竣工验收的基本项目

电缆线路竣工验收的基本项目包括以下几个方面:

(1)电缆本体及其附件。

(2)其他与电缆有关的设施。

(3)电缆所在之处的照明、通风、排水、防火等措施。

(4)技术资料和文件。

2. 直埋电缆敷设标准

直埋电缆的敷设,除了必须遵循敷缆的基本要求以外,还应符合下列直埋技术标准:

(1)在具有机械损伤、化学腐蚀、杂散电流腐蚀、振动、热、虫害等电缆段上,应采取相应的保护措施,如铺砂、筑槽、穿管、防腐、毒土处理等,或选用适当型号的电缆。

(2)电缆的埋设深度(电缆上表面与地面距离)不应小于700mm;穿越农田时不应小于1000mm。只有在出入建筑物、与地下设施交叉或绕过地下设施时才允许浅埋,但浅埋时应加装保护设施。北方寒冷地区,电缆应埋设在冻土层以下,上下各铺100mm的细砂。

(3)多并敷设的电缆,中间接头与邻近电缆的净距不应小于250mm,两条电缆的中间接头应前后错开2m,中间接头周围应加装防护设施。

(4)电缆之间,电缆与其他管道、道路、建筑物等之间平行与交叉时的最小距离,应符合规定。严禁将电缆平行敷设于管道的上面或下面。

(5)电缆与铁路、公路、城市街道、厂区道路等交叉时,应敷设在坚固的隧道或保护管内。保护管的两端应伸出路基两侧各1000mm以上,伸出排水沟500mm以上,伸出城市街道的车辆路面。

(6)电缆在斜坡地段敷设时,应注意电缆的最大允许敷设位差,在斜坡的开始及顶点处应将电缆固定;坡面较长时,坡度在30°以下的,间隔15m固定一点;坡度在30°以上的,间隔10m固定一点。

(7)各种电缆同敷设于一沟时,高压电缆位于最底层,低压电缆在最上层,各种电缆之间应用50~100mm厚的细砂隔开;最上层电缆的上面除细砂以外,还应覆盖坚固的盖板或砖层,以防外力损伤。同一沟内的电缆不得相互重叠、交叉、扭绞。电缆沟底的宽度,根据所敷设电缆的根数而定,一般应不小于规定值,电缆沟顶部的宽度应为电缆沟底部宽度向两侧各延伸 100mm。

(8)直埋电缆应具有铠装和防腐层。电缆沟底应平整,上面铺 100mm 厚细砂层或筛过的软土。电缆长度应比沟槽长出 1%~2% 作波浪状敷设。电缆敷设后上面覆盖 100mm 厚的细砂或软土,然后盖上保护板或砖,其宽度应超过电缆两侧各 50mm。

(9)直埋电缆从地面引出时,应从地面下 0.2m 至地上 2m 加装钢管或角钢防护,以防止机械损伤。确无机械损伤处敷设的铠装电缆可不加防护。另外,电缆与铁路、公路交叉或穿墙敷设时,也应穿管。电缆保护管的内径不应小于电缆外径的 1.5 倍,预留管的直径不应小于 100mm。电缆在电缆管内敷设时,电缆管的两端应伸出道路路基两边 0.5m 以上,伸出排水沟 0.5m,伸出城市街道的车道路面。

(10)直埋电缆应在线路的拐角处、中间接头处、直线敷设的每 50m 处装设标志桩,并在电缆线路图上标明。

(11)电缆与热管道(沟)及热力设备平行、交叉时,应采取隔热措施。

(12)当直流电缆与电气化铁路路轨平行、交叉,其距离不能满足要求时,应采取防电化腐蚀措施。

(13)直埋电缆穿越城市街道、穿过有载重车辆过的大门、进入建筑物的墙角处、从地下引出地面时,应将电缆敷设在满足强度要求的管道内,并将管口封好。

3. 对技术资料和文件的要求

电缆线路竣工验收时,为便于将来对电缆线路的管理,施工单位应向运行单位的资料管理部门提供下列技术资料和文件。

(1)设计资料图纸、电缆清册、变更设计的证明文件和竣工图。

(2)直埋电缆的敷设位置图。此图比例宜为 1∶500,地下管线密集的地段不应小于 1∶100,在管线稀少、地形简单的地段可为 1∶1000;平行敷设的电缆线路,宜合用一张图纸。

(3)电缆线路的原始记录,主要包括以下几点:

① 电缆的型号、规格及其实际敷设总长度及分段长度。

② 电缆的终端和接头的形式、装配图、安装工艺、施工日期、安装人员姓名等。

③ 电缆终端和接头中填充的绝缘材料的名称、型号。

(4)隐蔽工程中间验收的记录。

(5)试验记录。是指电缆线路交接试验的记录。

以上技术资料,运行单位的资料档案部门应将其收集、归档并保管。

(二)电缆线路的管理要求

电力电缆线路的管理工作包括以下几个方面。

JBG008 电缆线路管理要求

1. 电力电缆线路保护区的管理要求

电缆线路周围 1m 范围内为电缆线路保护区。在电缆线路保护区内,禁止进行临时性建筑或修建仓库,必须修建时,应采取有效的防护措施。在直埋电缆线路保护区内,禁止重型机械或重型汽车在非道路电缆线路保护区内作业或通过。

在直埋电缆线路保护区内,禁止堆放下列物品:

（1）易燃、易爆品。

（2）对电缆有害的腐蚀品。

（3）临时加热器具。

（4）建筑器材、钢材等重型物品。

（5）积土、垃圾等杂物。

2. 电缆标志的管理要求

电力电缆室内外终端头要有与母线一致的黄、绿、红三色相序标志。电缆沟、井、隧道及变电所、配电室的出入口电缆，需要有明显的标志。直埋电缆线路在拐弯点、中间接头等处，需埋设标桩或标志牌。电缆通过墙壁、建筑物等应涂刷红色标记。电缆房应有明显的标志牌。

电缆标志牌一般应注明以下内容：

（1）电缆线路的名称、号码。

（2）电缆的根数、型号、长度。

（3）穿越障碍物用的红色"电缆"标志牌。

3. 电缆缺陷的管理要求

检查与维护人员在检查完电缆设备以后，要填写检查记录、缺陷记录和缺陷报告单，并根据缺陷的轻、重、缓、急情况，分别汇交管理或检修计划部门，以备安排计划或配合停电处理。

比较重大的电缆设备缺陷消除以后，应将发生缺陷的时间、地点、处理措施和施工负责人等记录在电缆履历卡内。

无须停电即可处理的电缆设备缺陷，由检查维护人员与管理或检修部门的有关技术人员具体研究处理方案，以便随时安排检修处理。需要停电处理的电缆缺陷，应由管理或检修部门统一计划，申请临时停电或配合检修计划处理。

4. 电缆备品的管理要求

电缆备品应储存在交通方便，易于存取的干燥处所。电缆盘不允许平卧放置。永久性的电缆储存场所，应设有防火材料搭盖的遮棚。

电缆备品应按不同型号与规格分别放置，并在电缆盘上标明其详细、准确的额定数据，以便取用。电缆备品必须经过耐压（同时记录泄漏电流）试验合格后方可使用。制作电缆头用的各种绝缘材料，经验收试验合格后，应密封保存，不得任意启封。电缆运行、维护单位对同一规格的电缆或附件，最少应具有下列数量的备品：

（1）电缆线路总长为 10km 以下时，备品应达到总长的 0.5%。

（2）电缆线路总长为 10~50km 时，备品应达到总长的 0.25%~0.5%。

（3）电缆在排管内敷设时，应按电缆井间最长距离储备。

（4）各种型号的电缆头附件，最少应备有两套。

5. 技术资料的管理要求

技术资料管理是电缆运行、维护管理的重要一项，必须及时、准确、系统地对资料加以整理。完整的技术资料应包括以下内容。

（1）电缆网络总平面图。电缆网络总平面图，是一个地区电缆线路按照实际坐标分布的总布置图。在电缆非常密集的地区,可将电缆网络总平面图按电压等级分为几张,但不宜过多。

(2)电缆敷设线路图。电缆敷设线路图包括两个内容:一是电缆线路长度;二是电缆线路坐标。图纸上要注明电缆型号、规格、根数、长度、埋设深度、中间接头位置等。对于直埋电缆,其敷设线路图的准确性尤为重要。

(3)电缆头安装记录。电缆终端头和中间接头安装完毕后,应记录电缆头所在线路的名称、部位,电缆头类型,安装原因、时间和安装人员等。

(4)缺陷处理报告。运行中的电缆经检发现的缺陷,必须及时处理,并填写缺陷处理报告,写明缺陷内容,处理日期、方法、结果和处理人员等。

(5)故障报告。电缆故障处理后,必须填写故障报告。故障报告的内容包括故障时间、故障原因、故障现象、处理情况和处理人员等,并应尽可能地收集故障标本。故障的统计资料,是制订防止故障的措施和编制年度检修计划的主要依据。

(6)电缆线路专档和履历卡。每条运行的电缆都必须有专档,有关技术文件应纳入其内,避免资料的分散和遗失。其内容包括设计书,原始安装资料、验收文件及更改线路的记录,其他资料,如检修工作总结、运行和维护报表、预防性试验报告、负荷及温度检查记录、腐蚀检查记录、现场巡视记录等,也应一并归入档内。

电缆线路履历卡是电缆线路设计、施工、运行与维护等各种情况的综合记录。

6. 维修计划的编制要求

维修计划通常包括预防性试验计划、日常维修计划和大修计划。现简述如下。

(1)预防性试验计划。预防性试验的原则在于"精"。电缆线路的预防性试验——直流耐压试验,是一种破坏性试验,尤其是对于塑料绝缘电缆,具有不可逆转的破坏作用。因此,不主张把塑料绝缘电缆与油浸纸绝缘电缆同样进行定期预防性直流耐压试验,塑料绝缘电缆应进行非破坏性的绝缘监视或低频试验。

(2)维修计划。电缆线路的维修计划包括电缆检修、缺陷处理、电缆终端头和中间接头的检修,电缆隧道、电缆沟和电缆井的维修,电缆支架和电缆外护层金属的防腐等。维修计划中每个项目都应有工作进度、劳动力的安排和材料的准备等。

(3)大修计划。电缆的更换,电缆隧道、电缆沟等设施的大修,要根据电缆运行年限、负荷的多少与重要性、故障情况、腐蚀程度、耐压试验和绝缘老化情况进行综合判断,按轻重缓急列出大修的时间表,以及工作量、劳动力、工具、材料和大修费。

(三) 电缆线路的运行维护

电力电缆线路的运行维护工作包括以下几个方面。

1. 电缆保护区的检查内容

(1)电缆线路上的标志、符号是否完整。

(2)外露电缆是否有下沉及被砸伤的危险。

(3)电缆线路与铁路、公路及排水沟交叉处有无缺陷。

(4)电缆保护区内的土壤、构筑物有无下沉现象,电缆有无外露。

(5)与电缆线路交叉、并行电气机车路轨的电气连线是否良好。

(6)有可能受机械或人为损伤的地方有无保护装置。

> JBG007 电缆线路运行维护的内容

2. 电缆井、沟、隧道的检查内容

(1)电缆井、沟盖是否丢失或损坏，电缆井是否被杂物压上。

(2)电缆井、沟、隧道是否有积水或其他异常变化。

(3)电缆井、沟、隧道内的中间接头是否有损伤或变形。

(4)电缆本身的标志是否脱落损失。

(5)电缆井、沟、隧道里的空气及电缆本身的温度是否有异常。

(6)电缆及电缆头是否有损伤，铅套或钢带是否松弛、受拉力或悬浮摆动。

(7)电缆井、沟、隧道内电缆支架或铠装是否有锈蚀，支架是否牢固。

(8)清洁状态如何。

3. 电缆线路的检查周期

各种电缆线路的检查周期见表2-2-1。

表 2-2-1　电缆线路检查周期

电缆线路类别	检查周期
厂内直埋电缆线路	每日最少一次
施工地点电缆线路	每日最少一次
电缆沟、井、隧道内电缆	每月最少一次
电缆房内、变电所及用户电缆	每季最少一次
郊区、桥梁、隧道及水下电缆	不定期

4. 电缆及电缆头的检查内容

(1)裸露电缆的外护套、裸钢带、中间头、户外头有无损伤或锈蚀。

(2)户外头密封性能是否良好。

(3)户外头的接线端子、地线的连接是否牢固。

(4)终端头的引线有无爬电痕迹，对地距离是否充足。

(5)变电所、用户的电缆出、入口密度是否合格。

(6)对并列运行的电缆，在验电确认安全的情况下，应用手分别触摸电缆检查温度，当差别较大时，应用卡流表测量电流分布情况。

(7)风暴、雷雨或线路自动开关跳闸时，应做特殊检查，必要时应进行寻线。

5. 电缆线路的防腐与清扫

所有裸露的电缆设备，均要根据其锈蚀程度、清洁状况，进行适当的防腐与清扫，其周期见表2-2-2。

表 2-2-2　电缆设备防腐与清扫周期

设备名称	防腐周期	清扫周期	备注
电缆及其支架、桥梁	每三年一次	—	根据情况酌情改变
电缆井、沟、隧道	—	每年最少一次	根据情况酌情改变
电缆房	—	每年一次	根据情况酌情改变
室内电缆沟	—	每年一次	根据情况酌情改变
户外头	—	每年最少两次	停电即要配合

6. 电缆线路的温度监视

(1)电缆表面及其周围温度，应定期检查并记录。

(2)直接埋在地下的电缆,应选择电缆排列最密集或散热情况最坏处检查其温度。

(3)测量电缆温度时,需测量同地段土壤温度及当时的大气温度,计算月土壤平均温度、空气平均温度,并绘制年度土壤、空气温度曲线。

(4)直接埋设的电缆,在夏季要加强温度监视,测量温度应在负荷最大时进行。

(5)当测得的电缆温度不正常或超过允许温度时,必须绘制温度及负荷变化曲线,分析其原因,并采取适当措施消除。

(6)同热力管道并行或交叉敷设的电缆,必须进行特殊的温度监视。

7. 电缆线路最大允许负荷的确定

(1)电缆的最大允许负荷与敷设方式、周围环境(如直埋、空气中敷设、并列敷设、热阻变化等)等条件有关。

(2)每一路电缆均应按电缆允许温度及散热最坏地段来确定最大允许电流。

(3)敷设在土壤、空气中的各种电力电缆的长期允许载流量不应超过规定值。

(4)当电缆周围介质与环境不同于标准状况时,其长期允许载流量应进行修正。

(5)当电缆线路经过多种不同环境时,其长期允许载流量应根据条件最坏的一段计算,但此段的长度不得少于10m。

(6)在事故状态,电缆允许短时间地过负荷,但应遵守下列规定:

① 3kV 以下,允许过负荷10%连续2h。

② 6~10kV,允许过负荷15%连续2h。

③ 间断性过负荷,必须在前一次10~24h 以后才允许再过负荷。

8. 电缆线路的电流监视

(1)由变电所引出的输配电缆,应装有配电盘式电流表,并根据现场运行条件,确定冬、夏季允许连续电流。

(2)电缆维护技术员与线路检查员,应定期向变电所了解电缆负荷情况,并作记录。

(3)电缆实用负荷如超过允许连续最大负荷时,应立即向有关人员汇报,分析原因、采取必要的措施。

(4)备用或暂时不使用的电缆线路,应连续接在电力系统上加以充电(热备用),其继电保护调整到无时限动作位置。

二、技能要求

(一)准备工作

1. 设备准备

名称	规格	数量	备注
电缆线路	35kV	1 条	

2. 材料准备

序号	名称	规格	数量	备注
1	检查记录表		1 份	
2	钢笔		1 支	

（二）操作程序

序号	工序	操作步骤
1	准备工作	选择工具、用具
2	验收电缆质量	电缆的品种、规格、质量均应符合设计要求
		电缆的耐压试验结果、泄漏电流和绝缘电阻必须符合施工规范的规定
3	验收电缆敷设质量	电缆严禁有绞拧、铠装压扁、护层断裂和表面划伤等缺陷
		电缆直埋敷设时，严禁在管道的上面或下面平行敷设
4	验收电缆终端头和接头	制作好的电缆头应封闭严密，填料灌注饱满，无气泡、无渗油现象；芯线连接紧密，绝缘包扎严密，防潮涂料涂刷均匀；封铅表面光滑，用放大镜检查，应无砂眼和裂纹等缺陷
		交联聚乙烯电缆头的制作应严格遵守制作工艺，其半导体带、屏蔽带的包缠不超越应力锥中间最大处，锥体坡度均匀，表面光滑
		电缆头安装应固定牢靠，各端连接相位一致，相序正确；直埋电缆接头保护措施完整，标志准确清晰；室内的接头应加塑料接线盒保护
		电缆接头的标志包括电缆起点、终点、规格型号及制作日期，以便今后的识别和维修。 检查数量：按不同类别的电缆头各抽查10%，但不少于5个
5	验收电缆支架、托架安装	支架安装位置正确，固定牢靠，油漆完整
		托架水平安装应平整，无高低起伏现象，更不应有撬烈等缺陷；其水平偏差在任何一段上都不应大于±5mm，垂直偏差不大于1.5‰；在转弯处能拖住电缆平滑均匀地过渡，托架加盖部分盖板齐全、紧密，并能自由拆卸
6	验收电缆保护管	保护管管口光滑，无毛刺，安装固定牢靠，防腐良好
		保护管弯曲处无弯扁现象，无明显的皱褶和不平，其弯曲半径不小于电缆的最小允许弯曲半径；出入地沟、隧道和建筑物的保护管应制作喇叭口，且封闭严密
7	验收电缆敷设标准	坐标和标高正确，排列整齐，标志桩、标志牌设置准确；有防燃、隔热和防腐蚀要求的电缆保护措施完整
		在支架上敷设时，固定可靠，同一侧支架上的电缆排列顺序正确，控制电缆应放在电力电缆的下面，1kV及以下的电力电缆应放在1kV以上电力电缆的下面；直埋电缆的埋设深度、回填土要求、保护措施以及电缆间和电缆与地下管网间平行或交叉的最小距离均应符合施工规范规定
8	验收电缆及其支、托架和保护管接地（接零）支线敷设	连接紧密、牢固，接地线截面选择符合设计及施工规范规定，需防腐部分涂漆均无遗漏
		接地电阻值不应大于4Ω

续表

序号	工序	操作步骤
9	验收允许偏差	明设电缆支架相互间高低差不应超过 10mm。 检查数量：支架按不同类型各抽查 5 段
		允许半径： (1) 单芯油浸纸绝缘电力电缆 ≥20d；双芯油浸纸绝缘电力电缆 ≥15d(d 为电缆外径，mm)。 (2) 橡胶绝缘电力电缆：橡胶或聚乙烯护套 ≥10d；裸铅护套 ≥15d；铅护套钢带铠装 ≥20d。 (3) 塑料绝缘电力电缆 ≥10d。 (4) 控制电缆 ≥10d
10	填写质量检验评定表	填写保证项目质量情况
		填写基本项目质量情况及等级
		填写保证项目检查结果
		填写基本项目检查结果
		填写允许偏差项目检查结果
		填写评定结果
		填写工程核定等级

项目三　用单臂电桥检测电缆故障

一、相关知识

(一)单臂电桥

1. 单臂电桥的结构及原理

直流单臂电桥又称惠斯登电桥，其原理电路如图 2-2-1 所示。图中被测电阻 R_4 和 R_1、R_2、R_3 三个已知电阻连接成四边形。四个电阻的连接点 a、b、c、d 称为电桥的顶点；由这四个电阻组成的支路 ac、cb、ad、bd 称为桥臂。在电桥的两个顶点 a、b 之间(一般称为电桥输入端)接一个直流电源，而在电桥的另外两个顶点 c、d 之间(一般称为电桥输出端)接一个指零仪(检流计)。

当电桥电源接通之后，调节桥臂电阻 R_1、R_2 和 R_3，使 c、d 两个顶点的电位相等，即指零仪两端没有电位差，其电流 $I_g = 0$，这种状态称为电桥平衡。当电桥平衡时，相对桥臂电阻的乘积必须相等，与所加电压无关。

此时有：

$$U_{ac} = U_{ad}；U_{cd} = U_{db}$$
$$I_1 R_1 = I_2 R_2；I_3 R_3 = I_4 R_x$$

由上式可得：

$$I_1 R_1 / I_3 R_3 = I_2 R_2 / I_4 R_x$$

当电桥平衡时：$I_0 = 0$，则：

JBD005 单臂电桥的工作原理

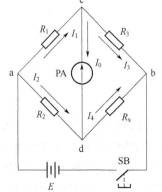

图 2-2-1　直流单臂电桥原理电路图

$$I_1 = I_3 \quad I_2 = I_4$$

由此可得：

$$R_1/R_3 = R_2/R_x$$
$$R_x = R_2 R_3 / R_1$$

上式中，R_2/R_1 称为电桥的比率臂，电阻 R_3 称为比较臂。当电桥平衡时，可以由 R_1、R_2 和 R_3 的电阻值求得被测电阻 R_x。为读数方便，制造时，使 R_2/R_1 的值为十进制倍数的比率，如 0.1、1.0、10、100 等。这样，R_x 便为已知量 R_3 的十进制倍数，便于读取被测量。

用电桥测电阻实际上是将被测电阻与已知标准电阻进行比较来确定被测电阻值，只要比率臂电阻和比较臂电阻 R_1、R_2 和 R_3 足够精确，R_x 的测量准确度也就比较高。直流单臂电桥的准确度分为 0.01、0.02、0.05、0.1、0.2、0.5、1.0、2.0 共 8 个等级。

由于上式是根据 $I_g = 0$ 得出的结论，所以指零仪必须采用高灵敏度的检流计，以确保电桥的平衡条件，从而保证电桥的测量精度。

2. QJ23 型单臂电桥

电桥的种类很多，图 2-2-2 所示是常见的便携式 QJ23 型单臂电桥的原理电路和面板图，其准确度为 0.2 级。比率臂 R_2/R_3 由 8 个电阻组成，共有 7 个挡位，分别为 "10^{-3}" "10^{-2}" "10^{-1}" "1" "10" "10^2" 和 "10^3"，示于面板左上方的读数盘上，由转换开关换接。比较臂 R_4 由 4 个可调电阻箱串联组成，这 4 个电阻箱分别由 9 个 1Ω、9 个 10Ω、9 个 100Ω、9 个 1000Ω 的电阻组成，它们示于面板右上方的读数盘上，比较臂 R_4 的值由面板上这 4 个读数盘所示的电阻值相加而得。调节面板上的读数盘，可得到 0～9999Ω 范围内任意的电阻值。

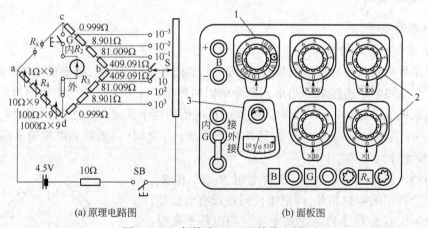

(a) 原理电路图　　　　(b) 面板图

图 2-2-2　便携式 QJ23 型单臂电桥
1—倍率旋钮；2—比较臂读数盘；3—检流计

电桥可用内附检流计，也可用外接检流计。在面板左下方有三个接线柱，使用内附检流计时，用接线柱上的金属片将下面两个接线柱短接。检流计上装有锁扣，可将可动部分锁住，以免搬动时损坏悬丝。需要外接检流计时，用金属片将上面两个接线柱短接（即将内附检流计短接），并将外接检流计接在下面两个接线柱上。电桥内附有电源，需装入 1 号电池三节。需要时（如测量大电阻时），也可外接电源，面板左上方有一对接线柱，标有 "+" "−"

符号,供外接电源用。

面板中下方有 2 个按钮开关,其中"G"为检流计支路的开关;"B"为电源支路的开关;面板右下方还有一对接线柱标有"R_x",用以连接被测电阻。

3. 单臂电桥使用步骤

（1）先打开检流计锁扣,再调节指零仪,使指针位于零点。

JBD006　单臂电桥的使用方法

（2）将被测电阻接到标有"R_x"的两个接线柱之间,根据被测电阻 R_x 的近似值（可先用万用表测得）,选择合适的倍率,以便让比较臂的 4 个电阻都用上,使测量结果为四位有效数字,提高读数精度。直流单臂电桥的准确度可以达到很高,这是因为标准比例臂电阻和比较臂电阻倍率可达 10^{-3} 以上。例如,$R_x \approx 8\Omega$,则可选择倍率 0.001,若电桥平衡时比较臂读数为 8211Ω,则被测电阻 R_x = 倍率 × 比较臂的读数 = 0.001 × 8211 = 8.211（Ω）;如果选择倍率为 1,则比较臂的前 3 个电阻都无法用上,只能测得 R_x = 1 × 8 = 8（Ω）,读数误差大,失去用电桥进行精确测量的意义。

（3）测量时,应先按电源支路开关"B"按钮,再按检流计"G"按钮。若检流计指针向"+"偏转,表示应加大比较臂电阻;若指针向"−"偏转,则应减小比较臂电阻。反复调节比较臂电阻,使指针趋于零位,电桥即达到平衡。调节开始时,电桥离平衡状态较远,流过检流计的电流可能很大,使指针剧烈偏转,因此先不要将检流计按钮按死,要调节一次比较臂电阻,然后按一下"G",当电桥基本平衡时,才可锁住"G"按钮。

（4）测量结束后应先松开"G"按钮,再松开"B"按钮。否则,在测量具有较大电感的电阻时,因断开电源而产生的电动势会作用到检流计回路,使检流计损坏。

（5）电桥不用时,应将检流计锁扣锁住,以免搬运时震坏悬丝。

JBD003　电缆故障测寻方法

（二）电缆故障测寻方法

电缆故障测寻的过程可分为两个阶段,即电缆故障的测距阶段和电缆故障的定点阶段。电缆故障的测距是运行人员使用特定的方法和相应的仪器,测算出电缆故障点到测距点的距离,从而确定电缆故障的粗略位置。电缆故障的定点是运行人员根据电缆故障测距的结果,在电缆故障点附近,通过仪器和设备对故障点的位置进行精确定位。电缆故障的测寻方法也因此分为测距方法和定点方法。

1. 测距方法

电缆故障的测距方法主要有两种,即一是电桥法,电桥法包括直流电桥法、直流高压电阻电桥法和电容电桥法;二是行波法,行波法又分为低压脉冲法和高压脉冲法。高压脉冲法又称闪络法,分为直流高压闪络法和冲击高压闪络法。

2. 定点方法

电缆故障的定点方法主要有两种,即感应法、声测法。

（三）电缆故障的测距方法及使用仪器

1. 回路电桥平衡法

回路电桥平衡法是使用直流电桥对电缆故障进行测距的一种方法,所以又简称电桥法。电桥法对于短距离电缆故障的测距,准确度相当高。因此目前还在应用。

2. 电阻电桥法

电阻电桥法,20 世纪 60 年代以前,被世界各国普遍采用。该方法几十年来几乎没有任何改变,它对低阻接地或短路性故障比较适用。

电阻电桥法的接线原理和等效电路如图 2-2-3 和图 2-2-4 所示。其工作原理大致如下:

反复调节电桥平衡电阻 R_1,最终使电桥平衡,即 CD 之间的电位差为零,检流计中的电流为零。此时,根据电桥平衡原理可得:

$$R_1 R_2 = R_3 R_4$$

式中　R_1——标准电阻,Ω;

　　　R_2——平衡电阻,Ω;

　　　R_3——($2L - L_x$)长度直流电阻,Ω;

　　　R_4——L_x 长度直流电阻,Ω。

由于电缆直流电阻与其长度成正比,所以有:

$$R_3 / R_4 = (2L - L_x) / L_x = R_1 / R_2$$

设 $R_1 / R_2 = k$,则可得:

$$L_x = 2L / (k + 1)$$

由该式可知,只要掌握电缆的精确长度和电桥已知桥臂的电阻值之比 k,就能够计算出故障距离 L_x。

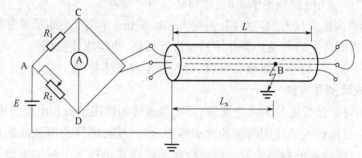

图 2-2-3　电阻电桥法接线原理

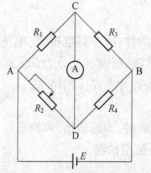

图 2-2-4　电阻电桥法等效电路

3. 电容电桥法

当电缆故障呈断线性质时,由于直流电阻电桥法中测量桥臂不能构成直流通路,所以电阻电桥法将无法测量出故障距离,这时采用电容电桥法即可测出故障距离。

电容电桥法的接线原理图和等效电路如图 2-2-5 和图 2-2-6 所示。其工作原理与电阻电桥法基本相同,不同之处在于:直流电源换为交流 50Hz 电源,检流计换成交流毫伏表。

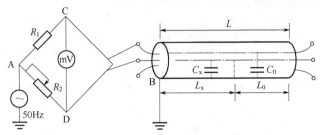

图 2-2-5　电容电桥法接线原理

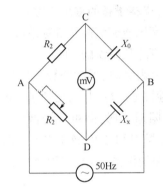

图 2-2-6　电容电桥法等效电路

仔细调节平衡电阻 R_2,最终可使毫伏表指示为零,即达到电桥平衡,根据电桥平衡原理得:

$$R_1 X_x = R_2 X_0$$

式中　R_1——标准电阻,Ω;

　　　R_2——平衡电阻,Ω;

　　　X_x——故障相上的容抗,Ω;

　　　X_0——无故障相上的容抗,Ω。

由于电缆上分布电容与电缆长度成正比,所以上式可改写为:

$$R_2/R_1 = X_x/X_0 = L_x/L$$

设 $R_2/R_1 = k$,则:

$$L_x = kL$$

由此可知,只要精确掌握电缆全长 L,电桥平衡时测出 k 值,就可以计算出故障点距测试端的距离 L_x。

需要注意的是:使用电容电桥法测试电缆故障时,其断线故障的绝缘电阻应不小于 $1M\Omega$,否则会造成较大的误差,从而限制了电容电桥法在实际测试工作中的应用。

4. 烧穿降阻法

电力电缆的高阻故障几乎占故障总数的 90% 以上,对于这些高阻故障,经典的测试方法是毫无效果的。因为高阻故障的故障电阻很高,测量电流极即使使用足够灵敏的仪表也难以测量；对于低压脉冲法，由于故障点等效阻抗几乎等于电缆的特性阻抗，即反射系数几乎为零，所以得不到反射脉冲而无法测量。为了使经典法能够测试高阻故障，必须通过烧穿降阻法把高阻故障变为低阻故障。烧穿的原理电路如图2-2-7所示。

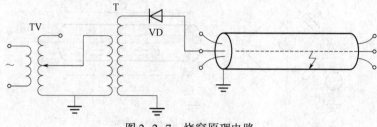

图2-2-7 烧穿原理电路

用电缆中电渗透效应的优点，烧穿设备的输出通常是直流负高压。大量的实践证明，用负高压烧穿故障点的效果要比正高压或交流高压烧穿故障点好得多。烧穿电流一般为毫安级。那种认为烧穿需用大电流的概念是错误的，事实上在直流负高压下，数毫安的电流即可使故障点的绝缘物碳化。烧穿电流太大时，虽然烧穿速度快，但烧穿过程不易控制，极易引起故障点的碳化熔烧，形成金属性接地故障，从而增加了故障定点工作的难度。

当故障点形成低而稳定的电阻通道时，即可使用低阻测试方法进行故障距离的测试。顺便提一下，并不是所有的高阻故障都可以用烧穿法降为低阻故障（如某些电缆中间头）。对于油浸纸绝缘电缆，由于绝缘油的渗透作用，常使烧穿后的故障阻值回升而影响测试工作，有时需要反复烧穿。

5. 高压电桥法

高压电桥法的测试接线方式、测量原理和故障距离的计算公式均与电阻电桥法完全相同，所不同的是将低压直流电源换成高压直流电源。

高压电桥法，由于在测试过程中所有测试设备均在高压状态下工作，所以设备与操作人员的安全工作是一个十分重要的问题，只有在比较完善的测试条件下，才可使用高压电桥法。因此，高压电桥法始终没能普遍推广应用。

二、技能要求

（一）准备工作

1. 材料准备

序号	名称	规格	数量	备注
1	YJLV-26/35	$3 \times 150mm^2$	120m	
2	试验接线		若干	

2. 工具准备

序号	名称	规格	数量	备注
1	单臂电桥		1台	
2	万用表		1块	
3	电工工具		1套	

（二）操作程序

序号	工序	操作步骤
1	准备工作	选择工具、用具
2	检查仪器	检查仪器是否完好，电量是否充足
3	判断电缆故障	因低阻接地故障，未说明是否断线，因此事先判断故障（一般用万用表即可）电缆的线芯完好性
4	测量	将故障相和完好相的其中一相在另一端用导线或其他方法短接；仪器所用测量线应尽可能短而且粗，以减少测量误差
		故障测试前应先打开检流计的锁，调零
		测量时应先按下电源按钮对电缆充电
		转动桥臂；在电桥未平衡前只能轻按检流计按钮
		不得使检流计猛烈撞针
5	反接线再测一次	符合以上规定，用反接线再测一次
6	计算	记下两次接线法所得数据，取其平均值进行计算
7	分析	对测得的数据进行分析

项目四 鉴定电缆故障性质

一、相关知识

电缆在运行时，难免会因为各种原因而发生故障。下面将着重剖析电缆故障的性质分类及判别方法。

JBD001 电缆线路故障性质的分类

（一）电缆线路故障的性质的分类

1. 接地故障

电缆一芯或数芯接地而发生的故障，称为接地故障。当电缆绝缘由于各种原因被击穿后，通常发生此类故障。其中又可分为低电阻接地故障或高电阻接地故障。不同仪器对高低阻故障的划分有所不同，一般接地电阻在 $100k\Omega$ 以下者为低电阻接地故障，以上者为高电阻接地故障。但实际运用中，将能直接用低压电桥测量的故障称为低电阻接地故障；而将要进行烧穿或用高压电桥进行测量的故障称为高电阻接地故障。

2. 短路故障

电缆两芯或三芯短路而发生的故障，称为短路故障，通常也是由于电缆绝缘被击穿而引起。其中也可分为低电阻短路故障和高电阻短路故障。其划分原则与接地故障相同。

3. 断线故障

电缆芯中一芯或数芯断开，称为断线故障。通常是由于电缆线芯被短路电流烧断或在外力损坏时被拉断，按其故障点对地电阻的大小，也可分为低电阻故障和高电阻故障，并以 $1M\Omega$ 为界限。实际应用中，故障电缆的电容较易测量，用电容量的大小判断故障是低电阻故障还是高电阻故障就显得较为方便。

4. 闪络性故障

这类故障大都发生在电缆线路运行前的电气试验中,并大都出现于电缆接头和终端内。试验时绝缘间隙放电,造成绝缘被击穿,此为击穿故障。在一些特殊条件下,绝缘击穿后又恢复正常,即使提高试验电压,也不再击穿,这类故障称为封闭性故障。这两种故障都属于闪络故障。有时,电缆本体及其附件在运行时,也发生闪络故障。

5. 混合故障

同时具有上述两种或两种以上的故障称为混合故障。

（二）电缆线路故障性质的判别

JBD002 电缆故障性质的判别

1. 电缆发生试验击穿时故障性质的判别

在试验过程中发生击穿的故障,其性质比较简单,一般都为一相或两相短路,很少有三相同时在试验中接地或短路的情况,更不可能发生断线故障。其特点是故障电阻均比较高,一般不能直接用兆欧表测出,需要借助直流耐压或试验设备进行测试。

（1）当电缆在试验中发生击穿时,降低试验电压,电缆绝缘并不恢复,这种故障性质一般为单相接地或两相短路,进一步判断的方法如下:

① 如果是分相屏蔽型电缆,则故障性质必为单相接地故障。

② 如果是统包型电缆,应首先将未试相接地线拆除,再进行加压,如果仍发生击穿,则为一相接地故障;如果将未试相接地线拆除后不再发生击穿,则说明是相间故障,此时应将未试相分别接地,以检验是哪两相之间发生短路故障。

（2）在试验中,当电压升至某一定值,电缆发生闪络,电压降低后,电缆绝缘恢复,这种故障称为闪络性故障。

2. 电缆发生运行故障时故障性质的判断

电缆运行故障的性质和试验击穿故障的性质相比,就比较复杂,除发生接地或短路故障外,还有断线故障。因此,在测寻时还应作电缆导体连续性的检查,以确定是否发生断线故障。确定电缆故障的性质时,一般应用 1000V 或 2500V 兆欧表或万用表进行测量并作好记录。

（1）首先在电缆任意端用兆欧表测量 A 相对地、B 相对地及 C 相对地的绝缘电阻,测量时另外两相不接地,以判断是否为接地故障。

（2）测量各相间即 A 相与 B 相、B 相与 C 相及 C 相与 A 相的绝缘电阻,以判断有无相间短路故障。

（3）如果电阻很低,则用万用表测量各相对地的绝缘电阻和各相间的绝缘电阻。

（4）由于运行故障有发生断线故障的可能,所以还应作电缆导体连续性是否完好的检查:在一端将 A、B、C 三相短路(不接地),到另一端用万用表测量各相间是否完全通路,相间电阻是否完全一致。如发现 A 相与 B 相及 B 相与 C 相间不通,而 A 相与 C 相相通,则可判断为 B 相断线。当发现三相都不通时,则有可能发生两相断线或三相断线,必要时可以利用接地极作回路以检查是否三相均断线。当用万用表检查发现三相之间的电阻不一致时,应用电桥测量各相间电阻,检查有无低阻断线故障。

（5）分相屏蔽型电缆(如交联聚乙烯电缆和分相铅包电缆),一般均为单相接地故障,应分别测量每相对地的绝缘电阻,当发生两相短路故障时,一般可按两个接地故障考虑,在实际运行中也常发生在不同的两点同时出现接地的"相间"短路故障。

二、技能要求

(一)准备工作

1. 材料准备

序号	名称	规格	数量	备注
1	YJLV-26/35	$3 \times 185mm^2$	120m	鉴定单位准备
2	试验接线		若干	

2. 工具准备

序号	名称	规格	数量	备注
1	兆欧表	2500V	1台	鉴定单位准备
2	电工工具		1套	自备

(二)操作程序

序号	工序	操作步骤
1	准备工作	选择工具、用具
2	检查仪器	检查仪器完好
		自检设备充电情况
3	接线	兆欧表接线
4	测试前、后的电缆放电	分别对电缆每相或相间进行绝缘测试,测试前、后均应放电
5	测量芯线及芯线间的绝缘电阻	分别测试每相的绝缘电阻
		测量时其他两相和钢铠应接地
		分别测试两相之间的绝缘电阻
		测量时其他一相和钢铠应接地
6	停表	每次测量完毕应先将兆欧表L端撤离电缆再停表
7	判断结果	根据测试值判断结果

模块三　送电线路检修

项目一　指导处理 110kV 线路倒杆事故

一、相关知识

（一）线路检修分类

输配电线路根据巡视、检查和测试所发现的问题,进行旨在消除设备缺陷,提高设备健康水平,预防事故,保证线路安全运行的工作,称为检修。检修是在有关运行规程规定的要求和周期原则指导下进行的维护检修的工作。通常包括常规检修和带电维修。线路检修一般分为维护、大修、事故抢修、状态检修、改进工程。

1. 维护

为了维持送电线路及附属设备的安全运行和必要的供电可靠性而进行的工作,称为维护,也称为小修。

维护工作的主要内容有:

(1)砍伐影响线路安全运行的树木、竹子、杂草等。

(2)杆塔基础培土,开挖排水沟。

(3)消除塔上鸟巢及其他杂物。

(4)调整拉线。

(5)督促有关单位消除影响安全运行的建筑物和障碍物。

(6)处理个别不合格的接地装置,少量更换绝缘子串或个别零值绝缘子。

(7)导线、架空地线个别点损伤、断股的缠绕、补修工作。

(8)各种不停电的检测工作,如绝缘子检测、接地点测量、交叉跨越垂直距离的测量。

(9)涂写悬挂杆塔号,巡视道路、便桥的补修。

(10)悬挂警告牌,加装标志牌等。

维护工作是运行人员一种经常性的工作,没有固定地点和周期,通常由线路运行人员自行处理。所以,巡线人员应携带必要的随身工具,发现问题时及时处理;不能处理的由运行人员统一安排处理。需要费用、专门材料的可报工区列入计划,等批准后再执行。

2. 大修

大修是指对现有运行线路进行复修或使线路保持原有机械性能或电气性能并延长其使用寿命的检修工程。

大修工程主要任务有更换同型号的导线、金具、金属构件或防腐处理等。大修周期一般为一年一次。

3. 事故抢修

由于自然灾害(如地震、洪水、冰雹、暴风、森林起火、雷击)、外力破坏以及人为事故(如采石放炮崩断导线、地线,机动车撞断电杆,偷窃线路器材造成倒杆塔,断导线、绝缘子或金具脱落等)造成永久性停电故障而需要尽快恢复供电的抢修工作,称为事故抢修。有紧急缺陷但尚未形成事故,但及时发现后也要尽快组织抢修,以免发生事故,这种情况也属于抢修性质。如巡线时发现沟夹过热,导线外层铝股已熔化断裂散开,发现带拉线的单杆4根拉线的金具被窃,现场只剩1根光杆在运行等情况,也需立即组织抢修。

4. 状态检修

线路设备状态检修是根据先进的状态监测和诊断技术提供的设备状态信息,判断设备的异常,预知设备的故障,在故障发生前进行检修的方式,即根据设备的健康状态来安排检修计划,实施设备检修。状态检修不是唯一的检修方式,企业根据设备的重要性、可控性和可维修性,需结合其他的检修方式(故障检修、定期检修、主动检修),形成综合的检修方式。

5. 改进工程

凡属于提高线路安全运行性能,提高线路输送容量,改善系统运行性能而进行的更换导线、升压、增建、改善部分线段等工作,均称为技术改进工程。

线路大修或改进工程常常交叉在一起进行,一般包括下列内容:

(1)更换或补强杆塔及其部件。

(2)更换或维修、增设导线或避雷线,并调整弛度。

(3)成批更换已劣化的绝缘子或更换成防污型绝缘子,清扫检查绝缘子。

(4)大量处理接地装置。

(5)杆塔基础加固。

(6)成批更换或增装防振装置,跳线并沟线夹或引流板紧螺栓。

(7)杆塔防锈处理。

(8)处理不合格的交叉跨越。

(9)升压改造。

(10)根据反事故措施计划提出的其他项目。

(二)混凝土杆的加高检修施工

> JBF009　铁塔
> 混凝土杆的加高
> 检修施工步骤

运行的线路常因出现新的被交叉跨越物或导线对地距离不够而需要加高杆塔或立新的杆塔,以满足安全距离的要求。

1. 水泥杆加高

水泥杆的加高多数是在电杆顶部加装一段由角钢组成的平面的或立体的桁架,简称铁帽子。混凝土杆的加装铁帽一般采取抱杆起吊、吊车起吊、滑轮组人工起吊等方法。水泥杆加装铁帽子的方法如下。

(1)首先在杆顶部装好固定铁帽子的抱箍。

(2)在距杆顶300mm附近安装一个起吊滑车。

(3)将起吊钢丝绳穿过起吊滑车后再穿过转向滑车并至牵引设备。

(4)利用起吊钢丝绳将边导线稍稍提升,这时全部导线质量作用在起吊钢丝绳上,然后把导线由悬垂线中移出,临时挂在电杆上后再松开起吊钢丝绳;最好在电杆上绑一个放线滑车,将导线放在滑车内,以免磨伤导线。

(5)利用起吊钢丝绳起吊抱杆,抱杆根部绑扎在电杆顶部附近,抱杆高出杆顶的最低高度应不低于铁帽高度的2/30。

(6)起吊抱杆时,钢丝绳在抱杆的绑扎点,应在抱杆重心点以上,以便起吊抱杆时保持垂直上升;同时在抱杆顶部安装一个起重滑车并穿入另一根钢丝绳,以便起吊铁帽之用。

(7)将铁帽安装完毕后,利用抱杆将横担起吊在设计图规定的位置。一切安装完毕后,再利用抱杆将导线吊起放在悬垂线夹内卡紧。

(8)最后利用滑车和钢丝绳将抱杆慢慢放至地面。如果铁帽角钢不太重,用人力可以抬举时,可以不用抱杆起吊,仅用滑车和钢丝绳将角钢吊至杆顶附近后,用人力抬举将抱箍安装在杆顶上。加装铁帽的电杆,如无拉线时,应打拉线,以保证电杆的稳定。加高耐张塔或转角塔的方法与加高其他杆塔方法相同。

2. 铁塔的加高

铁塔的加高,通常是加接一段塔腿而不是接长塔身,以保证铁塔强度且便于施工。铁塔加高的方法如下:

(1)一般将避雷线和导线放在地上,以减轻起吊重力。酒杯形铁塔加高施工时,中相导线可不放下。

(2)在塔身平口处打好四条临时拉线并通过滑车组与地锚连接,以便调节拉线使塔保持平稳。

(3)用吊车将塔吊起后,将接腿安装在基础上,再把原塔固定在新塔腿上。

耐张塔或转角塔的加高方法与前述相同,但放松导线和避雷线时,应在耐张塔两侧相邻直线杆塔处,将导线和避雷线打好临时拉线后,再放松耐张塔上的导线和避雷线。应注意新接塔腿与塔的连接及塔与基础螺栓的连接,安装好后都要对铁塔进行调正。

(三)杆塔的更换

1. 调换直线杆塔的条件

运行中的电力线路需要调换直线杆塔时,一般出现以下几种情况:

(1)由于杆塔损坏,必须重新调换杆塔。

(2)由于档距中导线对地距离不够,必须调换较高的杆塔。

(3)由于档距中导线对地距离不够,原档距较大,必须增加一基直线杆塔,同时将原杆塔移位。

JBF010 更换电杆的基本要求 **2. 更换电杆的基本要求**

在同一位置换电杆可以用旧杆作扒杆,起吊新杆,然后以新杆作扒杆放倒旧杆。如果位置不同,则要按基础施工方法选择适当起立方法。

旧杆的拆拔,对15mm及以下的拔梢杆均可采用人字爬杆的方法。拔除18m及以上的混凝土杆,可采用倒落式抱杆和独脚抱杆放倒旧杆。扒杆的高度和吊点位置的选择应恰当,特别对埋深应估计正确,必要时应用皮尺丈量深浅,马虎、措施不周很容易发生倒杆事故。应查明电杆有无卡盘。如果起吊时重量过重,应查明原因再起吊。

用独脚扒杆拔杆时,特别注意它的受力不能过大。地下水位较高的坑基,由于水的附着力,使起吊力大大增加。这时应注意扒杆及四方横绳的受力情况,如确实下面无卡盘,可将水泥杆不停地摇动,边起边摇,将水泥杆徐徐拔出。起吊前先将电杆转动,也可减小起吊力。

在原杆位换杆,杆位需顺线路移动0.1~0.5m,在空旷地带可大开挖,顶住杆根,在旧杆较高位置装导向滑车,牵引钢丝绳经滑车和新杆吊点相连,用牵引钢丝绳扳立新杆。而在城区街巷,可在旧杆上挂起吊滑车组,新杆的吊点应在重心,牵引钢丝绳从吊点、起吊滑车组和杆根的导向滑车到绞盘。

在起吊新杆前,旧杆需用临时拉线加固,如果旧杆损伤严重,必须采取补强措施,尤其新杆重心离旧杆根较远,其上风侧拉线受力很大,特别应注意监视。对新杆吊点的选择,应进行强度计算。

3. 更换铁塔的基本要求

更换铁塔可分为在原地置换铁塔和移位置换铁塔。

JBF011 更换铁塔的基本要求

铁塔要移位,一般新基础做好后,新旧铁塔之间敷设钢轨,用千斤顶将旧塔均匀抬高,在塔脚上安装好能在钢轨上滑行的滚轮,铁塔上方打好四方位临时拉线,牵引铁塔到新基础,这种工艺和带电作业铁塔移位相似,可以带电进行。如果移位距离很近,也可在新旧基础位置之间挖卸,将铁塔的各个重力式基础前拉后顶到新位置后,再将铁塔复位。

在原地置换铁塔,一般采用以下几种方法:

(1)移位法。将整基铁塔从原塔位顺线路方向拉开,让出塔位,在原塔位处组立新塔后,将导线、地线移到新塔上,然后将旧塔拆除。这种方法带电也可进行。

(2)包装法。新塔比旧塔根开大,可以先将新塔装好,再拆除旧塔。

(3)无扒杆整基一次倒立。新塔在地面上整基组装好铁塔,以旧塔作扒杆,新塔起立的同时,旧杆像扒杆一样慢慢倒下,当新塔立正时,旧塔已倒在地面。

二、技能要求

(一)准备工作

1. 设备准备

名称	规格	数量	备注
110kV模拟线路	110kV	1条	

2. 材料准备

序号	名称	规格	数量	备注
1	110kV直线杆段		3根	
2	底盘		1套	
3	110kV直线杆横担（包括成套金具）		1套	
4	导线	LGJ-150	200m	
5	导线全张力接续条	LGJ-150	2根	
6	导线接续条	LGJ-150	1根	
7	钢绞线接续条	GJ-35	1根	
8	悬式绝缘子	XP-7	若干片	

3. 工具准备

序号	名称	规格	数量	备注
1	铝紧线器		1台	
2	铁紧线器		1台	
3	圆珠笔		1支	
4	紧线用钢丝绳		4根	
5	临时地锚		4套	
6	手拉葫芦		6个	
7	断线钳		2把	
8	接地线		2组	
9	验电器		1个	
10	安全带		7副	
11	提绳		4根	
12	滑轮		4个	
13	绳套		4个	
14	锹		5把	
15	20t 吊车		1辆	

（二）操作程序

序号	工序	操作步骤
1	准备工作	选择工具、用具
2	查看现场	组织人员查看现场,倒杆前后杆塔是否倾斜及线夹处导线情况,导线、避雷线损伤情况
3	制订抢修方案	人员安排
		安全措施
		技术措施
4	现场安全措施	履行许可手续
		验电;挂接地线
5	组织组立杆塔工作	在需放落导线、地线的两侧杆塔做好地锚拉线
		放落导线、地线
		拆除旧杆塔
		组立新杆塔
6	组织紧线工作	更换断导线并使用全张力接续条连接
		用接续条修补损坏导线、地线
7	线路转正	将导线固定到悬垂线夹中,恢复防振锤
8	收尾工作	进行质量检查
		拆除所用工具、拆除地线

项目二　组织抢修送电线路断线事故

一、相关知识

(一)导线、地线损伤的处理标准

1. 导线、地线的损伤

(1)可用 0# 砂纸磨光处理的损伤。

① 铝、铝合金单股损伤深度小于直径的 1/20。

② 钢芯铝绞线及钢芯铝合金绞线损伤截面积为导电部分截面积的 5% 及以下,且强度损失小于 4%。

③ 单金属绞线损伤截面积为 4% 及以下。

(2)可用缠绕修补处理的损伤。

① 钢芯铝绞线与钢芯铝合金绞线在同一处损伤的程度已超过磨光处理的范围,但因损伤导致的强度损失不超过总拉断力的 5%,且截面积损伤又不超过总导电部分截面积的 7%。

② 铝绞线与铝合金绞线在同一处损伤的程度已超过磨光处理范围,但因损伤导致的强度损失不超过总拉断力的 5%。

③ 镀锌钢绞线为 19 股而只断 1 股。

(3)可用补修管处理的损伤。

① 钢芯铝绞线与钢芯铝合金绞线在同一处损失的强度已超过总拉断力的 5%,但不足 17%,且截面积损伤也不超过导电部分截面积的 25%。

② 铝绞线与铝合金绞线在同一处损伤,强度损失超过总拉断力的 5%,但不足 17%。

③ 镀锌钢绞线为 7 股而断 1 股,19 股而断 2 股。

(4)必须锯断重新接续的损伤。

① 导线损失的强度或损伤的截面积超过采用补修管补修的规定。

② 连续损伤的截面积或损失的强度都没有超过补修管补修的规定,但其损伤长度已超过补修管的补修范围。

③ 复合材料的导线钢芯有断股。

④ 金钩、破股已使钢芯或内层铝股形成无法修复的永久变形。

⑤ 镀锌钢绞线为 7 股而断 2 股,19 股而断 3 股。

导线和镀锌钢绞线的修补处理标准分别见表 2-3-1 和表 2-3-2。

2. 导线、地线的损伤处理方法

针对导线、地线的四种不同的损伤程度,导线、地线的损伤处理方法相应有磨光、缠绕、补修预绞丝或补修管补修和锯断重新压接处理四种方法。

(1)磨光是对损伤处的棱角与毛刺用砂纸进行磨光处理。

(2)缠绕的材料为铝单丝,缠绕的部位应位于损伤最严重处,并应将受伤部分全部覆盖,且长度不得小于 100mm。

（3）补修预绞丝应先将受伤处线股处理平整;缠绕时应与导线接触紧密,其中心应位于损伤最严重处,并应将损伤部位全部覆盖,应注意补修预绞丝长度不得小于 3 个节距。

补修管补修先将受伤线股恢复原绞制状态,补修管的中心应位于损伤最严重处,需补修的范围应为管内 20mm 处。补修管可采用液压或爆压方法压接。

（4）锯断重新压接按具体情况选用导线、地线的接续方法。

表 2-3-1　导线的修补处理标准

处理办法	钢芯铝绞线与钢芯铝合金绞线	铝绞线与铝合金绞线
以缠绕或补修预绞丝修理	导线在同一处损伤的程度已超过磨光处理范围,但因损伤导致的强度损失不超过总拉断力的 5%,且截面积损伤又不超过总导电部分截面积的 7%	导线在同一处损伤的程度已超过磨光处理范围,但因损伤导致的强度损失不超过总拉断力的 5%
以补修管修补	导线在同一处损伤的强度损失超过总拉断力的 5%,但不足 17%,且截面积损伤又不超过总导电部分截面积的 25%	导线在同一处损伤的强度损失超过总拉断力的 5%,但不足 17%

表 2-3-2　钢绞线的修补标准

线别		以镀锌铁线缠绕	以补修管修补	锯断重接
处理标准	7 股	—	断 1 股	断 2 股及以上
	19 股	断 1 股	断 2 股	断 3 股及以上

JBF006　导线的修补方法

（二）导线的修补方法

根据有关规定,在一个档距内钢芯铝绞线断股、损伤为总面积的 7%~25% 时,可以用补修管补修。补修管由铝制的大半圆管和小半圆管组成。补修时将导线套入大半圆管中,再把小半圆管插入,用液压机压紧,或缠绕一层导爆索进行爆压。爆压时补修管外表用塑料带缠绕 5~6 层后再缠绕导爆索。液压补修管时,应将导线表面及补修管内壁用汽油清洗干净,涂一层电力脂,再用钢丝刷清除表面氧化膜。爆压时不涂油。液压用的钢模,即为同规格的导线连接管用的钢模。由铝合金制的预绞补修条也可用来补修导线。用于损伤导线补修的预绞补修条是由铝镁硅合金制成的,使用预绞补修条时,先将导线清洗干净,涂一层电力脂,再用钢丝刷子清除氧化膜后,用手沿着导线的扭绞方向一根一根地缠绕在导线上。

JBF007　局部换线的步骤

（三）局部换线

如果导线损伤的长度超过一个补修管的长度或损伤严重,则需将导线切断重接。如果损伤部位靠近耐张杆塔,可将旧导线切断,再接一段新导线。其施工方法如下。

（1）首先把相邻耐张杆塔的直线杆塔导线打临时拉线,再在耐张杆塔上安装一个紧线滑车,引绳通过紧线滑车将导线卡住,并在耐张杆塔上打好临时拉线。

（2）将耐张杆上的引流线拆开,然后可拉紧牵引绳将导线拉紧,这时耐张绝缘子串松弛,将耐张绝缘子串由横担挂点拆下并绑在牵引绳上。

（3）慢慢放松牵引绳使耐张绝缘子串连同导线徐徐落地。

（4）切断损伤导线并连接一段新导线，新导线长度应等于换去的旧导线长度并考虑连接用的长度。

（5）导线连接完毕后，另一端与耐张线夹连接好，这时可拉紧牵引绳将导线连同耐张绝缘子串一起吊上杆塔，当耐张绝缘子串接近横担时，再稍微拉紧牵引绳以便将耐张绝缘子串挂在横担上。

（6）当耐张绝缘子串挂在横担后，接好导线引流线，最后拆除临时拉线和牵引绳等设备。

如果导线损伤部位在直线杆塔挡距中，导线切断后需要换一段新导线，这时将出现两个导线接头，根据规定一挡内只允许有一个接头，故遇有这种情况时，更换新导线的施工方法如下：

（1）首先在损伤导线位置两侧的直线杆上将拟换线的导线打好临时拉线。

（2）将 2# 杆导线拆除并落到地上，将导线损伤处切断，并选适当长度（一般距 2# 杆 15m 左右）将导线切断。

（3）换上经计算所需长度的新导线，并应考虑两端连接时所需长度，用前述方法将两端连接。

（4）然后提升导线并挂在 2# 杆的悬垂线夹内，并使绝缘子串保持垂直状态。

（5）最后拆除临时拉线。

（四）运行线路更换新线的检修施工

运行的线路需要换新导线时，其施工基本分为拆除旧导线和更换为新导线两大步骤。

JBF008 运行线路更换新线的检修施工步骤

1. 拆除旧导线的施工

拆除旧导线的主要施工步骤为搭设跨越架，悬挂放线滑车，将耐张杆塔打好临时拉线，然后将旧导线拆下并放在放线滑车内回收。

（1）搭设跨越架。当线路与铁路、公路、电力线、通信线以及其他被跨越物交叉时，为不影响被交叉跨越物的正常运行，在被跨越处需搭设跨越架，以便导线、避雷线从跨越架上面通过。

（2）悬挂放线滑车及拆回旧导线。在换线段每基直线杆塔上均应悬挂放线滑车，其方法如下：

① 在直线杆塔上首先松卸悬垂线夹的 U 形螺栓，然后用双钩紧线器将导线稍稍拉起，使导线脱离线夹。

② 拆除悬垂线夹，然后将放线滑车挂在悬垂绝缘子串上，用双钩紧线器提升导线，再把导线放入滑车上，如图 2-3-1 所示。

③ 拆除防振锤。

④ 如果换线区段两端为耐张杆塔，则应在杆塔上打好临时拉线，同时悬挂一个紧线滑车，用牵引绳通过放线滑车拉住导线。

⑤ 拆除引流线夹和防振锤，利用牵引绳将导线拉紧，这时耐张绝缘子串松弛后，可拆除绝缘子串或拆除耐张线夹，然后慢慢放松引绳使导线拖地，并将换线区段的另一端导线自耐张杆塔上拆下。

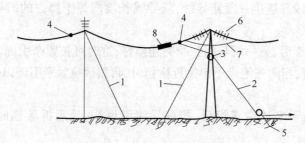

图 2-3-1　更换耐张杆塔侧导线

1—临时拉线；2—牵引绳；3—紧线滑车；4—卡线器；5—地锚；6—耐张绝缘子串；

7—导线引流线；8—导线接头

⑥ 最后用人力或机械设备将导线回收并绕在线轴上。

如果换线两端为直线杆时，可在两端直线杆塔上将不换的导线用临时拉线拉住，然后将所换的旧导线由放线滑车取出放在地上，把旧导线剪断回收绕在线轴上。

放线滑车的滚轮：导线用铝滚轮，避雷线用钢滚轮。轮槽底直径应大于导线直径的 15 倍，以减少导线的局部弯曲应力。

临时拉线对地夹角应小于 45°。拉线下端串接双钩紧线器，以调节拉线的松紧程度。临时拉线的规格可按表 2-3-3 选用。

表 2-3-3　临时拉线规格选用表

临时拉线规格		适用导线（避雷线）型号	
钢丝绳直径 mm	钢丝绳总截面积 mm²	GJ	LGJ
7.7	22.37	25	50、70、95、120
9.3	32.22	35、50	120、150、185
11.0	43.85	50、75	150、185、240、300
13.0	62.74	70、100	300、400

2. 更换新导线的施工

35kV 及以上线路更换架空地线或导线，通常采用拖线的施工方法，即拆除原有旧线时，同时拖引新线，比较方便。施工步骤如下：

（1）首先将耐张段内各直线杆塔的导线或架空地线从悬垂线夹内取出，放入放线滑轮内，同时两端耐张杆塔应做好同一相另一侧导线的临时拉线，以免松线后杆塔横担受到不平衡张力。

（2）线路终端杆塔，用绞磨牵引拉紧耐张线夹使绝缘子串松弛，待杆上操作人员脱去球头挂环后，再令绞磨牵引人员将钢丝绳徐徐松出，使导线与绝缘子串慢慢松弛落地，此时新线即可绑扎在落地旧线尾端，发令通知前方可以拖线。

（3）前端待导线松弛后，用棕绳通过滑轮拉紧绝缘子串，即可在横担上脱去球头挂环，同样可使导线落地。等到后端通知可以拖线时，即开始用人力或卷扬机拖动旧导线，同时卷入收线线轴。

（4）前端拖完旧线,将同时拖到的新线即可放入耐张线夹,连同绝缘子串挂上杆塔,并通知后端可以紧线。

（5）对于沿线的交叉跨越物,应与新放线路施工同样处理。

二、技能要求

（一）准备工作

1. 设备准备

名称	规格	数量	备注
模拟线路	110kV	1条	

2. 材料准备

序号	名称	规格	数量	备注
1	导线	3种以上	200m	
2	导线压接管	4种以上	5组	

3. 工具准备

序号	名称	规格	数量	备注
1	滑轮		若干组	
2	绞磨	人力或机动	1台	
3	紧线钢丝绳		4根	
4	手扳葫芦		2个	
5	临时地锚		2副	
6	断线钳		1把	
7	接地线		2副	
8	验电器		1个	
9	安全带		1条	
10	吊绳		1根	
11	脚扣		1副	
12	安全帽		1顶	

（二）操作程序

序号	工序	操作步骤
1	准备工作	选择工具、用具
2	查看现场	组织人员查看现场,倒杆塔前后的杆塔是否倾斜及线夹处导线情况,导线、避雷线损伤情况
3	牵引两断头	用牵引设备将两个断头分别进行固定
		待附近两基杆挂好滑车
		将断线放入滑车
		松开断线导线的固定线夹,将断线头拉近后固定
		不能过多拉导线

续表

序号	工序	操作步骤
4	压接	检查导线头,清理杂物
		进行液压连接,接头质量符合要求
		将导线缓慢放松,使其脱离绞磨或牵引设备
5	调整导线弛度固定线	适当调整导线弛度,使各档弛度符合要求
		线头紧固、压扣不偏
		线夹紧固铝包带缠绕符合要求
6	收尾工作	拆除杆上工具,拆除地线,人员撤离施工点,汇报送电

项目三　测量电力电缆的绝缘电阻和吸收比

一、相关知识

(一)电缆线路的巡视工作

JBG001　电缆线路的巡视

1. 巡视的周期

(1)一般电缆线路每三个月至少巡视一次。根据季节和城市基建工程的特点相应增加巡视的次数。

(2)竖井内的电缆每半年至少巡视一次。

(3)电缆终端每三个月至少巡视一次。

(4)特殊情况下,如暴雨、发洪水等,应进行专门的巡视。

(5)对于已暴露在外的电缆,应及时处理,并加强巡视。

(6)水底电缆线路,根据情况决定巡视周期。如敷设在河床上的可每半年一次,在潜水条件许可时,应派潜水员检查,当潜水条件不允许时,可采用测量河床变化情况的方法代替。

2. 巡视工作的内容

(1)对敷设在地下的电缆线路应查看路面是否有未知的挖掘痕迹,电缆线路的标桩是否完整无缺。

(2)电缆线路上不可堆物,如瓦砾、矿渣、建筑材料、笨重物件、酸碱性液体或石灰坑等。

(3)对于通过桥梁的电缆,应检查桥梁两端的情况,是否有因沉降而产生的电缆被拖拉过紧的现象,是否有由于振动而产生金属疲劳导致金属护套龟裂现象,保护管或槽是否脱开或锈蚀。

(4)户外的电缆线路,电缆的护套应完好。

(5)户外电缆的保护管是否良好,有锈蚀及碰撞损坏应及时处理。

(6)电缆终端是否洁净无损,有无漏胶、漏油、放电现象,接地是否良好。

(7)观察试温蜡片确定引线连接点是否有过热现象。检查连接点温度的方法有很多,在电缆线路中较为普遍采用的有以下几种。

① 试温蜡片:试温蜡片分为60℃(黄色)、70℃(绿色)、80℃(红色)三种,将试温蜡片贴在被测处,观察哪一种蜡片熔化就表示达到哪一温度。这种方法的反应时间较慢,粘贴不方便,只能粗略检查温度,因此目前很少使用。

② 变色测温笔:这是一种造船工业中检测电缆时受热工作温度用的工具,它是根据笔中色素在一定的温度下能变色的特性来指示温度的。在电缆线路上可选用变色温度为70℃的变色测温笔,将笔置于绝缘棒上,在被测处画条线即可。若温度超过70℃时,笔线颜色就会变成湖蓝色。这种方法测温迅速、使用简便、价格便宜。

③ 红外测温仪:可采用携带型的,测量距离为5~10m或更大距离的红外测温仪。这种测温方法精度高,并且可以在不接触电气设备的情况下,进行测量。

(8)多根电缆并列运行时,要检查电流分配和电缆外皮温度情况,发现各根电缆的电流和温度相差较大时,应及时汇报处理,以防止负荷分配不均引起烧坏电缆。

(9)入隧道巡视要检查电缆的位置是否正常、接头有无变形和漏油、温度是否正常、防火设施是否完善、通风和排水照明设备是否完好。

(10)电缆隧道内不应积水、积污物,其内部的支架必须牢固、无松动和锈烂现象。

(11)工作人员在入井工作时,应同时检查电缆在排管口或挂靠处有无磨损、衬垫是否失落、人井有无裂缝和白蚁现象。

3. 巡视结果的处理

(1)护线人员应将巡视电缆线路的结果,记入巡视记录簿内,运行部门应根据巡视结果,采取对策消除缺陷。

(2)护线人员在巡视中,如发现电缆线路上有零星缺陷,应记入缺陷记录簿中,运行部门据此编制月度的维护小修计划。

(3)护线人员在巡视中,如发现电缆线路上有普遍性的缺陷,应计入大修缺陷记录簿内,运行部门据此编制年度大修计划。

(4)护线人员在巡视中,如发现电缆线路上有重大缺陷,应立即报告运行管理人员,并做好记录和填写缺陷通知单。运行管理人员接到报告后,应及时采取措施,消除缺陷。

（二）电缆线路的维护工作

JBG002　电缆线路的维护工作

重要电缆线路每年应至少进行一次维护和试验工作;其他电缆线路至少每三年进行一次维护和试验工作;新安装的有接头的电缆线路,在投运三个月后,应进行一次维护和试验工作。

(1)防止终端电缆绝缘套管的表面污闪,主要有下列工作:

① 定期清扫绝缘套管表面的尘土。这项工作在设备不停电时,可进行带电清扫,在污秽地区或重要用户的终端,可视污染的情况,增加终端绝缘套管的清扫次数。带电清扫应使用绝缘良好的操作棒和刷子,操作时应特别注意人体和带电部分保持足够的安全距离,绝缘棒和刷子应有严格的使用和保养制度。

② 水冲洗。用高压水对绝缘套管表面进行冲洗,但由于它操作不便,安全措施难以保证,因此一般电缆线路上不太采用。这种方法对水质有一定要求,要求冲洗用水的电阻率不小于1500Ω·m。

③ 增涂防污闪涂料。一般用有机硅树脂等效果较好。

（2）检查高位差电缆。

由于高位差电缆的内护套等在重力和振动较大情况下,易产生疲劳和龟裂损坏,对电缆的使用影响很大,不及时发现易使电缆线路产生故障,因此必须采取下列措施:

① 外被层已脱落40%以上或铠装层已裸锈,应涂防锈漆加以保护。

② 电缆的金属护套若有裂缝、龟裂和腐蚀等现象时,应先作暂时处理,并记入缺陷记录,计划安排更换。

③ 电缆或保护管若有撞伤现象,电缆的安装辅助装置若有缺少时,应及时修复。

（三）电力电缆直流耐压和泄漏电流试验 | JBG005 电缆试验的方法

电缆的直流耐压和泄漏电流试验是同时进行的。它是检查电缆绝缘的关键试验项目。直流耐压试验试验的优点是可以用小容量的设备对长电缆线路进行耐压试验,避免交流高压对绝缘的破坏作用。同时可以发现交流耐压作用下不易发现的一些缺陷。直流耐压试验对检查电缆绝缘中的气泡、机械损伤等局部缺陷比较有效;泄漏电流试验对反映绝缘老化、受潮比较灵敏。

电力电缆直流耐压试验方法与绝缘电阻的测量方法一样。对电缆每一相进行直流耐压试验时,对一相进行测量,应将其他两相导体、金属屏蔽或金属套和铠甲层一起接地。电力电缆直流耐压试验电压标准见表2-3-4。

表2-3-4　电力电缆直流耐压试验电压标准

电缆额定电压 U_0/U	橡塑绝缘电缆的直流耐压试验电压,kV	纸绝缘电缆的直流耐压试验电压,kV	自容式电缆主绝缘直流耐压试验电压,kV
6/6	25	30	—
6/10	25	40	—
8.7/10	37	47	—
21/36	63	105	—
26/35	78	130	—
64/110	192	—	225
127/220	305	—	425

根据以上直流试验电压,加压5min不击穿;耐压5min时的泄漏电流值不应大于耐压1min时的泄漏电流值。在某一试验电压下,若泄漏电流突然增大,或随加压时间的延长不断增大,另外,泄漏电流随试验电压的升高,不成比例剧增,这些现象都说明电缆的绝缘存在缺陷,应查明原因。若相间泄漏电流相差很大,说明某相缆芯的绝缘存在局部缺陷。除塑料绝缘电缆外,电缆三相之间的泄漏电流不平衡系数不应大于2。

（四）电气设备绝缘试验的基本方法

测量电气设备的绝缘电阻和吸收比,是检查和了解设备绝缘状况的最简便的方法。实践证明,通过测量绝缘电阻、吸收比和极化指数常能有效地发现电气设备普遍存在受潮、表面脏污、绝缘老化和贯穿性的缺陷。因此,测量绝缘电阻和吸收比是绝缘试验最基本的方法,是电气检修、运行和试验人员都应掌握的。

1. 试验原理

在直流电压作用下,流过绝缘介质中的电流有如下三种。

(1)电容电流i_c:它是由绝缘介质内的电子或离子在直流电场的作用下产生位移而形成的电流,它与介质的几何尺寸有关,所以又称几何电流。由于电子或离子在电场作用下移动非常快,极短的时间内就可完成,所以电流迅速衰减为零,如图2-3-2(b)中的曲线i_c所示。

(2)吸收电流i_a:它是夹层极化和偶极子转向极化形成的。这两种极化属于缓慢极化,所以吸收电流衰减得很慢,它相当于电源经电阻向电容器C_a充电的作用。其随时间的变化如图2-3-2中的曲线i_a所示。

(3)泄漏电流(也称电导电流)I。它是由绝缘介质中的极少数载流子(主要是离子)定向移动所形成的。它在加压后瞬间趋于稳定值,与加压时间无关。其变化如图2-3-2(b)中曲线I所示。

三个电流合成的总电流曲线i称为吸收曲线。其随时间变化情况如图2-3-2(b)中的曲线i所示。

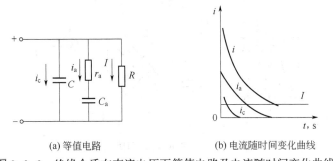

(a)等值电路   (b)电流随时间变化曲线

图2-3-2 绝缘介质在直流电压下等值电路及电流随时间变化曲线

绝缘电阻R就是加在绝缘介质上的直流电压U与其泄漏电流I之比,即$R=U/I$。

当试验电压一定时,绝缘良好,其电导电流是很小的,也就是说绝缘电阻是很高的;但当绝缘受潮、表面脏污或局部开裂时,绝缘性能很快下降,电导电流急剧增大,绝缘电阻显著减小。因此,通过测得的绝缘电阻,可间接地表示与时间无关的电导电流的大小,可以初步了解绝缘状况。但试验时,必须注意应有足够的加压时间,以使电容电流和吸收电流两个分量衰减完毕,流过绝缘介质的电流仅剩下电导电流I,这样才能测得真实的绝缘电阻值。理论上加压时间需无限长才能达到上述要求,为了缩短测量时间和便于比较,工程上一般用加压1min所测得的值作为绝缘电阻值。高电压大容量的电力变压器采用10min的绝缘电阻值。

绝缘介质在受潮或有缺陷时,电导电流I显著增大,吸收曲线随之发生显著变化。可见良好的绝缘介质,其R_∞/R_0的值大于受潮后R_∞/R_0的值。因此,以R_∞/R_0值的大小就可以判断绝缘的优劣。以上的电流比也可以用相应的绝缘电阻之比来表示(R_∞为加压时间无限长时的绝缘电阻;R_0为加压初瞬时的绝缘电阻)。

由于实际工作中,测量R_∞与R_0是比较困难的,因此,工程中用加压60s测得的R_{60}与加压15s测得的R_{15}的比值来表示吸收比,即$K=R_{60}/R_{15}$。一般来说,R_∞/R_0的值要比R_{60}/R_{15}的值要大,但这两个比值分别与绝缘状况优劣的对应关系是一致的,因此,吸收比的取值改变并不影响其实际使用。

2. 测量方法及接线

测量绝缘电阻的方法有很多，如直接测量法、比较法、充电法等。现场广泛使用的是直接法中的兆欧表法。目前使用得较普遍的是 ZC 系列兆欧表。兆欧表的结构及原理这里不作介绍，请参阅测量仪表中兆欧表有关内容。

现以电缆作为被试品来介绍绝缘电阻的测量接线，如图 2-3-3 所示。测量时把兆欧表的"线路"端子"L"连接于被试电缆中的某一相导体上，"地线"端子"E"接到电缆的其他非被试两相导体和电缆的接地金属外套上。为了避免绝缘表面的泄漏电流对测量造成的误差，一般都采取加保护环的办法。加保护环的方法是用软金属线在靠近被试相出线端附近的绝缘表面上紧缠绕几圈，如图 2-3-3 中的 P 处所示，并将缠绕线的另一端接到兆欧表的"屏蔽"端子"G"上。这样可使表面泄漏电流不流过测量线圈 L_A，因此可以消除表面状态的影响。

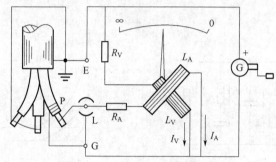

图 2-3-3　　兆欧表原理接线图

3. 试验步骤

（1）根据被试设备的电压等级，选择相应电压种类的兆欧表。一般额定电压为 1000V 以下的设备，选用 1000V 兆欧表；额定电压为 1000V 及以上的设备，则选用 2500V 兆欧表。

（2）将兆欧表放在水平位置，并在额定转速（120r/min）下，观察指针应指在"∞"的位置上；将"L"和"E"两个端子短接，指针应指在"0"的位置上。否则要进行调整。

（3）断开被试品的电源及一切对外的连接线后，应将被试品的导电部分接地放电，放电时间至少 1min，对于电容量较大的试品，至少要放电 2min。

（4）用清洁、干燥的软布，擦去被试品表面的污垢。

（5）测量前，先将被试品应接地的部分和兆欧表的"E"端子连接起来，然后再与地线连接。

（6）完成上述各项工作后就可进行测量，先摇动兆欧表的发电机至额定转速，当兆欧表的"L"端引出线连至被试品，此时表计指针会逐渐上升，待指针稳定后，读取被测绝缘电阻值。如要测量吸收比，则当兆欧表的"L"端与被试品连通时就同时记录时间，并在 15s 和 60s 时，分别读取表计所指示的 R_{15} 和 R_{60} 的数值，就可算出其吸收比值。

（7）每次测量完毕，仍要使发电机保持转速，待测量引线与试品分开后，才能停止转动，以防止被试品上的电荷通过发电机绕组进行放电，损坏兆欧表。如在"L"端与被试品之间串入高压二极管,其极性是二极管的负极连"L"端子,正极连接被试品,这样在发电机停止转动后,被试品上的电荷由于二极管处于反向不通状态,所以不会对兆欧表产生放电,因此可以避免损坏兆欧表。

(8)记录被试品的温度和空气的湿度。

4. 注意事项

(1)测量时,"L"端子的引出线应采用带屏蔽的专用线,并且屏蔽线要与兆欧表的屏蔽电极"G"相连,这样,在测量较高绝缘电阻时,可避免测量引线的泄漏电流对测量结果的影响。

(2)测量中,兆欧表的发电机应尽量保持额定转速,最低不能低于额定转速的80%。

(3)在测量电容量较大的试品时,最初充电电流较大,兆欧表的指示数值很小,但这并不表示绝缘不良,需持续一段较长的时间后,才能得到正确的结果。

(4)当测得被试品的绝缘电阻值很低时,如能分解者,应进行分解试验,找出绝缘电阻最低的部位。

(5)在空气湿度较大时,在被试品表面应加屏蔽环,屏蔽环的位置一般来说,应靠近"L"端的绝缘表面,并远离接地部分,减少屏蔽极对地的表面泄漏电流,以免造成兆欧表过载,影响测量。但对于电流线圈中串有较大限流电阻的兆欧表在测量时,应使屏蔽环与"L"端之间保持足够的距离来增大"L"端与屏蔽环之间的电阻,不然就会分流电流线圈中的电流,而使测得的数值偏大。

(6)将所测的绝缘电阻值,换算至同一温度后,并与出厂、交接、历年大修前后和耐压前后的数值进行比较;与同型设备、同一设备的相间进行比较。

(7)对于电容量较大的电气设备,如电缆、电容器、变压器等的绝缘状况,主要以吸收比的大小作为判断的依据。如果吸收比有明显下降,则说明绝缘受潮或油质严重劣化。

5. 影响绝缘电阻的主要因素

1)湿度的影响

湿度对绝缘表面泄漏电流影响很大。它能使绝缘表面吸附潮气、瓷质表面形成水膜,常使绝缘电阻显著降低。此外,还有一些绝缘材料有毛细管作用,当空气湿度较大时,会吸收较多的水分,增加了电导率,也使绝缘电阻降低。

2)温度的影响

温度对绝缘电阻的影响也很大,一般绝缘物的绝缘电阻是随温度升高而减小。其原因是温度升高,使绝缘物体内部的离子热运动增加,容易克服周围异性电荷的束缚而成为自由离子;另外,温度升高可以使绝缘物中的水分与绝缘物的结合松弛,在外电场的作用下,水分子将顺着纤维物质呈细长线状分布,使电导率增加;再就是温度增加,绝缘物内所含的盐类、酸性物质被水溶解的数量增加,也会增加电导率,降低绝缘电阻。绝缘电阻的变化随绝缘材料的不同而不同,富于吸湿性的材料随温度变化最大。

3)放电时间的影响

每测完一次绝缘电阻后,应将被试品充分放电,放电时间应大于充电时间,以利于将剩余的电荷放尽。否则在重复测量时,由于剩余电荷的影响,其充电电流和吸收电流将比第一次测量时小,因而会造成吸收比减小、绝缘电阻值增大的虚假现象。

（五）影响电力电缆绝缘性能的主要因素

JBG006 影响
电力电缆绝缘性
能的主要因素

1. 弯曲半径对电力电缆绝缘性能的影响

电缆定量弯曲试验：将不同直径的圆柱滚轮安装在试验台上，电缆一端由夹子固定，另一端绕 2 个滚轮方向弯曲，弯曲后进行电性能试验，然后用 20 倍放大镜和 40 倍显微镜检查电缆情况。

电力电缆被试品型号为 YJV-6/6-1×50，缆芯是铜芯，主绝缘是交联聚乙烯，护套是聚氯乙烯，截面积为 50mm²，导体直径为 8.3mm，绝缘厚度为 3.4mm，护套厚度为 2.0mm，电缆外径为 25mm，共 10 段、每段 1.5m，两端部扎紧，放置于 2 个圆柱滚轮之间，一端固定，另一端由外力使其沿一个圆柱滚轮方向弯曲一定角度，再反向沿另一个圆柱滚轮方向弯曲相同角度，若干次后恢复到原始位置，然后取下进行检查和做试验。试验证明，电缆敷设时弯曲半径过小，会损伤绝缘层和屏蔽层，造成绝缘性能下降。上述现象可用树老化理论加以解释，即绝缘层与内屏蔽层的界面、绝缘层的皱纹空隙在局部高电场的作用下，产生游离放电而分解产生的碳粒痕迹，像树枝一样，这就是电树老化。因此，电缆敷设要严格执行 GB 50168—2018《电气装置安装工程 电缆线路施工及验收标准》，如交联电缆三芯弯曲半径不小于 15D（D 为电缆外径）、单芯弯曲半径不小于 20D。例如某型号为 YJV-6/6-3×240 电力电缆敷设时，其弯曲半径为 400mm，是规程规定弯曲半径（15D=1050mm）的 38%，投入运行 301 天后发生相间短路着火事故，其主要原因是：该电缆在低温敷设过程中受到多次弯曲，弯曲半径过小导致电缆内层挤压，外层拉伸，再加上电缆竖井垂直外侧压力过大，致使电缆弯曲处绝缘发生变形，电场和热场的分布产生畸变，电缆受伤处和最大受力点长期在电和热的作用下，绝缘层与屏蔽层的空隙产生游离放电而使绝缘受到侵蚀造成绝缘老化，绝缘层与半导电层界面在高电场的作用下，使得受伤处的绝缘层呈现树枝状伸展形成电树，游离放电和电树使得介质损失增大，造成局部过热，击穿场强降低，绝缘劣化累积到一定程度，最终导致绝缘崩溃击穿。

2. 敷设方式对电力电缆绝缘性能的影响

电力电缆传导电流时产生热量的传导遵守传热学的欧姆定律，即：

$$Q = HS$$

式中　Q——电缆导体与周围环境的温度差，℃；

　　　H——电缆产生的热量，W；

　　　S——电缆本身及周围环境的热阻，热欧姆。

电缆产生的热量包括导体电阻损耗、介质损耗、护套损耗及铠装损耗 4 种，其中电阻损耗所占比例最大。电缆在散热过程中的热阻分为绝缘热阻、衬层热阻、护层热阻、外部热阻；介质的热阻=介质两端的温度差（℃）/流经介质的热流量（W）；在均匀热场中，热阻与介质的导热面积 A 成反比，与介质的厚度 δ 成正比，即：

$$S = P_r \delta / A$$

式中　P_r——材料的热阻系数。

电缆长期允许载流量不是恒定量，而是与诸多因素相关的变量。在电缆手册中列出的电缆长期允许载流量，均标注了给定值的条件，如导体工作温度、空气温度、土壤温度、土壤热阻系数、敷设深度等。当电缆工作条件与上述条件不符时，则需要对电缆长期允许载流量进行修正。

敷设排列方式对电缆载流量影响试验:把多根交联聚乙烯电缆 YJV-6/64×50 分别并列埋入普通土壤 0.7m 以下,环境温度为 25℃,调整电缆所带负载电流,直至监测缆芯导体最高工作温度 90℃时止,从而得出电缆的实际最大载流量与额定最大载流量之间的修正系数。因此,当环境温度、导体工作温度、敷设环境、热阻系数等发生变化时,就需要重新校正,否则电缆的实际最大载流量与额定最大载流量之间就会存在较大差异。例如,某型号为 YJLV32-26/35-1×240 电力电缆敷设时,为了以后重复利用,没有把多余的电缆割断,而是每相电缆在杆塔下边预留约 120m,并列紧挨着盘成 20 多圈,投入运行 15d 后发生相间短路事故。该电缆故障前的运行负荷为 220A,该电缆的额定载流量为 390A,修正后其实际载流量为 390×0.58×0.72×1.1=179A。因此,该电缆实际上是在严重过负荷状态下运行,在干燥的土壤下面,热量散不出去,电缆温度上升使电缆的绝缘材料逐渐劣化,绝缘电性能下降,又大大增加了绝缘中的损耗发热量,电缆的电性能与热性能的相互影响,最终造成绝缘击穿,酿成重大事故。

3. 进水受潮对电力电缆绝缘性能的影响

近年来,电缆受潮进水这一现象越来越成为影响电缆安全运行的潜在隐患。据不完全统计,油田电网近 60% 的交联电缆部分地段运行在水中,而且部分电缆外护套已经进水受潮,同时还发生过个别电缆缆芯进水问题。按照现代水树老化理论,水树的形成与敷设环境有关,在水分和电场共存的条件下,从导体的内半导层上产生内导水树,从绝缘的外导电层产生外导水树,从绝缘层中空隙产生蝴蝶结形水树。特别是从内半导层上产生的内导水树,将使电缆的绝缘强度大幅降低,所以缆芯进水是重大隐患。发生水树后电缆特性的变化:电缆绝缘介质损耗随着水树的长度的增加而增大,随着水树个数的增加而增大;绝缘电阻随着水树的长度的增加而减小;交流击穿电压随着水树的长度的增加而明显下降,随着介质损耗增大显著下降。

电缆正常情况下,运行寿命为 30 年;进水受潮形成水树的电缆,运行 3~8 年即发生电缆击穿事故。外护套进水受潮会影响电缆的使用寿命,但对主绝缘的破坏是个缓慢过程,绝缘电阻、直流耐压试验对于该类缺陷检测效果不明显,交流耐压试验对此类缺陷的检出效果好,定期对电缆外护套进行试验,能够发现电缆受潮缺陷。

二、技能要求

(一)准备工作

1. 工具准备

序号	名称	规格	单位	数量	备注
1	兆欧表	ZC-1000V	块	1	
2	兆欧表	ZC-2500V	块	1	
3	放电棒		根	1	
4	屏蔽环		个	2	
5	温度计	0~100℃	个	1	

2. 材料准备

名称	规格	单位	数量	备注
记录表格		张	2	

（二）操作程序

序号	工序	操作步骤
1	准备工作	准备工具、用具
2	断开电源	将待测电缆的电源侧开关断开
3	放电	将电缆充分放电
4	做安全措施	验电、挂接地线
5	选择兆欧表	按照待测电缆的额定电压选择兆欧表
6	校表	对兆欧表做开路、短路试验
7	接线	将兆欧表"E"端子用引线与电缆铠装相连，"G"端子引线接电缆屏蔽层，屏蔽环装在缆芯端部内绝缘上（或套管端部）；"L"端子引线准备接被试缆芯；将电缆其余两相线和电缆外皮连接在一起并接地
		测量电缆各线芯间绝缘电阻时"E"端子接线芯，"L"端子的引线准备接被试线芯，另一线芯与电缆铠装外皮连接并接地
8	测量	摇动兆欧表达到额定转速（120r/min），待兆欧表指针指示"∞"时，用绝缘棒将"L"端子引线立即接到电缆被试相线芯上
		记录时间，继续保持兆欧表的额定转速，记录兆欧表 15s 和 60s 时的读数 R_{15} 和 R_{60}，然后先断开被试相线芯引线，再停止摇表
9	放电、更换线芯	用绝缘棒将接地线与被试相线芯短路，充分放电后更换线芯接线
10	计算吸收比	计算吸收比：$K = R_{60}/R_{15}$；$K \geqslant 1.3$ 时为合格，K 小于 1.3 接近 1.0 时电缆受潮或损坏
		计算不平衡系数：将本次所测三相线芯 60s 时的绝缘电阻值相互比较，各相间的不平衡系数一般不大于 2~2.5 为合格

项目四　组织指挥电力电缆故障处理

一、相关知识

（一）电缆故障的原因

JBI003　电缆故障的原因

常见的电缆故障有终端头污闪放电、中间接头渗漏油、机械损伤或外力破坏、电气连接接触不良、连接部位发热、表面发热、直流耐压不合格、泄漏值偏大、吸收比不合格等。其主要原因有以下几个方面。

（1）绝缘老化变质。

电缆绝缘长期在电的作用下，要受到伴随电作用而来的热、化学及机械作用，从而使绝缘介质发生物理及化学变化，使介质的绝缘水平下降。一般运行时间在 30 年以上的称为正常老化;在较短年份内发生故障的,则认为是绝缘过早老化。引起绝缘过早老化的原因有:电缆选型不当,致使电缆长期在过电压和过负荷下工作;电缆周围靠近热源,使电缆局部或整条电缆长期受热;工作在与电缆绝缘起不良化学反应的环境中发生腐蚀。

(2)绝缘受潮。

绝缘受潮是电缆故障的又一个主要因素,主要原因有:电缆中间头或终端头密封工艺不良或密封失效;电缆本身制造或运输不良,造成电缆外护套有孔或裂纹;施工敷设中造成电缆护套磨损或运行环境腐蚀穿孔;中间接头或终端头在结构上不密封或安装质量不好而造成绝缘受潮;制造电缆包铅(或铝)时留下砂眼或裂纹等缺陷,也会使绝缘受潮。

(3)电缆过热。

电缆过热的主要原因:一是电缆长期过负荷运行或散热不好。设计时,未按负荷预测和电缆敷设环境来考虑电缆的温升,使电缆发生过热。例如,电缆比较密集的区域,电缆竖井、沟、隧道、夹层通风不良处,电缆穿在干燥的护管部分等,都会因电缆本身过热而加速绝缘老化。二是火灾或邻近电缆故障而引来的过热烧伤。三是靠近热力管线,长期接受热源辐射。

(4)机械损伤。

机械损伤引起的电缆故障所占比例最大,主要原因有:施工挖沟误伤直埋电缆;电缆敷设时弯曲半径过小损伤绝缘层和屏蔽层,野蛮施工损伤外护套保护层,电缆头剥切刀痕过深损伤绝缘层;土地沉降或基础下沉造成电缆牵引力、侧压力过大等。

这类损伤主要包括以下几个方面。

① 受外力作用造成的破坏。这方面的损坏主要有施工和交通运输所造成的损坏,如挖土、打桩、起重、搬运等都能误伤电缆,行驶车辆的震动或冲击性负荷也会造成穿越公路或铁路以及靠近公路或铁路敷设电缆的铅(铝)包裂损。

② 敷设过程造成损坏。这方面的损坏主要是电缆因受拉力过大或弯曲过度而导致绝缘和护层的损坏。

③ 自然力造成损坏。这方面的损害主要包括中间接头或终端头受自然拉力和内部绝缘膨胀的作用所造成的电缆护套的裂损;因电缆自然胀缩和土壤下沉所形成的过大拉力,拉断中间接头或导体终端头瓷套因受力而破损等。

(5)护层的腐蚀。

由于电解和化学作用使电缆铅包腐蚀。因腐蚀性质和程度的不同,铅包上有红色、黄色、橙色和淡黄色的化合物或类似海绵的细孔。

(6)过电压。

电缆结构设计时,3~4倍的大气过电压或操作过电压对于绝缘良好的电缆不会产生太大影响。实际上,如果电缆绝缘层内存在气泡、杂质,内屏蔽层上有节疤、不均匀等较为严重缺陷时,在遭受雷击时这些缺陷部位很容易被过电压击穿而发生故障。电力电缆因雷击或其他冲击过电压而损坏的情况在电缆线路上并不常见。大气过电压和内部过电压也会使电缆绝缘所承受的电应力超过允许值而造成击穿。对实际故障进行分析表明,许多户外终端头的故障是由于大气过电压引起的,电缆本身的缺陷也会导致在大气过电压时发生故障。

(7)材料缺陷。

电缆及其附件是电缆线路中的两种重要材料,它们的质量优劣和电缆头制作工艺质量的好坏,直接影响电力电缆的安全运行。

① 橡塑电缆本体存在绝缘层偏芯、杂质、气泡、交联度不均,内半导电层有节疤、不匀,外半导电层黏连度不够,护套密封不良、变形;电缆储运中不封端口而导致线芯受潮等质量缺陷。上述缺陷在试验中表现为绝缘电阻低、泄漏电流增大,但难以找到缺陷确切部位,大都以缺陷的形式存在,为电缆长期安全运行埋下严重隐患。

② 电缆附件绝缘管内有气泡、杂质,厚度不均,密封涂胶处有遗漏点等质量缺陷。

③ 电缆头制作质量缺陷。热缩头制作存在剥削绝缘屏蔽时留下刀痕、半导电层处理不净,应力管安装位置不当,热缩管收缩不均,地线安装不牢等质量缺陷;冷缩头制作存在剥切尺寸不精确,绝缘件套装时剩余应力过大等。电缆接头故障大都出现在电缆绝缘屏蔽断口处,因为这里是电应力最集中的部位。

④ 电缆接地装置存在接地箱、交叉互联箱箱体密封不好进水导致多点接地,引起金属外护层感应电流增大;护层保护器参数选取不合理或质量不好,氧化锌晶体不稳定而在感应电压下损坏。

（8）中间接头和终端头的设计和制作工艺问题。

很多设计院没有专业的电缆设计人员,而是将电缆设计放在变电设计中,由于对护层保护器、电缆接头、交叉互联、蛇形敷设等专业知识掌握不够,造成设计不良。如电缆竖井设计不当造成电缆散热不好、弯曲半径过小、侧压力过大;防水和排水设计不合理造成电缆外护套受潮;电缆参数选用不妥造成绝缘裕度不够、过负荷运行;机械强度不充足造成电缆受力过大;电缆防火设计考虑不周造成电缆事故扩大等。

中间接头和终端头的设计不周密,选用材料不当,电场分布考虑不合理,机械强度和裕度不够等是设计的主要弊端。另外,中间接头和终端头的制作工艺要求不严,不按工艺规程的要求进行,使电缆头的故障增多。例如,封铅不严,导线连接不牢,芯线弯曲过度,使用的绝缘材料有潮气,绝缘剂未灌满造成盒内有空气隙等。

（二）电缆故障诊断方法

| JBI004 电缆故障诊断方法 |

电力电缆故障查找一般分故障诊断、故障测距、故障定点等步骤进行。

第一步,确定故障性质。

第二步,故障点的烧穿。即通过烧穿将高阻故障或闪络性故障变为低阻故障,以便进行粗侧。

第三步,粗测。就是测出故障点到电缆任意一端的距离。粗测是电缆故障测试过程中最重要的一步,决定着电缆故障测试整个过程的效率和准确性。粗测的方法有多种,一般可归纳为两类,一类是电桥法,另一类是脉冲反射法。

第四步,测寻故障电缆的敷设路径。对于埋地敷设电缆,就是找出故障电缆的敷设路径和埋设深度,以便进行定点精测。测寻路径的方法是向电缆中通入音频信号电流,然后利用接收线圈通过接收机接收此音频信号。

第五步,故障点的精测(即定点),也就是确定故障点的精确位置。通常采用声测、感应、测接地电位等方法进行定点。

上述五个步骤是一般的测寻方法,实际测寻时,可根据具体情况省略其中的一些步骤。例如,电缆敷设路径的图纸很准确时可不必再测敷设路径;对于高阻故障,可不烧穿而直接用闪络法进行粗测;对于一些闪络性故障,不需要进行定点,可根据粗测测得到的距离数据查阅资料,直接挖出粗侧点处的中间接头,然后再通过细听而确定故障点;对于电缆沟或隧道内的电缆故障,可进行冲击放电,不需要使用仪器(如定点仪),而直接用耳听来确定故障点。

二、技能要求

(一)准备工作

1. 材料准备

序号	名称	规格	数量	备注
1	YJLV-26/35	$3×150mm^2$	120m	
2	试验接线		若干	
3	热缩电缆头		1套	
4	中间接头		1套	
5	相应的连接管		1套	
6	电缆维修材料		1套	

2. 工具准备

序号	名称	规格	数量	备注
1	高压直流发生器	ZGF-	1台	
2	电缆故障测试仪		1套	
3	万用表		1块	
4	兆欧表	2500V	1块	
5	精确定点仪		1套	
6	电工工具		1套	
7	钢锯		1把	
8	汽油喷灯		1盏	
9	压接钳		1套	

(二)操作程序

序号	工序	操作步骤
1	准备工作	选择工具、用具
2	人员分配	合理安排抢修人员工作
3	测试电缆的绝缘电阻	分别测试每相的绝缘电阻,测量时其他两相和钢铠应接地;分别测试两相之间的绝缘电阻,测量时其他一相和钢铠应接地
4	判断电缆故障类型	准确分析故障的原因
		说明处理的方法
5	升压击穿电缆	用直流高压发生器升压,直至将电缆击穿
6	电缆放电	将电缆放电
7	查找故障点	准确查找电缆击穿点

续表

序号	工序	操作步骤
8	重做电缆头	故障点在电缆终端就重做终端头，在电缆中间就重做中间接头
9	重新做耐压和泄漏试验	按规定重做直流耐压试验
		按规定重做直流泄漏试验

项目五　分析输电线路遭外力破坏事故原因

一、相关知识

（一）线路故障的判定标准

JB|001　线路故障判定标准

（1）电能质量不能满足标准。

电能质量是指电力系统中交流电压、频率和电压波形应保持在一定的允许变动范围内。我国允许的电压偏移：

① 10~35kV 及以上的电压供电和对电能质量有特殊要求的用户：±5%。

② 10kV 以下的高压供电用户：±7%。

③ 低压照明用户：+5%，-10%。

我国允许的频率偏差：

50Hz：$300×10^4$kW 及以上系统，不得超过 ±0.2Hz；$300×10^4$kW 以下的系统，不得超过 ±0.5Hz。

波形：正弦波。若为非正弦波时，其任一次高次谐波的瞬时值应不超过同相基波电压瞬时值的 5%。

（2）运行状况发生改变。

① 非计划停电或被迫少送电。

② 停电时间超过了批准的时间。

③ 系统振荡或解列。

④ 线路永久故障（倒杆、断线等）。

⑤ 线路跳闸。

（3）从统计和考核的角度考虑，线路故障的判定标准包括设备维修费用超过一定数额、线路永久性故障等。

（二）大风故障类型

JB|002　大风故障类型

（1）杆塔倾斜倾倒。风力超过了杆塔的机械强度，杆塔会发生倾斜或歪倒而造成损坏事故，如由于大风的原因，钢筋混凝土单杆垂直线路方向倾斜的情况较顺线路方向多。

（2）导线对地或导线之间的放电。由于风力过大，会使导线承受过大风压，因而产生摆动；又由于空气涡流作用就可能使这种摆动成为不同期摆动，因而引起导线之间互相碰撞，造成相间短路故障。

（3）当风速为 0.5m/s（相当于 1~3 级风）时，容易引起导线或避雷线振动而发生断股甚至断线。

（4）在中等风速为 5~20m/s（相当于 4~8 级风）时，导线有时会发生跳跃现象，易引起碰线故障。

（5）外物短路。因大风把草席、铁皮、天线等杂物刮到导线上也会引起停电事故。

（三）线路覆冰的危害

我国线路覆冰一般分为四类：雨凇、雾凇、混合凇和结冻雪。初始都是雨凇，随气温降低，冰的形成发生变化。在湿雪降落时，湿雪一方面粘在导线上，同时又会浸透正在结冰的水，使冰层越来越厚，最厚可达 10cm 以上。

`JBI006　覆冰的种类`

1. 覆冰的种类

（1）雨凇。雨凇是一种非结晶状透明的或毛玻璃冰层，空气中的过冷却水珠或毛毛雨中水滴在导线表面尚未完全冻结时，正当大风，使之又和一个水滴相碰，在这种反复湿润下冻结在导线的表面而形成的冰层。一般在 -3~0℃ 和较大的风速（2~20m/s）时最易形成，其相对密度为 0.6~0.9。这类覆冰因为相对密度大，在导线上的附着力强，不易脱落。

（2）雾凇。雾凇是一种白色不透明的，外层呈羽状的覆冰。通常在大雾天形成，当细小的过冷缺水滴、雾粒或毛毛雨与导线相碰时，由于导线表面温度低，毛毛雨中水滴潜热释放快，另外，因为风速小，下一个水滴飞来前，上一个已完全结冰，雨水之中夹有空气，从而呈羽状的覆冰（霜）。这类覆冰的结构疏松，很容易自导线上脱落，且相对密度小，对导线的危害相对小些。

（3）混合凇。混合凇是一种白色不透明或半透明的坚硬冰，相对密度为 0.3~0.9，形成时的温度在 -8~-2℃，风速在 2~150m/s。温度越高，风速越大，形成的混合凇密度越大。混合凇是在雨凇表面上生长的，生长速度快。混合凇对线路危害最严重，防冰对策主要针对混合凇。

（4）结冻雪。气温在降低到 0℃ 以下，水蒸气凝结成雪，呈六角形白色结晶。

覆冰是由于空气中过冷却的水——雨凇和低温（-7~-5℃）的雾受冻而引起的。因此，形成覆冰的气象条件是：气候发生急剧变化、气温低（低于 0℃）、空气湿度很大（相对湿度在 85% 以上）、有风（风速大于 1m/s）、风向与导线垂直或风向与导线之间的夹角大于 45°小于 150°。

2. 覆冰事故的表现形式

覆冰事故直接导致的事故有两类：一类是实际覆冰超过设计值而导致的机械方面和电气方面的事故；另一类是不均匀覆冰或不同期脱冰引起的机械方面和电气方面的事故。

`JBI007　覆冰事故的表现形式`

`JBI005　导线覆冰的危害`

1）覆冰过载引起的事故

（1）导线和地线方面。导线和避雷线上的覆冰严重时会超过设计线路时所规定的荷重。有因导线、地线从压接管中抽出造成事故；有因外层铝股全部拉断造成事故；也有因针式绝缘子断线，导线、地线从绝缘子颈部脱落跳出而损伤造成事故。

（2）金具方面。有因过载造成悬垂线夹船体在 U 形螺栓附近断裂、U 形环断裂耐张绝缘子串脱落、拉线楔形线夹断裂造成倒杆；也有因拉线被拉脱造成倒杆折断。绝缘子串上覆冰厚度所增加的重量不大，但会降低绝缘子的绝缘水平。

（3）电气间隙方面。有因弧垂增大、导线对地间距减小而造成闪络事故；也有因地线弧垂增大、风吹摆动造成与导线相碰而烧伤导线。

（4）杆塔结构方面。有因断地线使直线杆头顺线路方向折断；有因导线、地线不对称布置在垂直线路方向将杆头折断；有因断边导线将耐张双杆的两根杆身在不同方向扭断；有因断线引起拉线或拉线金具破坏后顺线路倒杆；有因垂直荷重增大且有很大偏心弯矩，造成弯曲，在拉点以下折断，垂直线路方向倒杆；也有因吊杆拉断引起横担向下折断等现象。

（5）基础方面。由于过载使基础下沉，绞接式基础倾斜而造成杆身倾斜或倒杆。

2）不均匀覆冰或不同期脱冰引起的事故

（1）不均匀脱冰使导线、地线跳跃，引起闪络烧断导线、地线。当导线和避雷线上的覆冰不均匀，或有局部脱落时，在风力作用下可能引起导线舞动。

（2）导线、地线不均匀覆冰及不同期脱冰产生很大的不平衡张力差。这个张力差会引起悬垂绝缘子严重偏移，使导线发生扭转，或塔身变形，或横担及地线支架拉坏。张力差会造成导线、地线在线夹内滑动，严重时将使外层铝股在线夹出口处全断，钢芯抽动，造成线夹的另一侧铝股挤压在线夹的一侧。张力差会使直线杆悬垂绝缘子串发生很大的偏移，碰撞横担，造成绝缘子损坏。张力差还会使横担转动，使导线碰拉线，拉线烧断造成倒杆。

（3）不同期脱冰造成导线、地线之间碰撞放电。由于导线有电流，往往首先脱冰，而地线较不易脱冰，弧垂仍大，地线反而低于导线，稍有摆动就会发生闪络，烧伤或烧断地线。

（4）导线、地线严重覆冰和不同期脱冰时产生很大的冲击力，冲击力使杆塔机械荷重超过设计条件，造成倒杆（塔）、断杆（塔）。

| JBI008　导线防暑过夏的措施 |

（四）导线防暑过夏

夏季到来气温升高、雨水增多，植物生长茂盛，这给架空线路安全运行带来很大影响。为了保证线路安全运行，必须做好防暑过夏工作，主要包括检查交叉跨越距离，防洪、防风和防止树木引起的事故等。

1. 检查线路的交叉跨越

夏天由于气温升高，导线弧垂增大，会使交叉跨越净距变小，容易发生事故。因此，在巡视线路时，应检查交叉跨越距离，检查时应注意以下问题：

（1）运行中的线路，导线弧垂的大小主要取决于气温、导线温升和导线上的垂直荷重。当导线温度最高或导线覆冰时，都有可能使弧垂增大。因此，在检查跨越距离是否合适时，各地区应用导线覆冰或最高温度来验算。

（2）档距中导线弧垂的变化是不一样的，靠近档距中心的弧垂变化大，靠近导线固定处变化小。因此，在检查交叉跨越时，一定要注意交叉点距杆塔的距离。在同样的交叉距离下，交叉点越靠近档距中心，危险性越大。

（3）检查交叉距离时，应记录当时的气温，以便验算。

2. 架空线路的防洪

由于架空线路经过平原、丘陵，跨过山谷、河川，或在水库下游通过，因此在夏季防汛季节，就有可能遭受洪水的袭击而发生事故。所以，架空线路的防洪工作是非常重要的。

建设在水库下游或河流两岸的杆塔，如果没有可靠的防洪措施，就有可能受到洪水威胁而发生危险。在暴雨季节里，有时因山洪暴发、滑坡或泥石流等的作用，杆塔基础受冲击而导致倒塔倒杆。

（1）汛期内容易发生倒杆塔事故或出现险情的杆塔处所。

① 山谷的谷口处。

② 半山区河流的河床中及河滩上。

③ 杆塔虽距河床较远，但上游有坚固的山坡、陡坡或水工建筑物，汛期河水受阻后水流将指向杆塔。

④ 河道弯曲段外侧，水流冲刷河岸，逐年靠近杆塔。

⑤ 两相邻河弯之间，土质松软，汛期中河弯自然取直后洪水冲向杆塔。

⑥ 平原河段的河岸逐年被严重冲刷，杆塔距河岸的距离较小。

⑦ 水库下游的杆塔，当水库泄洪时水流能冲击到的杆塔。

⑧ 小型水库失事后，水流能冲击到的杆塔。

⑨ 水库上游的杆塔，其基础低于水库最高水位，或基础经常被水冲刷者。

⑩ 受山洪水流冲刷的山坡上的杆塔。

⑪ 长期处于积水中或被洪水冲刷的杆塔等。

（2）洪水对线路的危害。

① 杆塔基础土壤受到严重冲刷而流失，基础失掉了应有的稳固性而倾倒。

② 洪水淹没杆塔基础，从上游漂流下来的树木、柴草等物，挂在杆塔上，杆塔因受力过大而折断或倾倒。

③ 跨越江河的杆塔，导线弛度较大，而对水面距离相对较小，因此当洪水发生后，随洪水而来的高大物件容易挂、碰导线，造成混线、断线或倒塔。

④ 位于山坡、悬崖等处的杆塔，由于雨水饱和和冲刷引起滑坡、塌方造成杆塔倾倒。

洪水冲倒杆塔，抢修工作量大，且又不便施工，因而会造成较长时间停电，经常损失很大。为了保证线路在汛期内安全运行，必须切实做好防洪工作。

（3）洪水对线路造成灾害的原因。

① 水库失事。这种事故一般都发生在农村自修的土坝小水库上，由于施工质量不佳或溢洪道断面不够，抗洪能力不足。

② 河堤出险。一般是堤顶浸溢，堤身渗漏严重，堤身坍塌或水流冲刷，造成河堤决口，危及线路。

③ 山洪暴发或河床改道，直接冲击杆塔。

3. 防洪的基本对策

防洪工作，必须以预防为主，事先摸清水情，了解洪水规律，对有被洪水冲击可能的杆塔，应在汛前认真检查，及时采取防洪措施。建立必要的汛情联络网，成立抢修组织，配备一定的抢修物资，如工具、器材、通信设备等。

架空线路防洪的技术措施很多，应根据具体情况，进行全面的技术经济比较后决定。

具体办法有：

（1）杆塔基础周围土壤如果有下沉、松动情况，应填土夯实，在杆根处还应培出一个高于地面 300mm 的土台。

（2）采用各种方法保护杆塔基础的土壤，使其不被冲刷或坍塌，具体办法有打围桩、建石笼或砌石护坡，如图 2-3-4 所示。

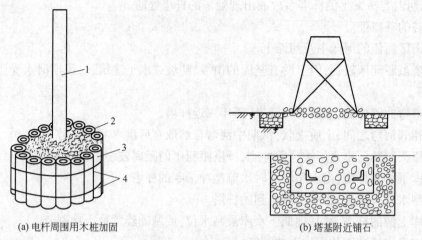

(a) 电杆周围用木桩加固　　　　　(b) 塔基附近铺石

图 2-3-4　保护杆塔基础土壤示意图

1—电杆；2—石子泥土；3—桩；4—箍筋

（3）对于设在水中或汛期有可能被水浸淹的杆塔，设计上应采用高桩承台、钻孔深桩等措施，运行中可增添支撑杆或拉线。长期淹没在水中的拉线基础，可改用混凝土的重力式基础，拉线的上拔力全部由混凝土自重抵抗。

（4）不稳定的河岸，因汛期洪水可能冲击杆塔者，应根据情况增设护堤或顶水护坝等，如图 2-3-5 所示。

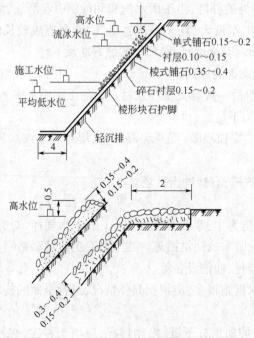

图 2-3-5　不稳定河岸巩固措施示意图

4. 树木的修剪和砍伐

春夏两季树木生长速度很快，在线路下面或附近的树木就有可能碰触导线。在大风天气里树枝摇摆,有时也会发生断枝、倒树的情况,因为树木本身水分较大,当触及架空线路时,就会造成接地或烧伤导线等故障,还可能引起火灾。

为了防止树木引起线路故障,就必须适当进行树木的修剪和砍伐工作,以使树木与线路之间能保持一定的安全距离。

(1)架空线路通过林区时,必须留出通道,1~10kV 线路的通道的宽度应不小于线路宽度加 10m。35~500kV 线路的通道宽度应不小于线路宽度加上林区主要树木生长高度的两倍。通道附近超过主要树种高度的个别树木,应进行砍伐。但下列情况可以不留通道:

① 树木自然生长高度不超过 2m。

② 电力线路与树木自然生长高度间的垂直距离,在导线最大弧垂时应符合表 2-3-5 所列数值。

表 2-3-5 在导线最大弧垂时电力线路与树木自然生长高度间的最小垂直距离

线路电压,kV	1~10	35~110	154~220	330	500
最小垂直距离,m	3.0	4.0	4.5	5.5	7.0

③ 架空线路通过公园、绿化区和防护林带时,通过宽度应和有关单位协商解决,但树木和边线在最大偏斜时的距离不得小于表 2-3-6 所列数值。

表 2-3-6 树木与边线在最大偏斜时的距离

线路电压,kV	1~10	35~110	154~220	330	500
距离,m	3.0	3.5	4.0	5.0	7.0

④ 架空线路通过果树林、经济作物林以及城市绿化用的灌木林时,不必留出通道,但导线至树梢的距离应不小于表 2-3-7 所列数值。

表 2-3-7 导线与果树林、经济作物林及城市绿化灌木林树梢的距离

线路电压,kV	1~10	35~110	154~220	330	500
距离,m	1.5	3.0	3.5	4.5	7.0

(2)架空线路的防护区为导线边线向两侧延伸一定距离所形成的两平行线内的区域。各级电压线路防护区距离规定见表 2-3-8。

表 2-3-8 各级电压线路防护区距离

线路电压,kV	1~10	35~110	154~330	500
距离,m	5	10	15	15

(3)架空线路经过工矿、城镇等人口密集的地区,不规定防护区,但导线与建筑物(包括树木)之间的距离应不小于表 2-3-9 所列数值。

表 2-3-9 导线与建筑物(包括树木)之间的距离

线路电压,kV	1~10	35	110	154~220	330	500
最大弧垂情况下的垂直距离,m	3.0	4.0	5.0	6.0	7.0	7.0
最大风偏情况下的水平距离,m	1.5	3.0	4.0	5.0	6.0	7.0

(4)树木修剪后和修剪前的距离可比上列数值差±0.5m;如保持上述距离确有困难时,可与有关单位协商适当缩小距离并增加修剪次数,以照顾实际情况。

（5）在修剪、砍伐树木时，必须根据现场的具体情况，携带必要的工具和安全用具，做好一切安全措施，以防发生人身和设备事故。

（6）在伐树时，要有全局观点，既要照顾到线路的供电安全，也要照顾到绿化、防风和林业生产等需要。因此，应和有关单位协商。

5. 迎接高峰负荷

导线因负荷电流加大而温度升高，弧度增大。实验证明，当导线负荷电流接近其长期允许电流值时，导线温度即可达 70℃左右。

导线过载时，弧度增长率与电流增长率几乎呈直线变化。这对档距中的交叉跨越和对地距离影响很大，例如，某 220kV 线路曾发生过因按最大允许电流运行，导线对玉米地放电的事故。所以迎接高峰负荷要做到：

（1）严格控制按参数运行。线路对交叉跨越物和对地距离的原则如下：

① 按当地最高气温。

② 可能发生的最大弧度。在通常情况下，都是按最高气温定的对地距离，允许过负荷的可能性是很小的。线路管理单位应提请调度部门注意，不要过负荷运行。

（2）测定交叉跨越物及对地距离，换算到导线最高运行温度，不合格者及时处理。及时清理线路下的柴草、禾谷堆等。

（3）检查测试导线连接点。

导线连接点因金属表面接触空气而氧化，存在接触电阻，大于导线材料本身的电阻，因而在负荷电流作用下会迅速发热，导线发热后反过来又加剧表面氧化。如此反复循环，使接触电阻越来越大，最终导致烧毁导线。预防的办法是：

① 在大负荷季节测导线连接点电阻（包括直线压接管、耐张压接管、跳线压接管及联板等），不良者应及时采取措施。

② 改进跳线连接方式，压接式跳线线夹联板接触面务必光滑平整，用 0# 砂纸清除氧化膜后，用抹布擦净残砂，涂一层中性凡士林薄膜，然后紧好联板。并沟线夹的连接方式，在污秽区、大负荷线路上不宜采用。因其接触面是线和面的接触，电阻大，且裸露于大气中易受腐蚀。

二、技能要求

（一）准备工作

序号	名称	规格	数量	备注
1	巡线记录		1本	
2	缺陷记录		1本	
3	故障保护动作情况记录		1本	

（二）操作程序

序号	工序	操作步骤
1	分析输电线路施工现场	分析故障线路附近的施工情况
		分析施工单位懂法情况
		分析施工单位对巡线人员护线教育的情况

续表

序号	工序	操作步骤
2	分析树木刮 倒砸导线	分析故障线路附近树木情况
		分析树权单位对巡线人员护线教育的情况
3	分析车辆刮碰导线和拉线	分析故障线路附近车辆情况
		分析故障线路防护区内施工车辆刮碰情况
4	分析杆塔倾斜、基础沉陷	分析输电线路本体状况
5	分析线路挂异物	分析故障线路附近情况
6	分析输电设备被盗	分析故障线路事故原因

项目六　组织指挥倾斜杆塔扶正

一、相关知识

JBF002　线路
检修措施

(一) 线路检修工作措施

线路检修工作措施是指组织措施和技术措施。线路检修工作的组织措施,包括制订计划、检修施工设计、准备材料及工具、组织施工及竣工验收等。线路检修工作的技术措施,包括放电、验电、挂接地线等。下面主要介绍部分组织措施。

1. 制订计划

通常在第三季度进行下年度的线路检修计划编制。计划应根据上级有关指示、大修周期规定的项目和日常运行工作中积累的资料,并结合工作量大小、线路缺陷的轻重缓急、检修力量、资金、器材等因素进行综合平衡。然后将全年的检修工作分别作出维护(小修预试)、大修及改进工程计划,报上级批准。

2. 检修施工设计

线路检修工作应有施工图设计。在时间允许的情况下,即使是事故抢修,也应进行施工设计。若因时间紧迫实在来不及设计的,应由有经验的检修人员到现场组织并制订抢修方案,然后进行抢修工作。在检修完成后,应补画有关图纸,交运行人员存档。线路检修设计工作主要依据设备缺陷记录、运行测试结果进行,并提供反事故技术措施和行之有效的新技术。检修计划一经批准,必须按计划安排检修工作。对于个别重要的大修、改进工程,应先做设计,然后随计划一起报批。

检修施工设计主要包括以下内容:

(1)检修施工应达到的预期目的和效果。

(2)检修施工方案比较及选定。

(3)检修器材或工具的加工图纸。

(4)杆塔结构变化后的组装图。

(5)杆塔和导线、地线受力复核及计算结果。

(6)杆塔结构变动情况的图纸。

(7)杆塔及导线限距的计算数据。

（8）检修所需人工数。

3. 准备材料及工具

工程开工前,应根据检修工作计划中的项目,准备充分的材料和工具。需事先做电气和机械强度试验的,应及时进行,试验记录应妥善保存。

4. 组织施工

根据现场情况及作业人员构成,把任务分派到作业班组。班组中必须配备安全员、技术员、材料工具员。

制订检修工作的技术组织措施,明确各级负责人及其职责。施工中尽量采用先进的检修技术,以确保工程检修质量,并达到提高工效、节约材料和缩短工期的检修目的。

制订安全施工措施,应明确各项工作的具体安全注意事项,确保检修安全。

对全体人员进行技术交底,使施工人员了解检修项目,设计图纸内容,材料消耗,质量标准及工程日期等。

对于较大的作业项目,应组织各班组开展自检、互检和专业人员深入现场检查,确保检修工作的安全、质量。

（二）杆塔检修

> JBF003 铁塔检修的内容

运行中的杆塔由于各种原因会表露出不同的缺陷。电杆最常见的缺陷有流白浆裂纹、连接抱箍锈蚀、水泥剥落钢筋外露、杆身弯曲和倾斜。铁塔常见的缺陷有塔材锈蚀、连接螺栓松动、塔脚水泥护帽开裂、塔材弯曲、塔身倾斜以及塔脚锈裂。必须针对所发生缺陷的具体情况,采取相应的技术措施及时加以解决。

1. 基础的检修要求

当杆塔的混凝土基础表面有裂纹时,应用水泥砂浆涂抹,以使其表面紧密、光滑、不透水,但对一般干缩缝可不作处理。

混凝土基础因腐蚀而发生疏松时,必须找出原因,制订出以后的预防措施,以免杆塔因基础的机械强度不足而发生倾斜或倒杆。对于已发生疏松的基础,应除去疏松部分,重新浇灌。

基础下沉或发生倾斜时,也应进行研究,采取措施适当处理。

对于混凝土基础的铁塔地脚螺栓,因浇灌不良而有松动时,应凿开重新浇灌。

2. 铁塔检修

在铁塔大修及刷油漆时,需将铁塔全部螺栓检查并复紧一次。当铁塔构件锈蚀超过其剖面面积30%以上,或因其他原因损坏降低了机械强度,应更换或用镶接板补强。在不影响构件运行的情况下,补强一般采用焊接,当不能焊接时,则可采用螺栓连接。所有未镀锌的零部件及油漆脱落和锈蚀处,都应清除铁锈,补刷油漆。所刷油漆应符合下列要求:(1)刷漆前,铁件上铁锈及旧油漆应彻底清除;(2)涂刷的油漆要均匀,不起泡、不起堆;(3)刷油漆应在白天进行,受潮未干部分不得刷油漆;(4)0℃以下及35℃以上天气不得进行刷油漆工作。

3. 杆塔及横担检修

> JBF004 杆塔及横担检修的内容
>
> JBF012 倾斜杆塔扶正的标准

1）水泥杆裂纹的处理

水泥杆的杆面裂纹未达到0.2mm时,可应用水泥浆填缝,并将表面涂平;在靠近地面处出现裂纹时,除用水泥浆填补外,并在地面上下1.5m段内涂以沥青;水泥有松动或剥落者,应将酥松部分凿去,用清水冲洗干净,然后用高一级混凝土补强。如钢筋有外露,应彻底除锈,并用水泥砂浆涂 1~2mm 后,再行补强。修补水泥杆的工作,不宜在 5℃ 以下的天气进行。

2)倾斜杆塔的扶正

运行的杆塔因各种原因有时发生倾斜,当其倾斜程度超过运行标准时,需将杆塔扶正,这一工作称为正杆。正杆前应判明造成杆塔倾斜的原因,最常见的原因有基础下沉、拉线松弛、外力破坏等。对于杆塔倾斜不太严重的情况,一般可采取加固措施;对于倾斜严重的杆塔,应根据具体情况进行加固设计,按设计要求进行施工。

由于原设计考虑不周或雨季长时间积水,有可能因土壤抗压强度不够,引起杆塔基础不均匀下沉,从而造成杆塔倾斜,对于带拉线的单杆基础,在基础下沉时必然造成拉线松弛。如电杆下沉量不大,导线对地距离能满足要求,而电杆又未出现裂纹等其他问题时,则可以只调紧拉线并用拉线将电杆扶正。

带拉线双杆,基础下沉时也会造成某一根杆的拉线松弛,这时可先拆开叉梁的下抱箍,再调整拉线并正杆,然后把横担找平再装好叉梁抱箍。

如为转角杆,杆向转角合力方向倾斜时,最好打一条临时外角拉线,用该拉线调正电杆。

无拉线电杆倾斜,常因埋深不够或土壤松软所致。若倾斜的电杆基础未埋设卡盘,可待电杆调正后加装卡盘。如电杆已有卡盘,则待电杆扶正后,在横线路方向加装拉线。

电杆倾斜扶正后应达到的运行标准如下:

(1)单杆扶正标准:直线单杆的横向位移不应大于 50mm。直线杆的倾斜,35kV 架空电力线路不应大于杆长的 3‰。

(2)双杆扶正标准:双杆调整后应正直,位置偏差符合迈步不大于 30mm、根开不超过 ±30mm、直线杆横向位移不大于 50mm、转角杆横、顺向位移不大于 50mm 的要求。转角杆向外角的倾斜,其杆梢位移不应大于杆梢直径。电杆调正以后,转角杆的横向位移不应大于 30mm。

(3)终端杆扶正标准:终端杆立好后应向拉线侧预偏,其预偏不应大于杆梢直径。紧线后不应向受力侧倾斜。

二、技能要求

(一)准备工作

1. 设备准备

名称	规格	数量	备注
耐张段线路	35kV	5~10 档	

2. 工具准备

序号	名称	规格	数量	备注
1	正杆钢丝绳		1 根	
2	钢丝绳套		1 个	
3	U 形环		1 个	
4	个人安全工具、护具		1 套	

（二）操作程序

序号	工序	操作步骤
1	准备工作	选择工具、用具
2	组织新立杆塔扶正	在投运第一年要调整拉线
		新立杆塔回填土不实不匀，运行一段时间后杆塔产生倾斜，应及时扶正杆塔
3	组织转角杆扶正	停电处理：将导线、地线松解
		先调整电杆，收紧拉线
		调整导线、地线弛度后挂线
		带电处理：增加适当的拉线，与原有拉线同时缓慢收紧
		调整横担吊杆
		增设横梁，减少电杆扭曲
4	组织塌陷区杆塔扶正	直线杆塔松解导线、地线线夹，调整拉线，扶正杆塔，挂线卡线
		调整护线条和防振锤位置
		耐张杆塔松解导线、地线
		调正杆塔后测量、调整两侧导线、地线弛度

项目七　带电更换 35kV 线路悬垂绝缘子串

一、相关知识

（一）带电作业技术

JBH010　带电作业的危险率

1. 带电作业的危险率

带电作业危险率计算属于高等数学中概率论范围，比较抽象。这里介绍的是计算方法，可从抽象的数学公式中注意物理概念，看出统计法的优点。

决定带电作业安全的两个重要方面是系统过电压和组合间隙的电压水平。这两个量都是遵循一定统计规律的随机变量。

（1）随机变量。即没有一个严格的变化规则，但在做大量统计时都有一定的变化范围的变量为随机变量。例如多次用过的 50% 放电电压，U_{50} 就是指在 100 次放电次数中放电次数占 50% 的那个电压值。

（2）标准偏差。偏差通俗地说就是分散性，按某一具体原则计算的偏差称为标准偏差，用 σ 表示。例如，某棒—棒电极 S 的放电电压 $U_{50} = 100\text{kV}$，其标准偏差为 $\sigma = 3\%$，即当该间隙在电压增加一倍偏差时（103kV），放电概率已不是 50%，而是 84%；电压增加两倍偏差时（106kV），间隙放电电压概率增加到 97.7%；电压增加三倍偏差时（109kV），间隙放电概率增加到 99.87%。

（3）正态分布。正态分布通俗地说，就是符合中间多、两头少这种状态的概率分布。由上可以看出，当放电电压升高 1~3 个电压标准偏差值时，其放电概率以达到 84%、97.7%、99.87%。系统的过电压倍数、人体的身高尺寸等随机变量的分布函数，都可以看成服从正态分布规律。

（4）危险率。如果已知系统过电压的概率密度和带电作业间隙放电压的概率分布函数分别用两条曲线表示，则这两条曲线相交的重叠面积就是在这间隙下带电作业的危险率。用这块面积表示带电作业的危险程度是非常合理的。因为过电压的概率密度表示了所有过电压出现的概率大小，而间隙放电压的概率分布函数表明了间隙在相对过电压下出现的概率大小。当间隙距离增大时，重叠的面积减小，即危险程度降低。当间隙距离减小时，重叠的面积增大，即危险程度升高。

JBH011　安全距离不足的补救措施

2. 安全距离不足的补救措施

带电作业中由于杆塔或其他设备条件的限制，达不到安全间距时，必须采取可靠的补救措施才允许作业。

1）绝缘隔离措施

在人体和带电体之间，加装有一层绝缘强度较大的挡板、护套等设备来弥补空气间隙绝缘不足的方法，称为绝缘隔离措施。

绝缘挡板或绝缘套筒的击穿电压都比空气高，使放电将沿折线路径发生，从而达到提高间隙绝缘水平的目的。但绝缘挡板对提高放电电压的幅度是有限的，一般只在 10kV 设备上应用，10kV 以上只能起限制人体活动范围的作用。

2）保护间隙

带电作业时，人身对带电部分的距离 d 不能满足安全距离的要求，可在导线与大地之间并联一个间隙为 S_p 的放电间隙，当 S_p 远小于 d 时，就可以把沿作业线路传来的操作过电压，暂时限制到某一个预定的水平上，这种放电间隙可以弥补安全距离的不足，称为保护间隙。

JBH012　气象条件与安全关系

3. 气象条件与安全关系

气象条件对带电作业安全的影响因素是气温、风、雨、雪、雾、雷及湿度等。

1）气温影响

气温影响人的体力和操作的灵活性和准确性。东北地区确定极限气温为-25℃，南方高得多。

确定极限温度是各地区确定工具荷重的一个因素，如极限气温为-25℃，就没有必要按-40℃时的导线张力设计工具。

2）风力的影响

风力大除了对作业时正确性和信息传递造成困难外，还会引起荷重的增加和杆塔净空尺寸的变化，过大的风还提高操作难度。

风力还对水冲洗效果和安全有影响，影响电弧延伸范围，影响爆压导电气团扩散范围。带电塔头加高、整体加高及移位作业受风力影响更大。因此，一般作业的风速限制在 5 级风以下，有些项目还提出对风速、风向的特殊要求。

3）雨、雪、雾的影响

绝缘工具受潮之后泄漏电流大大增加，很容易发生绝缘闪络和烧损（如尼龙绳熔断），造成严重的人身、设备事故，因此带电作业不允许在雨天进行，还要预见工作中途是否会下雨。

一旦作业中途降雨，工作负责人应采取果断措施，首先命令从设备上撤出绝缘工具；如果已无法有序地停止作业，则应命令作业人员撤离工作地点。

雾天应和雨天同样对待，禁止带电作业。

雪天也禁止带电作业，但雪对绝缘工具影响较小，可以从容撤出绝缘工具。如果下的是黏雪，它的影响比下雨还要严重，应立即撤离作业人员。

4）雷电的影响

现场有雷电时当然不能进行带电作业。如隐约可闻雷声或可见闪电，说明远处有落雷，还是可能传来雷电波，要采取果断措施停止作业。

5）湿度的影响

绝缘绳索受潮绝缘性能变差，而环氧层压制品或塑料吸湿性能差，但对作业时的湿度不作规定，各地可因地制宜。如能使用泄漏电流警报器，则不必再考虑空气的湿度。雨天作业必须配备这种警报器随时监视工具的电流泄漏情况。

（二）带电作业工具使用方法

JBH007 更换绝缘子工具

1. 更换绝缘子工具

带电更换绝缘子是带电作业的主要内容，其中包括更换直线杆塔绝缘子及耐张杆塔绝缘子两大部分。不同电压等级线路、不同的绝缘子类型更换绝缘子工具也有很大差别。通常这类工具由绝缘承力工具、牵引机具、固定器和卡具、托瓶工具等构成。

1）绝缘承力工具

（1）绝缘滑车组。它是绝缘承力工具和牵引工具的联合体，由绝缘绳和绝缘吊钩滑车组合而成。滑轮一般由尼龙、有机玻璃或工程塑料车制或压塑成形，内装轴承。隔板及加强板均用3240板制成，吊钩和一般滑车相同，少数关键绝缘部件也用3240板制作。

（2）绝缘吊线杆。它是承受垂直荷重的绝缘部件，一般2根为一组。按结构可分为共用型、固定型、杠杆型、绝缘子托架型。前两种需配合固定器和牵引机具使用。

共用型本体用两片3240板制作，长度可调节。上部连接环由铝合金制成，与牵引机具连接；下部吊钩可按导线数需要分成单钩、双钩、四钩。平时可缩短长度保管。

压杠吊线杆是用杠杆原理制成的，它兼有承力、牵引、固定三种功能。具有操作省力、能远距离安装及操纵等特点，但它与横担连接，必须符合横担特点，通用性差，荷重也不能过大。

有的把吊线杆做成锯齿形，能安装上下移动的绝缘子托架，可用来更换单片绝缘子，吊线杆需兼受较大的弯曲力。

（3）绝缘紧线拉杆。它是能承担导线水平荷重的绝缘部件。更换单串耐张绝缘子需用2根拉杆，更换双联串耐张绝缘子多数情况只用1根拉杆。

（4）绝缘支（拉）杆。支（拉）杆是以电杆杆身为依托的绝缘承力工具，它可以使导线同时做水平及垂直方向的位移。支（拉）杆用两组固定器与杆身卡牢，伸缩支杆靠两组滑车操纵。可用滑车组代替原有的拉杆，支杆只起旋转支撑作用，只需用滑车组控制支杆顶部。封装导线的钩子全部用绝缘板制成，安装方便可靠。

2）牵引机具

带电作业的牵引机具多数以人力为动力，而且多为单人操纵。所以，这些机具都是大速度比的省力机械,如丝杠、液压、蜗轮等收紧机械。滑车组速度比较小,一般需多人操作。

(1)丝杠紧线器。丝杠可分为单行程丝杠、双行程丝杠和双行程套筒丝杠三种。双行程丝杠收紧速度较快,但比较费力,其结构和停电作业用的相同。单行程丝杠适用于端部,其丝杠座能调整受力方向,不易产生弯曲力。优点是不侵占带电作业有效净空尺寸。双行程套筒丝杠外形和丝杠型千斤顶相似,但收紧速度快一倍,这种丝杠重量轻,体积小,400mm行程,荷重2t,质量仅1kg。

(2)液压收紧器。液压收紧器实际上就是液压千斤顶的另一种形式,行程方向相反。它比丝杠型的收紧力更大。液压缸的加工精度大,因此行程不能太长,一般和丝杠调整器合成一体,由后者调控行程。

(3)蜗轮紧线器。这是一种利用蜗轮减速机构产生牵引力的工具,蜗杆双侧的掷绳轮可同时收紧两根绝缘绳。

(4)扁带收紧器。它类似于绝缘滑车组,利用棘轮—杠杆机构收紧绝缘扁带,从而提起重物。

3)固定器及卡具

它是载荷转移系统的锚固装置,可分为杆塔(横担)上的固定器、导线上卡线器、绝缘子联板卡具和绝缘子卡具四种。

(1)塔身(横担)固定器。一种是安装在横担角钢上的,可做成水平位置、垂直位置等多种类型,它的圆形卡头上可安装紧线丝杠。另一种由带有三枚尖钉的圆弧形钢板和一条收紧链组成,链条用皮箱上的塔扣原理收紧。还有一种的圆弧形钢板内用橡胶垫代替尖钉,并用螺栓来拉紧链条。

(2)卡线器。它是锚固导线的专用工具。

(3)联板卡具。它利用杠杆原理支座在二联板上,由两片钢板铆接而成,两片钢板夹在二联板外面,卡在U形环(或直角挂板)上。还有的只适用于双层两联板,卡具插入部分卡在联板的三枚铆钉上,安装十分方便。

(4)线夹(金具)卡具。这是卡在导线耐张线夹及后部金具上的双臂式卡具,一端卡在螺栓线夹或直角挂板上,另一端连在后部金具上。

(5)绝缘子卡具。这种卡具因绝缘子型号、尺寸、钢帽造型及安装方式不同,种类繁多。从材料上看有锻钢、铸钢、铝合金及铁合金之别。从结构上看有栓封门、自动封门和不封门等各种形式。它们有卡在绝缘子钢帽上,的则托在绝缘子的瓷件上(对应钢帽部位)。前者具有较大的承载能力;后者只有在荷载不大的悬垂绝缘子串上使用。

绝缘子卡具应和被更换绝缘子串首端或末端的端部卡具相连,这类卡具仍不成熟,常常首(末)端绝缘子坏了,不得不更换整串绝缘子。

4)托(取)瓶工具

当载荷临时转移到绝缘器具上去时,绝缘子串松弛后,还必须借助各种托瓶架(钩)来承受绝缘子本身荷重,常见的托(取)瓶装置有托瓶架、吊瓶钩、取瓶器等。

当绝缘子脱离导线后,作业人员可将绝缘子串沿托瓶架拖到横担上来进行更换。吊瓶架需安装在绝缘子串上方,用抱杆或滑车组吊到横担上来更换不良绝缘子。取瓶器是用来抓取其中某一片绝缘子钢帽的操作工具。

5）更换针式绝缘子的工具

10kV 线路绝缘子只有部分具备条件的才能更换。针式绝缘子线路边线一般用支拉杆撑开后更换，中线则常用羊角抱杆提升导线，如安全距离不足，还要借助取瓶器。

导线截面不大的 10kV 线路上，可以用循环滑车更换针式绝缘子。先将滑车挂在电杆侧高于导线的地方，固定下滑车绷紧循环绳后把绳上托钩钩住导线，让导线沿绝缘绳下落到足够远的地方，杆上电工可安全更换绝缘子或横担。

采用平举绝缘横担或伞形绝缘横担，不但可以更换针式绝缘子，也可更换横担，后一种绝缘横担还可以扩展两边线距，更利于安全操作。

JBH008 手持操作工具

2. 手持操作工具

间接作业的全部操作和等电位的部分操位都是通过手持操作工具完成的。操作杆是绝缘部件，顶部的通用工具或专用工具是模拟手的功能部件。

1）绝缘操作杆

绝缘操作杆有棒式及钳式两大类。

（1）棒式操作杆。一般用 3640 环氧玻璃布管制成，可以做成等径的，也可以做成拔梢的；各节棒之间接头可以是固定式的，也可以是伸缩式的。拔梢伸缩式的接头只靠锥面的摩擦配合来固定杆身，一般只能做测试杆或测尺。工具头是供安装各类工具的部件，目前使用最广的有齿瓣型和快速型两种。

（2）钳式操作杆（简称夹钳）。此类工具适合 66kV 以下间接作业用。

（3）缠绕杆。这是传递旋转动作的操作杆。手持杆的内部有传动杆，两端有滚珠轴承。头部插头可连工具，尾部有摇动传动杆的把手。

2）通用小工具

绝缘操作杆头部安装的通用小工具种类非常多，常备的有取（安）销子工具、扶正绝缘子及金具的工具、安装及旋转螺母的工具等。

取（安）销子工具用于取（安）开口销、大头销和弹簧销，应尽可能用共用过渡型工具座。扶正器用于扶正绝缘子及其金具，使安装销子或球头（碗头）的工作快速完成。

另外，还有安装、拆卸螺母的工具。

JBH009 载人工具

3. 载人工具

载人工具包括带电零电位作业用非绝缘载人工具、等电位或中间电位作业用绝缘载人工具。

1）梯

绝缘梯一般用绝缘板、管制作。按受力情况分，有以地面为依托的绝缘直立梯或绝缘人字梯，以导线为依托的绝缘硬挂梯或绝缘软梯，还有一半靠地面支撑的丁字梯，以及以塔身为依托的水平梯（即转臂梯）。

绝缘软梯可以悬挂使用，同时又可以沿导线任意移动，使用广泛，但攀登劳动强度大，需专门训练才能胜任。

2）吊篮、绝缘斗臂车及飞车

这些都是等电位作业的常用设备。吊篮免去登软梯之辛苦，液压斗臂车中有起重和带电作业兼用车，还有带电作业专用车，可以穿越有电设备在上层带电设备上工作。

飞车有单线、双线和四线三种。从原动力可分为人力、汽油机及电动三种。四线飞车由于采取外跨及前后驱动结构,该飞车可以越过间隔棒(从特制的桥上骑过)。

3)作业台

作业台为钢木结构,通过固定器固定在杆塔适当位置。一般只能用在零电位间接作业。

4.屏蔽服及导流服

屏蔽服是电场防护重要工具,主要有织布型、电镀型两大类。导流服载流量在30A以上,一般做成防火型。织布型屏蔽服用紫铜丝(带)或不锈钢丝(蒙代尔钢丝)与柞蚕丝交织而成,使用较为广泛。用非金属电镀工艺制成的屏蔽服,屏蔽效果好,但直流电阻大,载流量少,导电物质易在使用中脱落并污染绳索。

防火型导流服用耐火纤维和耐火合金交织,载流量大,但服用性差,且是否应将屏蔽服做成作业不慎的后备保护有分歧,因此应用不广。

屏蔽服分A、B、C三种型号。屏蔽效率高而载流量较小的是A型,适用于500kV等级。屏蔽适当而载流量较大的是B型,适合于35kV以下电压。屏蔽较高且载流量较大的是C型或称通用型。A型、C型屏蔽效率必须大于30dB。A型熔断电流不小于5A,B型、C型不小于30A。

5.断接引工具

断接引包括剪断、消弧、接引三种操作。

JBH006　断接引工具

1)剪断导线工具

视剪断导线粗细及远近不同,该工具可分为绝缘断线剪、丝杠断线剪、液压断线剪和断线枪,除第一种外均需在等电位下双手操纵。

2)消弧工具

根据断口电弧能量大小选用消弧绳或携带式消弧器(开关)。

携带式消弧器有利用绝缘油、有机玻璃产气、压缩空气消弧及快速断引等类型,断引枪是利用炸药爆炸时推力,使动、静触头快速分离,以达消弧目的。

3)接引线工具

在断路器、隔离开关两侧加分流线或在线路临时接引时,必须使用适合带电接引特点的接引工具。

间接接引要用专用线夹,一般按导线粗细分为几个等级。线夹材质有钢、铝两种,按导线截面分三个等级,分别用1、2、3枚螺栓压住。

接引线夹安装器是间接取拿、安装接引线夹的专用工具,安装器把线夹尾部圆环夹紧,安装在操作杆上使用。

6.绝缘子清扫工具

绝缘子清扫工作包括机械清扫、气吹和水冲洗三种。线路、变配电设备上水冲洗应用广泛,机械清扫及气吹在变电所内使用较多。

水冲洗设备已在前面介绍,气吹是利用压缩空气夹带的固态辅料(锯末或核桃壳屑)来撞击瓷面上的污秽物达到清扫目的,特别适合于油污绝缘子清扫。

常用的机械清扫装置,大多存在劳动强度高、通用性差和效果不理想的问题。

7. 绝缘隔离工具及绝缘服

绝缘隔离工具包括绝缘防护罩(筒或套)、绝缘隔离板和绝缘服。美国 A·B 强斯公司已将这种工具研究、生产系列化,成为带电作业一个分支。我国在这方面研究起步很早,但研究不够,发展很慢,许多工具缺乏科学性、通用性。绝缘防护罩是根据设备外形特点制作的,可以将需隔离的部件罩起来,大都使用塑料模压、热加工或焊接而成,有横担罩、母线罩、针式绝缘子套筒、导线套等。

绝缘隔板(垫、被)常用绝缘硬板、软板及塑料薄膜制作。使用中应注意薄膜老化、刺破、遮蔽不严密等问题。

绝缘服是由衣帽、裤、手套、袜及靴组成。衣裤一般用 32 层 0.025mm 的聚乙烯薄膜制成,每 8 层热合缝合成一单元,四单元套在一起,再用尼龙绸制作面和夹里组成。绝缘衣裤必须配合具有良好吸湿性的衬衣(毛巾布)制作。手套用乳胶或改性聚乙烯塑料,比衣裤电性能低,是绝缘服薄弱环节,操作中有一破损、刺孔,应立即停止使用。绝缘靴一般用橡胶加粉云母加工制成。

(三)带电作业工具使用要求

1. 绝缘杆的使用要求

JBH005 绝缘杆的使用要求

按照不同用途绝缘杆可分为操作杆、支杆和拉杆,用绝缘操作杆进行带电作业时,操作人员处于地电位或中间电位,并与带电体保持一定的安全距离,利用各种绝缘工具进行作业。这种方法从安全上考虑,主要是在满足安全距离的基础上,要求使用的绝缘工具的绝缘强度,必须大于系统可能发生的最大过电压值。

一般绝缘工具大都装有金属部件。如经常使用的操作杆,为了适应不同的电压等级及携带方便,通常都由 2~3 节组装而成,而相互之间一般都有金属接头,操作杆端头部根据不同的工作需要安装不同的操作头。由于金属接头形成节间电容,使得节间电压分布十分恶劣以及绝缘操作杆前端电位差大,容易放电,因此金属接头应尽量减少。如推拉隔离开关或跌落式熔断器用的挂钩,取弹簧销用的各种金属器械。在计算绝缘杆长度时,必须减去金属部件的长度。一般将减去金属部分后的绝缘工具的长度称为有效长度。绝缘承力工具和绝缘绳索的有效长度不得小于《电业安全工作规程》规定的数值。

2. 带电作业用绝缘斗臂车的使用要求

JBH002 绝缘斗臂车的使用方法

高架绝缘斗臂车多数用汽车发动机和底盘改装而成。它安装有液压支腿,将液压斗臂安装在可以旋转 360°的车后活动底盘上,成为可以载人进行升降作业的专用汽车。绝缘斗臂用绝缘性能良好的材料制成,采用折叠伸缩结构,电力系统借助高架绝缘斗臂车带电作业,减轻了作业人员的劳动强度,改善了劳动条件,并且使一些因间隔距离小、用其他工具很难实施的项目作业得以实现。

用高架绝缘斗臂车进行带电作业时,应满足下列使用要求:

(1)使用前应认真检查,并在预定位置空斗试操作一次,确认液压传动、回转、升降、伸缩系统工作正常,操作灵活,制动装置可靠,方可使用。

(2)绝缘臂的有效绝缘长度(最小长度)应大于表 2-3-10 的规定,并应在其下端装设泄漏电流监视装置。

表 2-3-10 绝缘臂的最小长度

电压等级,kV	10	35~63(66)	110	220
长度,m	1.0	1.5	2.0	3.0

绝缘臂在荷重作业状态下处于动态过程中,绝缘臂绞接处结构容易被损伤,出现不易被发现的细微裂纹,虽然对机械强度无甚影响,但会引起耐电强度下降,其表现在带电作业时,绝缘斗臂的绝缘电阻下降,泄漏电流增大。因此,带电作业时,在绝缘臂下端装设泄漏电流监视装置是很有必要的。

(3)绝缘斗臂下节的金属部分,在仰起回转过程中,对带电体的距离应按规定值增加0.5m。工作中车体应良好接地。

一般作业时,只要按章操作并严格监护,不会出现危险接近和失常的情况。而绝缘斗臂下节的金属部分,因外形几何尺寸与活动范围均较大,操动控制仰起回转角难以准确掌握,存在状态失控的可能。绝缘斗体积较大,介入高压电场导体附近时,下部机车喷出的烟雾会对空气产生扰动和性能影响,使间隙的气体放电电压下降,分散性变大。因而必须综合考虑绝缘斗臂下节的金属部分对带电体的安全距离。按《电业安全工作规程》规定,该安全距离应比规定的最小安全距离大0.5m。

(4)绝缘斗用于 10~35kV 带电作业时,其壁厚及层间绝缘水平应满足耐电压的规定。要将强电场与接地的机械金属部分隔开,绝缘斗及斗臂绝缘应有足够的耐电强度,要求与高压带电作业的绝缘工具一样,对斗臂和层间绝缘分别按周期进行耐压试验,试验项目及标准满足《电业安全工作规程》的规定。

(5)操作绝缘斗臂车进行专业工作属于带电作业范畴,应与带电作业同样严格要求。因此,要求操作绝缘斗臂的人员应熟悉带电作业的有关规定,熟练掌握斗臂车的操作技术。由于操作斗臂车直接关系高空作业人员的安全,所以操作斗臂车的人员应经专门培训,在操作过程中不得离开操作台,且斗臂车的发动机不得熄火,以便意外情况发生时能及时升降斗臂,以免造成压力不足、机械臂自然下降而引发作业事故。

(四)送电常规检修项目

1. 有关悬式绝缘子的项目

目前,带电作业可以完成 35~66~110~220~330~500kV 更换直线绝缘子、耐张绝缘子、V 形串绝缘子、单片及直线串、耐张串的延伸等项目。

(1)更换直线绝缘子。

35~66kV 直线绝缘子串较短,导线张力较小,一般可用绝缘滑车组或扁带紧线器,采用间接法整串更换。在导线脱离绝缘子串后,应使导线下降一段距离,以便操作人员更换绝缘子串时有足够安全距离。

110~500kV 直线绝缘子串较长,可用托瓶架等工具将整串绝缘子拉到横担下方更换,也可用托架或丝杠更换单片绝缘子。导线荷重较大者,应使用双根吊线杆较好。330~500kV 作业时,使用操作杆取销子较费力,大部分采用吊篮或座椅用等电位法解联金具。整串绝缘子调换,可采用新绝缘子串上,旧绝缘子串下的交替传递方法。

(2)更换耐张绝缘子。

更换单串耐张绝缘子可使用紧线拉杆,根据串长调整好拉杆的孔位。安装托瓶架时,操

JBH001 带电作业送电常规检修项目

作人员的手将向下伸出横担 15~20cm，如果下面跳线对横担距离不足，则应事先将跳线向外拉开。

更换双串耐张绝缘子的常规做法：如用卡具，中间连有丝杠（或液压紧线器）和绝缘吊线杆组成的张力转换系统，采用等电位与间接作业相配合的办法换整串绝缘子，用托瓶器（或吊瓶钩）托起松弛的旧绝缘子串，拖拉（或吊）到横担调换。如用吊瓶钩，还需另用转动抱杆或借用架空地线来起吊绝缘子串。

在组合间隙满足要求的 220~500kV 耐张双联串绝缘子上，可使用由绝缘子卡具和丝杠（或液压收紧器）组成的张力转换系统，采用沿绝缘子串进入强电场的方法更换单片绝缘子。如果组合间隙不足，则必须增加保护间隙。

（3）更换 V 形串绝缘子。可用绝缘滑车组代替被更换绝缘子串，让被更换串放松，呈垂直状态更换。更换单片时，滑车组（吊线杆）安装在导线下方，用绝缘子连接器并接在绝缘子上来替下被换的绝缘子。

（4）延长绝缘子串。线路升压需增加直线串绝缘子时，用绝缘绳将绝缘子钢帽绑在横担上，在横担侧摘下绝缘子连接金具后，用丝杠或滑车组将导线和绝缘子一起向下放，在空出的间隙上增加绝缘子。增加耐张串绝缘子必须等电位作业，先在原线夹外新装一个耐张线夹，在新线夹上安装线夹卡具，用两组滑车组同时收紧松弛绝缘串并将邻近横担处第一绝缘子金具松开，松弛滑车组后加装绝缘子，最后拆除原有耐张线夹，并调整好跳线距离。

2. 有关导线的项目

（1）补修导线。补修导线工作大多数采用等电位方法进行。当导线受损面积不足 17% 时，可采用带电编织预绞丝或补修管方法。

（2）安装防振锤。新安装防振锤或移动旧防振锤，可等电位或间接进行。

（3）换压接管或调整弛度。更换不良压接管，一般均等电位进行。

（4）端接空载线路。一般采用消弧绳——等电位法。

（5）更换分裂导线的间隔棒。一般在飞车上拆卸或安装间隔棒，飞车前后走线轮应跨在间隔棒两侧。

（6）线路的并环。双回路并架的线路，有时为了将其中一回线的某一段停电大修，常常采用线路并环的办法解决。

3. 有关横担的项目

带电换横担作业，需根据横担的长度、位置的高低选用 2~3 组由杆身固定器和双钩吊支杆、支拉杆组成的荷载转移系统，采用间接作业法进行。

（五）带电作业措施要求

1. 作业一般规定

JBH003　带电作业的一般安全措施

（1）带电作业人员必须经过培训，考试合格后，才能参加带电作业。

（2）工作票签发人和工作负责人必须经过批准。工作票签发人必须经厂领导批准，工作负责人可经工区领导批准。

（3）带电作业必须设专人监护，监护人应由有带电作业实践经验的人员担任，监护人不得直接操作，监护的范围不得超过一个作业点，复杂的或高杆上的作业应增设塔上监护人。

（4）应用带电作业新项目和新工具时，必须经过科学试验和领导批准。对于比较复杂、难度较大的带电作业新项目和研制的新工具必须进行科学试验,确认安全可靠,编出操作工艺方案和安全措施,并经厂主管生产领导批准后方可使用。

(5)带电作业应在良好天气下进行。如遇雷、雨、雪、雾等天气,不得进行带电作业。风力大于5级时,一般不宜进行带电作业。雷电时,直击雷和感应雷都会产生雷电过电压,该过电压可能使设备绝缘和带电作业工具遭到破坏,给作业人员人身安全带来严重危险;雨、雾天气,绝缘工具长时间在露天中会受潮,使绝缘强度明显下降;高温天气时,作业人员在杆塔、导线上工作时间过长会中暑;严寒风雪天气,导线弛度减小,应力增加,此时作业会加大导线荷载,甚至发生导线断线事故;当风力大于5级时,空中作业人员会出现较大的侧向受力,工作稳定度差,给作业造成困难,监护能见度差,易引起事故。在特殊情况下,必须在恶劣天气下进行带电作业时,应组织有关人员充分讨论,采取必要可靠的安全措施,并经厂主管生产的领导批准后方可进行。

(6)带电作业必须经调度同意批准。带电作业工作负责人在带电作业工作开始之前,应与调度联系,得到调度的同意后方可进行,工作结束后应向调度汇报。

(7)带电作业时应停用重合闸。带电作业有下列情况之一者应停用重合闸,并不得强送电:

① 中性点有效接地(直接接地)的系统中有可能引起单相接地的作业。

② 中性点非有效接地(中性点不接地或经消弧线圈接地)的系统中有可能引起相间短路的作业。

③ 工作票签发人或工作负责人认为需要停用重合闸的作业。严禁约时停用或恢复重合闸。

(8)带电作业过程中设备突然停电不得强送电。如果在带电作业过程中设备突然停电,则作业人员仍视设备为带电设备。此时,应对工具和自身安全措施进行检查,以防出现意外过电压,工作负责人应尽快与调度联系,工作负责人未与调度取得联系前不得强送电。

以上规定适用于在海拔1000m及以下交流电(10~500kV)的高压架空线、发电厂和变电站电气设备上采用等电位、中间电位和地电位方式进行的带电作业及低压带电作业。

2. 带电作业的组织措施

(1)进行带电作业时要严格执行有关规章制度,办理带电作业工作票,并按现场操作规程的规定认真操作,做到万无一失。

(2)工作负责人(现场监护人)在安全上责任重大,因此必须熟悉设备情况,全面考虑发生各种问题的可能性。对于复杂的带电作业项目或新项目,应会同有关人员深入现场勘查,并认真讨论,制订方案。对于难度大的项目,还应在模拟设备上进行操练,做到熟练、安全为止。

(3)作业前,及时组织全体作业人员熟悉工作项目、工作内容及各自的岗位和操作项目,按工作票的要求,经调度同意后才能开始工作。

(4)在作业过程中,监护人对操作人员的一举一动应不停地、全神贯注地进行监护,发现有不安全的苗头时,应立即提醒操作人员注意。对于复杂的作业项目和高塔工作,一人不便监护时还应增加杆塔上监护人。

(5)工作结束时,应认真检查设备恢复情况,以免在设备上遗留工具或未处理完的缺陷。

（6）在作业中万一发生意外不幸，工作负责人要冷静考虑处理事故的方法，迅速做出决断，绝不应在处理事故中扩大事故。

JBH004 带电作业的一般技术措施 3. 带电作业一般技术措施

（1）保持人身与带电体间的安全距离。作业人员与带电体间的距离，应保证在电力系统中出现最大内外过电压幅值时不发生闪络放电。所以，在进行地电位带电作业时，人身与带电体间的安全距离（带电作业的最小安全距离）不得小于表 2-3-11 的规定。

表 2-3-11　人与带电体的安全距离

电压等级,kV	10	35	63(66)	110	220	330	500
距离,m	0.4	0.6	0.7	1.0	1.8(1.6)[①]	2.6	3.6[②]

[①]因受设备限制达不到 1.8m 时，经厂（局）主管生产领导（总工程师）批准，并采取必要的措施后，可采用括号内（1.6m）的数值。

[②]由于 500kV 带电作业经验不多，此数据为暂定数据。

35kV 及以下的带电设备，不能满足表 2-3-11 所列的最小安全距离时，必须采取可靠的绝缘隔离措施。

（2）将高压电场场强限制到对人身无损害的程度。如果作业人员身体表面的电场强度短时不超过 220kV/m，则是安全可靠的。如果超过上述值，则应采取必要的安全技术措施，如对人体加以屏蔽。

（3）制订带电作业技术方案。带电作业应事先编写技术方案，技术方案应包括操作工艺方案和严格的操作程序，并采取可靠的安全技术措施。

（4）带电作业时，良好绝缘子数应不少于规定数。带电作业更换绝缘子或在绝缘子串上作业时，良好绝缘子片数不得少于表 2-3-12 的规定。

表 2-3-12　良好绝缘子最少片数

电压等级,kV	35	63(66)	110	220	330	500
片数	2	3	5	9	9	23

（5）带电更换绝缘子时应防止导线脱落。更换直线绝缘子串或移动导线的作业，当采用单吊线装置时，应采取防止导线脱落后果的保护措施。

（6）采用专用短接线（或穿屏蔽服）拆、装靠近横担的第一片绝缘子。在绝缘子串未脱离导线前，拆、装靠近杆塔横担的第一片绝缘子时，必须采用专用短接线或穿屏蔽服，方可直接进行操作。

（7）带电作业时应设置围栏。在市区或人口稠密的地区进行带电作业时，带电作业工作现场应设置围栏，严禁非工作人员入内。

4. 带电作业的一般要求

鉴于各地电气设备形式多样，作业项目种类较多，因此在作业项目及操作方法上只作原则指导。

1）人员要求

（1）配电带电作业人员应身体健康，无妨碍作业的生理和心理障碍。应具有电工原理和电力线路的基本知识，掌握配电带电作业的基本原理和操作方法，熟悉作业工具的适用范围和使用方法。通过专门培训,考试合格并具有上岗证。

(2)熟悉《电业安全工作规程》和《配电线路带电作业技术导则》。会紧急救护法、触电解救法和人工呼吸法。

(3)工作负责人(包括安全监护人)应具有3年以上的配电带电作业实际工作经验,熟悉设备状况,具有一定组织能力和事故处理能力,经领导批准后,负责现场的安全监护。

2)气象条件要求

(1)作业应在良好的天气下进行。如遇雷、雨、雪、雾天气,不得进行带电作业。风力大于5级时,一般不宜进行作业。

(2)在特殊情况下,若必须在恶劣气候下带电抢修,工作负责人应针对现场气象和工作条件,组织有关人员充分讨论,制订可靠的安全措施,经领导审核批准后方可进行。

(3)夜间抢修作业应有足够的照明设施。

(4)带电作业过程中若遇天气突然变化,有可能危及人身或设备安全时,应立即停止工作,尽快恢复设备正常状况,或争取临时安全措施。

3)其他要求

(1)配电带电作业的新项目、新工具必须经过技术鉴定合格,通过在模拟设备上实际操作,确认切实可行,并制订出相应的操作程序和安全技术措施。经本单位总工程师批准后方能在运行设备上进行作业。

(2)凡是比较重大或较复杂的作业项目,必须组织有关技术人员、作业人员研究讨论,制订出相应的操作程序和安全技术措施,经本部门技术负责人审核,本单位总工程师批准后方能执行。

二、技能要求

(一)准备工作

1. 设备准备

名称	规格	数量	备注
带电线路	35kV	1条	

2. 材料准备

名称	规格	数量	备注
悬式绝缘子串	XP-70	1串	

3. 工具准备

序号	名称	规格	数量	备注
1	绝缘操作杆		2根	
2	绝缘防潮蚕丝传递绳	ϕ16mm	1根	
3	绝缘防潮蚕丝绳保护钩	ϕ16mm	1个	
4	Ⅱ-Ⅲ绝缘滑车组	$\phi \geqslant$12mm	1套	
5	对讲机		2部	
6	2500V绝缘摇表		1个	
7	防潮帆布		1块	

（二）操作程序

序号	工序	操作步骤
1	准备工作	选择工具、用具
2	人员分工	工作负责人1名,杆上电工2名,地面电工3名
3	安全交底	列队宣读工作票
4	组织登杆	按照分工两名电工分别登杆到达指定位置
5	测试绝缘子	使用火花间隙检测法检测零值绝缘子
6	安装脱离工具	安装绝缘绳保护钩
		安装滑轮组
7	脱离绝缘子	取弹簧销子
		转移导线载荷
		使导线与绝缘子脱离
		拆除旧绝缘子串
8	安装绝缘子	将新绝缘子串复位
		连接绝缘子串
		检查绝缘子串连接情况

模块四　综合管理

项目一　利用 Word 文档制作一张表格

一、相关知识

(一)计算机概述

1. 什么是计算机

计算机是一种能快速而高效地完成信息处理的数字化电子设备,它能按照人们编写的程序对原始输入数据进行加工处理、存储或传送,以便获得所期望的输出信息,解决某些实际问题。计算机的基本特征是速度快,存储容量大,准确性高。

2. 计算机的发展趋势

计算机发展方向:智能化、网络化、巨型化、微型化、多媒体化。

3. 计算机的特点

(1)计算速度快。

(2)计算精度高。

(3)自动化程度高。

(4)具有较强的"记忆"能力和逻辑判断能力。

4. 计算机应用领域

(1)科学计算(如导弹的发射,宇宙飞船的飞行轨迹计算等)。

(2)数据(信息)处理(用于财务管理、人事管理、办公自动化),是计算机最广泛的应用。

(3)自动控制(常用于电力、冶金、石油化工、机械等工业生产)。

(4)计算机辅助系统(CAD 计算机辅助设计、CAM 计算机辅助制造、CAI 计算机辅助教学、CAT 计算机辅助测试、CAE 计算机辅助工程、AI 人工智能)。

5. 计算机的分类

(1)按工作原理分:模拟电子计算机、数字式电子计算机、混合式电子计算机。

(2)按用途分:专用机、通用机。

(3)按计算机的性能指标分:巨型机、大型机、中型机、小型机、微型机。

(二)计算机系统知识

1. 计算机系统的组成

计算机系统由控制器、运算器、存储器、输入设备、输出设备五大部分组成。

根据原理将计算机系统分为计算机硬件系统及软件系统两大部分。

| JBJ001　计算机基础知识 |

2. 计算机的硬件系统

计算机硬件系统主要由主机和外部设备构成,主机由运算器、控制器、存储器组成,属于外设部分的有输入、输出设备。

| JBJ002　计算机硬件系统 |

（1）运算器：用于加工、处理数据的部件，主要完成对数据的算术运算和逻辑运算。

（2）控制器：是计算机的控制部件，它控制其他部件协调统一工作，并能完成对指令的分析和执行。

（3）存储器：是计算机的记忆装置，主要是存放程序和数据。包括内存（主存储器）、外存（辅助存储器），可以把计算机的存储器看作是一座存放数据和程序指令的仓库。

（4）输入设备：是从计算机外部向计算机内部传送信息的装置。其功能是将数据、程序及其他信息，从人们熟悉的形式转换为计算机能够识别、处理的形式输入计算机内部。常用的输入设备有键盘、鼠标、光笔、扫描仪等。

（5）输出设备：输出设备是将计算机处理结果传送到计算机外部用户使用的装置。其功能是将计算机内部二进制形式的数据信息转换成人们所需要的或其他设备能够接收和识别的信息形式。常用的输出设备有显示器、打印机、绘图仪等。

JBJ003　计算机软件系统

3. 计算机的软件系统

计算机软件是在计算机硬件设备上运行的各种程序、数据及相关文档资料。各种软件开发的目的都是增强计算机的功能和方便用户使用。程序是为了解决某些问题而设计的指令或语句的集合；数据是程序处理的对象和结果；文档是描述程序操作及使用的有关资料。所谓软件是指为方便使用计算机和提高使用效率而组织的程序以及用于开发、使用和维护的有关文档。软件系统可分为系统软件和应用软件两大类。

1）系统软件

系统软件是指管理、控制和维护计算机的各种资源，扩大计算机功能，方便用户使用的各种程序集合。购买计算机时随机提供的软件一般都是系统软件。

（1）操作系统：是计算机软件中最基础的部分，用来管理和控制计算机系统中的硬件和软件资源，支持其他软件的运行，使计算机能够自动、协调、高效工作。

（2）程序设计语言（计算机语言）：是人机交流信息的特定语言，一般分为机器语言、汇编语言、高级语言及面向对象的语言。

2）应用软件

为解决各类实际问题而设计的程序系统称为应用软件。从其服务对象的角度，又可分为通用软件和专用软件两类。

（三）Word 操作基础知识

1. 概述

Word 是一个文字处理软件，主要用于文字的编辑与排版，是 Office 办公软件包中的最适用的办公软件之一。

2. 启动与退出

启动：双击桌面上的 Word 图标（或点击"开始"菜单—指向"程序"—点击"Word"图标）。

退出：点击"文件"菜单点击"退出"（或单点击 Word 窗口标题栏最右端的"关闭"按钮）。

3. 界面（即窗口）组成

（1）标题栏：图标，名称，最小化，最大化/还原，关闭按钮。

（2）菜单栏：Word 的所有操作都可用菜单命令实现。

（3）工具栏：包括常用工具栏和格式工具栏（默认为放在菜单栏的下面）。

① 工具移动:把鼠标放在工具栏的最左边会出现移动符号,按住鼠标左键移动到所需位置再松开鼠标即可。

② 工具变形:当工具栏放在文本区内时,把鼠标放在工具栏的最边界处会出现调整符号,按住鼠标左键顺着箭头的方向移动即可。

③ 显示/隐藏工具栏:点击"视图"菜单—点击"工具栏"—选择所需的工具栏。

(4)文本区:又称为编辑区或工作窗口,用来输入文本、编辑文档及对象。

(5)标尺:包括水平标尺和垂直标尺(点击"视图"——"标尺"可显示/隐藏标尺)。

(6)滚动条:包括水平滚动条和垂直滚动条,用来查看未显示的文本或对象。

(7)状态栏:显示文本的一些相关信息。

4. 基本操作

1)文本的输入

Shift+Ctrl:各种输入法的转换。

Ctrl+空格键:中文与英文输入法的转换。

(1)英文:注意大小写字母转换键 Caps Lock。

(2)汉字:在任务栏中转换中文输入法后输入。

(3)数字:利用数字键盘(先使 Num Lock 键灯亮)输入。

(4)符号:

① 键盘上的符号按 Shift+符号。

② 键盘上没有的符号:点击"插入"菜单—点击"符号"—选择所需的符号—点击"插入"—点击"关闭"即可。

③ 在"输入法状态条"的软键盘上在单击弹出的菜单中选择所需的软键盘,单击所需的符号即可。

2)文本的选择

(1)连续多个字符:按左键从要选择的第一个字符拖到最后一个字符。

(2)一行:光标移到待选一行的左边空白处(即是页边距的外边),当鼠标指针变为指向右方箭头时单击。

(3)一段落:光标移到待选段落的左边空白处,当鼠标指针变为指向右方箭头时按住鼠标左键拖动即可。

(4)整篇文章:点击"编缉"菜单—点击"全选"(也可按 Ctrl+A 快捷键)。

3)文本的移动、复制与删除

(1)删除文本:选择文本后按键盘上的 Delete 键。

(2)移动文本:

选择文本—点击"编辑"菜单—点击"剪贴"(可直接点击工具栏中的"剪贴"按钮)—光标放目标位置—点击"编辑"菜单—点击"粘贴"(可直接点击工具栏中的"粘贴"按钮)。也可先选择文本后再按住左键拖放到目标位置。

(3)复制文本:

选择文本—点击"编辑"菜单—点击"复制"(也可直接点击工具栏中的"复制"按钮)—光标放目标位置—点击"编辑"—点击"粘贴"(也可直接点击工具栏中的"粘贴"按钮)。也

JBJ005　Word 文档的基础操作内容

可选择文本后按住 Ctrl 键再按住左键拖放到目标位置。

（4）撤消与恢复操作：

① 撤消：作用是撤消上一步操作。点击常用工具栏上的"撤消"按钮。

② 恢复：作用是恢复被撤消的操作。点击常用工具栏上的"恢复"按钮。

5. 文件的操作

在 Word 下作一个新文件前必须先进行建立文件操作，然后才可以输入或进行编辑。

（1）新建文档：单击常用工具栏上的"新建"按钮。

（2）打开文档：点击"文件"菜单—点击"打开"—选择文件—点击"打开"。

（3）保存文档：点击"文件"菜单—点击"保存"—在文件名上输入要保存的文件名称（可选择保存位置）—点击"保存"（第一次保存文件还可以用密码保存文件，以防其他人修改或查看文件的内容）。

（4）关闭文档：点击"文件"菜单—点击"关闭"（或者按标题栏右侧的"关闭"按钮，如出现"是""否""取消"三个按钮，"是"是要用户保存该文档后再退出，"否"则是对该文档进行不保存而退出，"取消"则是不退出回到编辑状态）。

（5）另存为：

用不同的文件名、位置或文件格式保存活动文件，还可以使用此命令对有密码的文件进行修改密码。

（6）文档切换：单击任务栏上的文档名称按钮。

6. 页面设置

方法：单击"文件"菜单—点击"页面设置"出现页面设置对话框。

（1）"页边距"标签可以设置上、下、左、右页边距；（也可以在页面中采用水平与垂直标尺大概的设置）

（2）"纸型"标签可以选择纸张大小和方向，设置好后单点击"确定"便可。

7. 打印预览（查看文档的最后编辑效果）

方法：单击"文件"菜单—点击"打印预览"（或单击常用工具栏的"打印预览"按钮）。在打印预览中可以看到光标变成了放大镜，在文档中移动鼠标单击可以查看，预览完后单击"关闭"按钮关闭预览窗口，回到页面视图中。

8. 打印

单击"文件"菜单—点击"打印"（出现对话框）—设置好后点击"确定"。

JBJ006　Word 表格基本操作内容

9. 在 Word 文档中插入表格

1）创建表格

（1）点击常用工具栏上的"插入表格"按钮，拖出所需要的行列数。

（2）单击"表格"菜单—点击"插入"—点击"表格"—设置行/列数—点击"确定"。

2）表格的基本操作

（1）表格的移动与调整大小：

① 将鼠标指针移动到表格范围内时，在表格的左上角会出现一个移动控制点，此控制点有两个作用：一是用鼠标拖动此移动控制点，即可随意拖动表格；二是单击该控制点可全选整个表格。

② 将鼠标指针移动到表格范围内时,在表格的右下角会出现一个调整控制点,用鼠标拖动此调整控制点,即可调整表格大小。

（2）表格的选择。

① 单元格：

当光标放在一个单元格的左下角时会出现一个黑色的斜向上的箭头,单击即可。

② 行/列：

鼠标移至行（列）的左侧（上边界）变成右（下）箭头时单击便可。

③ 单元格区域：

由多个单元格组成的矩形区域,利用左键拖动选择。

④ 整张表格：

光标放在表格内—单击"表格"菜单—点击"选定"—点击"表格"（或单击表格左上角的移动控制符号）。

（3）调整行高与列宽。

行高：把鼠标放在表格的横线上,出现一个符号和上下两个箭头时,按住鼠标左键不放上下拖动即可。

列宽：把鼠标放在表格的竖线上,出现一个符号和上下两个箭头时,按住鼠标左键不放上下拖动即可。

（4）一个或多个连续单元格的列宽修改。

先选定一个或多个单元格,把鼠标放在表格的竖线上,出现一个双竖线和左右两个箭头时,按住鼠标左键不放上下拖动即可。

（5）删除与插入表格、行、列、单元格。

删除：光标放在所需要删除的表格、行、列、单元格,点击"表格"菜单—点击"删除"—选择一个所需的命令单击即可。

插入：点击"表格"菜单—点击"插入"—根据所需的命令单击即可。

（6）拆分表格。

把光标放在所需拆分的行中,点击"表格"—点击"拆分表格",光标所在的行与上一行即拆分成两个表格;如果要合并拆分后的表格,可把光标放在两个表格的空隙之间的页边距外面单击后,按 Delete 键即可。

（7）绘制斜线表头。

把光标放在要绘制斜线的单元格,点击"表格"—点击"绘制斜线头"—在弹出的对话框中按需要设置。

二、技能要求

(一)准备工作

1. 设备准备

名称	规格	数量	备注
台式计算机	PⅢ以上机型	1 台	Windows 操作系统、Office 办公软件

（二）操作程序

序号	工序	操作步骤
1	准备工作	选择工具、用具
2	打开 Word 文档	选择 Office 程序，打开 Word 文档
3	页面设置	打开文件，选择页面设置
		纸张选择 A4
		调整页边距，上下边距均为 2.0cm、左右边距均为 2.5cm
		页面为纵向
4	制作表格	正确制作表头
		选择页面设置，点"页眉/页脚"，自定义页眉和页脚，正确制作页脚
		正确选择行高
		正确选择列宽
		选择边框，正确绘制表格边框
5	保存表格	对制作的表格进行保存

项目二　用绘图软件绘制一张线路走向图

一、相关知识

（一）Visio 操作基础知识

JBJ004　Vsio 制图软件应用

1. 概述

Microsoft Visio 是 Windows 操作系统下运行的流程图和矢量绘图软件，它是 Microsoft Office 软件的一个部分。

2. Visio 基本操作

1）Visio 绘图环境

（1）模具：指与模板相关联的图件（或称形状）的集合。利用模具可以迅速生成相应的图形。模具中包含了图件。

（2）图件：指可以用来反复创建绘图的图形。要将某个形状（如"流程"）从"形状"窗口中放入绘图页，单击并拖拽该形状。

（3）模板：是一组模具和绘图页的设置信息，是针对某种特定的绘图任务或样板而组织起来的一系列主控图形的集合，利用模板可以方便地生成用户所需的图形。一般分为 Web 图表、地图、电气工程、工艺工程、机械工程、建筑设计图、框图、灵感触发、流程图、软件、数据库、图表和图形、网络、项目日程、业务进程、组织结构图等。

（4）启动与退出：

启动：双击桌面上的 Microsoft Visio 图标（或点击"开始"菜单—指向"程序"—点击"Microsoft Visio"图标）。

退出：点击"文件"菜单，点击"退出"（或点击 Visio 窗口标题栏最右端的"关闭"按钮）。

（5）打开模板：点击"文件"菜单选择"新建"，选择绘图类型。

（6）打开模具：点击"文件"菜单选择"形状选择模具"。

（7）文档模具：开始绘图时，Visio 创建的特定于该绘图文件的模具。点击"文件"菜单选择形状选择显示模具。

2）文件操作

新建绘图文件：点击"文件"菜单选择新建，点击"新建"绘图。

创建新页：点击"插入"选择新建页。

基本绘图工具：在工具栏选项中选择绘图工具，可以选定直线、弧线、矩形、椭圆、自由曲线五种绘图方式。

3）图形的操作

（1）图形的选择。

选择手柄：图形角上和边上的小框，用来改变图形的大小。

（2）图形的连接。

连接点：蓝色的"×"符号。

连接线：可粘贴在绘图中的两个图件之间的，用来连接它们的任何一条直线。

连接方式：

① 形状到形状连接：单击工具栏上"连接线"按钮，将要连接的形状拖到绘图页上。或者单击"连接线"放到第一个形状的中心上，出现红色轮廓，再拖到第二个形状上。

② 点到点连线：拖动两个连接点（右单击连接线可改变属性）。

（3）图形排列。

对齐形状：选择绘制图形，点击"形状"，点击"对齐形状"，选择对齐方式，选项创建参考线并将形状粘附到参考线。

分布图形：选择最少 3 个绘制图形，点击"形状"，点击"分配形状"，选择对齐方式，选择创建参考线并将形状粘附到参考线。

4）文本操作

文本块：与某个形状相关联的唯一的文本区域称为文本块。

选取文本块：单击"文本工具"旁的下三角按钮，选择"文本块工具"单击相应的形状来选择文本块。

创建纯文本图形：单击工具栏中的"文本工具"图标按钮。

（二）PPT 制作方法

JBJ007　多媒体课件制作方法

PowerPoint(PPT)专门用于制作演示文稿（俗称幻灯片），广泛运用于各种会议、产品演示、学校教学等。PPT 包含有很多的功能，可以根据个人喜欢和需求来选择其部分。

1. 新建文件

点击"开始"—"所有程序"—"Microsoft Office"—"Microsoft PowerPoint 2010"，在桌面上就会出现新建的文件了。在幻灯片区就可以制作幻灯片了。多媒体课件的信息表达元素主要由文本、静图、动画、音频元素构成。

2. 编辑制作幻灯片

1）插入图片

点击"插入"，在出现的下拉菜单中选择"图片"，弹出插入图片的窗口，浏览找到相应的图片并将其导入。插入成功后，图片显示在相应幻灯片上，可以点选图片后，通过鼠标拖动图片边上的小方点或小圆点，来调整图片的大小。

2）插入文字

点击"插入"，在下拉菜单中选择"文本框"里的"横排文本框"或"垂直文本框"。鼠标在幻灯片上某一位置点击一下，就会出现输入框了。在里面输入相应文字。选中文字会在旁边出现一个文字设置栏，可以设置文字的颜色、字体、大小等。

3）幻灯片切换

可以设置幻灯片与幻灯片间的转换/切换效果。点击"切换"，在下拉菜单中的效果设置处，点击向下的箭头，就会下拉出很多的切换效果样式来。选择一个喜欢的样式，选择后会自动预览一次。在"效果选项"下拉菜单中，可以对选择的切换效果进一步设置。

4）声音效果

在切换过程中，还可以设置一个声音效果，点击初始为"无声音"的向下三角，下拉出多种声音如爆炸、抽气、打字机、风铃等。

5）动画特效

动画特效就是可以设置某一元件的进场、出场、强调、路径等动态效果。点击"动画"，在下拉菜单中选择"动画窗格"，在PPT界面右边会出现一个动画窗格的编辑栏。在幻灯片上选中某一元件如图片、文字等，再点击"动画"—"添加动画"的倒三角，下拉出现各种特效。选择一个喜欢的特效即可。

6）保存PPT

保存PPT有几种方式，可以直接点击PPT界面左上角"P"旁边的"保存"按键，即马上保存。或者点击"文件"下拉菜单中左上方的"保存"或"另存为"按钮。

7）PPT转视频

如果将制作好的PPT转换为视频文件，可以上传网络和手机，刻录光盘等，用途很多，方便观看。

基本操作为：添加PPT文件，PPT版本不限；幻灯片预览；自定义，可以添加背景音乐、水印，切换时间设置等；输出格式，支持几乎所有现有主流格式的导出；输出路径；最后，开始PPT转换视频。

二、技能要求

（一）准备工作

1. 设备准备

名称	规格	数量	备注
台式计算机	PⅢ以上机型	1台	Windows操作系统、Office办公软件

（二）操作程序

序号	工序	操作步骤
1	准备工作	选择工具、用具
2	打开Visio文档	选择Office程序
		打开Visio文档

续表

序号	工序	操作步骤
3	进行页面设置	打开文件,选择页面设置
		纸张选择 A4
		调整页边距,上下边距均为 2.0cm、左右边距均为 2.5cm
		页面为横向
4	制作线路模板	打开文件,新建文档
		绘制线路模板
		保存线路模板到指定的文件夹
		按照线路模板文件格式保存
5	绘制线路图	绘制线路图,线路基本走向、各项标志准确
6	保存线路图	对绘制的线路图进行保存

项目三 编制线路施工方案

一、相关知识

(一)施工图纸交底

施工图技术交底,也可以说是一个技术审定会,在会议上由设计部门对该工程的设计依据和原则,设计范围和指导思想,以及设计内容等向与会人员进行介绍,然后由到会的有关单位和人员对施工图纸提出需要修改的意见和要求。待基本达成一致意见后,由组织技术交底单位写出会议纪要。

JBK001 施工图技术交底的内容

1. 组织形式

施工图纸由设计单位提供,施工图技术交底则由建设单位支持进行。

在施工图技术交底前,设计单位应按要求或经商定向建设单位提供足够的成套施工图纸,由建设单位分发给各有关单位审阅,其中包括施工单位、运行单位和有关协议单位。各单位在接到施工图纸后,应对图纸的内容进行认真审阅,然后结合本单位的实际情况,在不违反设计原则的前提下,拟定对设计的有关要求和修改建议,以便在交底会议上提出。

准备工作就绪后,由建设单位负责召集上述有关单位和人员,进行施工图技术交底工作。对于较大型的线路工程,还应请上一级部门的有关领导参加。技术交底时,各有关单位和领导提出的意见和建议,建设单位、设计单位均要进行详细记录。在经过合议和协商后形成共识,并达成一致意见。

2. 交底内容

施工图技术交底主要有以下内容:

(1)工程设计依据。

(2)工程的初步设计审查意见及执行情况。

(3)线路路径部分,主要包括:

① 路径造像介绍。

② 沿线交通及运输道路。

③ 线路经过地段的地形、地质情况。

④ 交叉跨越情况。

⑤ 进出线布置及相位情况。

⑥ 全线杆塔形式及数量。

（4）线路电气部分，主要包括：

① 本工程采用的气象条件。

② 工程中采用的导线、避雷线型号和有关机械计算参数。

③ 防雷接地和绝缘配合情况。

④ 导线换位和倒相情况。

⑤ 导线、避雷线的防振措施。

（5）线路结构部分，主要包括：

① 对工程所用材料及构件的要求。

② 对土石方开挖和回填时的要求。

③ 对基础钢筋制作、现场浇制、试块制作和基础面的预留高差等提出要求。

④ 对杆塔组合、紧线挂线和杆塔防盗的要求。

（6）对通信线路的影响及保护。

① 本工程对通信线路的影响范围。

② 设计原则及依据。

③ 计算结果及所采取的保护措施。

（7）对其他有关部分的要求和说明。

3. 设计修改

在施工图技术交底过程中，由于与会各单位所处的位置不同，所考虑的问题也不相同，会根据本单位的利益所在，对设计提出相关的问题和修改建议。如施工预算可能超出概算指标的问题；工地运输平均运距问题；线路沿线地质分类和各占比例问题；杆塔结构形式和设置地点；防污标准执行问题；三线改造及政策性赔偿费用等。针对与会各单位提出的问题和修改建议，建设单位和设计部门应将其归类整理，然后根据设计规范、标准和上级有关指示，对这些问题和建议统一进行考虑。

对于不影响设计原则且小范围的一般性设计修改，设计单位可在施工图交底会议上提出解决方案。对于较大范围的设计修改，或与设计规范及上级有关指示有抵触，以及涉及费用调整问题，则需综合考虑，统一平衡，并向有关部门反映汇报再确定处理意见。

当设计修改工作完成且设计部门签发设计修改通知单后，建设单位可视情况再次召集有关单位进行讨论，对修改后的设计是否切合实际，能否满足各单位的要求，并对某些不能变更的原因进行说明。

（二）会议纪要

当施工图技术交底会议基本达成一致意见后，建设单位应将会议内容汇集整理写出会议纪要。纪要中应包括工程名称、交底会议地点、日期、参加单位和人员、提出的问题、设计修改方案和修改说明，然后与会人员在纪要上签字，会议纪要一经形成，各单位应严格执行。

对所形成的会议纪要,要及时下发至各有关单位,必要时报送上级有关部门存档备查。

JBK003 施工组织措施的内容

(三)施工组织措施编制

施工单位在接到施工图技术交底会议纪要后,即可根据会议纪要精神,并结合施工图纸设计内容,着手制订施工计划和编制施工组织措施。施工计划和施工措施的编制范围和内容,可根据施工单位的组织机构分层次进行。较大型的基本建设施工集团或建设安装公司(处),因属于决策、管理部门,因此在编制施工措施中,可偏重于施工组织措施(也称施工组织设计)的编写。其下属的施工队或工区,由于是直接参加现场施工,则应偏重于安全措施和技术措施的编写。

施工组织措施主要应从施工组织建立、施工方案制订和工程施工管理等几个方面着手编制。

1. 施工组织

建立健全组织体制,是保证施工安全、施工质量和施工工期的重要措施之一。因此该项内容的编制,主要以书面的形式将施工行政负责人,施工技术负责人,后勤、材料负责人,现场施工负责人,现场技术负责人,专职兼职安全质量负责人的姓名、工作职责等予以明确,以便在工程施工中各负其责,互不扯皮。

2. 施工方案

施工方案中主要对施工器材的供应和运输方式方法,现浇基础的施工方式,杆塔组立方案,架空线展放、压接、弛度观测、收线方式方法,跳线、附件和接地装置的安装和敷设方法,以及其他方面工作要求等,作重点说明。

3. 施工管理

施工管理主要从工程进度预控、施工安全保证、工程质量监督检查、施工材料质量、施工记录整理和现场文明施工几个方面进行编制。

(四)线路概况编制

JBK002 线路概况的编制方法

1. 线路路径

应说明该线路自某个电厂或变电所出线构架的第几个出线间隔出线,出线后线路的走向,经过的主要地区名称及重要的交叉跨越名称,然后经过某地进某变电所的第几个间隔,并注明该线路的全长。

2. 沿线地形、地质及交通情况

说明线路经过地段的地形、相对高差情况,沿线平地、丘陵、山地、河网、泥沼等地段的比例。沿线的地质类别,各类地质所占比例,地下水位情况和交通道路情况。

3. 交叉跨越情况

对沿线交叉跨越物的类别、跨越次数以及跨越要求进行说明,该项可用表格表示。

4. 基础形式

应说明本线路所用"三盘"的规格型号、钢筋混凝土基础的形式,并说明混凝土强度等级。

5. 杆塔型号

对全线路工程所用的杆塔型号、呼称高、全高、杆塔质量、基数等进行说明,并分别注明杆、塔的总基数和总质量。为了阅读直观,可采用列表方式说明,对有特殊要求者(如杆塔增设防盗设施），还应单独注明。

6. 架线及电气部分

说明本工程导线、避雷线所采用的型号和形式，导线悬垂串、耐张串、跳线串的组合方式，绝缘子型号，导线是否换位和调相，避雷线架设采用的方式和保护角度，以及对导线、避雷线初伸长所采取的补偿方法。

7. 线路防振和接地

说明导线、避雷线采用的防振措施、接地装置的形式及接地装置材料的规格型号。

8. 其他说明

说明其他要注明的事项和要求。

（五）施工安全措施编制

施工安全措施应以部颁的《电业安全工作规程》和部颁《电力建设安全规程》为依据，结合工程特点、施工条件及施工地段的地理环境等进行编制。

施工安全措施应按材料运输、土石方工程、基础施工、杆塔组立、放线紧线和附件安装等几个分项工程分别制订。

1. 材料运输

材料运输是以起重、装运内容为主的工作项目，根据其工作性质应特别注意起吊、捆绑、运输和装卸方面的安全。因此对该项工作安全措施的编制，应根据本工程所用材料种类、形状和质量等不同特点，从施工材料的起吊和装车方式、放置方位和捆绑技巧、运输和卸车等方面进行考虑，以使在材料运输过程中有章可循。

2. 土石方工程

土石方工程主要是杆塔基坑、拉线基坑及接地槽的挖、填工作。在编制安全措施时，应从沿线的地质结构和坑基的挖、填方式方面考虑。

3. 基础施工

基础施工应从杆塔"三盘"埋设、铁塔混凝土基础浇制等方面考虑编制安全措施。

4. 杆塔组立

杆塔组立是线路施工中的重要工序，也是比较容易出现不安全情况的一项工作。因此，在编制杆塔施工的安全措施时，应从以下几个方面考虑：

（1）电杆焊接、电杆组装和螺栓金股方面。

（2）对杆塔组立工作所用的工器具和施工机械的安全要求。

（3）杆塔组立施工现场布置方面。

（4）杆塔起立时，起立过程中和起立后的安全措施。

（5）施工现场人员安排和所处位置。

（6）其他有关方面。

5. 放线紧线

放线紧线工作可以说是线路施工的关键工序，工作区段一般较长，人员相对分散，工作内容较多，工作时间长。因此对架空线展放、线盘的设立、跨越架的搭设和看守、放线过程的联系、架空线的压接、杆塔的临时补强、牵引机械的选用、架空线弧度观测、挂线人员的位置、信号的传递等主要工作项目，均应制订较具体的安全措施。

JBK004 施工
安全措施的内容

6. 附件安装

附件安装均为高空作业,安全措施的编制主要从工器具传递、防高空摔跌、工器具的强度和防止感应电压等几个方面考虑。

JBK005　施工技术措施的内容

(六)施工技术措施的编制

施工技术措施实际上就是执行工程施工中的技术标准和施工工艺标准。编制时,对测量分坑、土石方工程、基础施工、杆塔组立、架线工程和附件安装等几个大的方面应分别进行编制,技术措施的编制主要以下列内容为依据:

(1)线路施工图设计总说明。

(2)110~500kV架空电力线路施工及验收规范。

(3)设计、建设单位的特殊要求。

(4)其他有关的规范和条例。

所编制的技术措施应结合本工程实际,要易于理解和便于操作,使之真正起到技术标准和指导施工的作用。

JBK006　送电线路资产分界点划分方法

(七)送电线路运行和管理

1. 线路设备资产分界点划分和管理

送电线路通过施工安装、启动验收、试运行合格后,即可交生产单位投入运行。由于电力系统各生产单位的工作性质不同,管理设备范围也不相同。因此,送电线路在投入生产运行前,应根据电网结构形式,做好资产分界点的划分和划分后的运行管理工作。

线路设备资产分界点划分,就是划分线路资产管辖范围,其目的是明确线路维护管理职责范围,避免由于职责不清而出现管理上的"空白点",从而导致事故的发生。线路设备资产分界点划分范围一般有以下三种。

(1)线路与发电厂、变电所或用户的专用变电所。

根据部颁《架空送电线路运行规程》规定,送电线路与发电厂变电所的资产分界点,一般规定为出线构架的耐张线夹或T接线夹线路侧1m处。

(2)一条线路属于两个或以上单位负责运行管理。

当送电线路由两个或以上单位分段运行管理时,其资产管理分界点应选择在该线路中某一耐张杆塔或分支杆塔处,如果用户自管的线路从供电部门所管辖的线路上T接用电时,则应将资产管理分界点设在T接线夹处。即T接线夹及以下设备由用户负责运行维护管理,原主线路由线路部门负责运行管理,但必须签订线路资产运行管理分界点协议。

(3)跨省、市、地区的送电线路。

跨省、市、地区的送电线路,其线路资产运行管理分界点,一般以省、市、地区行政区界划分为宜,并由线路经过地的电力公司下文明确各运行单位的运行维护管理职责范围。

根据常规,线路资产运行管理分界点,应选择在线路有明显断开点处,每条线路必须明确所属的运行单位和运行负责人,不得出现运行管理空白点。若分界处无明显断开点,则应根据线路设备的具体结构和运行习惯,经两个运行单位共同协商形成共识后确定分界点。线路资产运行管理分界点确定后,两个运行单位双方应签订书面(资产分界点)协议,明确各自的管理范围。

JBK007 输电线路特殊区域管理方法

2. 特殊区域管理

送电线路一般为几千米至数百千米,线路经过的地段比较复杂,有较平坦的地段,也有山川、河流等复杂地段。因此,运行单位应根据线路沿线的地形地貌、周围环境、气象条件和本单位的运行组织机构形式等特点,将线路沿线的路段划分为若干个特殊区域,以便有针对性地加强运行巡视检查,并进行季节性预防工作。

1)特殊区域划分

线路的特殊区域主要指下列区域:

(1)覆冰区:温湿暖流与冷空气交汇地带。

(2)污秽区:火电厂、化工厂、水泥厂、冶金厂附近及盐碱严重或风沙较大地区。

(3)强风区:河口、山谷、沿海地区和因地形原因易形成龙卷风地带。

(4)雨水冲刷区:山坡、河堤、低洼处、水库下游等,在夏季汛期易受山洪或雨水冲刷地区。

(5)滑坡、沉陷区:山坡、大坝、煤矿采挖区等易坍落及地面下沉地带。

(6)雷击频繁区:年雷暴日在30天以上区域。

(7)易受外力破坏区:靶场林区、鱼塘、机耕作业、放炮取石、村头路边等。

(8)导线易舞动地区:山谷、风口、沿海附近,由于风力较大,易造成导线舞动。

2)特殊区域管理

经过上述特殊区域的送电线路,除应进行正常巡视外,还应做好以下几项工作:

(1)针对特殊区域易发生事故的特点和规律,制订有效的反事故措施,进行重点巡视,防患于未然。

(2)根据季节变化,增加对特殊区域的巡视次数。在恶劣气候出现后,应进行特巡。

(3)对污秽严重地区应加强盐密监控和绝缘子串泄漏电流测试,必要时增加绝缘子清扫次数。

(4)在易受外力破坏地区附近,设置有关的警告牌、标志牌,以防止或减少外力破坏。

(5)向线路沿线的群众宣传电力法规和保护电力设施的重要性,发动沿线有关单位和群众协助搞好护线工作,以利于及时发现和消除线路设备缺陷。

3)大跨越线路管理

对跨越大江大河及山川的线路和跨越塔,应设立专责班组对其进行运行维护,人数可根据"定员标准"和运行工作需要确定,对大跨越线路的运行维护内容有:

(1)定期进行日巡、夜巡、登塔登线检查。

(2)检查杆塔体各部分结构的变化情况。

(3)检查各附件在运行中的变化情况,定期给线夹滑轮及其他转动部位加油。

(4)对线路绝缘子进行清扫和检测。

(5)定期测量导线弛度的变化,根据气候变化监视导线舞动和滑动,必要时应进行测振。

(6)定期检查铁塔基础情况并做好记录。

JBK008 输电线路计划管理内容

3. 计划管理

一个单位的安全运行工作能否上等级,与日常管理工作有直接关系。有计划、有步骤地安排各项工作,是搞好线路安全运行的可靠保证。

制订计划应根据上级文件精神和有关规章制度,结合本单位、本部门运行设备的健康状况进行。由部门领导召集工程技术人员,对项目内容、工作进度、"三措"执行情况进行充分讨论研究,以使所制订的计划切实可行,然后上报有关部门审批。计划一经批准,就应严格执行,不能随意变动。在特殊情况必须变动或追加计划时,应提前报审。在计划执行过程中要有检查,计划完成后要有总结。通过计划的实施,应达到提高运行设备健康水平的目的。

1)大修、更改工程计划

编制大修、更改工程计划,主要有以下内容:

(1)上次大修未完成的项目。

(2)运行线路计划内检修项目和现存的缺陷。

(3)在线路预防性测试和线路巡视检查中发现的新缺陷。

(4)可推广和利用的技术革新和改进项目。

(5)由于修路、挖河、加大爬距等,使运行线路需要改进或改道施工的项目。

(6)用于改善职工劳动条件,保护人身安全的措施。

2)反事故措施计划

制订反事故措施计划应根据上级文件和本部门运行工作的薄弱环节,结合本单位或其他单位事故教训和异常情况进行编制,其内容有:

(1)上级有关部门制订的反事故措施。

(2)防止线路事故、障碍、异常情况的对策。

(3)需要编修并贯彻的有关线路安全运行规程及其他规章制度。

(4)季节性安全大检查内容。

(5)需要消除影响线路安全运行的重大缺陷和隐患。

(6)提高线路安全运行的重大技改措施。

(7)需要添置和购买的安全用具和工器具。

当反事故措施计划报请上级批准后,应将计划内容分解,落实到人,然后对费用、材料和处理时间进行安排并限期完成,以确保送电线路安全运行。

3)设备预防性试验检查

设备预防性试验与检查,主要是针对线路各部件的运行情况,进行相应的检查测试,以便对设备运行状况做到心中有数,避免事故或障碍发生。主要编制内容有以下几点:

(1)按周期对线路绝缘子进行测试(包括对污秽区进行监控的绝缘子取样测量)。

(2)线路导线连接器和引流线节板的测温。

(3)线路接地电阻和泄漏电流的测量。

(4)线路隐蔽工程锈(腐)蚀情况检查。

(5)导线、避雷线弛度,导线对地限距、交叉跨越距离的检测和校核。

(6)避雷线锈蚀情况和放电间隙的检查。

4. 运行分析

送电线路常年在野外运行中,常会发生这样或那样的异常情况,危及线路安全运行。为此,线路运行单位要定期对运行线路进行分析,掌握运行情况,并有针对性地制订防范措施,

JBK009 输电线路运行分析方法

以保证线路安全运行。

线路运行情况分析应每月进行一次，也可结合单位的工作情况而定。运行分析以运行班组为主，运行部门的分管领导和运行专职人参加，要对线路的状况、存在的缺陷、检修的质量、薄弱环节和所发生的异常及事故等进行全面分析。主要内容有以下几方面：

（1）运行岗位分析。

主要分析线路运行人员对所管辖线路的巡视维护质量及巡视计划完成情况，如巡视周期、巡视到位率、巡视记录的准确率等。

（2）设备缺陷分析。

根据对线路的巡视情况和运行经验，对线路设备缺陷发生和发展的原因进行分析，从中找出规律，以便制订预防措施。

（3）事故和异常情况分析。

当线路发生了事故或异常情况时，应本着三不放过的原则，对其发生的原因进行认真分析，在有条件的情况下，要保存事故现场和实物，为事故分析和制订反事故措施提供依据。

（4）专题分析。

对线路的污闪、雷害、风灾、绝缘子劣化破碎、外力破坏、水泥裂纹、加工铁件锈蚀、导线及避雷线断股、特殊运行方式等进行专题分析，并提出防范措施。

运行分析的准确性是衡量运行人员技术水平的重要标志，也是保证线路安全运行的重要环节。因此，在进行运行分析时，尤其是在分析事故和异常情况时，一定要从思想上重视，并联系实际进行。对所分析的内容、原因及防范措施等应做好详细记录，以便吸取教训，积累运行经验。

5. 线路设备管理

JBK010 输电设备缺陷管理内容

加强线路设备管理工作，有计划地提高线路运行设备的健康水平，是线路技术管理的一项基础工作，也是企业管理的重要考核指标之一。

1）设备缺陷管理

运行线路的各个部件，凡不符合有关技术标准规定，处于不正常运行状态者，均称为线路设备缺陷。

为便于运行设备的管理工作，可将线路设备缺陷按严重程度分为三大类。

（1）Ⅰ类缺陷。

严重影响设备出力，或威胁人身和设备安全，其严重程度已达到不能保障线路继续安全运行，随时可能发生事故的缺陷。其主要情况有：

① 导线连接器有严重发热和发红现象，其电阻比同样长度导线的电阻大 2 倍及以上。

② 导线的相间距离、对地距离、交叉跨越距离不符合规程要求且已危及安全运行。

③ 导线断股严重，超过补修范围。导线上杂物即将造成相间或对地短路。

④ 避雷线放电间隙严重位移，能造成间隙灼伤，压接管、补修管开裂。

⑤ 绝缘子串有严重放电现象或被金属物短路，弹簧销脱落严重或裙盘脱落，测出的零值、低值绝缘子明显多于运行标准。

⑥ 杆塔缺材或歪斜超标准严重、锈蚀严重及主材螺栓缺少严重，混凝土杆裂纹严重。一基杆塔的拉线有一根断落或拉线断股超过截面的 1/3 及以上。

（2）Ⅱ类缺陷。

缺陷比较重大，已超过运行标准，对人身和设备安全有一定影响，但设备在短期内仍可以继续运行。其主要情况有：

① 导线断股或磨损严重但在补修范围内，连接器电阻比同长度导线大 1.5～2.0 倍。

② 导线的振动和电晕现象严重。

③ 接地极严重锈蚀、断裂，接地电阻、接地极截面不符合规程要求。

④ 绝缘子串积污严重，有异常响声，在雨雾天气放电严重，每片绝缘子硬伤超过规范值。

⑤ 绝缘子串有两片零值或瓷釉龟裂，球头、碗头严重锈蚀，倾斜严重，有缺销现象。

⑥ 杆塔倾斜、锈蚀严重、铁塔基础或混凝土杆有裂纹。

⑦ 拉线松弛引起杆塔倾斜，拉线锈蚀及拉线金具螺栓缺少。

（3）Ⅲ类缺陷。

对人身和设备无威胁，也不至于发展成为Ⅰ类、Ⅱ类缺陷，在一定时间内对线路的安全运行影响不大的缺陷。

① 导线有断股或松股现象。连接器电阻比同长度导线大 1.2～1.5 倍。

② 防振锤跑出、重锤脱落，压接管、补修管弯曲值超标准。

③ 绝缘子有积污，但雨雾天火花不严重。

④ 绝缘子串歪斜，铁帽、铁脚、铁件有锈蚀现象。

⑤ 杆塔缺材或缺螺栓，有倾斜现象，基础根部缺土或经常浸于水中。

⑥ 杆塔拉线明显生锈，交叉拉线有互碰现象，拉线部件不全，基础周围缺土。

2）线路设备评级管理

送电线路设备评级是供电设备管理的一项基础工作，是加强设备管理、分析和掌握设备运行状况的有效措施。

（1）Ⅰ类设备。

技术性能和运行状况良好，技术资料、图纸齐全，线路各部件无Ⅰ类、Ⅱ类缺陷，能保证线路长期安全经济运行。

（2）Ⅱ类设备。

能保持线路安全运行，线路个别部件不符合要求，主要技术资料、图纸均具备，无Ⅰ类缺陷，检修和预防性试验超周期，但不超过半年。

（3）Ⅲ类设备。

线路上有一类缺陷或其他重大缺陷存在，线路主要部件损坏且锈蚀严重，试验测试的主要项目不合格，主要技术资料、图纸均不全，且不能保证线路安全经济运行。

6. 送电线路检修管理

1）大修计划编报

JBK011 大修计划编报方法

编制线路大修计划应切实可行。编制大修计划的主要依据为：

（1）送电线路运行规程。

（2）上级颁发的有关规程、规定和要求。

（3）线路巡视、检修和测试中发现的缺陷。

（4）上级制订的年度大修时间配合表。

2）大修项目的主要内容

送电线路大修是为了使线路及其附属设备的电气和机械性能恢复至原设计水平而进行的修理和更换工作。主要包括以下内容：

（1）线路绝缘子清扫及杆塔、金具螺栓复紧。

（2）更换或补强杆塔及部件。

（3）更换或修补导线、避雷线并调整弛度。

（4）根据污秽区盐密测试情况，增装绝缘子或更换防污型绝缘子。

（5）恢复或补加接地装置。

（6）杆塔及拉线基础加固。

（7）更换或增加防振装置。

（8）杆塔及附件防腐防锈。

（9）处理不合格交叉跨越。

（10）清理线路通道。

（11）根据生产需要或其他影响，调整杆塔位置或改建部分线路。

3）大修计划编制方法

大修计划一般从基本情况、大修项目和大修费用三方面进行编制。

（1）基本情况。

大修计划的基本情况一般应有下列内容：

① 申请单位名称。

② 工程或设备名称。

③ 设备或导线型号。

④ 上次大修日期和本次大修计划日期。

（2）大修项目。

填报大修项目时，应根据正常巡视、检查和测试中所发现的线路缺陷和问题，以及计划在本次大修中需处理的其他项目填报。按照所需大修项目内容，逐条并分项详细填报清楚，不应出现漏项。

（3）大修费用。

大修费用主要由下列几项费用构成：

① 大修器材费。主要用于购买在本次计划大修中所需设备和材料的费用。

② 人工费。在大修中需支付的技工和辅助工的工资。

③ 其他费用。主要有施工人员的野外补助费、政策性补偿费和有关施工项目的外包费用等。

④ 器材回收费。指大修更换下来的线材、金具和铁加工件等的残值。

计划支出费用的总和，减去大修回收残值，即为本次大修的计划费用。

4）大修计划编制要求

（1）线路大修计划，一般在每年的第三季度编报次年的大修计划。而季度计划则应在每季的中旬报下一个季度的计划，以便于材料部门进行备料。

（2）编制大修计划应根据上级的有关指示并结合线路大修周期和大修时间配合进行，应做到编报的大修计划切实可行。

（3）在编制大修计划项目前，应了解线路目前的运行状况，并对日常运行工作中记录的问题和缺陷进行归纳，必要时应到现场进行核实，以使所报大修项目符合设备实际情况和具备检修处理的可靠性。

（4）在编制大修项目时，应根据项目的轻重缓急和工作量的大小，并结合施工场地的环境条件进行综合平衡。

（5）在编制大修项目的同时，还应对该项目需要器材的名称、规格、数量和价格，所需技术工人和辅助工人的数量和工资，以及其他所需费用列出明细表，附在大修计划之后。

（6）当线路大修计划编制完成并经上级有关部门批准后，即应按计划执行。如在大修中发现新的缺陷或因原报大修项目与现场实际情况有较大变化时，应及时修改原报计划或再补报计划。提出增减大修项目的理由，经上级批准后执行。

5）线路大修总结报告

大修总结报告，是在大修工程竣工后，对本次大修的进度、用工情况、大修工作量、计划外大修项目等情况的全面总结。大修总结报告记录了线路设备的现状，是反映大修情况和管理水平的文件，应作为档案资料保存。因此，在填写大修总结报告时，所填写的数据一定要真实准确。

（1）概况。

主要填报大修线路的名称、电压等级、大修工程编号、本次大修的起止杆号、大修的起始和完成时间、本次大修的用工量。

（2）大修工程量。

本次大修中，完成那些计划内的大修项目。

（3）计划外检修项目。

对大修计划外所完成的项目进行注明，以便核定用工计划和大修费用。

（4）存在问题。

对该线路经过大修后，还存在的问题和缺陷进行说明，以便使运行人员在线路巡视过程中加强检查监视。

（5）运行单位验收。

线路经过大修后，应经运行单位巡视验收，以便对线路大修的质量和大修计划完成情况予以正确评价。

（6）签字存档。

线路大修完成并经运行单位验收合格后，应在大修总结上签字，然后归档保存。

6）大修"三措"编制

JBK012 大修"三措"编制方法

大修"三措"是大修组织措施、技术措施、安全措施的简称。它是根据年度大修计划，或某项大修计划中所列的大修项目，编制的有针对性的措施。

（1）编制内容。

由于大修"三措"是根据大修计划内容所编制的现场型措施，因此，应根据大修计划中所报项目，有针对性地进行编制。

① 编制说明。

（a）编制本措施的主要目的。

（b）本措施适用范围。

（c）本措施编制的主要依据。

（d）其他有关要说明的问题。

② 组织措施。

送电线路大修工作和基建施工，在形式上有所不同，基建施工是按基建程序和阶段进行的，而线路大修则是按某单一项目进行的。因此，合理组织、明确分工是保证线路大修按质、按量、按期完成的重要措施。

（a）领导大修工作的组织机构。

（b）大修工作的领导人姓名和所负的主要责任。

（c）各工作地段的工作负责人姓名和应负的主要责任。

（d）大修安全技术负责人应负的责任。

（e）后勤工作负责人应做的工作和应负的主要责任。

（f）大修的工作项目和其他有关要求。

③ 安全措施。

线路大修安全措施的编制，应结合大修项目和施工特点，并针对工作中易忽视和出现问题的操作项目，制订出切实可行的安全措施，以便把安全工作做到每个职工、每项操作上。

安全措施的编制，应强调以下几点：

（a）现场工器具、材料的装卸和运输。

（b）工作票的签发和传达。

（c）线路停电、验电、挂接地线。

（d）大修所用工器具的检查和试验。

（e）登杆塔作业时的安全注意事项。

（f）大型作业项目的指挥、信号及工作人员的相互配合。

（g）邻近带电体的安全距离。

（h）更换线路附件和金具的安全注意事项。

（i）出现异常情况时的处理程序。

④ 技术措施。

编制线路大修技术措施的目的，主要是加强大修技术管理，进一步促使施工人员在大修中按照技术标准和工艺要求进行检修，以确保线路在大修后，能满足各项技术指标和验收规范。

（a）对线路各元件的检查项目和要求。

（b）应做的电气试验和试验标准。

（c）更换、安装线路附件和金具的技术标准和工艺要求。

（d）安装操作的允许误差范围。

（e）大修记录的填写项目和要求。

（2）编制要求及应注意事项。

① 编制大修"三措"应根据大修项目和内容,有针对性地制订有关措施,不要搞成多而全的措施汇总。

② 所录用的安全技术数据应准确,且有据可查,以免造成误导。

③ 对于比较重要的操作项目,应编制单项大修"三措",必要时还要编写现场操作规程。

(3)审核报批。

线路大修"三措",一般由施工单位(工区、工程队)的安全技术人员进行编制。对于一般的大修项目,所编措施由本工区或工程队主管领导审核批准后,即可下达执行。对于大型或复杂的大修项目,则应将编制完成的措施报请上一级安全监察和生产技术部门共同进行审核,最后经主管局分管生产的局长或总工程师签字批准后,正式下达至施工单位贯彻执行。

二、技能要求

(一)准备工作

序号	名称	规格	数量	备注
1	绘图纸		1张	
2	铅笔		1支	

(二)操作程序

序号	工序	操作步骤
1	准备工作	选择工具、用具
2	编制说明	编制施工依据
		本方案适用范围
		应遵守的规章制度
		绘制施工日期横道图
3	编制施工组织措施	成立组织机构,确定机构负责人
		明确各级机构、负责人的职权和职责
		本工程的主要工作量统计
		工作的详细分工
4	编制施工技术措施	依据工程要求选择合理的施工方案
		施工执行的质量标准
		选择主要施工机具的规格型号
		主要施工设备的强度校核
5	编制施工安全措施	设备、材料运输的安全要求
		停电、送电的有关程序
		现场安全技术措施的落实
		工具、器具检查和试验要求
		高空作业的安全注意事项
		大型操作项目的指挥、信号及工作人员的相互配合
		更换设备的安全注意事项
		出现异常情况时的处理程序
6	工作终结验收	参照有关规程规范执行

理论知识练习题

高级工理论知识练习题及答案

一、单项选择题(每题有4个选项,只有1个是正确的,将正确的选项号填入括号内)

1. AA001　导电性能介于导体和绝缘体之间的特性称为(　　)。
    A. 半绝缘体　　　　B. 半导体　　　　C. P 型半导体　　　　D. N 型半导体

2. AA001　常用半导体有硅和(　　)。
    A. 锗　　　　　　　B. 碳　　　　　　C. 锡　　　　　　　　D. 铅

3. AA002　在外电场作用下,半导体中的自由电子逆电场方向运动形成一部分电流称为
    (　　)
    A. 冲击电流　　　　B. 泄漏电流　　　C. 电子电流　　　　　D. 空穴电流

4. AA002　在半导体中,同时存在电子导电和空穴导电。电子和空穴同称为(　　)。
    A. 电流源　　　　　B. 载流子　　　　C. 电压源　　　　　　D. 导电体

5. AA003　以空穴为主要导电形式的半导体,称为(　　)半导体。
    A. P 型　　　　　　B. N 型　　　　　C. 电子　　　　　　　D. 空穴

6. AA003　以电子为主要导电形式的半导体,称为(　　)半导体。
    A. P 型　　　　　　B. N 型　　　　　C. 电子　　　　　　　D. 空穴

7. AA004　PN 结外加反向电压时对电流的阻碍作用,从外部看,反映出 PN 结的(　　),这
    就是 PN 结的单向导电性。
    A. 正向电阻很大　　　　　　　　　　B. 反向电阻很大
    C. 正向电流很大　　　　　　　　　　D. 反向电流很大

8. AA004　如果把 PN 结的(　　),这种接法称为 PN 结的正向接法。
    A. P 区接电源正端、N 区接电源负端　　　B. N 区接电源正端、P 区接电源负端
    C. P、N 区都接电源正端　　　　　　　　D. P、N 区都接电源负端

9. AA005　二极管以字母符号(　　)表示。
    A. UT　　　　　　　B. V1　　　　　　C. VD　　　　　　　　D. V0

10. AA005　将 PN 结焊上相应的引线并加以封装,就构成(　　)。
    A. 二极管　　　　　B. 三极管　　　　C. 放大器　　　　　　D. 晶闸管

11. AA006　半导体二极管(又称晶体二极管)是由一个(　　)加上相应的引出线和管壳制
    成的。
    A. 锗材料　　　　　B. 铜材料　　　　C. PN 结　　　　　　 D. 硅材料

12. AA006　就二极管来讲,P 区引出的电极称为(　　)。
    A. 正极　　　　　　B. 负极　　　　　C. N 极　　　　　　　D. S 极

13. AA007　二极管的伏安特性是非线性的,它具有(　　)。
    A. 双向导电性　　　B. 非导电特性　　C. 单向导电性　　　　D. 动稳定特性

14. AA007 二极管的伏安特性是指二极管两端电压和流过二极管的电流之间的（　　）关系。

    A. 数量　　　　　　　B. 矢量　　　　　　　C. 向量　　　　　　　D. 导数

15. AA008 二极管长期使用时所允许通过的最大正向平均电流又称（　　）电流。

    A. 正向导通　　　　　B. 反向截止　　　　　C. 最大整流　　　　　D. 最大负荷

16. AA008 二极管反接时,能承受的最大电压又称（　　）电压。

    A. 最高反向工作　　　　　　　　　　　　B. 最大瞬间击穿

    C. 最小安全工作　　　　　　　　　　　　D. 最小安全试验

17. AA009 在单相半波整流电路中,只有当阳极电位高于阴极电位时才能（　　）。

    A. 使 PN 结击穿　　　B. 使电路导通　　　C. 产生电动势　　　D. 产生过电压

18. AA009 整流电路输出电压常用一个周期内的（　　）来表示它的大小。

    A. 最大值　　　　　　B. 平均值　　　　　C. 额定值　　　　　D. 有效值

19. AA010 滤波电路的任务是去掉交流电整流后存在的脉动电流中的（　　）。

    A. 低频电流　　　　　B. 高频电流　　　　C. 谐波电流　　　　D. 高次谐波

20. AA010 经单相桥式整流电容器滤波后,输出电压的平均值为（　　）。

    A. U_2　　　　　　　　B. $\sqrt{2}\,U_2$　　　　　C. $\sqrt{3}\,U_2$　　　　　D. $1.2U_2$

21. AB001 在中性点直接接地的系统中,各相的绝缘按（　　）电压考虑,大大降低了电网的造价。

    A. 线　　　　　　　　B. 相　　　　　　　C. 380V　　　　　　D. 220V

22. AB001 中性点不接地的电网中,正常运行时对地电容电流为（　　）。

    A. 零　　　　　　　　B. 负值　　　　　　C. 正值　　　　　　D. 不平衡电流

23. AB002 中性点直接接地系统发生单相接地故障时,接地短路（　　）。

    A. 电流较小　　　　　B. 电流很大　　　　C. 电流为零　　　　D. 电压很大

24. AB002 中性点直接接地系统中一相接地时,非故障相对地电压（　　）。

    A. 为恒定值　　　　　B. 变化很小　　　　C. 为线电压　　　　D. 为相电压

25. AB003 中性点不接地系统发生一相完全接地时,中性点的电位（　　）。

    A. 不变　　　　　　　B. 升高　　　　　　C. 降低　　　　　　D. 不一定

26. AB003 中性点不接地系统发生一相完全接地时,未故障相的对地电压（　　）。

    A. 不变　　　　　　　B. 升高$\sqrt{3}$倍　　　C. 升高 1 倍　　　　D. 下降$\sqrt{3}$倍

27. AB004 3~6kV 电网单相接地电流大于（　　）时,中性点应装设消弧线圈接地。

    A. 10A　　　　　　　B. 20A　　　　　　C. 30A　　　　　　D. 50A

28. AB004 10kV 电网单相接地电流大于（　　）时,中性点应装设消弧线圈接地。

    A. 10A　　　　　　　B. 20A　　　　　　C. 30A　　　　　　D. 50A

29. AB005 在中性点装设消弧线圈时,它产生的感性电流可以抵消故障点的（　　）,有利于电弧熄灭。

    A. 短路电流　　　　　B. 电容电流　　　　C. 冲击电流　　　　D. 谐波电流

30. AB005 经消弧线圈接地方式,发生单相接地故障时,接地短路（　　）很小。

    A. 阻抗　　　　　　　B. 感抗　　　　　　C. 电压　　　　　　D. 电流

31. AB006 在中性点直接接地系统中,凡中、低压有电源的变电所,至少应有( )台变压器接地。

   A. 1   B. 2   C. 3   D. 4

32. AB006 在中性点直接接地系统中,当同一母线接有三台或更多变压器时,可以考虑( )台变压器接地。

   A. 1   B. 2   C. 3   D. 4

33. AB007 中性点不接地系统发生单相接地故障时,接地短路( )。

   A. 电流很大   B. 电流很小   C. 电压最大   D. 电流为零

34. AB007 中性点不接地系统中一相接地时,故障点电流等于正常时本电压等级对地总电流的( )倍。

   A. 5   B. 4   C. 3   D. 2

35. AB008 在直接接地系统中,单相接地将引起( )。

   A. 断路器跳闸   B. 系统震荡
   C. 健全相电压高   D. 单相接地电流小

36. AB008 中性点直接接地的三相系统,也称为( )。

   A. 小电流接地系统   B. 大电流接地系统
   C. 有效接地系统   D. 非有效接地系统

37. AC001 直流电动机可分为( )数种。

   A. 他励、并励、复励、串励   B. 他励、串励
   C. 并励、复励   D. 复励、串励

38. AC001 三相异步电动机根据其转子结构的不同可分为( )两大类。

   A. 笼式、绕线式   B. 笼式、异步式
   C. 绕线式、同步式   D. 同步式、异步式

39. AC002 直流电动机电枢绕组的作用是( )。

   A. 产生主磁场   B. 改善换向性能
   C. 产生感应电动势   D. 提高转速

40. AC002 直流电动机的电刷因磨损而需更换时,应( )电刷。

   A. 选用较原电刷硬些的   B. 选用较原电刷软一些的
   C. 选用与原电刷牌号相同的   D. 随意选一种

41. AC003 直流电动机的主磁场是指( )产生的磁场。

   A. 主磁极   B. 电枢电流   C. 换向极   D. 磁铁

42. AC003 同一台直流电动机可以实现电动机和发电机的( )。

   A. 可逆转化   B. 不可逆转化   C. 直流电转换   D. 交流电转换

43. AC004 一台异步电动机铭牌数据中额定转速为 975r/min,则此电动机的磁极数是( )极。

   A. 6   B. 3   C. 4   D. 8

44. AC004 三相交流异步电动机的额定功率是指在额定电压下运行时( )。

   A. 从电网吸收的电功率   B. 从电网吸收的机械功率
   C. 轴上输出的机械功率   D. 轴上输出的电功率

45. AC005　三相交流异步电动机机座的主要作用是(　　)。

　　A. 磁路的一部分

　　B. 固定和支撑转子铁芯

　　C. 要有足够的机械强度和刚度受力而不变形

　　D. 固定和支撑定子铁芯同时也是通风散热部件,还要支撑电动机的转子部分

46. AC005　三相异步电动机的三相对称绕组中通入三相对称电流,则在定子与转子的空气
　　　　　　隙中产生一个(　　)磁场。

　　A. 旋转　　　　　　B. 脉动　　　　　　C. 恒定　　　　　　D. 永久

47. AC006　异步电动机的额定电压表示电动机(　　)绕组规定使用的线电压。

　　A. 定子　　　　　　B. 转子　　　　　　C. 励磁　　　　　　D. 电枢

48. AC006　异步电动机的额定电流表示电动机在额定电压及额定(　　)运行时,电源输入
　　　　　　电动机的定子绕组中的线电流。

　　A. 阻抗　　　　　　B. 功率　　　　　　C. 速度　　　　　　D. 角度

49. AC007　电动机连续运行方式是指电动机在铭牌上规定的额定值条件下,能够(　　)连
　　　　　　续运行。

　　A. 长时间　　　　　B. 事故时　　　　　C. 检修时　　　　　D. 轻载时

50. AC007　电动机连续工作适用于水泵、鼓风机等恒定(　　)的设备。

　　A. 信号　　　　　　B. 电压　　　　　　C. 负载　　　　　　D. 电流

51. AC008　有一台长久未用的电动机,启动后不久便有一种无味的白烟冒出,这是由于电
　　　　　　动机(　　)引起的。

　　A. 受潮严重　　　　B. 绕组短路　　　　C. 电源电压过高　　D. 绕组接地

52. AC008　三相异步电动机某相定子绕组出线端有一处对地绝缘损坏,电动机将发生
　　　　　　(　　)故障。

　　A. 停转　　　　　　　　　　　　　　　B. 温度过高而冒烟

　　C. 转速变慢　　　　　　　　　　　　　D. 外壳带电

53. AC009　为了保持电气上的对称,三相异步电动机的每相绕组的(　　)应该相等,并且
　　　　　　均匀分布。

　　A. 极数　　　　　　B. 极距　　　　　　C. 相数　　　　　　D. 槽数

54. AC009　三相异步电动机的定子绕组若为单层绕组,则一般采用(　　)。

　　A. 整距绕组　　　　B. 短距绕组　　　　C. 长距绕组　　　　D. 等距绕组

55. AD001　当系统某元件发生异常或故障时,要求(　　)把异常和故障元件从系统中
　　　　　　断开。

　　A. 用固定的时限和有选择性地　　　　　B. 用最短的时限和有选择性地

　　C. 用固定的时限和无选择性地　　　　　D. 用最短的时限和无选择性地

56. AD001　为了在事故后迅速恢复电力系统的正常运行,尽快消除电力系统出现的异常情
　　　　　　况,防止系统大面积停电,电力系统装设必要的(　　)。

　　A. 自动装置　　　　　　　　　　　　　B. 继电保护装置

　　C. 后备保护装置　　　　　　　　　　　D. 监测装置

57. AD002 输电线路由于故障机会较多,都装有不可缺少的不同类型的( )装置,以缩小事故范围。

 A. 安全 B. 自动 C. 保护 D. 连锁

58. AD002 继电保护装置的选择性是指保护装置仅动作于故障设备,使停电范围尽可能地缩小,保证( )设备照常运行。

 A. 非故障 B. 故障 C. 运行 D. 停电

59. AD003 继电保护装置测量部分的作用是测量( )并和整定值进行比较,从而判断保护是否应该启动。

 A. 被保护对象输出的有关信号 B. 保护对象输出的有关信号
 C. 保护对象输入的有关信号 D. 被保护对象输入的有关信号

60. AD003 继电保护装置逻辑部分的作用是根据( )各输出量的大小、性质、出现的顺序或它们的组合,使保护装置按一定的逻辑程序工作。

 A. 测量部分 B. 逻辑部分 C. 执行部分 D. 计算部分

61. AD004 继电保护动作的选择性,是指保护装置动作时仅将故障设备从电力系统中切除,使( ),而保证系统无故障的设备能继续安全运行。

 A. 停电时间尽可能缩小 B. 电量损失尽可能缩小
 C. 停电范围尽可能缩小 D. 保护范围尽可能缩小

62. AD004 对继电保护性能的基本要求有四个方面,其中最根本的要求是( )。

 A. 灵敏性 B. 选择性 C. 快速性 D. 安全可靠性

63. AD005 过流保护通常是指其启动电流按照躲开( )来进行整定的一种保护装置。

 A. 最大工作电流 B. 最小工作电流
 C. 最大负荷电流 D. 最小负荷电流

64. AD005 在一般情况下,过电流保护不仅能保护到本线路的全长,而且也能保护下一级线路的全长,可作为( )。

 A. 本线路的主保护 B. 本线路的后备保护
 C. 下一级线路的主保护 D. 下一级线路的后备保护

65. AD006 电流速断保护的保护范围是( )。

 A. 线路全长 B. 线路的一部分
 C. 下一级线路 D. 线路全长及下一级线路

66. AD006 无限时电流速断保护装置是瞬时动作的电流保护装置,当线路故障电流达到保护的( ),电流速断保护装置立即动作,使线路断路器跳闸。

 A. 最小值 B. 最大值 C. 整定值 D. 极限值

67. AD007 输电线路的( )保护是反映故障点至保护安装处之间的距离,并根据该距离的大小确定动作时限的一种继电保护装置。

 A. 电流 B. 电压 C. 距离 D. 纵差动

68. AD007 当输电线路故障点距保护安装处越近时,距离保护装置感受的( )。

 A. 距离越小;保护的动作时限就越短 B. 距离越小;保护的动作时限就越长
 C. 距离越大;保护的动作时限就越长 D. 距离越大;保护的动作时限就越短

69. AD008　距离保护启动元件的作用是当故障发生时立即启动整套保护,并可(　　)的测量元件。

　　A. 距离Ⅰ段　　　　　　B. 距离Ⅱ段　　　　　　C. 距离Ⅲ段　　　　　　D. 距离Ⅳ段

70. AD008　距离保护测量元件的作用是测量故障点至保护安装处的(　　),并与整定值比较,已确定保护动作与否。

　　A. 阻抗　　　　　　　　B. 感抗　　　　　　　　C. 容抗　　　　　　　　D. 电抗

71. AD009　采用电流、电压连锁速断保护的最小保护范围要求不小于线路全长的(　　)。

　　A. 15%　　　　　　　　B. 30%　　　　　　　　C. 45%　　　　　　　　D. 50%

72. AD009　电流电压连锁速断保护与过电流保护十分相似,只是取消了(　　)继电器。

　　A. 中间　　　　　　　　B. 功率方向　　　　　　C. 信号　　　　　　　　D. 时间

73. AD010　方向过电流保护装置装设于(　　)的线路上。

　　A. 单电源供电　　　　　B. 双电源供电　　　　　C. 短距离供电　　　　　D. 长距离供电

74. AD010　在双侧电源供电或环形供电线路中,必须采用(　　)。

　　A. 过流保护　　　　　　　　　　　　　　　　　B. 电流速断保护

　　C. 方向过电流保护　　　　　　　　　　　　　　D. 以上三种都可以

75. AD011　输电线路的(　　)保护能够实现全线快速切除故障。

　　A. 电流　　　　　　　　B. 电压　　　　　　　　C. 距离　　　　　　　　D. 纵差动

76. AD011　平行线路的(　　)是平行线路横联方向差动保护的另一种形式,它是基于比较平行线路两回线中电流幅值大小的原理而实现的。

　　A. 电流平衡保护　　　　B. 电压平衡保护　　　　C. 距离　　　　　　　　D. 纵差动保护

77. AD012　对于高电压、远距离输电线路,要构成能反映线路两端电气量的保护,应采用(　　)保护。

　　A. 电压平衡　　　　　　B. 横联方向　　　　　　C. 高频　　　　　　　　D. 纵差动

78. AD012　输电线路高频保护分继电部分和通信部分,通信部分包括(　　)。

　　A. 收信机和通道　　　　　　　　　　　　　　　B. 收、发信机

　　C. 收、发信机及通道　　　　　　　　　　　　　D. 以上都不对

79. AD013　高频闭锁保护的基本原理是通过高频通道间接比较被保护线路两端(　　)的方向,以判断是被保护范围内部故障还是外部故障。

　　A. 电抗　　　　　　　　B. 电压　　　　　　　　C. 功率　　　　　　　　D. 阻抗

80. AD013　高频相差保护的基本原理是比较被保护线路两侧(　　)。

　　A. 电压的方向　　　　　　　　　　　　　　　　B. 功率的方向

　　C. 电流的相位差　　　　　　　　　　　　　　　D. 阻抗的方向

81. AD014　输电线路的零序过电流保护是按照躲开不平衡电流的原则整定,其值一般为(　　)。

　　A. 1~2A　　　　　　　　B. 2~3A　　　　　　　　C. 3~4A　　　　　　　　D. 4~5A

82. AD014　在小接地电流系统中发生单相接地时,两个故障相的对地电压要升高(　　)倍。

　　A. 1　　　　　　　　　　B. $\sqrt{2}$　　　　　　　　C. $\sqrt{3}$　　　　　　　　D. 2

83. AD015　零序电流保护装置通常采用三段式,第一段为瞬时零序速断,其保护范围为本线路的一部分,为(　　)。

　　A. 50%～60%　　　　B. 60%～70%　　　　C. 70%～80%　　　　D. 80%～90%

84. AD015　零序电流保护装置通常采用三段式,第三段为(　　)保护。

　　A. 瞬时零序速断　　　　　　　　　B. 零序过电流速断

　　C. 零序过电压速断　　　　　　　　D. 带时限零序速断

85. BA001　人力放线时要有专人在前面引路,对准前进方向并注意瞭望后侧的信号,控制(　　)。

　　A. 放线速度　　　　B. 牵拉力度　　　　C. 导线走向　　　　D. 导线摩擦

86. BA001　当架空线放至某基杆塔时,应将架空线(　　)后继续牵引。

　　A. 做必要检查　　　B. 穿过滑车　　　C. 穿越导线横担　　　D. 穿越跨越架

87. BA002　固定机械牵引所用的牵引绳,应为(　　)。

　　A. 传递绳　　　　　　　　　　　　B. 白棕绳

　　C. 普通钢丝绳　　　　　　　　　　D. 无捻或少捻钢丝绳

88. BA002　同时牵引施放多根架空线时,应注意各线的位置,防止导线、避雷线(　　)。

　　A. 刮擦　　　　　　B. 缠绕　　　　　　C. 交叉　　　　　　D. 出现金钩

89. BA003　施工时应正确计算和观测弧垂,使架空线具有(　　)的应力。

　　A. 符合设计　　　　B. 足够强大　　　　C. 比较合适　　　　D. 相对稳定

90. BA003　紧线段在(　　)档及以下时,靠近中间选择一档。

　　A. 6　　　　　　　B. 5　　　　　　　C. 4　　　　　　　D. 3

91. BA004　导线受温度和(　　)的长期作用,除弹性伸长外,还将产生塑性伸长和蠕变伸长,综称为塑蠕伸长。

　　A. 张力　　　　　　B. 磁力　　　　　　C. 电场　　　　　　D. 损耗

92. BA004　塑蠕伸长分别与施加的恒拉应力大小、作用时间长短(　　)。

　　A. 有关系　　　　　B. 成正比　　　　　C. 有影响　　　　　D. 成反比

93. BA005　弧垂板应置于架空线悬挂点的(　　)绑扎牢固。

　　A. 垂直下方　　　　B. 垂直上方　　　　C. 水平上方　　　　D. 水平下方

94. BA005　如果遇到铁塔塔身宽度较大,弧垂板应扎于铁塔横线路方向的(　　)。

　　A. 边角线　　　　　B. 中心线　　　　　C. 边切线　　　　　D. 上导线

95. BA006　对跨越通航河流的大跨越档,其弧垂允许偏差不应大于±(　　)。

　　A. 1.0%　　　　　B. 2.0%　　　　　C. 2.5%　　　　　D. 3.0%

96. BA006　对跨越通航河流的大跨越档,其正偏差值,不应超过(　　)。

　　A. 0.5m　　　　　B. 1.0m　　　　　C. 1.5m　　　　　D. 2.0m

97. BA007　等长法观测弧垂,是从观测档两侧(　　)垂直向下量取选定的弧垂观测值。

　　A. 架空线悬挂点　　B. 绝缘子悬挂点　　C. 横担处　　　　　D. 吊线夹

98. BA007　用等长法观测弧垂,当气温变化而引起弧垂变化时,可移动一侧的弧垂板调整,调整量是弧垂变化值 Δf 的(　　)。

　　A. 1倍　　　　　　B. 2倍　　　　　　C. 3倍　　　　　　D. 4倍

99. BA008　使用预绞式接续条修补导线前应彻底刷理(　　)，使其光亮、洁净。

  A. 预绞式接续条外表面　　　　　　　B. 导线需接续区域

  C. 预绞式接续条内表面　　　　　　　D. 导线损伤区域

100. BA008　使用预绞式接续条修补导线时，如果导线受损处出现散开现象，必须将其剥至(　　)剪掉。

  A. 两个节距长度处　　　　　　　　　B. 三个节距长度处

  C. 四个节距长度处　　　　　　　　　D. 五个节距长度处

101. BA009　使用全张力接续条接续导线时，需剪切掉的外层铝线的长度为(　　)。

  A. 半个钢芯接续条长度　　　　　　　B. 半个填充条长度

  C. 半个钢芯接续条长度加6.35mm　　D. 半个填充条长度加6.35mm

102. BA009　使用全张力接续条接续导线，钢芯接续条的中心标志应置于(　　)。

  A. 导线铝线层的尾端　　　　　　　　B. 导线钢芯的尾端

  C. 导线铝线层的中心　　　　　　　　D. 导线钢芯的中心

103. BA010　迅速可靠的(　　)是张拉放线正常作业的基本保证。

  A. 通信联络　　　B. 协调关系　　　C. 即时勘测　　　D. 即时联系

104. BA010　施工段应对所有(　　)设备进行频率与灵敏度的校验。

  A. 机械　　　　　B. 通信　　　　　C. 保护　　　　　D. 紧线

105. BA011　对小截面导线采用螺栓式耐张线夹及钳接管连接时，其试件应(　　)。

  A. 表面处理　　　B. 分别制作　　　C. 耐压试验　　　D. 应力测试

106. BA011　螺栓式耐张线夹的握着强度不得小于导线保证计算拉断力的(　　)。

  A. 90%　　　　　B. 85%　　　　　C. 80%　　　　　D. 75%

107. BA012　不同金属、不同规格、不同绞制方向的导线或避雷线，严禁在一个(　　)连接。

  A. 杆塔上面　　　B. 耐张段内　　　C. 电压等级　　　D. 直线段内

108. BA012　导线、避雷线接续，爆压管爆压后出现裂缝或(　　)时，必须割断重接。

  A. 穿孔　　　　　B. 变热　　　　　C. 不均　　　　　D. 麻面

109. BA013　布线时，线轴应集中放在各放线段(　　)塔处，并尽量将长度相等的线轴放在一起，便于集中压接、巡线及维护。

  A. 直线杆　　　　B. 耐张杆　　　　C. 终端杆　　　　D. 分支杆

110. BA013　布线时，不同规格、不同捻向的导线(避雷线)，不得在(　　)。

  A. 同一相上连接　　　　　　　　　　B. 同一基杆塔上使用

  C. 同一条线路上使用　　　　　　　　D. 同一耐张段内连接

111. BB001　在整体起立杆塔的施工机具中，只有抱杆是一组(　　)机具。

  A. 受拉　　　　　B. 受压　　　　　C. 受力　　　　　D. 承重

112. BB001　抱杆是送电线路组立杆塔的重要工具之一，按起吊的方式分类，有固定式独立抱杆和(　　)两大类。

  A. 摇臂抱杆　　　　　　　　　　　　B. 外拉线抱杆

  C. 倒落式人字抱杆　　　　　　　　　D. 内拉线抱杆

113. BB002　如果(　　)偏小,在杆塔初离地面时,抱杆和牵引绳的受力会较大。

A. 初始角　　　　　　B. 有效高度　　　　　C. 根开　　　　　　　D. 坐落点位置

114. BB002　抱杆、坐落点位置,即抱杆脚落地点至(　　)的距离。

A. 电杆底盘中心　　　　　　　　　　B. 整立杆塔支点

C. 杆坑边缘　　　　　　　　　　　　D. 拉线地锚

115. BB003　采用哪种方式组立杆塔应根据杆塔的(　　)、质量、施工场地条件等选取,必要时应进行经济技术比较加以确定。

A. 组装方位　　　　　B. 结构形式　　　　　C. 杆型材质　　　　　D. 适用范围

116. BB003　杆塔组立的方法有多种形式,归纳起来大体可分为整体组立杆塔和(　　)组立杆塔两大类。

A. 分片　　　　　　　B. 分角　　　　　　　C. 分解　　　　　　　D. 分段

117. BB004　人字抱杆立好后,应复核人字抱杆对地夹角是否符合平面布置图要求,夹角过大时,要适当调整(　　)。

A. 绑点绳　　　　　　B. 牵引绳　　　　　　C. 制动绳　　　　　　D. 固定钢绳

118. BB004　整立单杆时人字抱杆置于混凝土杆(　　),头部用一根小木杠垫在混凝土杆上或搁在马镫上。

A. 一侧　　　　　　　B. 两侧　　　　　　　C. 前面　　　　　　　D. 后面

119. BB005　安装铁塔底部结构的目的之一是利用它作为(　　),便于整立塔头。

A. 平台　　　　　　　B. 杠杆　　　　　　　C. 动力　　　　　　　D. 支撑

120. BB005　提升倒装塔身前期必须先安装(　　)。

A. 铁塔骨架　　　　　B. 铁塔主梁　　　　　C. 主塔骨干　　　　　D. 铁塔底部结构

121. BB006　不论单杆或双杆,在整立时均应设置防倾倒(　　)拉线。

A. 防风　　　　　　　B. 终端　　　　　　　C. 承力　　　　　　　D. 临时

122. BB006　在杆塔刚起吊离开地面时,由于各处受力的钢丝绳处于刚收紧的程度,杆塔可能要向某一侧偏斜。这时,可收紧(　　)的临时拉线,使杆塔恢复到中心线位置。

A. 同侧　　　　　　　B. 对侧　　　　　　　C. 横向　　　　　　　D. 纵向

123. BB007　整立电杆施工中的牵引部分,主要由总牵引钢丝绳、(　　)、牵引转向滑车和牵引设备组成。

A. 定滑轮　　　　　　B. 动滑轮　　　　　　C. 牵引滑车组　　　　D. 固定钢绳

124. BB007　抱杆牵引系统中,为了防止滑轮组钢绳受力后发生(　　),应在动滑轮上加一木棒,在木棒一端系上重物。

A. 扭转　　　　　　　B. 滑脱　　　　　　　C. 上扬　　　　　　　D. 下降

125. BB008　抱杆牵引动力装置应尽量布置在线路(　　)上,当出现角度时,与牵引方向的夹角小于90°。

A. 中心线或内角的两等分线　　　　　B. 中心线或转角的两等分线

C. 转角的两等分线　　　　　　　　　D. 中心线

126. BB008　抱杆牵引动力装置的机动绞磨主要是由（　　　　　）、变速箱、离合器、卷筒和固定支架组成。

　　A. 小型汽油机　　　　　B. 磨芯　　　　　　　C. 电动机　　　　　　　D. 牵引滑车

127. BB009　采用人字抱杆组立杆塔,吊点数量的选择和各吊点的相对位置,取决于杆塔整立时的（　　　）,应使杆塔所承受的弯矩不致使杆塔本身发生变形损坏。

　　A. 杆塔重量　　　　　B. 杆塔结构　　　　　C. 受力情况　　　　　D. 杆塔高度

128. BB009　固定绳套在主杆上的绑固方法,当采用两点起吊时,可将绑点绳的两个端头在吊点位置缠绕（　　　）圈后用 U 形环连接。

　　A. 1～2　　　　　　　　B. 3～4　　　　　　　C. 4～5　　　　　　　　D. 5～6

129. BB010　制动钢丝绳多采用（　　　）钢丝绳,其受力情况是随杆塔起立角度而变化的。

　　A. 多股细丝　　　　　B. 单股细丝　　　　　C. 单股粗丝　　　　　D. 多股粗丝

130. BB010　杆塔起立到（　　　）制动钢丝绳受力最大,为杆塔总重的 1.3～1.7 倍。

　　A. 20°～30°　　　　　B. 40°～60°　　　　　C. 70°～90°　　　　　D. 10°～20°

131. BB011　总牵引地锚应位于线路中心线上或线路转角二等分线上,使牵引钢绳对地夹角小于或等于（　　　）。

　　A. 20°　　　　　　　　B. 30°　　　　　　　　C. 40°　　　　　　　　D. 50°

132. BB011　制动地锚位于主杆的延长线上,距离主杆端部的距离不应小于（　　　）。

　　A. 20m　　　　　　　　B. 15m　　　　　　　　C. 10mm　　　　　　　D. 5m

133. BB012　杆塔整立起立前应检查牵引系统、（　　　）连接可靠正确。

　　A. 固定钢绳系统　　　B. 动力系统　　　　　C. 制动系统　　　　　D. 起吊系统

134. BB012　杆塔整立起立前应检查混凝土杆绑点及杆塔本体的（　　　）已做好。

　　A. 金具安装　　　　　B. 裂纹修复　　　　　C. 补强措施　　　　　D. 螺栓紧固

135. BB013　杆塔起吊过程中,当混凝土杆柱离地（　　　）时,停止牵引,再次对杆塔及其他各受力部件进行检查。

　　A. 1～2m　　　　　　　B. 1～1.5m　　　　　C. 0.5～1m　　　　　　D. 2～2.5m

136. BB013　杆塔起吊过程中,立至 60°～70°时,必须打上（　　　）拉线,配合杆的起立,随时调整其松紧,使其符合要求。

　　A. 反向临时　　　　　B. 反向永久　　　　　C. 正向临时　　　　　D. 正向永久

137. BC001　混凝土基础施工中,由于模板湿润不够、不严密,捣固时发生漏浆或捣固不足,气泡未排出,以及捣固后没有很好养护而产生（　　　）。

　　A. 空洞　　　　　　　B. 蜂窝　　　　　　　C. 麻面　　　　　　　D. 露筋

138. BC001　混凝土基础施工中,浇筑时垫块位移,钢筋紧贴模板,混凝土保护层厚度不够易造成（　　　）。

　　A. 空洞　　　　　　　B. 蜂窝　　　　　　　C. 麻面　　　　　　　D. 露筋

139. BC002　对混凝土麻面部位用清水刷洗,充分湿润后用水泥浆或（　　　）水泥砂浆抹平。

　　A. 3：2　　　　　　　　B. 2：1　　　　　　　C. 1：2　　　　　　　　D. 1：3

140. BC002　对外露钢筋,则将钢筋清理后,用1：2或（　　　）水泥砂浆抹压平整。

　　A. 1：5　　　　　　　　B. 1：4.5　　　　　　C. 1：4　　　　　　　　D. 1：2.5

141. BC003 阶梯形现浇基础,最易在立柱和台阶交接阴角处以及台阶阴角处产生( )。

    A. 跑浆漏浆   B. 水泥裂纹   C. 水泥脱落   D. 蜂窝麻面

142. BC003 阶梯现浇基础,延长混凝土搅拌时间 1min,减少( )石子量拌和混凝土,可以减少蜂窝麻面的产生。

    A. 5%   B. 15%   C. 25%   D. 35%

143. BC004 混凝土的坍落度是评价混凝土和易性及( )的重要指标。

    A. 弹性程度   B. 稀稠程度   C. 抗压程度   D. 抗振程度

144. BC004 GBJ-233 对现场浇筑混凝土基础的捣固和搅拌规定:现场浇筑混凝土应采用( )。

    A. 机械捣固、人工搅拌   B. 机械捣固、机械搅拌

    C. 人工捣固、人工搅拌   D. 人工捣固、机械搅拌

145. BC005 浇制基础保护层厚度的尺寸误差不应超过( )。

    A. −5mm   B. −10mm   C. +5mm   D. +10mm

146. BC005 浇制基础立柱断面的尺寸误差不应超过( )。

    A. −5%   B. −4%   C. −2%   D. −1%

147. BC006 地脚螺栓式直线塔混凝土基础回填夯实后,整基基础中心与中心桩之间横线路方向的位移不得超过 ( )。

    A. 10mm   B. 20mm   C. 30mm   D. 40mm

148. BC006 地脚螺栓式转角塔混凝土基础回填夯实后,基础根开及对角线尺寸允许偏差不应超过( )。

    A. ±0.1%   B. ±0.2%   C. ±0.3%   D. ±0.4%

149. BC007 制作混凝土试块应采用标准的立方体试块模盒,试块尺寸为( ),每组三个。

    A. 50mm×50mm×50mm   B. 100mm×100mm×100mm

    C. 150mm×150mm×150mm   D. 200mm×200mm×200mm

150. BC007 模盒在使用前应清理干净,并在盒内表面涂( )。

    A. 机油   B. 汽油   C. 柴油   D. 水

151. BC008 回弹法检测混凝土强度,混凝土被测表面应有代表性,每一被测面必须选择( )个不同的测点做回弹检测。

    A. 1~5   B. 5~10   C. 10~15   D. 15~20

152. BC008 回弹法检测混凝土强度,在选择测点时,测点间或测点与试件边缘至少相距( )测试,应尽量选择铅直的测面,使仪器的中轴线处于水平方位。

    A. 2cm   B. 3cm   C. 4cm   D. 5cm

153. BC009 GBJ-233-1990 中规定,混凝土基础的强度应以( )为依据。

    A. 化验报告   B. 试块   C. 弹力试验   D. 坍落度试验

154. BC009 混凝土试块应在( )制作,其养护条件与基础相同。

    A. 商砼车   B. 商砼车间   C. 浇筑现场   D. 实验室

155. BC010　超声法检测混凝土强度测区布置:在构件上均布画出不少于 10 个(　　)方网格,每个网格视为一个测区。

A. 50mm×50mm　　　　　　　　　　B. 100mm×100mm

C. 200mm×200mm　　　　　　　　　　D. 300mm×300mm

156. BC010　超声法检测混凝土强度测点布置:为使混凝土测试条件、方法尽可能与率定曲线时一致,在每个测区内布置(　　)对测点。

A. 1~2　　　　　　B. 2~4　　　　　　C. 3~5　　　　　　D. 5~7

157. BD001　直线桩,是标志线路直线的桩,均在相邻(　　)的连线上,一般用符号 Z 表示。

A. 两杆塔间　　　B. 一转角点　　　C. 某一杆塔　　　D. 两转角点

158. BD001　转角桩,即标明线路(　　)位置的桩,一般用符号 J 表示。

A. 转角点　　　　B. 转角杆　　　　C. 换位杆　　　　D. 耐张杆

159. BD002　杆塔基础分坑前,必须复核(　　)钉立的杆塔中心桩位置。

A. 施工　　　　　B. 设计　　　　　C. 运行　　　　　D. 检修

160. BD002　线路地形变化较大和档距内有跨越物时,应对杆塔位中心桩、地形突出点以及被跨越物处的标高进行复测核对,其与设计值的偏差不应超过(　　)。

A. 0.5m　　　　　B. 0.6m　　　　　C. 0.7m　　　　　D. 0.8m

161. BD003　在复测中发现杆位由于地形条件限制,位置不适宜施工时,直线杆塔位允许前后少许移动,其移动值不大于相邻两档距最小档距的(　　)。

A. 1%　　　　　　B. 2%　　　　　　C. 3%　　　　　　D. 4%

162. BD003　转角杆塔复测时,所得的 θ 角与原设计的角度值相比不应大于(　　)。

A. 1′　　　　　　B. 1′30″　　　　　C. 2′　　　　　　D. 2′30″

163. BD004　分坑放样作业时,以杆位桩为基准,确定杆塔基础及拉线坑(　　)位置。

A. 方向　　　　　B. 中心　　　　　C. 脚钉　　　　　D. 底盘

164. BD004　分坑放样作业需校核(　　)的保护范围。

A. 坑底　　　　　B. 坑口　　　　　C. 基础　　　　　D. 杆位

165. BD005　直线单杆在线路中心线上距杆位中心桩前后(　　)处各钉一桩。

A. 1m　　　　　　B. 2m　　　　　　C. 3m　　　　　　D. 4m

166. BD005　杆塔中心桩移桩的测量精度应符合钢卷尺测量1‰、(　　)的要求。

A. 视距法测量1/100　　　　　　　　B. 视距法测量1/200

C. 视距法测量1/300　　　　　　　　D. 视距法测量1/400

167. BD006　当直线耐张杆塔横担中心与杆塔中心不重合时,说明该横担相对杆塔是不等长的,杆塔中心应向(　　)偏移。

A. 短横担侧　　　　　　　　　　　　B. 长横担侧

C. 线路外侧　　　　　　　　　　　　D. 线路内侧

168. BD006　当直线耐张杆塔横担中心与杆塔中心不重合时,偏移距离为(　　)的距离。

A. 横担中心与杆塔中心一半　　　　　B. 横担中心与杆塔中心

C. 横担中心与中相导线悬挂点　　　　D. 杆塔中心与中相导线悬挂点

169. BD007　不考虑绝缘子串挂板螺孔到横担边缘长度,由电杆横担宽度而引起的转角杆位移为(　　)(其中 D 为横担宽度,θ 为线路转角)。

A. $\Delta S = \dfrac{D}{2}\sin(\theta/2)$　　　　　　　　　　　B. $\Delta S = \dfrac{D}{2}\cos(\theta/2)$

C. $\Delta S = \dfrac{D}{2}\tan(\theta/2)$　　　　　　　　　　　D. $\Delta S = \dfrac{D}{2}\cot(\theta/2)$

170. BD007　由转角杆横担宽度与长短横担一并引起的转角杆位移为(　　)。

A. $\Delta = \dfrac{D_2 - D_1}{2}$　　　　　　　　　　　B. $\Delta = \left(\dfrac{b}{2} + p\right)\tan\dfrac{\theta}{2}$

C. $\Delta = \left(\dfrac{b}{2} + p\right)\tan\dfrac{\theta}{2} + \dfrac{D_2 - D_1}{2}$　　　　D. 以上均不是

171. BD008　以两相邻直线桩为基准,其横线路偏差不大于(　　)。

A. 20mm　　　　　B. 30mm　　　　　C. 40mm　　　　　D. 50mm

172. BD008　分坑时,应根据杆塔位中心桩的位置钉出必要的辅助桩,其测量精度应能满足(　　)的要求。

A. 设计　　　　　B. 运行　　　　　C. 施工　　　　　D. 检修

173. BE001　接地装置中应该接地的各种电气设备之间,接地装置的各部分及各设备之间的电气连接性,即直流电阻,称为(　　)。

A. 电气导通性　　　B. 接地阻抗　　　C. 接地电阻　　　D. 电气完整性

174. BE001　接地装置电气完整性测试,状况良好的设备测试值应在(　　)以下。

A. 30mΩ　　　　　B. 40mΩ　　　　　C. 50mΩ　　　　　D. 60mΩ

175. BE002　使用兆欧表测量绝缘电阻时,被测绝缘电阻应接在(　　)。

A. "L"和"G"之间　　　　　　　　　B. "L"和"E"之间

C. "G"和"E"之间　　　　　　　　　D. G 端子上

176. BE002　对兆欧表进行开路试验时,指针应指到(　　)。

A. ∞　　　　　　　B. 0　　　　　　　C. 500MΩ　　　　　D. 1000MΩ

177. BE003　架空送电线路状态测温应该选择在天气晴朗,湿度不大,风速不大于(　　),气温高,线路负荷大的情况下进行。

A. 5m/s　　　　　B. 10m/s　　　　　C. 15m/s　　　　　D. 20m/s

178. BE003　线路运行单位应在线路投运(　　)年内完成该线路设备测温对象的初次测温。

A. 一　　　　　　　B. 两　　　　　　　C. 三　　　　　　　D. 四

179. BE004　导线连接器(　　)年测试一次。

A. 四　　　　　　　B. 三　　　　　　　C. 两　　　　　　　D. 一

180. BE004　对导线连接器红外测温诊断一般应以导线连接处端部(　　)处的导线温度为参考点,在额定电流下,风速为 0 级时测的温升值,经过距离系数修正后,再行判断。

A. 0.5m　　　　　B. 1m　　　　　　　C. 1.5m　　　　　D. 2m

181. BE005 导线温度测量主要是指( )温度的测量。

A. 导线吊线夹 B. 导线本体

C. 导线接头 D. 导线耐张线夹

182. BE005 红外热成像仪是通过非接触探测红外能量,并将其转化为( ),进而在显示器上生成热图像和温度值,并可以对温度值进行计算。

A. 电信号 B. 磁信号 C. 光信号 D. 热信号

183. BE006 带电线路红外测温要在空气湿度不大于( ),不应在有雷、雨、雾、雪及风速超过 0.5m/s 的环境下进行。

A. 65% B. 75% C. 85% D. 95%

184. BE006 低值绝缘子的热像特征是( )。

A. 钢脚温升偏大 B. 铁帽温升偏大

C. 钢脚温升偏低 D. 铁帽温升偏低

185. BE007 一般高大建筑物会影响 GPS 信号质量,因此使用 GPS 定位要在( )。

A. 高大建筑物附近 B. 空旷处

C. 高大建筑物下方 D. 高大建筑内部

186. BE007 使用智能巡检仪采集杆塔坐标时,主要应用的是( )技术。

A. GIS B. GPS C. GRS D. GPRS

187. BE008 绝缘子等值附盐密度是用与清洗绝缘子介质表面污秽物水溶液导电系数的( )来表示的。

A. 氯化镁 B. 氯化钾 C. 氯化钠 D. 氯化钙

188. BE008 绝缘子盐密是衡量绝缘子介质和玻璃件表面污秽( )大小的主要参数。

A. 绝缘能力 B. 导电能力 C. 导流能力 D. 耐压能力

189. BE009 线路绝缘电阻测定,主要是检查线路的( ),有无接地或相间短路现象。

A. 绝缘程度 B. 耐压程度 C. 电流强度 D. 接地电阻

190. BE009 线路绝缘电阻测定时,将非测相导线在始端进行接地,然后用 2500V 或 5000V 摇表测量( )的绝缘电阻。

A. 已测相 B. 待测相 C. 非测相 D. 实测相

191. BF001 在遭受严重污染的线路上,天气潮湿时可能会引起( )。

A. 绝缘老化 B. 绝缘闪络 C. 电压升高 D. 电阻升高

192. BF001 如采取电流融冰时,巡线工需继续留在线路上,如发现导线、地线连接管( )应立即报告。

A. 过热 B. 爆炸 C. 掉落 D. 过冷

193. BF002 为了及时发现线路异常现象及部件变形损坏情况,在气候剧烈变化、自然灾害、外力影响、异常运行和其他特殊情况时应进行( )。

A. 登杆检查 B. 故障巡视 C. 特殊巡视 D. 定期巡视

194. BF002 由于温度剧变,可能使绝缘子发生( ),所以在寒流(严寒)之后,需进行特殊巡视。

A. 击穿 B. 闪络 C. 裂缝 D. 老化

195. BF003 夜间巡视是为了检查导线及连接器的发热或绝缘子污秽及裂纹的(　　)情况。

A. 状态　　　　　　　B. 扩展　　　　　　　C. 放电　　　　　　　D. 电晕

196. BF003 夜间巡视(　　)的工作,只限于污秽区。

A. 绝缘子　　　　　　B. 导地线　　　　　　C. 连接器　　　　　　D. 引流线

197. BF004 故障巡视是为了查明线路上发生故障接地、(　　)的原因,找出故障点并查明故障情况。

A. 跳闸　　　　　　　B. 被盗　　　　　　　C. 松动　　　　　　　D. 超标

198. BF004 如发现导线断落地面或悬吊空中,应设法防止行人靠近断线点(　　)以内。

A. 2m　　　　　　　B. 4m　　　　　　　C. 6m　　　　　　　D. 8m

199. BF005 登杆巡视是对杆塔(　　)的巡视。

A. 整体部位　　　　　B. 附件部分　　　　　C. 金具部分　　　　　D. 上部部件

200. BF005 为了查明诸如悬式绝缘子上表面的电弧闪络痕迹,导线、地线悬垂线夹出口处的振动断股,绝缘子金具上的微小裂纹,螺栓连接部分的松动等,(　　)必须进行登杆检查,500kV 线路可走导线检查。

A. 每年　　　　　　　B. 每半年　　　　　　C. 每三个月　　　　　D. 每月

201. BF006 一般情况下 110kV 及以下线路各相间弧垂允许偏差最大值为(　　)。

A. 200mm　　　　　B. 220mm　　　　　C. 240mm　　　　　D. 260mm

202. BF006 一般情况下 220kV 及以上线路各相间弧垂允许偏差最大值为(　　)。

A. 200mm　　　　　B. 300mm　　　　　C. 400mm　　　　　D. 500mm

203. BF007 等长法又称(　　),是最常用的观测弧垂方法。

A. 平行四边形法　　　　　　　　　　　B. 三角形观测法
C. 等值段观测法　　　　　　　　　　　D. 全线路评估法

204. BF007 等长法观测弧垂的精度,是随架空线悬挂点高差的(　　)而降低。

A. 变化　　　　　　　B. 增大　　　　　　　C. 减小　　　　　　　D. 不确定

205. BF008 在测量线路限距及弛度数据时,还应及时记录测量时的(　　),以便对其进行必要的换算。

A. 气温和气压　　　　B. 气温和风速　　　　C. 气温和湿度　　　　D. 风速和湿度

206. BF008 导线与地面、建筑物、树木及各种架空线路的距离,应根据(　　)或覆冰无风情况求得的最大弧垂和最大风情况或覆冰情况求得的最大风偏进行计算。

A. 最高气温情况　　　　　　　　　　　B. 最高气压情况
C. 最低气温情况　　　　　　　　　　　D. 最低气压情况

207. BF009 对附件巡视时应检查预绞丝滑动、断股或(　　)。

A. 接地　　　　　　　B. 虚焊　　　　　　　C. 短路　　　　　　　D. 烧伤

208. BF009 对附件巡视时应需检查防振锤脱落、偏斜、钢丝断股和(　　)。

A. 移位　　　　　　　B. 烧伤　　　　　　　C. 短路　　　　　　　D. 裂纹

209. BF010 在人口密集地区 35~110kV 导线与地面的最小距离,在最大计算弧垂情况下应为(　　)。

A. 8.5m　　　　　　B. 8.0m　　　　　　C. 7.5m　　　　　　D. 7.0m

210. BF010　110kV 线路导线与建筑物之间的垂直距离,在最大计算弧垂情况下最小垂直距离应为(　　)。

A. 4m　　　　　　　B. 5m　　　　　　　C. 6m　　　　　　　D. 7m

211. BF011　点击智能巡检仪的"提交"按钮,数据将通过(　　)网络传输至远程的管理中心。

A. GPS　　　　　　B. GPRS　　　　　　C. GIS　　　　　　D. GMS

212. BF011　测量型巡检仪可用于线路测量,其单点定位精度可以达到(　　),配合 CORS 基站使用可以获得亚米级的高精度数据。

A. 15～20m　　　　B. 10～15m　　　　C. 5～10m　　　　D. 3～5m

213. BF012　架空送电线路的铁塔构件有无弯曲、变形,螺栓有无松动和(　　)是巡视的部分内容。

A. 锈蚀　　　　　　B. 老化　　　　　　C. 闪络　　　　　　D. 击穿

214. BF012　避雷器护套有无裂缝、损伤,是否脏污和(　　),是送电线路巡视的部分内容。

A. 瓷套过热　　　　B. 闪络痕迹　　　　C. 阻值下降　　　　D. 性能下降

215. BF013　导线弧垂计算应根据运行温度(　　)情况或覆冰无风情况求得的最大弧垂计算垂直距离。

A. 40℃　　　　　　B. 30℃　　　　　　C. 20℃　　　　　　D. 10℃

216. BF013　重冰区的线路的弧垂计算,还应计算(　　)和验算覆冰情况下的弧垂增大。

A. 不均匀脱冰　　　B. 均匀脱冰　　　　C. 均匀覆冰　　　　D. 不均匀覆冰

217. BF014　风吹在导线、杆塔及附件上,增加了作用在导线和杆塔上的(　　)。

A. 应力　　　　　　B. 荷载　　　　　　C. 重力　　　　　　D. 比重

218. BF014　导线在由风引起的垂直线路方向的荷载作用下,将偏离无风的铅垂面,从而改变了带电导线与横担、杆塔等地的(　　)。

A. 参数　　　　　　B. 结构　　　　　　C. 距离　　　　　　D. 重力

219. BG001　杆塔螺栓连接,螺杆必须加垫片者,每端不宜超过(　　)垫圈。

A. 一个　　　　　　B. 两个　　　　　　C. 三个　　　　　　D. 四个

220. BG001　螺母拧紧后,螺杆露出螺母的长度:对单螺母,不应小于(　　)螺距。

A. 一个　　　　　　B. 两个　　　　　　C. 三个　　　　　　D. 四个

221. BG002　隐蔽工程是指该项工程工序施工结束后(　　)的工程项目。

A. 埋入地下　　　　B. 浇筑基础　　　　C. 难以检查　　　　D. 上级要求

222. BG002　送电线路工程必须在(　　)前检查验收。

A. 隐蔽　　　　　　B. 结束　　　　　　C. 工序　　　　　　D. 竣工

223. BG003　中间验收检查包括铁塔基础地脚螺栓或主角钢的根开及(　　)的距离偏差。

A. 主材塔　　　　　B. 抱杆端　　　　　C. 对角线　　　　　D. 水平角

224. BG003　中间验收检查包括基础同组地脚螺栓中对(　　)中心的偏差。

A. 立柱　　　　　　B. 杆根　　　　　　C. 拉盘　　　　　　D. 主材

225. BG004　分解组立铁塔时,混凝土强度应达到设计强度的(　　)。

A. 60%　　　　　　B. 70%　　　　　　C. 80%　　　　　　D. 90%

226. BG004　整体组立铁塔时,混凝土强度应达到设计强度的(　　)。
　　　A. 70%　　　　　　　B. 80%　　　　　　　C. 90%　　　　　　　D. 100%

227. BG005　钢管杆连接后,其分段及整根电杆的弯曲不应超过其对应长度的(　　)。
　　　A. 2%　　　　　　　B. 3%　　　　　　　C. 2‰　　　　　　　D. 3‰

228. BG005　钢管杆架线后,直线电杆的倾斜不应超过杆高的(　　)。
　　　A. 4%　　　　　　　B. 5%　　　　　　　C. 4‰　　　　　　　D. 5‰

229. BG006　杆塔结构(　　)是中间验收检查内容。
　　　A. 变形　　　　　　　B. 振动　　　　　　　C. 倾斜　　　　　　　D. 位移

230. BG006　拉线的(　　)、安装质量及初应力情况是中间验收检查内容。
　　　A. 方位　　　　　　　B. 角度　　　　　　　C. 锈蚀　　　　　　　D. 形变

231. BG007　悬垂绝缘子串(　　)、绝缘子清洁及绝缘测定是中间验收检查内容。
　　　A. 锈蚀　　　　　　　B. 变形　　　　　　　C. 倾斜　　　　　　　D. 过热

232. BG007　中间验收检查包括杆塔在架线后的偏移与(　　)。
　　　A. 位移　　　　　　　B. 挠曲　　　　　　　C. 应变　　　　　　　D. 振动

233. BG008　接地体的规格及埋深(　　)设计规定。
　　　A. 不应小于　　　　　B. 可以小于　　　　　C. 可以参考　　　　　D. 不应大于

234. BG008　接地引下线与杆塔的连接应(　　)。
　　　A. 保持距离　　　　　B. 接触良好　　　　　C. 不能过紧　　　　　D. 接触过细

235. BG009　施工验收规范要求110kV线路弧垂允许偏差在(　　)～ -2.5%之间。
　　　A. +6%　　　　　　　B. +5%　　　　　　　C. +4%　　　　　　　D. +3%

236. BG009　施工验收规范要求跨越通航河道的大跨越档的弧垂允许偏差不应大于±(　　)。
　　　A. 1%　　　　　　　B. 2%　　　　　　　C. 3%　　　　　　　D. 4%

237. BG010　钢管杆法兰盘与基础顶面之间宜留设置调节螺母的间隙,其间隙一般可取锚栓直径的(　　)倍。
　　　A. 1. 2　　　　　　　B. 1. 3　　　　　　　C. 1. 4　　　　　　　D. 1. 5

238. BG010　钢管杆受力构件及其连接件的最小厚度不宜小于3mm,螺栓直径不宜小于(　　)。
　　　A. 15mm　　　　　　B. 16mm　　　　　　C. 17mm　　　　　　D. 18mm

239. BG011　送电线路启动验收的目的,是以设计图纸、(　　)、施工记录和工艺标准为依据,对已竣工的送电线路工程和生产准备情况,进行送电前最后一次全面检查。
　　　A. 设计规范　　　　　B. 运行规程　　　　　C. 验收规范　　　　　D. 检修规程

240. BG011　启动验收审核竣工图纸时,应对照(　　)和设计变更通知书进行。
　　　A. 原设计施工图　　　　　　　　　　B. 现有施工图
　　　C. 现场施工记录　　　　　　　　　　D. 现场验收记录

241. BG012　测量电缆的绝缘电阻,当电缆的终端污染严重影响测量时,应采用屏蔽进行测量,即在被测相绝缘瓷套管的上端加一金属环,并使金属环和(　　)连接。
　　　A. L端　　　　　　　B. G端　　　　　　　C. E端　　　　　　　D. G端、E端

242. BG012 测量电缆的绝缘电阻，1000V 以下电压等级的电缆用（　　）的兆欧表。
　　A. 500～1000V　　　B. 1000～2000V　　　C. 2000～2500V　　　D. 2500～5000V

243. BG013 良好电缆的绝缘电阻值通常很高，额定电压 35kV 的应不小于（　　）。
　　A. 1000MΩ　　　　　B. 1200MΩ　　　　　C. 3000MΩ　　　　　D. 5000MΩ

244. BG013 测量电缆绝缘电阻的数值，应换算为（　　）时每千米长的数值。
　　A. 20℃　　　　　　B. 25℃　　　　　　　C. 15℃　　　　　　　D. 30℃

245. BH001 线路主要防止（　　）雷击导线。
　　A. 间接　　　　　　B. 直接　　　　　　　C. 行波　　　　　　　D. 波头

246. BH001 线路防雷要防止发生（　　）。
　　A. 反击　　　　　　B. 短路　　　　　　　C. 振荡　　　　　　　D. 过热

247. BH002 一般杆塔上避雷线对边导线的保护角为（　　）。
　　A. 60°～90°　　　　B. 30°～60°　　　　　C. 20°～45°　　　　　D. 20°～30°

248. BH002 水泥杆或铁塔线路，不沿全线架设避雷线通常是（　　）及以下的送电线路。
　　A. 330kV　　　　　B. 220kV　　　　　　C. 110kV　　　　　　D. 35kV

249. BH003 输电线路沿线架设避雷线，是为了防止（　　）导线。
　　A. 动力损坏　　　　B. 直接雷击　　　　　C. 过荷烧损　　　　　D. 短路损坏

250. BH003 架空避雷线一般（　　）。
　　A. 不接地　　　　　B. 可不接　　　　　　C. 要接地　　　　　　D. 做备用

251. BH004 输电线路最有效的防雷措施是（　　）。
　　A. 架设避雷线　　　B. 安装避雷针　　　　C. 安装消雷器　　　　D. 装设引雷器

252. BH004 输电线路防雷还应做好（　　）。
　　A. 培训工作　　　　B. 接地装置　　　　　C. 防雷动员　　　　　D. 安全教育

253. BH005 带间隙的避雷器（　　）电压。
　　A. 承受　　　　　　　　　　　　　　　　B. 不承受
　　C. 承受连续工作　　　　　　　　　　　　D. 不承受连续工作

254. BH005 线路型避雷器一般（　　）绝缘子串。
　　A. 串联于　　　　　B. 并联于　　　　　　C. 代替直线杆　　　　D. 代替耐张杆

255. BH006 避雷线与（　　）导线间的夹角称为避雷线的保护角。
　　A. 内侧　　　　　　B. 中相　　　　　　　C. 外侧　　　　　　　D. 上侧

256. BH006 避雷线保护角（　　）时，保护可靠性越高。
　　A. 稳定　　　　　　B. 平行　　　　　　　C. 最大　　　　　　　D. 越小

257. BH007 避雷针由承受雷击的（　　）、接地引下线和接地体组成。
　　A. 避雷器　　　　　B. 继电器　　　　　　C. 接闪器　　　　　　D. 电容器

258. BH007 当避雷针的高度超过（　　）以后，其保护范围就不再随针高成正比增加。
　　A. 50m　　　　　　B. 40m　　　　　　　C. 35m　　　　　　　D. 30m

259. BH008 观测档位置分布比较均匀，相邻观测档相距不宜超过（　　）个线档。
　　A. 四　　　　　　　B. 三　　　　　　　　C. 两　　　　　　　　D. 一

260. BH008　宜选档距较大,悬点高差(　　)的线档作观测档。
　　A. 一致　　　　　　　B. 较小　　　　　　　C. 适度　　　　　　　D. 较大
261. BH009　调整导线、地线弛度时,将已装设好的(　　)、紧线卡线器用双钩紧线器线路连接并稍收紧双钩紧线器,作为拆开耐张线夹时的后备保护。
　　A. 绝缘绳套　　　　　B. 尼龙绳套　　　　　C. 钢丝绳套　　　　　D. 定向滑轮
262. BH009　调整导线、地线弛度时,收紧双钩紧线器,使导线弛度达到要求弛度,应相应(　　)后备保护。
　　A. 收紧　　　　　　　B. 拆除　　　　　　　C. 放松　　　　　　　D. 更换
263. BH010　调整导线、地线弛度,拆开耐张线夹U形螺栓前,必须连接好并收紧(　　)的双钩紧线器。
　　A. 用于后备保护的　　　　　　　　　　B. 用于调整导线弛度的
　　C. 用于更换绝缘子的　　　　　　　　　D. 用于调整防振锤的
264. BH010　当高空作业人员调整导线弛度时,(　　)不得有人员逗留。
　　A. 被调整的导线前方　　　　　　　　　B. 被调整的导线后方
　　C. 被调整的导线下方　　　　　　　　　D. 被调整的导线周围
265. BH011　倒闸操作应使用(　　)。
　　A. 第一种工作票　　　　　　　　　　　B. 第二种工作票
　　C. 倒闸操作票　　　　　　　　　　　　D. 事故抢修单
266. BH011　在(　　),应按操作票顺序在模拟图或接线图上预演核对无误。
　　A. 倒闸操作后　　　　　　　　　　　　B. 倒闸操作前
　　C. 倒闸操作时　　　　　　　　　　　　D. 接到操作指令时
267. BH012　操作票应填写设备的双重名称,即(　　)。
　　A. 设备名称和编码　　　　　　　　　　B. 设备名称和编号
　　C. 设备编号和编码　　　　　　　　　　D. 设备名称和性能
268. BH012　每张操作票只能填写(　　)操作任务。
　　A. 一个　　　　　　　B. 两个　　　　　　　C. 两个以上　　　　　D. 多个
269. BH013　倒闸操作,发布指令和复诵指令都要严肃认真,使用(　　),准确清晰。
　　A. 常用术语　　　　　B. 规范术语　　　　　C. 标准术语　　　　　D. 通俗术语
270. BH013　倒闸操作,按(　　)逐项操作,每操作完一项,应检查无误后,做一个"√"记号。
　　A. 设备摆放　　　　　　　　　　　　　B. 操作顺序
　　C. 监护人命令顺序　　　　　　　　　　D. 作业习惯顺序
271. BH014　倒闸操作要有统一的、(　　)操作术语。
　　A. 通俗的　　　　　　B. 相关的　　　　　　C. 确切的　　　　　　D. 事先约定的
272. BH014　倒闸操作要有合格的操作工具、(　　)和安全设施。
　　A. 安全用具　　　　　B. 辅助用具　　　　　C. 测量工具　　　　　D. 系统图
273. BH015　审票人发现操作票的错误后,应由(　　)重新填写。
　　A. 自己　　　　　　　B. 值班长　　　　　　C. 调度　　　　　　　D. 签发人

274. BH015　填写操作票后由（　　）在操作票上签名。

A. 操作人　　　　　　　　　　　　　　B. 监护人

C. 操作人和监护人　　　　　　　　　　D. 值班长

275. BH016　倒闸操作必须持操作票进行，严禁只凭记忆和不核对电气设备的（　　）就进行操作。

A. 名称和编号　　　B. 运行状况　　　C. 设备位置　　　D. 开关用途

276. BH016　操作中需要上级调度下达命令后方可执行操作的项目，应在该操作项目前用（　　）标以"待令"字样，并在前一项后画一红线。

A. 铅笔　　　　　　B. 圆珠笔　　　　C. 蓝水笔　　　　D. 红笔

277. BH017　操作机械传动的断路器（开关）或隔离开关（刀闸）时应（　　）。

A. 戴皮革手套　　　B. 徒手操作　　　C. 戴线手套　　　D. 戴绝缘手套

278. BH017　没有机械传动的断路器（开关）、隔离开关（刀闸）和跌落式熔断器（保险），应（　　）进行操作。

A. 登杆　　　　　　　　　　　　　　　B. 使用合格的绝缘棒

C. 使用合格的防身地线　　　　　　　　D. 使用绝缘梯

279. BI001　在高温场所、低温环境和有防火低毒要求时，不宜用（　　）电缆。

A. 矿物绝缘　　　　　　　　　　　　　B. 聚氯乙烯

C. 交联聚乙烯　　　　　　　　　　　　D. 辐照式交联聚乙烯

280. BI001　有低毒难燃性防火要求的场所，可采用（　　）或乙丙橡皮等不含卤素的电缆。

A. 矿物绝缘　　　　　　　　　　　　　B. 聚氯乙烯

C. 交联聚乙烯　　　　　　　　　　　　D. 辐照式交联聚乙烯

281. BI002　在选择配电电缆时，通常是根据敷设条件确定电缆型号，再根据发热条件选出（　　）。

A. 电缆长度　　　　　　　　　　　　　B. 热稳定系数

C. 电缆经济寿命　　　　　　　　　　　D. 电缆截面

282. BI002　电缆最佳截面应是在按常规方法选出截面的基础上再加大（　　）级。

A. 1~2　　　　　　B. 3~4　　　　　　C. 4~5　　　　　　D. 5~6

283. BI003　电缆的最高运行电压不得超过其额定电压的（　　）。

A. 15%　　　　　　B. 30%　　　　　　C. 25%　　　　　　D. 20%

284. BI003　对于较长的高压电缆供电线路，应按（　　）选择电缆截面。

A. 长期允许载量　　　　　　　　　　　B. 经济电流密度

C. 电缆环境温度　　　　　　　　　　　D. 周围介质条件

285. BI004　新型冷缩电缆附件主绝缘部分利用橡胶的（　　），使界面长期保持一定压力，确保界面无论在什么时候都紧密无间，绝缘性能稳定。

A. 抗拉性　　　　　B. 抗压性　　　　C. 绝缘性　　　　D. 高弹性

286. BI004　冷缩电缆附件采用特种硅橡胶制成，其（　　）。

A. 机械强度较差　　　　　　　　　　　B. 抗弯能力较强

C. 抗拉能力较强　　　　　　　　　　　D. 耐热能力较差

287. BI005 电缆压接前,线芯端部绝缘的剥切长度应为接线端子接管部分的孔深加（ ）。

    A. 5mm   B. 6mm   C. 7mm   D. 8mm

288. BI005 应根据电缆线芯（ ）选择相应的接续管或接线端子。

    A. 强度   B. 特性   C. 截面   D. 规格

289. BI006 电缆线芯压接前,按连接需要（ ）剥除绝缘。

    A. 工艺   B. 长度   C. 截面   D. 规格

290. BI006 压模每压接电缆线芯一次在压模合拢到位后应停留（ ）,使压接部位金属塑性变形达到基本稳定后,才能消除压力。

    A. 10~15s   B. 9~14s   C. 8~13s   D. 7~12s

291. BI007 聚氯乙烯带的主要缺点是（ ）较差,长期允许温度为70~80℃。

    A. 耐压性能   B. 耐热性能   C. 耐拉性能   D. 耐水性能

292. BI007 聚四氟乙烯薄膜当温度超过180℃时,将产生具有强烈毒性的气态（ ）,因此,使用聚四氟乙烯带时,必须严格管理,不得使其碰及火焰。

    A. 氟化物   B. 氯化物   C. 氧化物   D. 氰化物

293. BI008 铅包或接线鼻子与热收缩电缆附件接触密封的部位要用（ ）清洁并打毛,并用热熔胶带绕包。

    A. 熔剂   B. 水   C. 酒精   D. 汽油

294. BI008 热缩电缆附件的安装应在环境温度范围为0℃以上,相对湿度（ ）以下。

    A. 60%   B. 70%   C. 80%   D. 90%

295. BI009 6~10kV户外交联聚乙烯绝缘电缆热缩终端头的制作程序,首先校直电缆末端并固定,对户外终端由末端量取（ ）,在量取处刻一环形刀痕。

    A. 500mm   B. 600mm   C. 700mm   D. 800mm

296. BI009 在剥切电缆时,应在钢铠断口处保留内衬层（ ）,其余剥去。

    A. 10mm   B. 20mm   C. 30mm   D. 40mm

297. BI010 剥切电缆前,首先将两端电缆对直,固定电缆,重叠（ ）标记。

    A. 100mm   B. 200mm   C. 300mm   D. 400mm

298. BI010 处理电缆中间接头时,由铜屏蔽末端起,去除300mm的铜屏蔽散带,剥去（ ）的外半导体层,并清洗线芯绝缘层表面的炭痕。

    A. 150mm   B. 200mm   C. 240mm   D. 280mm

299. BJ001 等电位作业法是将人体和带电体之间的绝缘换到人体与（ ）之间的绝缘。

    A. 大地   B. 导线   C. 绝缘子   D. 拉线

300. BJ001 等电位作业法同样保证人体内不流过（ ）的交流电流。

    A. 3.0mA   B. 2.5mA   C. 2.0mA   D. 1.0mA

301. BJ002 由于人体电位高于地电位,带电作业时体表场强相对较高,应当采取相应的（ ）防护措施,以防止人体产生不适之感。

    A. 电场   B. 磁场   C. 脉波   D. 波头

302. BJ002　设备净空必须大于间接法对净空（　　）以上才允许中间电位作业。
　　　A. 0.3m　　　　　　　B. 0.4m　　　　　　　C. 0.5m　　　　　　　D. 0.6m

303. BJ003　把检修相设备强行接地,使该相设备的电位从相电压降低到零的分相检修法,适用于（　　）中性点不接地系统中。
　　　A. 10~66kV　　　　　B. 10~35kV　　　　　C. 35~110kV　　　　　D. 110~220kV

304. BJ003　由于一相接地属于故障状态,必须在（　　）内完成检修。
　　　A. 5h　　　　　　　　B. 4h　　　　　　　　C. 3h　　　　　　　　D. 2h

305. BJ004　带电水冲洗是防止设备（　　）的有效措施,是带电作业中使用面广,工作量最大的工作之一。
　　　A. 污闪　　　　　　　B. 过热　　　　　　　C. 火灾　　　　　　　D. 干燥

306. BJ004　把电阻率为（　　）的水,用水泵加压并通过导水管送到水枪喷嘴,喷射压力水柱冲洗带电绝缘子、瓷套。
　　　A. 2000Ω·m　　　　B. 1500Ω·m　　　　C. 1000Ω·m　　　　D. 500Ω·m

307. BJ005　远处大气过电压的最大值（　　）超过绝缘子串的雷电冲击闪络电压。
　　　A. 不可以　　　　　　B. 有可能　　　　　　C. 不可能　　　　　　D. 绝对能

308. BJ005　电力系统内部的操作过电压（　　）都可能发生。
　　　A. 随时随地　　　　　B. 还不一定　　　　　C. 未必可以　　　　　D. 无法证明

309. BJ006　大气过电压情况下,35kV 线路危险距离为（　　）。
　　　A. 44cm　　　　　　　B. 54cm　　　　　　　C. 64cm　　　　　　　D. 74cm

310. BJ006　操作过电压情况下,66kV 线路危险距离为（　　）。
　　　A. 40cm　　　　　　　B. 50cm　　　　　　　C. 60cm　　　　　　　D. 70cm

311. BJ007　统计法是将绝缘设备(带电作业空气间隙)在（　　）放电的可能性,按数理统计规律,作定量描绘。
　　　A. 雷电时　　　　　　B. 过电压　　　　　　C. 电离时　　　　　　D. 过负载

312. BJ007　可以把发生（　　）的概率定义为危险率。
　　　A. 事故　　　　　　　B. 短路　　　　　　　C. 放电　　　　　　　D. 雷电

313. BJ008　按规定要求,带电作业绝缘工具的电气试验要求每（　　）个月一次。
　　　A. 8　　　　　　　　　B. 6　　　　　　　　　C. 5　　　　　　　　　D. 3

314. BJ008　绝缘作业工具的机械试验每（　　）进行一次。
　　　A. 一年　　　　　　　B. 半年　　　　　　　C. 两年　　　　　　　D. 月

315. BK001　由于风的原因,有时还会引起导线间或导线和避雷线间的（　　）,甚至断线事故。
　　　A. 排斥　　　　　　　B. 感应　　　　　　　C. 闪络　　　　　　　D. 吸引

316. BK001　覆冰脱落时会引起导线、避雷线发生跳跃,因而引起（　　）事故。
　　　A. 闪络　　　　　　　B. 相序　　　　　　　C. 换相　　　　　　　D. 混线

317. BK002　认真对事故进行调查分析,对提高（　　）、运行、检修、施工安装水平及装备制造的可靠性很有利。
　　　A. 预防　　　　　　　B. 设计　　　　　　　C. 巡视　　　　　　　D. 故障

318. BK002 事故调查要做到及时、（　　）、完整。

    A. 沟通　　　　　　B. 到位　　　　　　C. 准确　　　　　　D. 联络

319. BK003 大盘径绝缘子能防止鸟粪沿绝缘子边沿形成（　　），使大盘径绝缘子下的绝缘子表面清洁。

    A. 间歇性通道　　B. 间断性通道　　C. 贯穿性通道　　D. 连续性通道

320. BK003 当鸟粪染污绝缘子表面,在（　　）作用下,会形成沿绝缘子表面的闪络。

    A. 寒冷气候和风雪　　　　　　　　　B. 潮湿气候和雨雾

    C. 温暖气候和阳光　　　　　　　　　D. 暖湿气候和雷雨

321. BK004 污闪是在工频电压下发生的,在一般情况下,污闪会在绝缘子串的（　　）留下明显的闪络痕迹。

    A. 中间　　　　　　B. 边缘　　　　　　C. 两端　　　　　　D. 底部

322. BK004 与雷击相比污闪留下的烧伤痕迹集中,甚至仅在线夹上或线夹附近的导线上留下痕迹,（　　）。

    A. 面积大,烧伤痕迹深　　　　　　　B. 面积不大,烧伤痕迹深

    C. 面积大,烧伤痕迹浅、　　　　　　D. 面积不大,烧伤痕迹浅

323. BK005 污秽绝缘子的沿面放电是在工频运行电压（　　）作用下产生的。

    A. 长期　　　　　　B. 短期　　　　　　C. 瞬时　　　　　　D. 冲击

324. BK005 污闪放电是涉及电、热和（　　）现象的错综复杂的变化过程。

    A. 光电　　　　　　B. 磁场　　　　　　C. 化学　　　　　　D. 物理

325. BK006 输电线路的污秽严重程度在技术上分为（　　）个等级管理。

    A. 5　　　　　　　　B. 4　　　　　　　　C. 3　　　　　　　　D. 2

326. BK006 爬电比距是指外绝缘的（　　）对系统额定线电压之比。

    A. 污闪电压　　　　B. 泄漏距离　　　　C. 绝缘强度　　　　D. 击穿电压

327. BK007 污闪事故一般均是在（　　）电压长时间运行下发生。

    A. 工频运行　　　　B. 雷电冲击　　　　C. 冲击横波　　　　D. 瞬时击穿

328. BK007 污闪可造成大面积、长时间停电事故,且不易被（　　）消除。

    A. 避雷装置　　　　B. 自动重合闸　　　C. 继电保护　　　　D. 接地系统

329. BK008 线路巡视过程中对线路附近（　　）情况,应特别注意。

    A. 强电场　　　　　B. 污染源　　　　　C. 强磁场　　　　　D. 大环境

330. BK008 必须对绝缘子进行定期（　　）,及时更换不合格绝缘子。

    A. 巡视　　　　　　B. 检查　　　　　　C. 测试　　　　　　D. 测量

331. BK009 防污闪技术管理规定是35～（　　）输、变电设备的设计,基建和运行部门的指导性规定。

    A. 110kV　　　　　B. 220kV　　　　　C. 330kV　　　　　D. 500kV

332. BK009 重污区线路外绝缘应配置足够的（　　）,并留有裕度。

    A. 绝缘强度　　　　B. 爬电比距　　　　C. 击穿强度　　　　D. 耐压水平

333. BK010 当导线的应力达到其破坏应力的（　　）时,其振幅迅速增大。

    A. 8%～15%　　　　B. 7%～14%　　　　C. 6%～13%　　　　D. 5%～12%

334. BK010　舞动是指当导线上有翼状覆冰或不均匀脱冰时,在风力的作用下产生的大振
　　　　　　幅、(　　)频率的振动现象。

　　A. 高　　　　　　　　B. 低　　　　　　　　C. 中　　　　　　　　D. 零

二、多项选择题(每题有 4 个选项,至少有 2 个是正确的,将正确的选项号填入括号内)

1. AA001　关于 N 型半导体,下列说法正确的是(　　)。

　　A. 空穴是多数载流子　　　　　　　B. 空穴是少数载流子
　　C. 电子是少数载流子　　　　　　　D. 电子是多数载流子

2. AA002　半导体导电的特点是(　　)。

　　A. 杂质对半导体导电能力有显著影响　　B. 具有放大作用
　　C. 光照影响导电能力　　　　　　　　　D. 对温度反应灵敏

3. AA003　将 P 型半导体和 N 型半导体用特殊工艺结合在一起时,由于(　　),在交界面
　　　　　　上,多数载流子就要分别向对方扩散,在交界处的两侧形成带电荷的薄层,称为
　　　　　　空间电荷区。

　　A. P 型半导体中的电子多　　　　　　B. N 型半导体中的空穴多
　　C. P 型半导体中的空穴多　　　　　　D. N 型半导体中的电子多

4. AA004　根据 PN 结的单向导电性原理,下列说法正确的是(　　)。

　　A. 当 P 区接电源正端、N 区接电源负端时,称为正向导通
　　B. 当 P 区接电源正端、N 区接电源负端时,PN 结呈现的反向电阻很小
　　C. 当 P 区接电源负端、N 区接电源正端时,称为反向截止
　　D. 当 P 区接电源负端、N 区接电源正端时,PN 结反向饱和电流很小

5. AA005　二极管由一个 PN 结加上(　　)构成。

　　A. 正极　　　　　　B. 负极　　　　　　C. 电极引线　　　　　　D. 管壳

6. AA006　当二极管两端所加正向电压较小,(　　)时,不足以削弱 PN 结内电场对多数载
　　　　　　流子的阻挡作用,正向电流几乎为零。

　　A. 硅管为 0.5V　　B. 硅管为 1V　　C. 锗管为 0.1V　　D. 锗管为 0.5V

7. AA007　二极管的伏安特性主要是指(　　)。

　　A. 正向特性　　　　B. 反向特性　　　　C. 放大特性　　　　D. 反向击穿特性

8. AA008　二极管的主要参数有(　　)。

　　A. 最大整流电流　　　　　　　　　B. 最大反向电流
　　C. 最高反向工作电压　　　　　　　D. 最高工作频率

9. AA009　电源电路中的整流电路主要有(　　)。

　　A. 半波整流电路　　　　　　　　　B. 倍压整流电路
　　C. 全波整流电路　　　　　　　　　D. 桥式整流电路

10. AA010　电容滤波电路的基本原理是,在整流电路输出脉动直流电压(　　),从而使负
　　　　　　载上得到较为平滑的直流电压。

　　A. 升高时储存能量　　　　　　　　B. 升高时释放能量
　　C. 减小时时储存能量　　　　　　　D. 减小时释放能量

11. AB001　电力系统中性点接地方式有不接地、(　　)等几种。

  A. 经电阻接地　　　　　　　　　　B. 经电抗接地

  C. 直接接地　　　　　　　　　　　D. 经消弧线圈接地

12. AB002　中性点不接地系统正常运行时,由于各相对地电压是对称的,(　　)。

  A. 各相对地电容是相等的

  B. 各相对地电容电流的数值大小相等

  C. 各相对地电容电流的相位差为 120°

  D. 各相对地电容电流的向量和不等于零

13. AB003　中性点不接地的三相系统中,发生一相接地时,(　　)。

  A. 未接地两相对地电压升高到相电压的 $\sqrt{3}$ 倍

  B. 各相间的电压大小和相位仍然不变

  C. 接地点通过的电流大小为原来相对地电容电流的 $\sqrt{3}$ 倍

  D. 接地点通过的电流为电容性的

14. AB004　中性点不接地的三相系统,在单相接地故障电流较大,如(　　)时,不能继续供电。

  A. 35kV 系统大于 10A　　　　　　B. 35kV 系统大于 20A

  C. 10kV 系统大于 10A　　　　　　D. 10kV 系统大于 30A

15. AB004　当(　　)时,这种情况称为完全补偿。

  A. 电感电流等于电容电流　　　　　B. 接地电容电流将全部被补偿

  C. 接地处的电流为零　　　　　　　D. 接地处的电压为零

16. AB005　消弧线圈是一个具有铁芯的可调电感线圈,装设在(　　)的中性点上。

  A. 发电机　　　　B. 电容器　　　　C. 变压器　　　　D. 电阻器

17. AB006　中性点直接接地电力网的主要优点是(　　)。

  A. 单相接地时中性点的电位接近于零　　B. 非故障相的对地电压接近于相电压

  C. 可以使电力网的绝缘水平降低　　　　D. 减少电力网的造价

18. AB007　在中性点不接地的三相系统中,当一相接地后(　　)没有变化,因此这样的三相系统,一点接地后,还可继续运行一段时间。

  A. 各相间的电压大小　　　　　　　B. 各相间的电流大小

  C. 各相间的相位　　　　　　　　　D. 电压的对称性

19. AB008　变压器中性点直接接地,则(　　)。

  A. 零序阻抗与正序阻抗的比值小　　B. 零序阻抗与正序阻抗的比值大

  C. 健全相电压低　　　　　　　　　D. 健全相电压高

20. AC001　电动机主要分为两大类,即(　　)。

  A. 直流电动机　　　B. 交流电动机　　　C. 同步电动机　　　D. 异步电动机

21. AC002　直流电动机的结构主要是(　　)两部分。

  A. 定子　　　　　　B. 主磁极　　　　　C. 电枢　　　　　　D. 转子

22. AC003　关于直流电动机的工作原理,下列说法正确的是(　　)。

  A. 电与磁是相互转化的　　　　　　B. 电与磁是相互作用的

  C. 电与磁是可逆的　　　　　　　　D. 感应电势是不变的

23. AC004　电动机的机座外壳上都钉有铭牌,铭牌上分项记载电动机的(　　)等。
　　A. 型号　　　　　　　B. 规格　　　　　　　C. 电压　　　　　　　D. 转速

24. AC005　三相异步电动机主要由定子和转子两个基本部分组成,转子又可分为笼型和线
　　　　　　绕型两种;转子主要由(　　)等组成。
　　A. 机座　　　　　　　B. 转子铁芯　　　　　C. 转子绕组　　　　　D. 转轴

25. AC006　电动机的参数包括(　　)、额定转速。
　　A. 额定电压　　　　　B. 额定电流　　　　　C. 额定温度　　　　　D. 额定功率

26. AC007　按运行持续的时间分为(　　)三种基本工作制,是选择电动机的重要依据。
　　A. 连续　　　　　　　B. 短时　　　　　　　C. 长时　　　　　　　D. 断续

27. AC008　异步电动机的故障很多,一般可分为电气故障和机械故障两部分,其中属于电
　　　　　　气部分故障的是(　　)。
　　A. 轴承　　　　　　　B. 开关　　　　　　　C. 电刷　　　　　　　D. 定子绕组

28. AC009　异步电动机常用的单层绕组按其端部连接的不同,可分为(　　)等几种。
　　A. 平行式　　　　　　B. 同心式　　　　　　C. 链式　　　　　　　D. 交叉式

29. AD001　电力系统的继电保护可分为以下两大类:(　　)。
　　A. 继电保护装置　　　B. 自动重合闸　　　　C. 安全自动装置　　　D. 备用电源

30. AD002　继电保护的基本任务是(　　)。
　　A. 将故障元件从电力系统中切除　　　　　　B. 对失电设备自动重合闸
　　C. 提供计量参数　　　　　　　　　　　　　D. 反映电气元件的不正常运行状态

31. AD003　继电保护装置一般由(　　)组成。
　　A. 测量部分　　　　　B. 逻辑部分　　　　　C. 控制部分　　　　　D. 执行部分

32. AD004　对继电保护性能的基本要求,可概括为(　　)和灵敏性等四个方面。
　　A. 安全可靠性　　　　B. 快速性　　　　　　C. 保护性　　　　　　D. 选择性

33. AD005　过电流保护在一般情况下,能(　　),可作为本线路的后备保护。
　　A. 保护到本线路的全长　　　　　　　　　　B. 保护下一级线路的全长
　　C. 保护到本线路全长的80%~85%　　　　　D. 保护上一级线路的全长

34. AD006　电流速断保护的优点是(　　),因而获得广泛应用。
　　A. 保护范围大　　　　　　　　　　　　　　B. 简单可靠
　　C. 动作迅速　　　　　　　　　　　　　　　D. 不受系统运行方式影响

35. AD007　为满足保护的(　　)的要求,目前广泛采用三段式距离保护。
　　A. 可靠性　　　　　　B. 速动性　　　　　　C. 选择性　　　　　　D. 灵敏性

36. AD008　距离保护装置由(　　)、二次电压回路断线失压闭锁部分和逻辑部分组成。
　　A. 启动部分　　　　　B. 测量部分　　　　　C. 延时动作部分　　　D. 振荡闭锁部分

37. AD009　为使在主要运行方式下速断保护有较大的保护范围,在最大或最小运行方式下
　　　　　　不会误动作,可采用电流电压连锁速断保护,以满足系统对(　　)的要求。
　　A. 灵敏性　　　　　　B. 速动性　　　　　　C. 选择性　　　　　　D. 可靠性

38. AD010　方向过流保护中,当(　　),从而使保护在反方向故障时不致误动。
　　A. 短路功率方向由母线流向线路方向元件动作

B. 短路功率方向由母线流向线路方向元件不动作

C. 短路功率方向由线路流向母线方向元件动作

D. 短路功率方向由线路流向母线方向元件不动作

39. AD011　电网的纵联差动保护保护整条线路,全线速动不受(　　)影响,灵敏度较高。

　　A. 过负荷　　　　　　B. 系统振荡　　　　C. 过电流　　　　　D. 保护误动

40. AD012　在220kV及以上电压等级的送电线路上,为了保证运行的(　　),要求保护装置能无延时地从线路两端切除被保护线路内部的故障。

　　A. 准确性　　　　　　　　　　　　B. 稳定性

　　C. 提高输送功率　　　　　　　　　D. 提高工作功率

41. AD013　高频保护按其工作原理的不同,一般可分为(　　)。

　　A. 高频速动保护　　　　　　　　　B. 高频闭锁保护

　　C. 高频差动保护　　　　　　　　　D. 高频相差保护

42. AD014　在电力系统发生接地短路时,利用对称分量法可将电流和电压分解为(　　)。

　　A. 正序分量　　　　B. 倒序分量　　　　C. 负序分量　　　　D. 零序分量

43. AD015　零序电流保护装置由(　　)构成,保护装置通常采用三段式。

　　A. 保护元件　　　　B. 电流元件　　　　C. 时间元件　　　　D. 电压元件

44. BA001　在架线施工中,放线的方式方法很多,按放线的方法可分为(　　)。

　　A. 地面放线　　　　B. 以线换线　　　　C. 张力放线　　　　D. 机械放线

45. BA002　固定机械牵引所用牵引绳,应为(　　)钢绳。

　　A. 无捻　　　　　　B. 少捻　　　　　　C. 多捻　　　　　　D. 普通

46. BA003　紧线段在6~12档时,靠近(　　)选择观测档。

　　A. 前端　　　　　　B. 中间　　　　　　C. 后端　　　　　　D. 中部靠后

47. BA004　初伸长使导线(　　)。

　　A. 长度增加　　　　　　　　　　　B. 弧垂增大

　　C. 导线与跨越物安全距离减小　　　D. 导线机械强度增加

48. BA005　用(　　)观测弧垂时,当实测温度与观测弧垂所取气温相差不超过±2.5℃时,其观测弧垂值可不作调整。

　　A. 等边法　　　　　B. 邻边法　　　　　C. 等长法　　　　　D. 异长法

49. BA006　符合110kV输电线路设计弧垂允许误差的有(　　)。

　　A. -5%　　　　　　B. +5%　　　　　　C. -2.5%　　　　　D. +2.5%

50. BA007　送电线路弛度观测方法大体有(　　)等方法。

　　A. 等长法　　　　　B. 异长法　　　　　C. 角度法　　　　　D. 平视法

51. BA008　下列哪些情况可以使用预绞丝进行修补,钢芯铝绞线断股损伤截面小于铝股总面积(　　)。

　　A. 15%　　　　　　B. 20%　　　　　　C. 25%　　　　　　D. 30%

52. BA009　下列哪些情况可以使用全张力预绞式接续条接续,镀锌钢绞线为(　　)。

　　A. 7股断1股　　　　B. 7股断2股　　　　C. 19股断2股　　　　D. 19股断3股

53. BA010　施工通信要求语言（　　）、清晰。

　　A. 简短　　　　　　　B. 明确　　　　　　　C. 详细　　　　　　　D. 统一

54. BA011　线路在跨越铁路、（　　）等重要设施档内,不允许有直线接续管。

　　A. 公路　　　　　　　　　　　　　B. 通航河流

　　C. 10kV 配电线路　　　　　　　　D. 220V 低压配电线路

55. BA012　导线、地线连接的要求:（　　）,与同长度同截面积导线的电阻比应不大于1。

　　A. 相同金属　　　　　B. 接触紧密　　　　　C. 接头电阻小　　　　D. 稳定性好

56. BA013　在布线的时候,布线裕度为（　　）。

　　A. 一般平地及丘陵地段取 1.5%　　　　B. 跨越江河取 5%

　　C. 一般山地取 2%　　　　　　　　　　D. 高山深谷取 3%

57. BB001　人字抱杆是由（　　）、抱杆脚和抱杆鞋组成。

　　A. 抱杆本体　　　　　B. 牵引绳　　　　　　C. 抱杆帽　　　　　　D. 抱杆环

58. BB002　抱杆的有效高度和（　　）有关。

　　A. 抱杆的长度　　　　　　　　　　B. 抱杆的根开

　　C. 抱杆的初始角　　　　　　　　　D. 抱杆坐落点位置

59. BB003　倒落式抱杆整体起立杆塔包括（　　）三大步骤。

　　A. 现场布置　　　　　　　　　　　B. 人工起吊杆塔

　　C. 整体立杆塔　　　　　　　　　　D. 找正及固定杆塔

60. BB004　倒落式抱杆整体组立杆塔的现场布置工作,大致可分为（　　）和其他辅助
　　　　　　部分。

　　A. 抱杆部分　　　　　B. 绑点部分　　　　　C. 牵引部分　　　　　D. 制动部分

61. BB005　抱杆的坐落位置按照施工设计要求布置,两抱杆不准有（　　）,且两支点应
　　　　　　平整。

　　A. 倾斜　　　　　　　B. 歪扭　　　　　　　C. 迈步　　　　　　　D. 挠曲

62. BB006　临时拉线（俗称浪风）在竖立杆塔时起到（　　）作用。

　　A. 防止杆塔倾倒　　　B. 控制杆塔方向　　　C. 稳定杆塔　　　　　D. 辅助吊装

63. BB007　混凝土杆整体起立的牵引系统由（　　）组成。

　　A. 人力绞磨　　　　　B. 行走机械　　　　　C. 牵引钢绳　　　　　D. 滑车组

64. BB008　混凝土杆整体起立的动力装置由（　　）组成。

　　A. 人力绞磨　　　　　B. 行走机械　　　　　C. 牵引钢绳　　　　　D. 滑车组

65. BB009　混凝土杆整体起立中由抱杆顶端至杆塔绑扎处的所有（　　）统称为固定钢绳
　　　　　　系统。

　　A. 钢绳　　　　　　　B. 抱杆控制绳　　　　C. 滑车　　　　　　　D. 绑扎钢绳套

66. BB010　混凝土杆整体起立中制动系统由（　　）组成。

　　A. 缓冲装置　　　　　B. 制动钢绳　　　　　C. 滑轮组　　　　　　D. 制动器

67. BB011　在送电线路施工中,（　　）及各种临时拉线等均需采用地锚。

　　A. 固定牵引绞磨　　　B. 牵引滑车组　　　　C. 转向滑车　　　　　D. 制动器

68. BB012　杆塔整立前应检查抱杆(　　)是否正确,抱杆帽及环的接触是否吻合,抱杆脚和反向防滑的措施是否做好,抱杆落地控制绳是否绑好。

A. 落点位置　　　　　B. 材质　　　　　C. 根开　　　　　D. 初始角

69. BB013　倒落式人字抱杆整立混凝土杆是一项较复杂的施工技术。所以施工前必须对所有工作人员进行技术交底,使每位工作人员(　　)。

A. 勘查现场　　　　　　　　　　B. 熟悉施工过程

C. 熟悉施工措施　　　　　　　　D. 熟悉安全操作规程

70. BC001　混凝土麻面是由于模板(　　),捣固时发生漏浆或捣固不足,气泡未排出,以及捣固后没有很好养护而产生。

A. 不干燥　　　　　B. 不疏松　　　　　C. 湿润不够　　　　　D. 不严密

71. BC002　混凝土麻面部位应用清水刷洗,充分湿润后用(　　)抹平。

A. 砂石　　　　　　　　　　　　B. 水泥浆

C. 1∶2 水泥砂浆　　　　　　　　D. 1∶3 水泥砂浆

72. BC003　下列易造成阶梯形现浇基础立柱和台阶阴角处产生裂纹的是(　　)。

A. 漏振捣　　　　　　　　　　　B. 水泥量不够

C. 灌注方法不当　　　　　　　　D. 混凝土泌水现象严重

73. BC004　混凝土的抗压强度,应以立方体试块,在(　　)的潮湿环境下或水中的标准条件下,经 28 天养护后试压确定。

A. 温度为 20℃±1℃　　　　　　　B. 相对湿度 90%以上

C. 空气清洁度 50%以上　　　　　D. 标准大气压强

74. BC005　现浇混凝土结构表面应光滑,无(　　),更不允许出现空洞及影响结构强度的缺陷。

A. 划痕　　　　　B. 麻面　　　　　C. 蜂窝　　　　　D. 露筋

75. BC006　浇筑混凝土表面应平整,单腿尺寸允许偏差应符合(　　)。

A. 保护层厚度:-5mm

B. 立柱及各底座断面尺寸:-1%

C. 同组地脚螺栓中心对立柱中心偏移:10mm

D. 地脚螺栓露出混凝土面高度:+10cm,-5cm

76. BC007　混凝土试块制作的数量应保证(　　)换位及直线转角塔应每基取一组。

A. 转角　　　　　B. 直线　　　　　C. 耐张　　　　　D. 终端

77. BC008　早期受冻的混凝土误差较大,表面如有蜂窝、麻面、(　　)等,均不宜做回弹法检测混凝土强度的被测面。

A. 气孔　　　　　B. 脱皮　　　　　C. 露筋　　　　　D. 预埋件

78. BC009　混凝土试块的数量应符合(　　)及悬垂转角塔基础每基一组。

A. 直线　　　　　B. 转角　　　　　C. 耐张　　　　　D. 终端

79. BC010　在混凝土中传播的超声波,其速度和频率反映了混凝土材料的(　　)。

A. 最小性能　　　　　B. 内部结构　　　　　C. 组成情况　　　　　D. 密度指标

80. BD001　中心桩有(　　)之分。

A. 杆塔中心桩　　　　B. 横担中心桩　　　　C. 线路中心桩　　　　D. 拉线中心桩

81. BD002　转角杆原有桩位已丢失时,可按设计图纸数据进行补测,此时必须复查其(　　)及危险点等是否相符。

A. 前后档距　　　　B. 高差　　　　C. 转角度数　　　　D. 拉线方位

82. BD003　分坑测量的基本任务是(　　)。

A. 测定辅助桩　　　　　　　　　　B. 测定杆塔基坑

C. 测定施工用坑　　　　　　　　　D. 测定拉线坑

83. BD004　以杆位桩为基准,确定(　　)中心位置等工作属于分坑放样。

A. 杆塔基础坑　　　　B. 导线悬挂点　　　　C. 拉线坑　　　　D. 拉线悬挂点

84. BD005　转角杆塔应在(　　)各距中心桩 20~30m 钉一个辅助桩。

A. 外角的平分线上　　　　　　　　B. 内角的平分线上

C. 转角的二等分线上　　　　　　　D. 线路中心线及其延长线上

85. BD006　有的(　　)杆塔,为使杆塔受力最小及杆塔两边线仍与线路中心线对应,以免邻近转角(直线)杆塔承受额外的角度荷载,应考虑杆塔的中心位移问题。

A. 跨越　　　　B. 直线　　　　C. 转角　　　　D. 耐张

86. BD007　分坑前必须熟悉杆型图和分坑图,到现场后要核对(　　)、杆型是否与杆塔明细表相符。

A. 地点　　　　B. 线路方向　　　　C. 桩位　　　　D. 桩号

87. BD008　复测时以下(　　)危险点处应重点复核。

A. 杆塔位附近树木标高

B. 杆塔位间被跨越物的标高

C. 相邻杆塔位的相对标高

D. 导线对地距离可能不够的地形凸起点的标高

88. BE001　接地装置的电气完整性测试宜选用专门仪器,仪器的(　　)。

A. 分辨率为 1mΩ　　　　　　　　B. 准确率不低于 1.0 级

C. 分辨率为 2mΩ　　　　　　　　D. 准确率不低于 2.0 级

89. BE002　变压器在安装和检修后投入运行前,均应用兆欧表测量(　　)的绝缘电阻。

A. 一侧绕组对二次绕组及地　　　　B. 二次绕组对一次绕组及地

C. 一次绕组对地　　　　　　　　　D. 二次绕组对地

90. BE003　线路导线及金具红外测试一般在(　　)等情况下进行。

A. 大风天气　　　　B. 高温天气　　　　C. 负荷较大　　　　D. 线路检修

91. BE004　红外测温仪由(　　)、显示输出等部分组成。

A. 光学系统　　　　B. 光电测距器　　　　C. 信号放大器　　　　D. 信号处理

92. BE005　红外测温仪的主要性能指标有(　　)。

A. 视场　　　　　　　　　　　　　B. 距离和光点大小

C. 发射率　　　　　　　　　　　　D. 吸收率

93. BE006　使用红外测试仪正确的步骤包括(　　)。

A. 照准高热光源检测仪器灵敏度　　　　B. 全面扫描被测部位

C. 找出热态异常部位　　　　　　　　　D. 对异常部位准确测温

94. BE007　GPS 系统主要由(　　)组成。

A. 空间卫星　　　　B. 地面信号发射　　C. 地面监控　　　　D. 用户设备

95. BE008　常用等值附盐密度测量方法主要有(　　)等方法。

A. 灰密测量仪测量　　　　　　　　　　B. 直读式等值盐密测量仪测量

C. 接地电阻测试仪测量　　　　　　　　D. 电导率仪测量

96. BE009　需测定的线路参数主要是(　　)、零序阻抗和正、负序阻抗等。

A. 线路电阻　　　　B. 线路长度　　　　C. 线路电容　　　　D. 线路电感

97. BF001　特殊巡视是在(　　)、异常运行和其他特殊情况时,及时发现线路异常现象及
部件的变形损坏情况。

A. 气候剧烈变化　　B. 自然灾害　　　　C. 外力影响　　　　D. 污染严重

98. BF002　在遭受严重污染的线段上,天气潮湿时可能会引起绝缘闪络。所以,在降
(　　)的时候,对于污区绝缘子需例外进行特殊巡视。

A. 暴雨　　　　　　B. 毛毛雨　　　　　C. 大雾　　　　　　D. 湿雪

99. BF003　夜间巡视是为了检查(　　)情况。

A. 导线及连接器的发热　　　　　　　　B. 绝缘子污秽及裂纹的放电

C. 变压器接触不良　　　　　　　　　　D. 断线

100. BF004　事故巡线要突出重点。例如,如果在雷雨天发生了跳闸事故,要特别注意重雷
区和易击区点的(　　)是否闪络烧伤。

A. 杆塔　　　　　　B. 避雷器　　　　　C. 绝缘子　　　　　D. 导线

101. BF005　登杆检查导线和架空地线固定的地方时,需检查线夹里面,特别是线夹出口
处,是否(　　)。

A. 断股　　　　　　B. 生锈严重　　　　C. 有燃烧痕迹　　　D. 连接不紧密

102. BF006　下列哪些情况下垂直排列双分裂导线同相子导线的弧垂允许偏差值符合标准
(　　)。

A. 90mm　　　　　　B. 110mm　　　　　C. 120mm　　　　　D. 100mm

103. BF007　在一般线路施工中,(　　)则多用在大档距、大高差的超高压线路的弛度
观察。

A. 角度法　　　　　B. 平视法　　　　　C. 等长法　　　　　D. 异长法

104. BF008　导线实测弛度换算为最高温度时弛度需考虑的因素有(　　)、导线膨胀系数、
实测弛度等。

A. 测量时气温　　　　　　　　　　　　B. 需换算的最高气温

C. 实测档的档距　　　　　　　　　　　D. 实测耐张段代表档距

105. BF009　巡视检查附件包括对相分裂导线的间隔棒有无(　　),连接处磨损和放电烧
伤情况的检查。

A. 松动　　　　　　B. 移位　　　　　　C. 折断　　　　　　D. 线夹脱落

106. BF010 符合35kV线路导线与建筑物间的最小垂直距离规定的距离有（　　）。

    A. 5m　　　　　　　　B. 4m　　　　　　　　C. 3m　　　　　　　　D. 2m

107. BF011 智能巡检系统是以地理空间信息为背景，基于（　　）技术的"巡检管理信息系统"。

    A. GIS　　　　　　　B. GPS　　　　　　　C. GMS　　　　　　　D. GPRS

108. BF012 架空输电线路巡视检查杆塔基础杆塔及拉线变异，周围土壤突起或沉陷，基础（　　）、下沉或上拔，基础沉塌或被冲刷。

    A. 裂纹　　　　　　　B. 外露　　　　　　　C. 损坏　　　　　　　D. 积水

109. BF013 架空送电线路和弱电线路交叉角为（　　）。

    A. 三级弱电线路交叉角不限制　　　　　　B. 二、三级弱电线路交叉角不限制

    C. 一级弱电线路交叉角≥45°　　　　　　D. 二级弱电线路交叉角≥30°

110. BF014 架空线路的电杆应避开（　　）及泉水池埋设。

    A. 山地　　　　　　　B. 沙地　　　　　　　C. 沼泽地　　　　　　D. 河道

111. BG001 杆塔组装时螺栓穿向要求，对平面结构，横线路方向者（　　）穿入。

    A. 两侧由内向外　　　　　　　　　　　　B. 中间由左向右

    C. 按统一方向　　　　　　　　　　　　　D. 由上向下

112. BG002 架空线路隐蔽工程检查项目包括现场浇筑基础的钢筋和预埋件的规格、尺寸、数量、位置、（　　）及混凝土的浇筑质量。

    A. 保护层厚度　　　　　　　　　　　　　B. 底座断面

    C. 深度　　　　　　　　　　　　　　　　D. 预埋件类型

113. BG003 架空线路中间铁塔基础验收项目中应检查基础顶面的（　　）。

    A. 倾斜　　　　　　　　　　　　　　　　B. 高度差

    C. 中心与中心桩之间的位移　　　　　　　D. 线路中心之间的扭转

114. BG004 铁塔组立应在（　　）进行。

    A. 铁塔基础施工完成后　　　　　　　　　B. 铁塔基础经中间验收合格后

    C. 铁塔基础施工进行中　　　　　　　　　D. 铁塔基础养生中

115. BG005 塔座保护帽的断面尺寸及高度要求，在无设计规定时应达到（　　）。

    A. 顶面高出地脚螺栓顶面100~150mm

    B. 断面尺寸应超出塔脚板边缘100~150mm

    C. 断面尺寸与基础立柱断面相同

    D. 保护帽顶面应有淌水坡度

116. BG006 中间杆塔验收检查包括（　　）。

    A. 杆塔有无缺陷　　B. 根开误差　　　　　C. 迈步　　　　　　　D. 中心桩位移

117. BG007 中间架线验收检查包括导线接续和修补的（　　）。

    A. 材料规格　　　　B. 位置　　　　　　　C. 数量　　　　　　　D. 质量

118. BG008 不能按原设计图形敷设接地体时，应根据实际施工情况在施工记录上绘制接地装置敷设简图，并标明其（　　）。

    A. 规格　　　　　　B. 位置　　　　　　　C. 埋设深度　　　　　D. 尺寸

119. BG009　根据线路施工验收规程对导地线弧垂的要求,下列符合跨越通航河流大跨越
　　　　　档相间弧垂最大允许偏差的有(　　　)。
　　　A. 500mm　　　　　B. 550mm　　　　　C. 400mm　　　　　D. 450mm

120. BG010　挠度检查,钢管杆杆顶的最大挠度为(　　　)。
　　　A. 35kV 转角和终端杆不大于杆身高度的 15‰
　　　B. 直线杆不大于杆身高度的 5‰
　　　C. 直线转角杆不大于杆身高度 7‰
　　　D. 66kV 转角和终端杆不大于杆身高度的 20‰

121. BG011　启动验收时,属于施工单位移交的资料有(　　　)。
　　　A. 隐蔽工程验收检查记录　　　　　B. 架线弛度记录
　　　C. 有关的实验报告　　　　　　　　D. 施工日志

122. BG012　电缆外护层绝缘电阻试验,接线时将兆欧表的(　　　)。
　　　A. 线路端子与电缆的金属护套相连　　B. 接地端子与电缆的金属护套相连
　　　C. 接地端子与电缆外皮相连　　　　　D. 接地端子与电缆外皮和大地相连

123. BG013　对一相电缆绝缘电阻进行测量时,(　　　)应一起接地。
　　　A. 两相导体　　　B. 金属屏蔽　　　C. 金属套　　　D. 铠甲层

124. BH001　避雷线防护作用是(　　　)。
　　　A. 拦截雷直击于相导线　　　　　B. 分流作用
　　　C. 防止发生感应雷击　　　　　　D. 与相导线之间形成电磁耦合作用

125. BH002　架空输电线路防直击雷的主要措施是(　　　)。
　　　A. 采用避雷线　　B. 可控放避雷针　　C. 改用电缆　　D. 安装避雷器

126. BH003　为了提高线路供电可靠性,除了采用自动重合闸外,采用(　　　)等供电方式也
　　　　　能保证连续供电。
　　　A. 双回线路　　　B. 环网方式　　　C. 单回线路　　　D. 分支线路

127. BH004　多雷区的线路应做好(　　　)。
　　　A. 线路在线监测　　　　　　　　B. 综合防雷技术
　　　C. 降低杆塔接地电阻　　　　　　D. 适当缩短检测周期

128. BH005　避雷器是一种限制过电压的保护装置,通常由(　　　)组成。
　　　A. 氧化锌阀片　　　　　　　　　B. 火花间隙
　　　C. 非线性电阻　　　　　　　　　D. 氧化铋等附加物

129. BH006　避雷线实际上是一组引雷体,由(　　　)组成。
　　　A. 接闪器　　　B. 铁塔　　　C. 接地引下线　　　D. 接地体

130. BH007　避雷针的装设可分为(　　　)。
　　　A. 三点避雷针　　B. 多点避雷针　　C. 独立避雷针　　D. 架构避雷针

131. BH008　弧垂调整时同相子导线应(　　　),不使其张力相差过大。
　　　A. 单独收紧　　　B. 单独放松　　　C. 同时收紧　　　D. 同时放松

132. BH009　放松导线弛度一般可采用(　　　)对弛度进行调整。
　　　A. 增加耐张绝缘子片数　　　　　B. 增加悬垂串长度
　　　C. 增加连接金具　　　　　　　　D. 利用导线弛度调节板

133. BH010　采用拆开螺栓式耐张线夹后收紧导线弧度,调整导线弧度前,应检查(　　)及卡头的受力情况,确认无问题后,方可收紧导线。

　　A. 绝缘子卡具　　　　B. 双钩紧线器　　　C. 钢丝套　　　　　　D. 导线

134. BH011　所谓倒闸操作就是拉开或合上某些(　　)。

　　A. 变压器　　　　　　　　　　　　B. 断路器

　　C. 隔离开关　　　　　　　　　　　D. 集中补偿电容箱

135. BH012　工作票必须由专人签发;签发人应(　　)。

　　A. 熟悉工作人员技术水平　　　　　B. 熟悉工作现场

　　C. 熟悉设备情况　　　　　　　　　D. 熟悉电业安全工作规程

136. BH013　操作前,(　　)应先在模拟图上按照操作票所列的顺序唱票预演。

　　A. 监护人　　　　　　　　　　　　B. 工作负责人

　　C. 工作票签发人　　　　　　　　　D. 操作人

137. BH014　倒闸操作时送电范围内的设备在送电前,必须检查其上有无(　　)等物品。

　　A. 接地线　　　　　　B. 隔板　　　　　　　C. 工具　　　　　　　D. 擦布

138. BH015　倒闸操作预演结束拨正模拟图,操作人、监护人带好必要的(　　)到操作现场。

　　A. 验电器　　　　　　B. 安全用具　　　　　C. 工具　　　　　　　D. 钥匙

139. BH016　在倒闸操作中,操作机械传动的(　　)时应戴绝缘手套。

　　A. 开关　　　　　　　B. 刀闸　　　　　　　C. 真空断路器　　　　D. 电容器

140. BH017　雷电时,严禁进行(　　)和工作。

　　A. 巡视　　　　　　　B. 倒闸操作　　　　　C. 更换熔丝　　　　　D. 计量

141. BI001　放射线作用场所,应选用(　　)等耐辐照强度的电缆。

　　A. 聚氯乙烯　　　　　　　　　　　B. 交联聚乙烯

　　C. 耐寒橡皮绝缘　　　　　　　　　D. 乙丙橡皮绝缘

142. BI002　在选择配电电缆时,通常都根据敷设条件确定电缆型号,再按发热条件选择电缆截面,最后选出符合其载流量要求,并(　　)的电缆截面。

　　A. 满足机械强度要求　　　　　　　B. 满足经济电流密度

　　C. 满足电压损失　　　　　　　　　D. 满足热稳定要求

143. BI003　电力电缆的选择包括:正确选择(　　)等。

　　A. 材质　　　　　　　B. 型号　　　　　　　C. 电压等级　　　　　D. 线芯截面

144. BI004　电缆头制作方法,按照制作工艺的特点可分为传统电缆头、(　　)等几大类。

　　A. 干包头　　　　　　B. 热缩电缆头　　　　C. 冷缩电缆头　　　　D. 预制电缆头

145. BI005　电缆线芯压接后的接续管或接线端子,应将压痕边缘修整圆滑、(　　),以免造成电场的恶化。

　　A. 包缠绝缘胶带　　　B. 平齐　　　　　　　C. 无尖角　　　　　　D. 无毛刺

146. BI006　电缆线芯围压后,压接部位表面(　　),所有边缘处不应有尖端。

　　A. 光滑　　　　　　　B. 无毛刺　　　　　　C. 无弯曲　　　　　　D. 无裂缝

147. BI007 制作电缆三头的绝缘材料主要包括:绝缘胶、(　　)和绝缘树脂等。
   A. 绝缘带　　　　　　B. 绝缘管　　　　　　C. 绝缘膏　　　　　　D. 绝缘手套

148. BI008 下列温度中符合热缩电缆头附件时收缩加热温度的有(　　)。
   A. 120℃　　　　　　B. 110℃　　　　　　C. 100℃　　　　　　D. 90℃

149. BI009 使用喷灯热缩电缆头时,工作地点不准靠近(　　)。
   A. 易燃物品　　　　　B. 电缆井　　　　　　C. 带电体　　　　　　D. 绝缘体

150. BI010 电缆中间接头制作压接连接管时,应(　　)。
   A. 先压两端　　　　　B. 先压中间　　　　　C. 后压两端　　　　　D. 后压中间

151. BJ001 在一定的电压等级以下,等电位人员在作业中误触接地体的概率就会增大,所以在以下(　　)设备上不宜普遍采用等电位作业。
   A. 10kV　　　　　　B. 35kV　　　　　　C. 110kV　　　　　　D. 220kV

152. BJ002 中间电位法作业工作方式有一种是把作业人员用绝缘服装、(　　)包裹起来,送到带电设备上直接检修设备。
   A. 绝缘工具　　　　　B. 绝缘手套　　　　　C. 绝缘帽　　　　　　D. 绝缘靴

153. BJ003 分相检修作业必须考虑(　　)和如何接通、断开相对地的电容电流。
   A. 额定电压　　　　　B. 接触电压　　　　　C. 接地电阻　　　　　D. 跨步电压

154. BJ004 带电水冲洗是防止设备污闪的有效措施,也是带电作业中(　　)的工作之一。
   A. 使用面广　　　　　B. 使用面小　　　　　C. 工作量最大　　　　D. 工作量较小

155. BJ005 过电压对带电作业的安全危害很大,(　　)都必须考虑过电压这一重要因素。
   A. 设备的绝缘配合　　　　　　　　　B. 带电作业安全距离的选择
   C. 绝缘工具的最短有效长度　　　　　D. 绝缘工具电气试验标准

156. BJ006 人身与带电体安全距离的确定,是根据(　　),按绝缘配合惯用法计算和推荐的。
   A. 最大操作过电压
   B. 远方落雷可能传到作业点的最高大气过电压
   C. 操作过电压
   D. 谐振过电压

157. BJ007 确定安全距离可先按(　　)幅值分别求出放电距离,取两者之中放电距离大者作为控制距离。
   A. 操作过电压　　　　B. 大气过电压　　　　C. 谐振过电压　　　　D. 外部过电压

158. BJ008 绝缘工具经(　　),怀疑工具电气及机械性能有降低时,应及时进行抽查试验,标准与定期试验相同。
   A. 淋雨　　　　　　　B. 剐蹭　　　　　　　C. 洗涤　　　　　　　D. 环境变迁

159. BK001 造成线路故障的主要原因有(　　)。
   A. 外力破坏　　　　　　　　　　　　B. 人为因素所导致的事故
   C. 线路本体故障　　　　　　　　　　D. 自然灾害事故

160. BK002 导线接头在运行过程中,常因(　　)等原因产生接触不良。
   A. 氧化　　　　　　　B. 振动　　　　　　　C. 温度变化　　　　　D. 腐蚀

161. BK003　鸟害的基本形式主要有（　　）。
　　A. 筑巢材料短接瓷瓶　　　　　　　　　B. 鸟类接触导线
　　C. 鸟类粪便下落污染瓷瓶　　　　　　　D. 鸟类啄食合成绝缘子

162. BK004　定期清扫绝缘子,要详细检查绝缘子（　　）、零值和其他缺陷,发现零值瓷瓶
　　　　　　要及时更换。
　　A. 有无裂纹　　　　　　　　　　　　　B. 有无损伤
　　C. 有无闪络烧伤　　　　　　　　　　　D. 合成绝缘子材质是否老化

163. BK005　当线路绝缘子表面附着有各种污秽物质、（　　）、盐类时,在一定湿度条件下,
　　　　　　形成电解质的覆盖膜,大大降低绝缘子的绝缘性能,造成输电线路污闪故障。
　　A. 砂粒　　　　　　B. 灰尘　　　　　　C. 烟尘　　　　　　D. 化工粉尘

164. BK006　划分线路的污秽等级,应根据（　　）综合考虑。
　　A. 污湿特征　　　　　　　　　　　　　B. 地理条件
　　C. 运行经验　　　　　　　　　　　　　D. 绝缘子的盐密度

165. BK007　污闪可造成（　　）停电事故,且不易被自动重合闸消除,成为电力系统重大灾
　　　　　　害之一。
　　A. 大面积　　　　　　B. 小面积　　　　　C. 长时间　　　　　D. 短时间

166. BK008　绝缘子表面加涂憎水性涂料,可以（　　）。
　　A. 使雨水连成一片　　　　　　　　　　B. 增加绝缘电阻
　　C. 减少泄漏电流　　　　　　　　　　　D. 提高闪络电压

167. BK009　应选点定期测量盐密,以掌握（　　）及气象变化规律。
　　A. 污秽的来源　　　　　　　　　　　　B. 污秽程度
　　C. 污秽性质　　　　　　　　　　　　　D. 绝缘子表面积污速率

168. BK010　导线振动分为（　　）、电晕振动。
　　A. 微风振动　　　　　　B. 次档距振动　　　C. 导线舞动　　　　D. 阵风振动

三、判断题(对的画"√",错的画"×")

（　　）1. AA001　温度对半导体导电性能影响不大。
（　　）2. AA002　半导体的一个重要特征是,半导体中存在电子导电。
（　　）3. AA003　在 P 型半导体中只有空穴,N 型半导体中只有电子。
（　　）4. AA004　PN 结对正向电流的阻碍作用很小,电流容易通过。
（　　）5. AA005　用万用表测试二极管时,将表的欧姆挡拨到 R×2MΩ。
（　　）6. AA006　二极管的核心部分是 PN 结。
（　　）7. AA007　二极管的特性曲线上电流几乎为零的范围段称为饱和区。
（　　）8. AA008　最高反向工作电压是二极管反接时能承受的最大电压。
（　　）9. AA009　常用的倍压整流电路是利用二极管单向导电性。引导电源分别对某个电
　　　　　　　　　容器充电,然后将电容器上电压顺极性串联相加,便得到高电压。
（　　）10. AA010　电感滤波电路对直流电流无阻碍作用。
（　　）11. AB001　中性点不接地或经消弧线圈接地的系统称为大电流接地系统。

（　）12. AB002　中性点直接接地系统发生单相接地时,故障相及中性点对地电压为零。

（　）13. AB003　一般情况下,中性点非直接接地系统属于小接地短路电流系统。

（　）14. AB004　消弧线圈一般采用欠补偿方式。

（　）15. AB005　采用消弧线圈接地方式是为了早期消灭单相接地时的电弧。

（　）16. AB006　在中性点直接接地系统中,所有变压器的中性点都接地。

（　）17. AB007　中性点不接地系统中一相接地时,三相之间线电压将发生变化。

（　）18. AB008　110kV 电力网大部分采用中性点不接地方式,小部分采用经消弧线圈接地的方式。

（　）19. AC001　三相异步电动机是交流电动机中的一种。

（　）20. AC002　直流电动机是直流发电机和直流电动机的总称,二者在结构上没有什么区别。

（　）21. AC003　他励电动机的励磁绕组和电枢绕组由同一电源供电。

（　）22. AC004　一台电动机型号为 Y-112M-4,其中 112 表示电动机中心对地高度为 112cm。

（　）23. AC005　绕线式异步电动机的定子绕组结构与笼式异步电动机的完全一样,但其转子绕组截然不同。

（　）24. AC006　电动机的额定功率应大于额定状态下输入的电功率。

（　）25. AC007　电动机短时工作运行方式适用于转炉的倾炉装置及阀门的驱动装置等。

（　）26. AC008　三角形连接的电动机,若接成星形运行不会导致电动机发热而烧坏。

（　）27. AC009　两极三相异步电动机大多数采用同心式单层绕组。

（　）28. AD001　自动重合闸、备用电源的自动投入、低频减载等装置都属于继电保护装置。

（　）29. AD002　输电线路中装有不同类型、不可缺少的保护装置,以缩小事故范围,最大限度地保证供电安全可靠。

（　）30. AD003　继电保护是根据电力系统发生故障时电流突增,电压突降,以及电流与电压间的相位角发生变化的特点进行工作的。

（　）31. AD004　一般情况下,在满足系统安全要求的前提下,尽量用较为复杂的保护方式和回路构成继电保护系统。

（　）32. AD005　在线路发生故障时,电流增大到保护预先整定的某一数值时,过流保护即可启动保护装置。

（　）33. AD006　电路速断保护的优点是简单可靠,动作迅速,因而获得广泛应用。

（　）34. AD007　在输电线路距离保护中,故障将总由距故障点远的保护首先动作切除。

（　）35. AD008　距离保护的测量元件为阻抗继电器。

（　）36. AD009　电压速断保护与电流速断保护相比,突出的优点是电压速断的保护区在被保护线路较短,又处在最小运行方式时有可能降为零。

（　）37. AD010　方向过电流保护灵敏度的检验一般只检验其电流启动元件的灵敏度,按最大运行方式时线路末端的最大短路电流来计算。

（　）38. AD011　只有在短线路上,当采用更简单的保护不能满足要求时,才考虑采用纵差保护。

（　）39. AD012　从原理上讲,高频保护可以反映被保护线路范围以外的故障。

（　）40. AD013　高频闭锁保护装置在正常运行时不发高频信号,当系统发生故障时,由短路功率方向为正的一端发出高频闭锁信号。

（　）41. AD014　只要本网络发生单相接地故障,则在同一电压等级的所有发电厂和变电所的母线上不一定都出现零序电压。

（　）42. AD015　零序电流保护通常采用三段式,第二段为带时限零序电流速断,保护范围为本线路全长并延伸到下一段线路。

（　）43. BA001　人力放线时,牵引过程中遇到障碍,领线人员应组织牵引人员采取正确方法跨越。

（　）44. BA002　采用固定机械牵放架空线时,应先用机械牵引展放牵引绳,使其依次次通过放线滑车。

（　）45. BA003　观测档宜选档距较大,架空线悬挂点高差较小,及接近代表档距的线档。

（　）46. BA004　"初伸长"造成弧垂永久性增大,而运行时间越长,弧垂越大,最终在 5~10 年后趋于一个稳定值。

（　）47. BA005　雾天、大风、大雪、雷雨天可以进行弧垂观测。

（　）48. BA006　对于 110kV 线路,相间弧垂允许偏差为 150mm。

（　）49. BA007　等长法观测弧垂,当悬挂点高差为零时,观测弧垂精度最高。

（　）50. BA008　如果一套接续条中每组的根数不同,应从组成根数最少的一组开始。

（　）51. BA009　使用预绞式接续条修补导线,处理受伤散股导线时不要扭曲、改变导线绕向。

（　）52. BA010　在放线区段内的近地点、控制档,压线滑车设置点,转角塔,重要跨越处以及最后塔转向牵引时的转向滑车处均设置监护通信人员。在一般地段,每三基设一点,每点配一具对讲机。

（　）53. BA011　紧线后在一个档距内每根导线或避雷线上只允许有一个接续管和不超过两个补修管。

（　）54. BA012　不宜减少因损伤而增加的接续管。

（　）55. BA013　耐张段长度和线径应相互协调,避免切断导线造成导线浪费或接头过多。

（　）56. BB001　人字抱杆在整立杆塔过程中要承受很大的压力,对于土质松软的地带,抱杆受到较大压力时,会产生上拔情况。

（　）57. BB002　在整体起立杆塔时,适当减少 a 值,对起吊设备受力是有利的。

（　）58. BB003　由于杆塔结构复杂,质量较大,因此在组立杆塔时,应充分准备,全方位配合,统一指挥。

（　）59. BB004　整立双杆时人字抱杆双杆置于两主杆之间,头部放在叉梁补强木上或马镫上。

（　）60. BB005　利用活动式抱杆可以完成铁塔底部结构分片组装。

（　）61. BB006　在杆塔上固定临时拉线时,应注意固定扣的方向不要偏移,U 形环扣住位置应朝向杆塔,以免在拉线受力后使杆塔受扭力。

( )62. BB007 牵引绳一端连抱杆脱帽环,另一端连滑轮组的定滑轮。

( )63. BB008 在整立杆塔过程中,用来拖曳钢丝绳以起立杆塔的设备称为动力设备。

( )64. BB009 单杆采用两点起吊时,绑点绳的绕向应相同,以保证电杆起立时不"翻滚"。

( )65. BB010 制动系统中,制动滑轮组的定滑轮与制动绳连接,制动滑轮组的动滑轮
与固定在地锚上。

( )66. BB011 埋设地锚必须开设马道,马道的方向、角度应与地锚受力方向垂直。

( )67. BB012 杆塔整立起立前应检查绑点绳的长短是否一致(对双杆而言),绑点位
置是否正确,绑点绳的平衡滑车是否已开口。

( )68. BB013 装好临时拉线后,工作人员才能登高拆除起吊工具及临时拉线,但转角
杆内侧临时拉线要待架好线后才能拆除。

( )69. BC001 保护层的混凝土振捣不密实或模板湿润不够,吸收过多易造成掉角而
露筋。

( )70. BC002 为使新旧混凝土结合良好,应将剔凿好的空洞用清水冲洗,或用钢丝刷
仔细清刷,立即浇筑比原混凝土的强度等级高一级的细石混凝土。

( )71. BC003 阴角处模板外侧宜堆放少量混凝土做成直角状,待上台阶灌筑振捣后,
再将下一台阶抹平,可以防止台阶阴角处产生蜂窝麻面。

( )72. BC004 混凝土抗压极限强度,应以立方体试块,在温度20℃±1℃和相对湿度为
90%以上的潮湿环境,经14天养护后试压确定。

( )73. BC005 拆模后应立即对混凝土基础做全面检查并做好记录。

( )74. BC006 基础混凝土的强度应以试块的极限抗压强度的平均值为依据,其值应小
于或等于设计强度。

( )75. BC007 制作混凝土试块时,插捣要在混凝土全面积上均匀进行,由边缘逐渐向
中心。

( )76. BC008 回弹法检测混凝土强度,被测面应洁净,必要时用砂轮磨平后再测试。

( )77. BC009 大跨越设计的直线塔基础及其拉线基础,每腿取一组,但当基础混凝土
量不超过同工程大转角或终端塔基础时,每基取一组。

( )78. BC010 超声法检测混凝土强度测点布置:测区应布置在构件混凝土浇注方向的
侧面,侧面应清洁平整。

( )79. BD001 施工基面,即计算坑深,定位塔高的起始基准面。

( )80. BD002 线路施工前必须对线路直线和转角杆塔桩位进行复测校核。

( )81. BD003 在开始施工前,要对所施工线路上各杆塔桩档距、高差等进行一次全面
复测。

( )82. BD004 校核基础保护范围,当保护范围不够时可现场自行处理。

( )83. BD005 施工测量时,应按杆塔辅助桩钉出必要的中心桩,作为施工及质量检查
的依据。

( )84. BD006 在线路施工中,一般情况下,线路中心桩就是杆塔的中心桩,基础分坑以
该中心桩为准进行。

（　　）85. BD007　基础分坑测量是按设计图纸的要求，将基础在地面上的方位和坑口轮廓线测定出来，以作为挖坑的依据。

（　　）86. BD008　双杆基坑应确保根开的中心偏差不应超过±50mm。

（　　）87. BE001　接地装置导通测试属于电气完整性测试内容。

（　　）88. BE002　在被测绝缘电阻表面不干净或者潮湿的情况下，为了测量准确，必须使用屏蔽"G"接线柱。

（　　）89. BE003　送电线路状态测温的对象中不包括导线承力连接器。

（　　）90. BE004　采用红外或热红外成像仪不能减轻线路检修劳动强度。

（　　）91. BE005　红外成像仪检测，正常绝缘子串的温度分布同电压分布规律对应，即呈不对称的马鞍形，相邻绝缘子之间温差很大。

（　　）92. BE006　有间隙金属氧化物避雷器正常时整体温度与环境温度略有差异，凡出现整体或局部发热者均属正常。

（　　）93. BE007　智能巡检手持机的 GPRS 信号是指手机通信信号，主要是用来传输巡线系统数据信号。

（　　）94. BE008　进行盐密度测量前，应将所用的量具、烧杯、毛刷等充分清洁，以免引起测量误差。

（　　）95. BE009　当线路具备加压试运行条件后，应在启动加压后对线路的有关参数进行测定。

（　　）96. BF001　在输电线路过负荷情况下，又处在高温期间，非但要夜间巡视，在白天还要进行特殊巡视。

（　　）97. BF002　特殊巡视时，运行人员可以根据绝缘子表面的火花放电判断闪络的危险性和绝缘子清扫的必要性。

（　　）98. BF003　绝缘子电晕放电时有时无，则说明污秽还处于较轻的初期发展阶段。

（　　）99. BF004　线路接地故障或短路发生之后，无论是否重合闸成功，都要立即报告。

（　　）100. BF005　登杆检查只能在停电情况下进行。

（　　）101. BF006　导、地线弧垂不允许超过运行规程设计偏差。

（　　）102. BF007　气温变化时，弧垂基本不变。

（　　）103. BF008　测量线路限距和弛度不一定是在最高气温下进行的，故所测得的数据一般不是最小限距或最大弧垂。

（　　）104. BF009　相位、警告、指示及防护等标志不在巡查范围内。

（　　）105. BF010　线路通过林区及成片林时应采取低跨设计或砍伐出通道，通道内不得再种植树木。

（　　）106. BF011　巡检人员手持巡检仪通过远程监控方式巡视线路，将相关的巡检属性数据录入巡检仪内。

（　　）107. BF012　在化工、沿海地区的送电线路须检查导线是否脏污。

（　　）108. BF013　弧垂计算应根据最小风速情况或覆冰情况求得的最小风偏进行计算。

（　　）109. BF014　最大风速对 35~110kV 线路设计应采用 20 年一遇设计。

（　　）110. BG001　螺栓应与构件平面垂直，螺栓头与构件间的接触处空隙不应超过两个垫片。

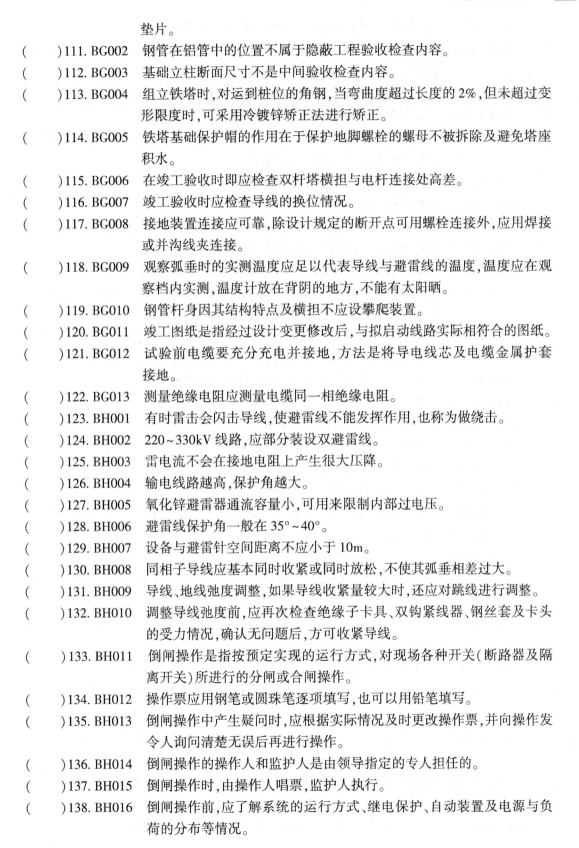

( )111. BG002　钢管在铝管中的位置不属于隐蔽工程验收检查内容。

( )112. BG003　基础立柱断面尺寸不是中间验收检查内容。

( )113. BG004　组立铁塔时,对运到桩位的角钢,当弯曲度超过长度的2%,但未超过变形限度时,可采用冷镀锌矫正法进行矫正。

( )114. BG005　铁塔基础保护帽的作用在于保护地脚螺栓的螺母不被拆除及避免塔座积水。

( )115. BG006　在竣工验收时即应检查双杆塔横担与电杆连接处高差。

( )116. BG007　竣工验收时应检查导线的换位情况。

( )117. BG008　接地装置连接应可靠,除设计规定的断开点可用螺栓连接外,应用焊接或并沟线夹连接。

( )118. BG009　观察弧垂时的实测温度应足以代表导线与避雷线的温度,温度应在观察档内实测,温度计放在背阴的地方,不能有太阳晒。

( )119. BG010　钢管杆身因其结构特点及横担不应设攀爬装置。

( )120. BG011　竣工图纸是指经过设计变更修改后,与拟启动线路实际相符合的图纸。

( )121. BG012　试验前电缆要充分充电并接地,方法是将导电线芯及电缆金属护套接地。

( )122. BG013　测量绝缘电阻应测量电缆同一相绝缘电阻。

( )123. BH001　有时雷击会闪击导线,使避雷线不能发挥作用,也称为做绕击。

( )124. BH002　220~330kV线路,应部分装设双避雷线。

( )125. BH003　雷电流不会在接地电阻上产生很大压降。

( )126. BH004　输电线路越高,保护角越大。

( )127. BH005　氧化锌避雷器通流容量小,可用来限制内部过电压。

( )128. BH006　避雷线保护角一般在35°~40°。

( )129. BH007　设备与避雷针空间距离不应小于10m。

( )130. BH008　同相子导线应基本同时收紧或同时放松,不使其弧垂相差过大。

( )131. BH009　导线、地线弛度调整,如果导线收紧量较大时,还应对跳线进行调整。

( )132. BH010　调整导线弛度前,应再次检查绝缘子卡具、双钩紧线器、钢丝套及卡头的受力情况,确认无问题后,方可收紧导线。

( )133. BH011　倒闸操作是指按预定实现的运行方式,对现场各种开关(断路器及隔离开关)所进行的分闸或合闸操作。

( )134. BH012　操作票应用钢笔或圆珠笔逐项填写,也可以用铅笔填写。

( )135. BH013　倒闸操作中产生疑问时,应根据实际情况及时更改操作票,并向操作发令人询问清楚无误后再进行操作。

( )136. BH014　倒闸操作的操作人和监护人是由领导指定的专人担任的。

( )137. BH015　倒闸操作时,由操作人唱票,监护人执行。

( )138. BH016　倒闸操作前,应了解系统的运行方式、继电保护、自动装置及电源与负荷的分布等情况。

（　　）139. BH017　雨天操作使用有防雨罩的绝缘棒，可以不戴绝缘手套。

（　　）140. BI001　交流单相回路的电力电缆外护层不得有未经非磁性处理的金属带、钢丝铠装。

（　　）141. BI002　增加电缆截面可以减小载流能力，使电缆寿命延长。

（　　）142. BI003　选择电缆截面的大小时，应首先考虑热稳定的校验。

（　　）143. BI004　冷缩电缆附件的内部，有一个精心设计的应力锥，妥善地解决了电缆外屏蔽切断处的电应力集中问题。

（　　）144. BI005　接续管整体压接时，先压两端，再压内侧。

（　　）145. BI006　在电缆局部压接时，压坑中心线不必在一条直线上。

（　　）146. BI007　热缩管抗污能力强，在很大的温度范围内仍然保持高弹性。

（　　）147. BI008　制作电缆接头使用的油喷灯应选择蓝黄相间的火焰。

（　　）148. BI009　安装应力控制管时，应力管下部与铜屏蔽搭接 20mm 以上。

（　　）149. BI010　制作电缆中间接头时，每相线芯一端或两端分别套入铜网、外绝缘管、半导电管、内绝缘管，构成一套热缩管件。

（　　）150. BJ001　良好的均压服屏蔽系数都很小，通常为 1% ～ 1.5%，远小于人体起始感觉电场强度（2.4kV/cm）的范围，从而消除了人体不舒服的感觉。

（　　）151. BJ002　中间电位法的安全水平低于间接作业法和等电位作业法。

（　　）152. BJ003　分相作业时，检修相接地，另两相电压不变。

（　　）153. BJ004　水冲洗在气温零度以下效果最佳。

（　　）154. BJ005　一般短波雷电波衰变系数比长波的小。

（　　）155. BJ006　220kV 线路安全距离为 150cm。

（　　）156. BJ007　统计法主要用于 330kV 以下线路安全距离的确定。

（　　）157. BJ008　屏蔽服的试验：手套、袜子电阻试验时，其电阻值不大于 15Ω 为合格。

（　　）158. BK001　周围环境对架空线路的影响较小。

（　　）159. BK002　事故发生后，保护现场属于一般性工作。

（　　）160. BK003　鸟粪在潮湿状态下能否引起污闪，与鸟粪的电导率、污秽面积、污秽路径无关。

（　　）161. BK004　在盐密为 0.1mg/cm^2 及灰密 2mg/cm^2 时，涂有 RTV 的绝缘子人工污闪电压可比没有涂的提高 1.5 倍以上。

（　　）162. BK005　雷击闪络或污闪在绝缘子上留下的闪络痕迹有较大区别。

（　　）163. BK006　绝缘子爬电距离是指正常承受运行电压的两电极间沿绝缘件外表面轮廓的最大距离。

（　　）164. BK007　中性点直接接地系统中，一相首先闪络接地，其他两相电压升高 $\sqrt{3}$ 倍，会加剧闪络。

（　　）165. BK008　采用耐污绝缘子对防污闪仅起到辅助作用，并非有效。

（　　）166. BK009　线路上的零（低）值绝缘子应及时修理。

（　　）167. BK010　采用护线条，能很好地保护导线，但不能减少导线的振动。

四、简答题

1. BA001　线路施工放线前的准备工作有哪些？

2. BA001　导(地)线展放过程中应注意什么？

3. BA002　放线滑车应满足哪些要求。

4. BA002　放线架放线时有何要求。

5. BA003　弛度观测档的选择原则有哪些？

6. BA004　如何消除导线塑性增长对弧垂的影响。

7. BA008　用预绞丝修补导线时应注意什么？

8. BB013　试用抱杆组立杆塔,当混凝土杆柱离地 0.5~1m 时,应对杆塔做哪些方面检查？

9. BB003　组立杆塔的要求有哪些？

10. BC001　混凝土施工麻面产生的原因是什么？

11. BC002　混凝土基础露筋缺陷处理方法是什么？

12. BF003　为什么要进行夜间巡视、其主要检查内容有哪些。

13. BF004　怎样进行故障巡视。

14. BF004　故障巡视时,应注意检查哪些内容。

15. BG003　铁塔基础验收检查内容有哪些？

16. BG003　中间杆塔验收检查的内容有哪些？

17. BK001　输配电线路故障的原因有几类。

18. BK008　导线振动的类型有哪几种。

19. BK008　什么是导线振动。

20. BK008　防止导线振动的措施有哪些。

五、计算题

1. BA003　如题 1 图所示,已知 $L_1 = 238m$, $L_2 = 297m$, $h_1 = 12m$, $h_2 = 8.5m$,垂直比 $g_1 = 25.074 \times 10^{-3}N/(m \cdot mm^2)$,应力 $\sigma_0 = 48.714MPa$,试计算 $2^{\#}$ 杆的水平档距和垂直档距。

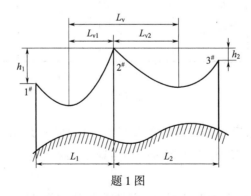

题 1 图

2. BD006　如题 2 图所示,该线路为小转角,转角度为 20°,已知横担宽 $c = 500mm$,长为 1200mm。求分坑前中主桩位移值。

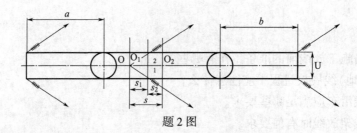

题 2 图

3. BD006　如题 3 图所示，该线路转角度为 80°，已知横担宽 $c = 800\text{mm}$，长横担侧 a 为 3100mm，短横担侧 b 为 1700mm。求杆塔中心桩桩位移值。

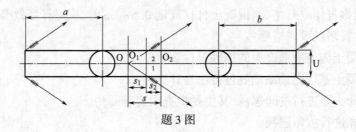

题 3 图

4. BF007　某 110kV 线路的跨越档，其档距 $L = 360\text{m}$，交叉点距杆塔 100m，代表档距 $L_{\text{np}} = 350\text{m}$，在气温 20℃ 时测得上导线弧垂 $f = 5\text{m}$，导线对被跨越线路的交叉距离为 6m，导线热膨胀系数 $\alpha = 19 \times 10^{-6}$，求当气温在 40℃ 时，交叉跨越是否满足要求。

5. BF007　某输电线路在丘陵地带有一悬点不等高档，已知该档档距为 $L = 400\text{m}$，悬点高差 $\Delta h = 35\text{m}$，最高气温时导线应力 $\sigma_0 = 80\text{MPa}$，比载 $g_L = 36.51 \times 10^{-3} \text{N/(m·mm}^2)$，试求该档导线线长。

6. BF007　某 110kV 线路跨 10kV 线路，在距交叉跨越点 $L = 20\text{m}$ 位置安放经纬仪，测量 10kV 线路仰角为 28°，110kV 线路仰角为 34°，请判断交叉跨越符不符合要求。

7. BA007　某耐张段如题 7 图所示，若档距 $L_1 = 250\text{m}$，$L_2 = 260\text{m}$，$L_3 = 240\text{m}$。试求 2# 杆的水平档距。

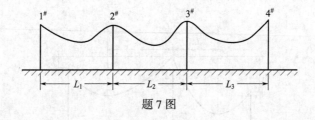

题 7 图

8. BA007　某一 110kV 架空线路。其一耐张段有五个档距，分别为 $L_1 = 200\text{m}$，$L_2 = 210\text{m}$，$L_3 = 220\text{m}$，$L_4 = 230\text{m}$，$L_5 = 250\text{m}$（不考虑悬挂点高差的影响），求此耐张段代表档距。

9. BA007　某配电线路，耐张端有 4 档，它们的档距分别为 50m，该耐张段的代表档距为多少？

10. BA007　某一条线路，其中一个耐张段共 5 档，它们档距分别为 70m、80m、60m、70m、

80m,该耐张段的长度及代表档距为多少?

11. BF008　已知某线路弧垂观测档一端视点 $A_。$ 与导线悬挂点距离 a 为 2m,另一视点 $B_。$ 与悬挂点距离 b 为 7m,试求该观测档弧垂 f 值。

12. BF007　某一线路施工,采用异长法观测弧垂,已知导线的弧垂为 6.25m,在 A 杆上绑弛度板距悬挂点距离为 $a=4m$。试求在 B 杆上应挂弛度板多少米?

13. BF008　已知某悬挂点等高耐张段的导线型号为 LGJ-185mm², 代表档距为 80mm,计算弧垂为 1.2m,采用减少弧垂法减少 15% 补偿导线的塑性伸长。现在档距为 100m 的距离内进行弧垂观测,求弧垂为多少应停止紧线?

14. BF008　某一线路耐张段,段区内分为 170m、180m 和 230m 三个档,其规律档距 $L_{np}=200m$,设观测档的档距为 180m,测量时的温度为 20℃,根据安装表,查 $L_{np}=200m$ 时的 $f_0=4.05m$,求观测档距的弧垂。

15. BK006　采用盐密仪测试 X-4.5 型绝缘子盐密,用蒸馏水 $V=130cm^3$ 清洗绝缘子表面。清洗前,测出 20℃时蒸馏水的含盐浓度为 0.000723;清洗后,测出 20℃时污秽液中含盐浓度为 0.0136。已知绝缘子表面积 $S=645cm^2$。求绝缘子表面盐密值。

16. BK006　某 220kV 输电线路,位于 0 类污秽区,要求其泄漏比距为 1.6cm/kV。每片 X-4.5 型绝缘子的泄漏距离为 290mm。试确定悬式绝缘子串的绝缘子片数。

17. BK010　已知某输电线路的导线型号是 LGJ-120,计算直径为 15.2mm,比载为 $g_1=3.557×10^{-3}kg/(mm^2·m)$。求当导线应力 $\sigma_{max}=9.58kg/mm$,风速为 0.5m/s 时的振动波长。

18. BK010　已知风速 $V=7m/s$,导线直径 $d=20mm$,求导线此时振动的频率大小。

19. BK010　已知某线路代表档距为 250m,最大振动半波长 $\lambda_{max}/2=13.55mm$,最小振动半波长 $\lambda_{min}/2=1.21mm$,试确定防振锤的安装距离。

20. BK010　某 110kV 架空线路,通过Ⅵ级气象区,导线采用 LGJ-150 型,导线计算直径 17.1mm,档距为 300m,悬挂点高度 $h=12m$,导线比载 $g=35.01×10^{-3}N/(m·m^2)$,最低气温时最大应力为 113.68MPa,最高气温时最小应力为 49.27MPa,风速下限值为 0.5m/s,风速上限值为 4.13m/s。求防振锤安装距离。

答　案

一、单项选择题

1. B	2. A	3. C	4. B	5. A	6. B	7. B	8. A	9. C	10. A
11. C	12. A	13. C	14. A	15. C	16. A	17. B	18. B	19. B	20. D
21. B	22. A	23. B	24. D	25. B	26. B	27. C	28. B	29. B	30. D
31. A	32. B	33. B	34. C	35. A	36. B	37. A	38. A	39. C	40. C
41. A	42. A	43. A	44. C	45. D	46. A	47. A	48. B	49. A	50. C
51. A	52. D	53. D	54. A	55. B	56. A	57. C	58. A	59. D	60. A
61. C	62. D	63. C	64. B	65. B	66. C	67. C	68. A	69. C	70. A
71. A	72. D	73. B	74. C	75. D	76. A	77. C	78. C	79. B	80. C
81. B	82. C	83. C	84. B	85. A	86. B	87. D	88. C	89. A	90. B
91. A	92. B	93. A	94. B	95. A	96. B	97. A	98. B	99. B	100. A
101. C	102. B	103. A	104. B	105. B	106. A	107. B	108. A	109. B	110. D
111. B	112. C	113. A	114. B	115. B	116. C	117. D	118. B	119. D	120. D
121. D	122. B	123. C	124. A	125. B	126. A	127. C	128. A	129. A	130. B
131. B	132. D	133. C	134. C	135. C	136. A	137. C	138. D	139. C	140. D
141. D	142. B	143. B	144. B	145. A	146. D	147. C	148. B	149. C	150. A
151. D	152. B	153. B	154. C	155. B	156. C	157. D	158. A	159. B	160. A
161. A	162. B	163. B	164. C	165. C	166. B	167. A	168. B	169. C	170. C
171. D	172. C	173. A	174. C	175. B	176. A	177. B	178. B	179. A	180. B
181. C	182. C	183. C	184. B	185. B	186. B	187. C	188. B	189. B	190. B
191. B	192. A	193. C	194. C	195. C	196. A	197. A	198. D	199. D	200. A
201. A	202. B	203. A	204. B	205. B	206. A	207. D	208. A	209. D	210. B
211. B	212. D	213. A	214. B	215. A	216. D	217. B	218. C	219. B	220. B
221. C	222. A	223. C	224. A	225. B	226. B	227. C	228. D	229. C	230. A
231. C	232. B	233. A	234. B	235. B	236. A	237. D	238. B	239. C	240. C
241. B	242. A	243. C	244. A	245. B	246. A	247. D	248. B	249. B	250. C
251. A	252. B	253. D	254. B	255. C	256. D	257. C	258. D	259. A	260. B
261. C	262. A	263. A	264. C	265. C	266. B	267. B	268. A	269. B	270. B
271. C	272. A	273. D	274. C	275. A	276. D	277. D	278. B	279. B	280. C
281. D	282. C	283. A	284. B	285. B	286. A	287. A	288. C	289. B	290. A
291. B	292. A	293. A	294. B	295. C	296. A	297. B	298. D	299. A	300. D
301. A	302. D	303. A	304. D	305. A	306. B	307. C	308. A	309. A	310. B

311. B   312. C   313. B   314. A   315. C   316. D   317. B   318. C   319. C   320. B
321. C   322. B   323. A   324. C   325. A   326. B   327. A   328. B   329. B   330. C
331. D   332. B   333. A   334. B

二、多项选择题

1. AD   2. ACD   3. CD   4. ACD   5. CD   6. AC   7. ABD
8. AC   9. ACD   10. AD   11. ABCD   12. ABC   13. ABD   14. AD
15. ABC   16. AC   17. ABCD   18. ACD   19. AC   20. AB   21. AD
22. ABC   23. ABCD   24. BCD   25. ABD   26. ABD   27. BCD   28. BCD
29. AC   30. ABD   31. ABD   32. ABD   33. AB   34. BC   35. BCD
36. ABD   37. AD   38. AD   39. AB   40. BC   41. BD   42. ACD
43. BC   44. ABC   45. AB   46. AC   47. ABC   48. CD   49. BCD
50. ABCD   51. ABC   52. BD   53. ABD   54. AB   55. BCD   56. ACD
57. ACD   58. AB   59. ACD   60. ABCD   61. BC   62. AC   63. CD
64. AB   65. ACD   66. BCD   67. ABCD   68. ACD   69. BCD   70. CD
71. BC   72. ACD   73. AB   74. BCD   75. ABC   76. ACD   77. ABCD
78. BCD   79. ABC   80. AC   81. ABC   82. ABCD   83. AC   84. BCD
85. BCD   86. ABCD   87. BCD   88. AB   89. ABCD   90. BC   91. ACD
92. ABC   93. BCD   94. ACD   95. BD   96. ACD   97. ABC   98. BCD
99. AB   100. CD   101. AB   102. AD   103. AB   104. ABCD   105. ABCD
106. AB   107. ABD   108. AC   109. ACD   110. BC   111. ABC   112. AB
113. CD   114. AB   115. ABCD   116. BCD   117. BCD   118. BD   119. ACD
120. ABC   121. ABC   122. AD   123. ABCD   124. ABD   125. ABC   126. AB
127. BCD   128. AD   129. ACD   130. CD   131. CD   132. ACD   133. ABC
134. BC   135. ACD   136. AD   137. ACD   138. BD   139. AB   140. BC
141. BD   142. CD   143. BCD   144. BCD   145. BCD   146. ABD   147. ABD
148. AB   149. AC   150. AD   151. AB   152. BCD   153. BD   154. AC
155. ABCD   156. AB   157. AB   158. ACD   159. ABD   160. AD   161. ACD
162. ABC   163. BCD   164. ACD   165. AC   166. BCD   167. ACD   168. ABC

三、判断题

1. ×   正确答案:温度对半导体导电性能影响很大,温度升高,电子和空穴对增多。   2. ×
正确答案:半导体的一个重要特征是,半导体中同时存在电子和空穴导电。   3. ×   正确答
案:P 型半导体多数载流子为空穴,少数载流子为电子,N 型半导体众多数载流子为电子,少
数载流子为空穴。   4. √   5. ×   正确答案:用万用表测试二极管时,将表的欧姆挡拨到
R×200Ω。   6. √   7. ×   正确答案:二极管的特性曲线上电流几乎为零的范围段称为死
区。   8. √   9. ×   正确答案:常用的倍压整流电路是利用二极管单向导电性。引导电源
分别对每一个电容器充电,然后将电容器上电压顺极性串联相加,便得到高电压。   10. √

11. × 正确答案:中性点不接地或经消弧线圈接地的系统称为小电流接地系统。 12. √

13. √ 14. × 正确答案:消弧线圈一般采用过补偿方式。 15. √ 16. × 正确答案:在中性点直接接地系统中,不是所有变压器的中性点都接地。 17. × 正确答案:中性点不接地系统中一相接地时,三相之间线电压保持与正常时相同。 18. × 正确答案:110kV电力网大部分采用中性点直接接地方式,小部分采用经消弧线圈接地的方式。 19. √

20. √ 21. × 正确答案:他励电动机的励磁绕组和电枢绕组由不同的电源供电。 22. × 正确答案:一台电动机型号为Y-112M-4,其中112表示电动机中心对地高度为112mm。

23. √ 24. × 正确答案:电动机的额定功率应小于额定状态下输入的电功率。 25. √

26. × 正确答案:三角形连接的电动机,若接成星形运行会导致电动机发热而烧坏。

27. √ 28. × 正确答案:自动重合闸、备用电源的自动投入、低频减载等装置都属于安全自动装置。 29. √ 30. √ 31. × 正确答案:一般情况下,在满足系统安全要求的前提下,尽量用较为简单的保护方式和回路构成继电保护系统。 32. √ 33. √ 34. × 正确答案:在输电线路距离保护中,故障将总由距故障点近的保护首先动作切除。 35. √

36. × 正确答案:电压速断保护与电流速断保护相比,突出的优点是电压速断的保护区无论如何都不会降为零。 37. × 正确答案:方向过电流保护灵敏度的检验一般只检验其电流启动元件的灵敏度,按最大运行方式时线路末端的最小短路电流来计算。 38. √

39. × 正确答案:从原理上讲,高频保护不反映被保护线路范围以外的故障。 40. × 正确答案:高频闭锁保护装置在正常运行时不发高频信号,当系统发生故障时,由短路功率方向为负的一端发出高频闭锁信号。 41. × 正确答案:只要本网络发生单相接地故障,则在同一电压等级的所有发电厂和变电所的母线上都将出现零序电压。 42. √ 43. √

44. × 正确答案:采用固定机械牵放架空线时,应先用人力放线方法展放牵引绳,使其依次通过放线滑车。 45. √ 46. √ 47. × 正确答案:雾天、大风、大雪、雷雨天应停止弧垂观测。 48. × 正确答案:对于110kV线路,相间弧垂允许偏差为200mm。 49. √ 50. × 正确答案:如果一套接续条中每组的根数不同,应从组成根数最多的一组开始。 51. √

52. √ 53. × 正确答案:紧线后在一个档距内每根导线或避雷线上只允许有一个接续管和不超过三个补修管。 54. × 正确答案:宜减少因损伤而增加的接续管。 55. × 正确答案:耐张段长度和线长应相互协调,避免切断导线造成导线浪费或接头过多。 56. × 正确答案:人字抱杆在整立杆塔过程中要承受很大的压力,对于土质松软的地带,抱杆受到较大压力时,会产生下沉情况。 57. × 正确答案:在整体起立杆塔时,适当增大a值,对起吊设备受力是有利的。 58. × 正确答案:由于杆塔结构面宽,质量较大,因此在组立杆塔时,应充分准备,全方位配合,统一指挥。 59. √ 60. × 正确答案:只能利用固定式抱杆完成铁塔底部结构分片组装。 61. × 正确答案:在杆塔上固定临时拉线时,应注意固定扣的方向不要偏移,U形环扣住位置应朝向拉线,以免在拉线受力后使杆塔受扭力。 62. × 正确答案:牵引绳一端连抱杆脱帽环,另一端连滑轮组的动滑轮。 63. × 正确答案:在整立杆塔过程中,用来拖曳钢丝绳以起立杆塔的设备称为牵引设备。 64. × 正确答案:单杆采用两点起吊时,绑点绳的绕向应相反,以保证电杆起立时不"翻滚"。 65. × 正确答案:制动系统中,制动滑轮组的动滑轮与制动绳连接,制动滑轮组的定滑轮与固定在地锚上。 66. × 正确答案:埋设地锚必须开设马道,马道的方向、角度应与地锚受力方向一致。   67.×   正确答案:杆塔整立起立前应检查绑点绳的长短是否一致(对双杆而言),绑点位置是否正确,绑点绳的平衡滑车是否已封口。   68.×   正确答案:装好永久拉线后,工作人员才能登高拆除起吊工具及临时拉线,但转角杆内侧临时拉线要待架好线后才能拆除。   69.√   70.×   正确答案:为使新旧混凝土结合良好,应将剔凿好的空洞用清水冲洗,或用钢丝刷仔细清刷,并充分湿润24h后,浇筑比原混凝土的强度等级高一级的细石混凝土。   71.×   正确答案:阴角处模板外侧宜堆放少量混凝土做成坡状,待上台阶灌筑振捣后,再将下一台阶抹平,可以防止台阶阴角处产生蜂窝麻面。   72.×   正确答案:混凝土抗压极限强度,应以立方体试块,在温度20℃±1℃和相对湿度为90%以上的潮湿环境,经28天养护后试压确定。   73.√   74.×   正确答案:基础混凝土的强度应以试块的极限抗压强度的平均值为依据,其值应大于或等于设计强度。   75.√   76.√   77.√   78.√   79.√   80.√   81.√   82.×   正确答案:校核基础保护范围,当保护范围不够时通知设计进行处理。   83.×   正确答案:施工测量时,应按杆塔中心桩钉出必要的辅助桩,作为施工及质量检查的依据。   84.√   85.√   86.×   正确答案:双杆基坑应确保根开的中心偏差不应超过±30mm。   87.√   88.√   89.×   正确答案:送电线路状态测温的对象中包括导线承力连接器。   90.×   正确答案:采用红外或热红外成像仪既减轻了线路检修高空作业量和劳动强度,又减少了设备停电时间,提高了输电设备的可用率。   91.×   正确答案:红外成像仪检测,正常绝缘子串的温度分布同电压分布规律对应,即呈不对称的马鞍形,相邻绝缘子之间温差很小。   92.×   正确答案:有间隙金属氧化物避雷器正常时整体温度与环境温度基本相同,凡出现整体或局部发热者均属异常。   93.√   94.√   95.×   正确答案:当线路具备加压试运行条件后,应在启动加压前对线路的有关参数进行测定。   96.√   97.√   98.×   正确答案:绝缘子电晕放电时有时无,则说明污秽相当严重。   99.×   正确答案:线路接地故障或短路发生之后,无论是否重合闸成功,都要立即组织故障巡视。   100.×   正确答案:登杆检查可以在停电时进行,也可以在带电情况下进行。   101.×   正确答案:导、地线弧垂一般可以超过运行规程设计偏差值。   102.×   正确答案:气温变化会引起弧垂发生变化。   103.√   104.×   正确答案:相位、警告、指示及防护等标志也在巡查范围内。   105.×   正确答案:线路通过林区及成片林时应采取高跨设计或砍伐出通道,通道内不得再种植树木。   106.×   正确答案:巡检人员手持巡检仪,沿电力线路现场巡视,将相关的巡检属性数据录入巡检仪内。   107.×   正确答案:在化工、沿海地区的配电线路需巡视检查导线有无腐蚀现象。   108.×   正确答案:弧垂计算应根据最大风速情况或覆冰情况求得的最大风偏进行计算。   109.×   正确答案:最大风速对35~110kV线路设计应采用15年一遇设计。   110.×   正确答案:螺栓应与构件平面垂直,螺栓头与构件间的接触处不应有空隙。   111.×   正确答案:隐蔽工程验收检查包括钢管在铝管中的位置。   112.×   正确答案:基础立柱断面尺寸是中间验收检查内容。   113.√   114.√   115.×   正确答案:在中间验收时即应检查双杆塔横担与电杆连接处高差。   116.×   正确答案:中间架线验收时应检查导线的换位情况。   117.×   正确答案:接地装置连接应可靠,除设计规定的断开点可用螺栓连接外,应用焊接或爆压连接。   118.√   119.×   正确答案:钢管杆身及横担应设攀爬装置。   120.√   121.×   正确答案:试验前电缆要充分放电并接地,方法是将导电线芯及电缆金属护套接地。   122.×   正确答案:测量绝缘电阻应测量电缆每一相绝缘电阻。　123.×　正确答案:有时雷电会绕过避雷线直接击中导线称为绕击。124.×　正确答案:330kV 和 220kV 线路采用双避雷线。　125.×　正确答案:由于雷电流很大,在接地电阻上的电压降数值很大。　126.×　正确答案:保护角大小与输电线路高度无关。　127.×　正确答案:氧化锌避雷器通流容量大,可用来限制内部过电压。　128.×正确答案:避雷线保护角一般在 20°～30°之间。　129.×　正确答案:设备与避雷针空间距离不应小于 5m。　130.×　正确答案:同相子导线应基本同时收紧或同时放松,不使其张力相差过大。　131.√　132.√　133.√　134.×　正确答案:操作票应用钢笔或圆珠笔逐项填写,不可以用铅笔填写。　135.×　正确答案:倒闸操作中产生疑问时,不准擅自更改操作票,应向操作发令人询问清楚无误后再进行操作。　136.×　正确答案:倒闸操作的操作人和监护人是经考试合格并经领导批准的人担任的。　137.×　正确答案:倒闸操作时,由监护人唱票,操作人执行。　138.√　139.×　正确答案:雨天操作应使用有防雨罩的绝缘棒,并戴绝缘手套。　140.√　141.×　正确答案:增加电缆截面可以增大载流能力,使电缆寿命延长。　142.×　正确答案:选择电缆截面的大小时,应首先考虑长期允许载流量。143.√　144.×　正确答案:接续管整体压接时,先压内侧,再压两端。　145.×　正确答案:在电缆局部压接时,压坑中心线应当在一条直线上。　146.×　正确答案:冷缩管抗污能力强,在很大的温度范围内仍然保持高弹性。　147.√　148.√　149.√　150.√151.×　正确答案:中间电位法的安全水平高于间接作业法和等电位法。　152.×　正确答案:分相作业时,检修相接地,电位降到零,而另外两相电压将升高到线电压。　153.×正确答案:水冲洗在气温零度以下不但无冲洗效果,反而会导致设备发生冲闪事故。154.×　正确答案:一般短波雷电波衰变系数比长波的大。　155.×　正确答案:220kV 线路安全距离应为 180cm。　156.×　正确答案:统计法主要用于 500kV 以上超高压等绝缘配合的确定。　157.×　正确答案:屏蔽服的试验:手套、袜子电阻试验时,其电阻值不大于 10Ω为合格。　158.×　正确答案:架空线路受周围环境的影响很大。　159.×　正确答案:事故发生后,必须认真保护事故现场,这是很重要的工作。　160.×　正确答案:鸟粪在潮湿状态下能否引起污闪,与鸟粪的电导率、污秽面积、污秽路径有关。　161.√　162.×　正确答案:雷击闪络或污闪在绝缘子上留下的闪络痕迹并没有十分明显区别。　163.×　正确答案:绝缘子爬电距离是指正常承受运行电压的两电极间沿绝缘件外表面轮廓的最短距离。　164.×　正确答案:中性点不直接接地系统中,一相首先闪络接地,其他两相电压升高$\sqrt{3}$倍,会加剧闪络。　165.×　正确答案:采用特制的耐污绝缘子是防污闪最有效的根本办法。　166.×　正确答案:线路上的零(低)值绝缘子应及时更换。　167.×　正确答案:采用护线条,不仅能很好地保护导线,而且能减少导线的振动。

四、简答题

1. 答:① 检查杆塔是否倾斜,拉线是否牢靠;

② 根据放线轴上的导地线长度、档距间的交叉跨越物、现场地形及线路方向,选择放线轴的放置位置;

③ 清除放线通道内可能损伤导、地线的障碍物或采取可靠的防护措施;

④ 跨越电力线路、通信线、铁路、公路等应和有关单位联系,取得配合,并搭设安全牢固

的跨越架；

⑤ 明确通信联络方式，并在居民区、道口、交叉跨越等处合理布置护线人员。

评分标准：答对①②③④⑤各占 20%。

2. 答：① 加强对导、地线的外观检查，发现有断股、破股、金钩等现象时，应停止展放，进行检查鉴定，如需处理，应系上红布条以便以后查找；

② 跨越铁路展放线前，应了解列车运行时间，在列车通过期间应停止展放，整个放线和紧线期间，跨越架处要始终有人看守；

③ 跨越公路展放线时，两侧要有人持红旗看守，在导（地）线穿越公路期间，禁止一切车辆通行；

④ 山区人力放线时，前后要互相照应，防止在山沟中导、地线突然腾空将放线人员吊起摔伤，同时要采取措施防止岩石磨伤导、地线；

⑤ 镀锌钢绞线应避免钢绞线落地磨掉镀锌层，降低其使用寿命，否则要采取防止磨损的措施。

评分标准：答对①②③④⑤各占 20%。

3. 答：① 轮槽尺寸应与导、地线相适应，保证导线或地线通过时不受损伤；

② 轮槽底部的轮径不小于导（地）线直径的 15 倍；

③ 对于严重上扬或垂直档距过大处的放线滑车，应进行验算，必要时采用特殊的结构；

④ 滑车应采用滚动轴承，保证转动灵活。

评分标准：答对①②③④各占 25%。

4. 答：① 架线轴时，应将导（地）线从线轴上面引出，对准前方牵引方向；

② 必须对线轴采取制动措施，防止发生飞轴现象。

评分标准：答对①②各占 50%。

5. 答：① 紧线段在 5 档及以下时靠近中间选择一档；

② 紧线段在 6~12 档时靠近两端各选择一档；

③ 紧线段在 12 档以上时靠近两端及中间各选择一档；

④ 观测档宜选择档距较大和悬挂点高差较小及接近代表档距的线档；

⑤ 弛度观测档的数量可以根据现场条件适当增加，但不得减少。

评分标准：答对①②③④⑤各占 20%。

6. 答：①导线弧垂应经计算确定，应尽量减少导线架设好后的塑性伸长对弧垂的影响。②弧垂法补偿弧垂减小的百分数是：铝绞线，20%；钢芯铝绞线，12%；铜绞线，7%~8%。

评分标准：答对①②各占 50%。

7. 答：①将受伤处线股处理平整；②预绞丝长度不得小于 3 个节距；③预绞丝应与导线紧密接触，其中心应位于损伤最严重处，并将损伤部位全部覆盖。

评分标准：答对①②各占 30%；答对③占 40%。

8. 答：①混凝土杆是否有弯曲、裂纹，各构件受力是否正常；②各地锚是否牢靠；③抱杆受力是否均匀，有无滑动和下沉；④各绳扣是否牢靠。

评分标准：答对①②③④各占 25%。

9. 答：①工器具通用性强，利用一套工器具，或稍加改进组合后，能组立多种类型的杆塔。②安装设备简单，加工制作和拆装转移方便。③设备轻，操作平稳，安全可靠性高。④效率高，劳动强度低，且不易在组立安装过程中损坏杆塔构件。

评分标准：答对①②③④各占25%。

10. 答：①结构构件表面上呈现无数的小凹点，而无钢筋暴露现象。②这类缺陷一般是由于模板湿润不够、不严密，③捣固时发生漏浆或捣固不足，气泡未排出，④以及捣固后没有很好养护而产生。

评分标准：答对①②③④各占25%。

11. 答：①将外露钢筋上的混凝土残渣和铁锈清理干净，用水冲洗湿润；②再用1：2或1：2.5水泥砂浆抹压平整。③如露筋较深，应将薄弱混凝土剔除，冲刷干净湿润；④再用高一级强度等级的细石混凝土捣实并养护好。

评分标准：答对①②③④各占25%；

12. 答：①夜间巡视是为了检查导线连接器及绝缘子的缺陷，通过夜间巡视可以发现白天巡视中不能发现的缺陷。

检查内容有：②由于导线连接器接触不良而引起的连接器发热、甚至发红的现象；③由于绝缘子严重污秽而引起的表面闪络前的局部火花放电现象；④电晕现象。

评分标准：答对①占40%，答对②③④各占20%。

13. 答：①当线路发生故障时，不论重合闸是否成功，均应及时组织故障巡视。②故障巡视必须集中人力，以便在最短时间内查明故障原因，必要时需登杆进行检查。③巡视时要根据继电保护动作情况、当时的天气情况和线路运行情况，初步分析有可能发生故障的地段，有针对性地重点巡视。

评分标准：答对①占20%，答对②③各占40%。

14. 答：①故障巡视时，巡线员应将所分配的巡视区段全部巡完，不得中断或遗漏。②发现故障点后应及时报告，重大事故应设法保护现场。巡线时除了注意线路本身各部件外，还应注意附近环境，如树木、建筑物和其他临时障碍物，杆塔下有无烧过的线头、木棍、鸟兽等物体，还应向附近的居民询问是否看到、听到线路异常现象。③对所发现的有可能造成故障的所有物件均应收集起来，并将故障现场周围情况做好详细记录，以作为故障分析的依据和参考。

评分标准：答对①占20%，答对②③各占40%。

15. 答：①基础地脚螺栓或主角钢的根开及对角线的距离偏差，同组地脚螺栓中心对立柱中心的偏移。②基础顶面或主角钢操平印记的相互高差。③基础立柱断面尺寸。④整基基础的中心位移及扭转。⑤混凝土强度。⑥回填土情况。

评分标准：答对①②各占20%，答对④⑤⑥各占15%。

16. 答：①电杆焊接后焊接弯曲度及焊口焊接质量。②电杆的根开偏差、迈步及整基杆塔对中心桩的位移。③杆塔的挠度。④杆塔横担与主柱连接处的高差及立柱弯曲。⑤各部件规格及组装质量。⑥螺栓紧固情况、穿入方向、打冲或防盗等。

评分标准：答对①②各占20%，答对③④⑤⑥各占15%。

17. 答：①引起事故的原因，大致有三类，②即大气自然条件的影响，③线路本身存在的缺陷和④外界环境的影响。

评分标准:答对①②③④各占25%。

18. 答:①有微风振动、②舞动、③次档距振动、④脱冰跳跃型振动、⑤横向间隙受风摆动型振动、⑥短路电流引起的导线振动和⑦电晕振动。

评分标准:答对⑤⑥各占15%,答对①②③④⑦各占14%。

19. 答:①在线路档距中,②由于风力的作用而引起的导线周期性振荡现象,③称为导线的振动。

评分标准:答对①③各占30%,答对②占40%。

20. 答:主要有①降低导线的平均运行应力、②安装防振锤、③安装阻尼线、④加护线条和⑤采取联合防振措施等。

评分标准:答对①②③④⑤各占20%。

五、计算题

1. 解:①水平档距 L_h

$$L_h = (L_1 + L_2)/2 = (238 + 297)/2 = 267.5(\text{m})$$

②垂直档距 L_v

$$L_v = (L_1 + L_2)/2 + \sigma_0 [-h_1/L_1 + (-h_2/L_2)]/g$$

$$= (238 + 297)/2 + 48.714 \times (12/238 + 8.5/297)/(25.074 \times 10^{-3}) = 421.06(\text{m})$$

答:2#杆的水平档距为267.5m;2#杆的垂直档距为421.06m。

评分标准:过程正确占70%的分,结果正确占20%的分,回答结论正确占10%的分。无公式、过程,只有结果、结论不得分。

2. 解:按题意求解,得 $S = C/2 \times \tan(\theta/2) = 500/2 \times \tan(20°/2) = 44.1(\text{mm})$

答:分坑前中心桩位移值为44.1mm。

评分标准:过程正确占70%的分,结果正确占20%的分,回答结论正确占10%的分。无公式、过程,只有结果、结论不得分。

3. 解:按题意求解,得 $s_1 = c/2 \times \tan(\theta/2) = 800/2 \times \tan(80°/2) = 335.6(\text{mm})$

$$s_2 = (a-b)/2 = (3100-1700)/2 = 700(\text{mm})$$

$$s = s_1 + s_2 = 335.6 + 700 = 1035.6 \approx 1036(\text{mm})$$

答:向内角转移1036mm。

评分标准:过程正确占60%的分,结果正确占20%的分,回答结论正确占20%的分。无公式、过程,只有结果、结论不得分。

4. 解:

(1)当气温在40℃时的最大弧垂为:

$$f_{max} = \sqrt{f^2 + 3l^4(t_{max} - t)\alpha/8L_{np}^2}$$

$$= \sqrt{5^2 + 3 \times 360^4(40-24) \times 19 \times 10^{-6}/(8 \times 350^2)}$$

$$= 6.67(\text{m})$$

(2)计算交叉跨越点的弧垂增量:

$$\Delta f = 4X(1-X/L)(f_{max}-f)/L$$
$$= 4\times100\times(1-100/360)\times(6.67-5)/360$$
$$= 1.34(m)$$

（3）计算40℃时导线对被跨越线路的垂直距离 H 为：

$$H = h - \Delta f = 6 - 1.34 = 4.66(m)$$

答：当气温在40℃时，交叉跨越距离为4.66m，大于规程规定的最小净空距离3m，满足要求。

评分标准：过程正确占70%的分，结果正确占20%的分，回答结论正确占10%的分。无公式、过程，只有结果、结论不得分。

5. 解：

$$l = L + g_1^2 L^2/(24\sigma_0^2) + h^2/(2L)$$
$$= 400 + (36.51\times10^{-3})^2\times400^2/(24\times80^2) + 35^2/(2\times400) = 401.53(m)$$

答：该档导线线长为401.53m。

评分标准：过程正确占70%的分，结果正确占20%的分，回答结论正确占10%的分。无公式、过程，只有结果、结论不得分。

6. 解：按题意交叉跨越垂直距离：

$$h = L(\tan\theta_2 - \tan\theta_1) = (\tan34° - \tan28°)\times20 = 2.86(m) < 3m$$

答：交叉跨越垂直距离小于3m，不符合要求。

评分标准：过程正确占70%的分，结果正确占20%的分，回答结论正确占10%的分。无公式、过程，只有结果、结论不得分。

7. 解：某杆水平档距 $L_h = \dfrac{L_1+L_2}{2}$

2#杆的水平档距为：

$$L_{h2} = \frac{L_1+L_2}{2} = \frac{250+260}{2} = 255(m)$$

答：2#杆水平档距为255m。

评分标准：公式正确占30%的分，过程正确占40%的分，结果正确占20%的分，回答结论正确占10%的分。无公式、过程，只有结果、结论不得分。

8. 解：该耐张段代表档距为

$$L_0 = \sqrt{\sum L^3/\sum L}$$
$$= \sqrt{(L_1^3+L_2^3+L_3^3+L_4^3+L_5^3)/(L_1+L_2+L_3+L_4+L_5)}$$
$$= \sqrt{(220^3+210^3+220^3+230^3+250^3)/(220+210+220+230+250)} = 224(m)$$

答：该耐张段的代表档距为224m。

评分标准：公式正确占30%的分，过程正确占40%的分，结果正确占20%的分，回答结论正确占10%的分。无公式、过程，只有结果、结论不得分。

9. 解：

$$代表档距\ l_D = \sqrt{\frac{l_1{}^3 + l_2{}^3 + l_3{}^3 + l_4{}^3}{L_1 + L_2 + L_3 + L_4}}$$

$$l_D = \sqrt{\frac{419375}{185}} = 47.61(\text{m})$$

答：该耐张段的代表档距为 47.61m。

评分标准：公式正确占 40%的分，过程正确占 40%的分，结果正确占 20%的分。无公式、过程，只有结果不得分。

10. 解：耐张段长度

$$l = l_1 + l_2 + l_3 + l_4 + l_5 = 70 + 80 + 60 + 70 + 80 = 360(\text{m})$$

$$代表档距\ l_D = \sqrt{\frac{l_1{}^3 + l_2{}^3 + l_3{}^3 + l_4{}^3 + l_5{}^3}{l}} = \sqrt{5350} = 73.1(\text{m})$$

答：该耐张段的长度及代表档距分别为 360m 和 73.1m。

评分标准：公式正确占 40%的分，过程正确占 40%的分，结果正确占 20%的分。无公式、过程，只有结果不得分。

11. 解：

$$f = 1/4(\sqrt{a} + \sqrt{b})^2 = 1/4(\sqrt{2} + \sqrt{7})^2 = 4.12(\text{m})$$

答：该观测档弧垂值为 4.12m。

评分标准：过程正确占 70%的分，结果正确占 20%的分，回答结论正确占 10%的分。无公式、过程，只有结果、结论不得分。

12. 解：按题意求解，得 $\sqrt{b} = 2\sqrt{f} - \sqrt{a}$

$$b = (2\sqrt{f} - \sqrt{a})^2 = (2\sqrt{6.25} - \sqrt{4})^2 = 9(\text{m})$$

答：在 B 杆上应挂弛度板 9m。

评分标准：过程正确占 70%的分，结果正确占 20%的分，回答结论正确占 10%的分。无公式、过程，只有结果、结论不得分。

13. 解：按题意求解得：

$$f_1 = \left(\frac{L}{L_0}\right)^2 f_0 = \left(\frac{100}{80}\right)^2 \times 1.2 = 1.875(\text{m})$$

因为钢芯绞线弧垂减少百分数为 15%，所以

$$f = f_1(1 - 15\%) = 1.875 \times 0.85 = 1.59(\text{m})$$

答：弧垂为 1.59m 时应停止紧线。

评分标准：公式正确占 30%的分，过程正确占 40%的分，结果正确占 20%的分，回答结论正确占 10%的分。无公式、过程，只有结果、结论不得分。

14. 解：观测档距弧垂为：

$$f = \left(\frac{L}{L_{np}}\right)^2 f_0$$

$$= \left(\frac{180}{200}\right)^2 \times 4.05 = 3.28(\text{m})$$

答：观测档距的弧垂为 3.28m。

评分标准：公式正确占 30% 的分,过程正确占 40% 的分,结果正确占 20% 的分,回答结论正确占 10% 的分。无公式、过程,只有结果、结论不得分。

15. 解：按题意求解,有
$$d = 10 \times V(D_2 - D_1)/S$$
$$= 10 \times 130 \times (0.0136 - 0.000723)/645 = 0.026(\text{mg/cm}^2)$$

答：绝缘子表面盐密值为 0.026mg/cm²。

评分标准：过程正确占 70% 的分,结果正确占 20% 的分,回答结论正确占 10% 的分。无公式、过程,只有结果、结论不得分。

16. 解：由于 $S_0 \leq n\lambda/U_e$ 所以：$n \geq S_0 U_e/\lambda = 1.6 \times 220/29.0 = 12.14(\text{片})$

实际取 13 片。

答：悬式绝缘子串的绝缘子片数为 13 片。

评分标准：过程正确占 70% 的分,结果正确占 20% 的分,回答结论正确占 10% 的分。无公式、过程,只有结果、结论不得分。

17. 解：按题意求解,有 $\lambda/2 = d/400v \sqrt{\dfrac{9.81\sigma_{\max}}{g}}$

$$\lambda = 2d/400v \sqrt{\frac{9.81\sigma_{\max}}{g}}$$
$$= (15.2/200 \times 0.5) \times \sqrt{\frac{9.81 \times 9.58}{3.557 \times 10^{-3}}}$$
$$= 24.7(\text{m})$$

答：振动波长为 24.7m。

评分标准：公式正确占 40% 的分,过程正确占 40% 的分,结果正确占 20% 的分。无公式、过程,只有结果不得分。

18. 解：
$$f = \frac{200v}{d}$$
$$= \frac{200 \times 7}{0.2} = 7000(\text{次/s})$$

答：导线此时振动的频率为 7000 次/s。

评分标准：公式正确占 40% 的分,过程正确占 40% 的分,结果正确占 20% 的分。无公式、过程,只有结果不得分。

19. 解：防振锤安装距离为
$$S = (\lambda_{\min}/2 \times \lambda_{\max}/2)/(\lambda_{\min}/2 + \lambda_{\max}/2)$$
$$= (1.21 \times 13.55)/(1.21 + 13.55)$$
$$= 1.11(\text{m})$$

答:防振锤安装距离约为 1.11m。

评分标准:过程正确占 70% 的分,结果正确占 20% 的分,回答结论正确占 10% 的分。无公式、过程,只有结果、结论不得分。

20. 解:

① 最小半波长:

$$\lambda_{min}/2 = d/400v_{max} \sqrt{9.81\sigma_{min}/g_1}$$
$$= 17.1 \times \sqrt{9.81 \times 49.27/(35.01 \times 10^{-3})}/(400 \times 4.13)$$
$$= 1.216(m)$$

② 最大半波长:

$$\lambda_{max}/2 = d/400v_{min} \sqrt{9.81\sigma_{max}/g_1}$$
$$= 17.1 \times \sqrt{9.81 \times 113.68/(35.01 \times 10^{-3})}/(400 \times 0.5) = 15.26(m)$$

③ 防振锤安装距离为:

$$S = (\lambda_{min}/2 \times \lambda_{max}/2)/(\lambda_{min}/2 + \lambda_{max}/2)$$
$$= \frac{1.216 \times 15.26}{1.216 + 15.26} = 1.13(m)$$

答:防振锤安装距离约为 1.13m。

评分标准:过程正确占 70% 的分,结果正确占 20% 的分,回答结论正确占 10% 的分。无公式、过程,只有结果、结论不得分。

技师理论知识练习题及答案

一、单项选择题（每题有 4 个选项，只有 1 个是正确的，将正确的选项号填入括号内）

1. AA001　变电站（所）与地区调度所，与中心调度以及兄弟变电站（所）之间的联络工作属于（　　）。
   A. 调度专业范畴　　　　　　　　　　　B. 运行专业范畴
   C. 通信专业范畴　　　　　　　　　　　D. 变电专业范畴

2. AA001　造成大面积停电或对重要用户停电造成严重政治影响或重大经济损失的事故在分类上称为（　　）。
   A. 严重事故　　　　B. 大事故　　　　C. 特大事故　　　　D. 重大事故

3. AA002　电力负荷是指发电厂或电力系统中，在某一时刻所承担的各类用电设备消耗（　　）的总和。
   A. 电能　　　　　　B. 功率　　　　　　C. 电功率　　　　　D. 有功功率

4. AA002　供电质量不合格，会使用电设备（　　）。
   A. 损坏　　　　　　B. 性能恶化　　　　C. 电压损失增加　　D. 电流增大

5. AA003　在配电网的（　　）式的接线方式中，能形成两端都有电源的供电模式。
   A. 放射　　　　　　B. 普通环　　　　　C. 手拉环　　　　　D. 双回路放射

6. AA003　具备由一条配电线路沿厂区走线、T 形接多个用户的线路，为检修方便，线路多采用架空线式的是（　　）接线方式。
   A. 树干式　　　　　B. 普通环式　　　　C. 手拉环式　　　　D. 双回路放射式

7. AA004　电力网输送的有功功率在输电线路和变压器的（　　）中产生变动损耗，约占电力网总损耗的 80%。
   A. 电容　　　　　　B. 容抗　　　　　　C. 阻抗　　　　　　D. 电纳

8. AA004　电力网输送的有功功率在输电线路和变压器的（　　）中产生固定损耗，约占电力网总损耗的 20%。
   A. 电容　　　　　　B. 容抗　　　　　　C. 阻抗　　　　　　D. 导纳

9. AA005　用电负荷计算主要是确定（　　），它产生的热效应和实际变动负荷产生的最大热量相等。
   A. 变动负荷　　　　B. 计算负荷　　　　C. 最大负荷　　　　D. 最小负荷

10. AA005　建筑设计中，估计照明负荷采用（　　）来进行计算。
    A. 需要系数法　　　　　　　　　　　　B. 两项式法
    C. 单位面积耗电法　　　　　　　　　　D. 实测法

11. AA006　配电网可靠性指标计算共有（　　）个。
    A. 4　　　　　　　　B. 5　　　　　　　　C. 6　　　　　　　　D. 7

12. AA006　对用户来说配电网可靠性指标应当是(　　　)。

　　A. 用户平均停电频率、用户平均停电持续时间

　　B. 系统平均停电频率、平均供电可用度

　　C. 用户平均停电持续时间、平均不可用度

　　D. 用户平均停电频率、系统平均停电持续时间

13. AA007　不影响配电网可靠性的因素有(　　　)。

　　A. 计划检修　　　　　B. 电网故障　　　　　C. 系统限电　　　　　D. 用户节约用电

14. AA007　为确保用户供电的可靠性,供电部门的检修试验应统一安排,10kV 线路每年不超过(　　　)次。

　　A. 1　　　　　　　　B. 2　　　　　　　　C. 3　　　　　　　　D. 4

15. AA008　供电网络改造对提高供电可靠性的作用有(　　　)。

　　A. 提高供电能力,改变环网方式　　　　　B. 提高供电能力,增加线路长度

　　C. 改变环网方式,增加线路长度　　　　　D. 减少线路长度

16. AA008　对于一类负荷,应采用(　　　)供电,以保证供电的持续性。

　　A. 两个电源　　　　B. 两段母线　　　　C. 两个独立电源　　　　D. 一段母线

17. AB001　为提高电力系统运行的稳定性,要求继电保护装置具有一定的(　　　)。

　　A. 灵敏性　　　　　B. 准确性　　　　　C. 快速性　　　　　D. 可靠性

18. AB001　电力系统内某一元件发生故障时,继电保护装置有选择地将其切除的功能,称为继电保护装置的(　　　)。

　　A. 选择性　　　　　B. 快速性　　　　　C. 灵敏性　　　　　D. 准确性

19. AB002　当线路发生故障时,线路保护装置中最先动作的是(　　　)。

　　A. 时限机构　　　　　　　　　　B. 出口执行机构

　　C. 测量启动机构　　　　　　　　D. 切断电源机构

20. AB002　继电保护装置的具体任务是(　　　)。

　　A. 线路发生故障时,切断电源,并发出警告信号

　　B. 用于测量线路运行数据

　　C. 发生不正常工作状态时,切断电源

　　D. 用于监控线路运行状况

21. AB003　35kV 线路的主保护是(　　　)。

　　A. 限时速断保护　　　　　　　　B. 时限过流保护

　　C. 距离保护　　　　　　　　　　D. 零序保护

22. AB003　110kV 线路的主保护是(　　　)。

　　A. 限时速断保护　　　B. 距离保护　　　C. 零序保护　　　D. 高频保护

23. AB004　微型计算机保护系统硬件一般包括(　　　)。

　　A. 模拟量输入系统

　　B. CPU 主系统

　　C. 开关量(或数字量)输入/输出系统

　　D. 以上都对

24. AB004　在微型计算机保护中通常要求输入信号为(　　)的电压信号。

    A. ±5V,±10V　　　　　　　　　　　　B. ±5V,±5V

    C. ±10V,±10V　　　　　　　　　　　D. ±10V,±5V

25. AB005　从抗干扰和安全考虑,装置的金属机壳接大地是必需的,微机保护装置地线标准要求较高,接地电阻应小于(　　)。

    A. 5Ω　　　　　　B. 10Ω　　　　　　C. 15Ω　　　　　　D. 20Ω

26. AB005　电力系统中常见的产生脉冲干扰、瞬变干扰的原因有(　　)。

    A. 隔离开关及断路器操作　　　　　　B. 雷电和无线电波

    C. 静电　　　　　　　　　　　　　　D. 以上都是

27. AB006　电流继电器的类型有很多种,包括(　　)。

    A. 电磁型　　　　　B. 晶体管型　　　　C. 集成电路型　　　　D. 以上都是

28. AB006　在输电线路上装设了电流速断和限时电流速断保护以后,二者的联合工作可以保证全线路范围内的故障都能在(　　)内予以切除。

    A. 0.1s　　　　　　B. 0.3s　　　　　　C. 0.5s　　　　　　D. 0.7s

29. AB007　发生瞬时故障时,运行线路被继电保护装置迅速断开后,故障点的绝缘强度(　　)。

    A. 不能恢复　　　　B. 重新恢复　　　　C. 部分恢复　　　　D. 没有变化

30. AB007　采用人员手动合闸,因人工操作(　　),用户的用电设备大多数已停运,恢复送电可能引发其他事故。

    A. 停电时间长　　　B. 复杂　　　　　　C. 停电时间短　　　D. 简便

31. AB008　当值班人员手动操作或通过遥控装置将断路器断开时,重合闸(　　)。

    A. 同时动作　　　　B. 不应动作　　　　C. 延时动作　　　　D. 再次动作

32. AB008　自动重合闸装置要求动作迅速,一般动作时间为(　　)。

    A. 0.5″~1.5″　　　B. 0.5′~1.5′　　　C. 05′~15′　　　　D. 5″~15″

33. AB009　故障录波器用于电力系统,可在系统发生故障时,自动地、准确地记录故障前、后过程的各种(　　)的变化情况,通过它们的分析、比较,对分析处理事故、判断保护是否正确动作、提高电力系统安全运行水平均有着重要作用。

    A. 电气量　　　　　B. 电阻值　　　　　C. 电流值　　　　　D. 电压值

34. AB009　根据故障录波器所记录波形,可以正确地分析判断电力系统、线路和设备故障发生的确切地点、发展过程和(　　),以便迅速排除故障和制订防治对策。

    A. 故障原因　　　　B. 故障类型　　　　C. 故障趋势　　　　D. 故障危害

35. AB010　当电网发生故障时,反映电网故障、振荡或其他原因出现的(　　),如果达到故障录波器启动元件的启动值时,则启动装置自动启动。

    A. 启动量　　　　　B. 功率值　　　　　C. 电压值　　　　　D. 电流值

36. AB010　当电网故障消失后,故障录波器延长一定的时限后复归,延长的时限一般(　　)。

    A. 小于重合闸时间　　　　　　　　　　B. 等于重合闸时间

    C. 大于重合闸时间　　　　　　　　　　D. 不等于重合闸时间

37. AB011 对于一个单相接地的故障,故障相电流与零序电流(　　)。

    A. 大小相等、方向相反　　　　　　　B. 大小相等、方向相同

    C. 大小不等、方向相同　　　　　　　D. 大小不等、方向相反

38. AB011 对于发生在正方向上的故障,其(　　),在金属性接地故障情况下,其角度等于线路阻抗角。

    A. 故障电流永远滞后于电压　　　　　B. 故障电压永远滞后于电流

    C. 故障电流有时滞后于电压　　　　　D. 故障电压有时滞后于电流

39. AB012 在中性点直接接地的电网中,当甲、乙两变电所之间的线路发生故障时,如为零序电流保护动作跳闸,则说明线路有(　　)。

    A. 两相接地故障　　　　　　　　　　B. 三相接地故障

    C. 单相接地故障　　　　　　　　　　D. 相间短路故障

40. AB012 在中性点直接接地的电网中,当甲、乙两变电所之间的线路发生故障时,如甲变侧为零序电流Ⅰ段动作,乙变侧为零序电流Ⅱ段动作,则故障点位置(　　)。

    A. 靠近甲变　　　　　　　　　　　　B. 靠近乙变

    C. 在线路的中间区段　　　　　　　　D. 无法判断

41. AC001 当空中的雷云靠近大地时,雷云与大地之间形成一个很大的(　　)。

    A. 电磁场　　　　　　B. 雷电场　　　　　　C. 电势场　　　　　　D. 电流场

42. AC001 直击雷的主放电阶段,时间一般为(　　)。

    A. $500 \sim 1000 \mu s$　　　　　　　　B. $5 \sim 10 \mu s$

    C. $50 \sim 100 \mu s$　　　　　　　　D. $0.5 \sim 0.1 \mu s$

43. AC002 雷击时,雷电压极高,感应雷一般可达(　　)。

    A. $100 \sim 200 kV$　　B. $300 \sim 400 kV$　　C. $700 \sim 800 kV$　　D. $800 \sim 900 kV$

44. AC002 雷击时,雷电流很大,其幅值可达(　　)。

    A. 数十到数百 A　　　　　　　　　　B. 数十到数百 mA

    C. 数十到数百 kA　　　　　　　　　　D. 数十到数百 μA

45. AC003 某一地区的雷电活动强弱,可用该地区的(　　)表示。

    A. 雷暴日或雷暴小时　　　　　　　　B. 雷暴月或雷暴日

    C. 雷暴小时或雷电次数　　　　　　　D. 雷暴日或雷电次数

46. AC003 主放电通道运动的电压波与电流波的幅值之比称为雷电通道(　　)。

    A. 磁阻抗　　　　　　B. 波阻抗　　　　　　C. 电阻抗　　　　　　D. 电感抗

47. AC004 由于系统内部电磁能的振荡和积聚引起的过电压,称为(　　)。

    A. 内部过电压　　　　B. 外部过电压　　　　C. 操作过电压　　　　D. 谐振过电压

48. AC004 操作过电压是指由线路投切、故障或其他原因在系统中引起的相对地或相间(　　)过电压。

    A. 常态　　　　　　　B. 稳态　　　　　　　C. 暂态　　　　　　　D. 瞬态

49. AC005 架空线路避雷线一般采用截面积(　　)的镀锌钢绞线。

    A. 不小于 $35 mm^2$　　　　　　　　B. 不大于 $35 mm^2$

    C. 不小于 $50 mm^2$　　　　　　　　D. 不大于 $50 mm^2$

50. AC005　实际上,避雷针装置就是(　　　),将雷电流通过自身的接地导体传向地面,避免保护对象直接遭雷击。

　　A. 避雷器　　　　　B. 泄雷器　　　　　C. 引雷针　　　　　D. 存储器

51. AC006　线路防直击雷时,可采用避雷线、电缆线或(　　　)。

　　A. 避雷器　　　　　B. 接地极　　　　　C. 避雷针　　　　　D. 角间隙

52. AC006　输电线路上的行波会危及发电厂、变电所的(　　　)。

　　A. 母线　　　　　B. 绝缘　　　　　C. 开关　　　　　D. 电容

53. AC007　落雷密度表示(　　　)落雷次数。

　　A. 每一个落雷日、每平方米　　　　　B. 每一个落雷小时、每平方米

　　C. 每一个落雷日、每平方千米　　　　D. 每一个落雷小时、每平方千米

54. AC007　弄清楚线路绝缘上的大气过电压是计算(　　　)水平和雷击跳闸率的前提。

　　A. 耐雷　　　　　B. 电能　　　　　C. 电磁　　　　　D. 效益

55. AC008　感应过电压对(　　　)线路绝缘有威胁。

　　A. 35kV　　　　　B. 550kV　　　　　C. 330kV　　　　　D. 220kV

56. AC008　感应过电压出现于(　　　)消失之后。

　　A. 电场源　　　　　B. 感应源　　　　　C. 电磁源　　　　　D. 波阻抗

57. AC009　雷电直击无避雷线导线时的雷电流要小于(　　　)时的雷电流。

　　A. 理论设计　　　　B. 集合统计　　　　C. 设计评估　　　　D. 统计测量

58. AC009　幅值为 12kA 的雷电流直击于 220kV 线路导线时,可计算得绝缘的闪络概率为(　　　)。

　　A. 77.4%　　　　　B. 66.4%　　　　　C. 55.4%　　　　　D. 44.4%

59. AC010　讨论雷击避雷线档距中央时的过电压,主要是为了决定档距中央导线与避雷线间的(　　　)。

　　A. 电气间隙　　　　B. 空间距离　　　　C. 空气距离　　　　D. 理论距离

60. AC010　只要导线与避雷线之间的距离满足要求,雷击档距中央,导线和避雷线间一般不会发生(　　　)。

　　A. 闪络　　　　　B. 感应　　　　　C. 反击　　　　　D. 绕击

61. AC011　确定雷击跳闸率方法之一是确定在每年(　　　)雷暴日的地区,一般高度输电线路每 100km 遭受雷击的次数。

　　A. 40　　　　　B. 45　　　　　C. 50　　　　　D. 55

62. AC011　确定雷击跳闸率方法之一是确定雷击具体电力网的线路不同部位时的(　　　)。

　　A. 闪络情况　　　　B. 电磁强度　　　　C. 耐雷水平　　　　D. 击穿电压

63. BA001　张力放线导线在架线施工全过程中处于(　　　)状态。

　　A. 平衡　　　　　B. 架空　　　　　C. 调整　　　　　D. 送电

64. BA001　在直通紧线的耐张杆塔工作要(　　　)挂线。

　　A. 平衡　　　　　B. 计算　　　　　C. 预防　　　　　D. 仿真

65. BA002　用专门的牵引机、张力机械,使架空线在展放过程中始终保持一定(　　　)而处于悬空状态的放线方法称为张力放线。

　　A. 距离　　　　　B. 张力　　　　　C. 控力　　　　　D. 高度

66. BA002　在牵引导线过程中起(　　)作用的机械称为牵引机。

　　A. 牵引　　　　　　B. 振动　　　　　　C. 拉伸　　　　　　D. 展放

67. BA003　张力架线施工段长度主要根据放线(　　)要求确定。

　　A. 质量　　　　　　B. 安全　　　　　　C. 领导　　　　　　D. 预案

68. BA003　张力架线施工段长(　　)。

　　A. 6~9km　　　　　B. 5~8km　　　　　C. 4~7km　　　　　D. 3~6km

69. BA004　张力放线的导引绳一般以800~(　　)分段,两端作成撬接式绳扣。

　　A. 1200m　　　　　B. 1100m　　　　　C. 1000m　　　　　D. 900m

70. BA004　平地及丘陵地带按(　　)倍线路长度布线。

　　A. 0.5~0.8　　　　B. 0.8~1.0　　　　C. 1.0~1.2　　　　D. 1.1~1.2

71. BA005　导线损伤应在紧线前按技术要求处理完毕,但补修(　　)可在紧线后安装间隔
　　　　　　棒时装设。

　　A. 预绞丝　　　　　B. 线接头　　　　　C. 引流线　　　　　D. 地装置

72. BA005　紧线前应检查(　　)是否相互绞动,如绞动,需打开再收紧。

　　A. 复导线　　　　　B. 接地线　　　　　C. 子导线　　　　　D. 预绞丝

73. BA006　紧线施工,应在基础混凝土强度达到设计规定,全紧线段内的杆塔(　　)合格
　　　　　　后方可进行。

　　A. 全部检查　　　　B. 局部检查　　　　C. 金具检查　　　　D. 导线检查

74. BA006　当采用拖地放线时,一般均以(　　)段作紧线区段。

　　A. 直线　　　　　　B. 耐张　　　　　　C. 转角　　　　　　D. 终端

75. BA007　切割导线、地线长度,要根据组装好的(　　)长度。

　　A. 绝缘子串　　　　B. 耐张线夹　　　　C. 引流导线　　　　D. 线路跳线

76. BA007　切割导线、地线点两端用(　　),剪切时要垂直线轴。

　　A. 线夹固定　　　　B. 铁丝绑扎　　　　C. 胶带绑扎　　　　D. 细绳绑扎

77. BB001　为了便于运输和组装,通常将铁塔的每一部分分解为若干段,每段的长度一般
　　　　　　不超过(　　)。

　　A. 5m　　　　　　　B. 6m　　　　　　　C. 7m　　　　　　　D. 8m

78. BB001　铁塔斜材有单斜材、双斜材和K斜材之分,(　　)直线塔都采用单斜材。

　　A. 35kV 以下　　　　　　　　　　　　　B. 110kV 以下

　　C. 35kV 以上　　　　　　　　　　　　　D. 110kV 以上

79. BB002　铁塔设计要求,采用热镀锌的构件,长度不宜超过(　　),宽度不宜超过
　　　　　　0.75m,涂漆者长度不宜超过8m。

　　A. 6.5m　　　　　　B. 7m　　　　　　　C. 7.5m　　　　　　D. 8m

80. BB002　铁塔设计要求,主材接头一律采用对接,接头初两主材间应留(　　)间隙。

　　A. 5mm　　　　　　B. 10mm　　　　　　C. 15mm　　　　　　D. 20mm

81. BB003　铁塔组立前对料,在清点构件的同时,应逐段按(　　)排好。

　　A. 构件长度尺寸　　　　　　　　　　　　B. 构件宽度尺寸

　　C. 构件编号顺序　　　　　　　　　　　　D. 构件方向顺序

82. BB003 铁塔组立前对料,如因运输造成局部镀锌层磨损时,应( ),其表面再涂刷银粉漆。

A. 补刷防锈漆   B. 补刷油漆   C. 打磨平整   D. 补刷清漆

83. BB004 地面组装前,铁塔组装场地应平整,不应有大的高差,一般高差不超过( ),如场地不平应进行平整,或加物垫平,以免构件受力变形。

A. 0.5m   B. 1m   C. 1.5m   D. 2m

84. BB004 施工前,应根据现场地形,确定铁塔( ),进而确定地面组装方法。

A. 结构形式   B. 高度   C. 组立方法   D. 起吊工具

85. BB005 整体组装铁塔时应由( )逐段进行,并注意各面在地面的位置。

A. 腿部向头部方向   B. 头部向腿部方向

C. 中间向两端方向   D. 两端向中间方向

86. BB005 整体组装铁塔,若用吊车起吊铁塔,在一般情况下可将铁塔的( )处置于铁塔基础处,如受地形限制,可在吊铁塔时用吊车进行调整。

A. 1/2   B. 2/3   C. 1/4   D. 3/4

87. BB006 分段组装铁塔,就是按设计图纸分段,将主材、斜材、水平材、横隔材在地面组装成桶状,然后利用( )逐段地吊装成整塔。

A. 内抱杆   B. 外抱杆   C. 倒落式抱杆   D. 摇臂抱杆

88. BB006 分段组装铁塔时,应先摆好主材,两主材之间距离应等于( )。

A. 塔身宽度   B. 两主材宽度

C. 塔身宽度加两主材宽度   D. 塔身宽度减两主材宽度

89. BB007 分片组装是在地面将每段铁塔构件对应的两个平面组装好后,然后利用( )分片吊装。

A. 吊车   B. 抱杆   C. 滑轮   D. 手拉葫芦

90. BB007 分片组装,组片时一般沿着顺线路方向在铁塔基础两侧,以( )对着基础的地脚螺栓,在地面先组装成前后两片。

A. 塔身   B. 塔头   C. 塔腿   D. 塔脚

91. BB008 分角组装就是将塔身中每段分成四个角,以( )为单元进行组装。

A. 每根主角钢   B. 每个面   C. 每个角   D. 斜材、水平材

92. BB008 分角组装时应将( ),按铁塔设计图纸全部装上。

A. 各个面的斜材   B. 每根主角钢上的连板

C. 各个面的水平材   D. 横隔材

93. BB009 组装铁塔时,对角钢朝向和螺栓的穿向应按工艺标准进行,如遇有个别塔材或螺栓不易安装时,在( )才允许变更。

A. 切割打磨符合安装要求后   B. 扩孔符合安装要求后

C. 持有设计变更通知单后   D. 按统一方向改变螺栓穿向

94. BB009 组装铁塔时,发现杆塔构件缺孔或孔距对不上,应按设计图纸进行核对,如确属加工问题时,可采用( )方式进行更正。

A. 打孔机扩孔和钻孔   B. 气焊切割

C. 电焊切割   D. 气焊打孔

95. BB010 地面组塔时,对构件的分段,原则上按(   )的分段进行组装。

    A. 铁塔辅材　　　　B. 铁塔主材　　　　C. 铁塔横材　　　　D. 铁塔斜材

96. BB010 布置构件时,应根据(   ),塔段本身有无方向限制量,以及地面组装与构件吊装是否同时进行等,确定构件的布置方位。

    A. 铁塔形式　　　　　　　　　　　B. 抱杆活动范围

    C. 抱杆固定位置　　　　　　　　　D. 现场地形

97. BC001 室内选线应以(   )为主,会同勘测部门共同进行。

    A. 线路施工人员　　　　　　　　　B. 线路运行人员

    C. 线路设计人员　　　　　　　　　D. 线路检修人员

98. BC001 室内选线所用的地图比例,应根据(   )及沿线地区的复杂程度而定。

    A. 线路电压等级　　B. 线路长短　　　　C. 线路容量　　　　D. 线路结构

99. BC002 初勘的任务是根据室内所选的路径方案做实地勘测,从而选择最合理的路径方案,并为(   )提供必要的勘测资料和数据。

    A. 最终设计　　　　B. 初步设计　　　　C. 施工方案　　　　D. 竣工报告

100. BC002 终勘工作是在初勘工作完成、(   )基本定性后进行的史加完善的勘测工作。

    A. 杆型选择　　　　B. 线路走向　　　　C. 最终设计　　　　D. 初步设计

101. BC003 架空线路路径选择当与其他架空线路交叉时,其交叉点不宜选在被跨线路的(   )。

    A. 档距中间　　　　B. 杆塔顶上　　　　C. 档距一端　　　　D. 直线档中间

102. BC003 35kV 和 66kV 架空电力线路耐张段的长度不宜大于(   )。

    A. 2km　　　　　　B. 3km　　　　　　C. 4km　　　　　　D. 5km

103. BC004 施工图总说明书主要说明为实现设计意图而要求的施工方法、原则和(   )等。

    A. 运行标准　　　　B. 维修标准　　　　C. 工艺标准　　　　D. 设计标准

104. BC004 路径方案说明应重点说明该线路的起、止点,线路全长、(   )、沿线地形,所经过的村、镇和乡寨。

    A. 转角度数　　　　B. 转角次数　　　　C. 杆基数　　　　　D. 耐张段长度

105. BC005 线路平断面图的比例,纵断面图为 1/500,横断面图为(   )。

    A. 1/5000　　　　　B. 1/10000　　　　C. 1/500　　　　　D. 1/1000

106. BC005 线路平断面图由线路沿线的(   )和纵断面图组合而成。

    A. 横断面图　　　　B. 平面图　　　　　C. 路径图　　　　　D. 走向图

107. BC006 混凝土电杆制造图上应标明电杆的(   )。

    A. 主视图和俯视图　　　　　　　　B. 主视图和左视图

    C. 平面图和剖面图　　　　　　　　D. 俯视图和左视图

108. BC006 混凝土电杆安装图应注明电杆各部位(   )、横担长度和导线、避雷线间的距离。

    A. 组装尺寸　　　　　　　　　　　B. 组装方向

    C. 结构尺寸　　　　　　　　　　　D. 预留孔位置尺寸

109. BD001　电缆接地故障,一般接地电阻在( )以下者为低阻接地故障,以上者为高阻接地故障。

　　A. 50kΩ　　　　　　B. 100kΩ　　　　　　C. 150kΩ　　　　　　D. 200kΩ

110. BD001　在实际运用中,能直接用低压电桥进行测量的接地故障称为( )。

　　A. 高压故障　　　　B. 低压故障　　　　C. 高阻故障　　　　D. 低阻故障

111. BD002　在试验中,当电压升至某一定值,电缆发生闪络,电压降低后,电缆绝缘恢复,这种故障为( )。

　　A. 接地故障　　　　B. 短路故障　　　　C. 闪络性故障　　　　D. 混合故障

112. BD002　电缆发生试验击穿的故障一般不能直接用兆欧表测出,需借助( )设备进行测试。

　　A. 交流耐压试验　　　　　　　　　　B. 直流耐压试验

　　C. 低压电桥　　　　　　　　　　　　D. 高压电桥

113. BD003　电缆故障的测距是运行人员使用特定的方法和相应的仪器,测算出电缆故障点到( )的距离,从而确定电缆故障的粗略位置。

　　A. 测距点　　　　　B. 终端点　　　　C. 接头点　　　　D. 分支点

114. BD003　电缆故障的定点是运行人员根据电缆故障测距的结果,在电缆( )附近,通过仪器和设备对故障点的位置进行精确定位。

　　A. 终端点　　　　　B. 接头点　　　　C. 故障点　　　　D. 分支点

115. BD004　当路径仪的两输出端分别与被测电缆的( )相连接时,称为相间连接法。

　　A. 零相　　　　　　B. 单相　　　　　C. 两相　　　　　D. 三相

116. BD004　当路径仪的两输出端分别接地和与被测电缆的( )连接时,称为相地连接法。

　　A. 零相　　　　　　B. 一相　　　　　C. 两相　　　　　D. 三相

117. BD005　接通直流单臂电桥的按钮开关"B"之后,调节桥臂电阻,当电桥平衡时,检流计中流过的电流为( )。

　　A. 无穷大　　　　　B. 零　　　　　　C. 定值　　　　　D. 不定值

118. BD005　电桥平衡的条件是相对桥臂电阻的( )必须相等。

　　A. 商　　　　　　　B. 乘积　　　　　C. 和　　　　　　D. 差

119. BD006　使用直流单臂电桥时,先打开检流计锁扣,再调节调零器,使指针位于( )。

　　A. 0　　　　　　　　B. ∞　　　　　　C. 0.1　　　　　　D. 0.01

120. BD006　用万用表电阻挡粗测被测电阻值为 5Ω,使用直流单臂电桥测量时,选定比例臂的倍率为( )。

　　A. 0.1　　　　　　　B. 0.01　　　　　C. 0.001　　　　　D. 1

121. BE001　运行单位在接收电缆线路前,必须会同( )对电缆线路进行全面竣工验收。

　　A. 设计部门　　　　B. 生产部门　　　　C. 技术部门　　　　D. 安全部门

122. BE001　电缆线路竣工验收时,为便于将来对电缆线路的管理,( )应向运行单位的资料管理部门提供技术资料和文件。

　　A. 审计部门　　　　B. 施工单位　　　　C. 生产单位　　　　D. 技术部门

123. BE002 电缆的埋设深度(电缆上表面与地面距离)不应小于(   )。

    A. 400mm   B. 500mm   C. 600mm   D. 700mm

124. BE002 电缆埋设深度,穿越农田时不应小于(   )。

    A. 1000mm   B. 700mm   C. 500mm   D. 300mm

125. BE003 各种电缆同敷设于一沟时,高压电缆位于最底层,低压电缆在最上层,各种电缆之间应用(   )厚的细砂隔开。

    A. 20~40mm   B. 40~80mm   C. 50~100mm   D. 70~140mm

126. BE003 电缆与热管道(沟)及热力设备平行、交叉时,应采取(   )措施。

    A. 隔热   B. 防水   C. 防腐   D. 保温

127. BE004 直埋电缆从地面引出时,应(   )加装钢管或角钢防护,以防止机械损伤。

    A. 从地面下 2m 至地面上 2m   B. 从地面下 0.5m 至地面上 2m

    C. 从地面下 0.2m 至地面上 2m   D. 从地面下 2m 至地面上 0.2m

128. BE004 电缆沟底的宽度,根据所敷设的电缆根数而定,一般不应小于规定值,电缆沟顶部的宽度应为电缆沟底部宽度向两侧各延伸(   )。

    A. 30mm   B. 50mm   C. 70mm   D. 100mm

129. BE005 障碍物的(   )情况是竣工验收检查内容。

    A. 确定   B. 处理   C. 明细   D. 性质

130. BE005 遗留(   )的项目是竣工验收检查内容。

    A. 待定   B. 待查   C. 未完   D. 登记

131. BE006 按照分项工程质量等级标准,允许偏差项目抽检的点数中,建筑设备安装工程有(   )及其以上的实测值应在相应质量检验评定标准的允许偏差范围内即视为合格。

    A. 60%   B. 70%   C. 80%   D. 90%

132. BE006 按照分项工程质量等级标准,允许偏差项目抽检的点数中,建筑设备安装工程有(   )及其以上的实测值应在相应质量检验评定标准的允许偏差范围内即视为优良。

    A. 60%   B. 70%   C. 80%   D. 90%

133. BE007 竣工试验包括测定线路(   )。

    A. 技术位移   B. 设计弧垂   C. 机械强度   D. 绝缘电阻

134. BE007 核对线路(   )是竣工试验内容。

    A. 走向   B. 相位   C. 角度   D. 弧垂

135. BE008 施工缺陷处理明细表及(   )是应移交的资料。

    A. 工作票   B. 附图纸   C. 操作票   D. 任务单

136. BE008 资料移交包括工程(   )报告和记录。

    A. 试验   B. 检修   C. 处理   D. 总结

137. BE009 有关杆塔的(   )和挠曲的相关资料应移交。

    A. 结构   B. 偏斜   C. 位移   D. 特性

138. BE009　有关导线和避雷线的接头和(　　)及数量的情况记录的资料应移交。

　　A. 评估记录　　　　　B. 测量资料　　　　　C. 补修位置　　　　　D. 连接交点

139. BF001　输电线路的检修,是在有关运行规程规定的要求和(　　)原则指导下进行的维护检修的工作。

　　A. 周期　　　　　　　B. 规律　　　　　　　C. 状态　　　　　　　D. 完好

140. BF001　常规检修和(　　)维修,统称为输电线路检修。

　　A. 事故　　　　　　　B. 带电　　　　　　　C. 定期　　　　　　　D. 停电

141. BF002　线路检修工作的组织措施,包括制定计划、检修(　　)、准备材料及工具、组织施工及竣工验收等。

　　A. 检查　　　　　　　B. 设计　　　　　　　C. 评价　　　　　　　D. 方案

142. BF002　杆塔及导线(　　)校验,是检修设计内容之一。

　　A. 弛度　　　　　　　B. 结构　　　　　　　C. 受力　　　　　　　D. 阻抗

143. BF003　在铁塔大修及(　　)时,须将铁塔全部螺栓检查并复紧一次。

　　A. 刷漆　　　　　　　B. 改造　　　　　　　C. 作业　　　　　　　D. 登杆

144. BF003　当铁塔构件锈蚀超过其剖面面积(　　)以上,或因其他原因损坏降低了机械强度,应更换或用镶接板补强。

　　A. 30%　　　　　　　B. 25%　　　　　　　C. 20%　　　　　　　D. 15%

145. BF004　水泥杆的杆面裂纹未达到(　　)时,可用水泥浆填缝,并将表面涂平。

　　A. 0.1mm　　　　　　B. 0.2mm　　　　　　C. 0.3mm　　　　　　D. 0.4mm

146. BF004　水泥杆在靠近地面处出现裂纹时,除用水泥浆填补外,还应在地面上下(　　)段内涂以沥青。

　　A. 0.5m　　　　　　　B. 1m　　　　　　　　C. 1.5m　　　　　　　D. 2m

147. BF005　导线损伤所用缠绕材料应为铝单丝,缠绕应紧密,其中心应位于损伤最严重处,并应将受伤部分全部覆盖,其长度不得小于(　　)。

　　A. 100mm　　　　　　B. 90mm　　　　　　C. 80mm　　　　　　D. 70mm

148. BF005　采用补修预绞丝处理损伤导线时,补修预绞丝长度不得小于(　　)个节距。

　　A. 4　　　　　　　　　B. 3　　　　　　　　　C. 2　　　　　　　　　D. 1

149. BF006　在一个捻距内钢芯铝绞线断股,损伤总截面占铝股总面积的(　　)时,可以用补修管补修。

　　A. 7%~25%　　　　　B. 7%~10%　　　　　C. 10%~25%　　　　　D. 10%~15%

150. BF006　用于处理导线损伤的修补管是由(　　)制的大半圆管组成。

　　A. 铜　　　　　　　　B. 铝　　　　　　　　C. 铁　　　　　　　　D. 胶

151. BF007　局部换线是指当导线的损伤长度超过(　　)个补修管的长度或损伤严重,已不可能采用补修管补修时,可将导线损伤部位锯断后重接。

　　A. 一　　　　　　　　B. 两　　　　　　　　C. 三　　　　　　　　D. 四

152. BF007　按照导线的损伤部位不同,局部换线可分为更换(　　)杆侧导线及更换直线档中的导线两种不同的施工方案。

　　A. 终端　　　　　　　B. 耐张　　　　　　　C. 转角　　　　　　　D. 门形

153. BF008 运行线路更换新导线,可以借助旧导线的拆除来( )新导线到位。

    A. 展放   B. 设计   C. 牵引   D. 布置

154. BF008 当换导线区段两端是耐张杆塔时,换线前除应在耐张杆塔上打好临时( )外,还应在其上悬挂一个紧线滑车。

    A. 地线   B. 拉线   C. 导线   D. 线夹

155. BF009 混凝土杆的加高大多都是在其电杆( )加装一段由角钢组成的平面或立体的桁架,简称铁帽子。

    A. 下部   B. 上端   C. 顶部   D. 腰端

156. BF009 铁塔加高一般是加接一段( )而不是接身。

    A. 桁架   B. 塔腿   C. 金具   D. 横担

157. BF010 在同一位置换电杆可以用旧杆作( ),起吊新杆。

    A. 扒杆   B. 支点   C. 杠杆   D. 顶点

158. BF010 在同一位置换电杆可以以新杆作( )放倒旧杆。

    A. 支点   B. 扒杆   C. 杠杆   D. 吊杆

159. BF011 更换铁塔可分为在原地置换铁塔和( )置换铁塔。

    A. 移位   B. 异地   C. 平行   D. 等距

160. BF011 包装法是将新塔装好,再拆除旧塔,针对的是新塔比旧塔( )。

    A. 易施工   B. 根开大   C. 功能新   D. 强度大

161. BF012 直线杆的倾斜,35kV架空线路不应大于杆长的( )。

    A. 1‰   B. 2‰   C. 3‰   D. 4‰

162. BF012 转角杆向外角的倾斜,其杆梢位移不应( )。

    A. 大于杆梢直径   B. 小于杆梢直径

    C. 大于杆梢半径   D. 小于杆梢半径

163. BG001 一般电缆线路( )至少巡视一次。

    A. 每个月   B. 每两个月   C. 每三个月   D. 每四个月

164. BG001 护线人员在巡视中,如发现电缆线路上有( )的缺陷,应计入大修缺陷记录簿内,运行部门据此编制年度大修计划。

    A. 零星缺陷   B. 普遍性缺陷

    C. 重大缺陷   D. 紧急缺陷

165. BG002 电缆线路至少( )进行一次维护和试验工作。

    A. 一年   B. 两年   C. 三年   D. 五年

166. BG002 新安装的有接头的电缆线路,在投运( )后应进行一次维护和试验。

    A. 三个月   B. 半年   C. 一年   D. 三年

167. BG003 为了预防电缆外损,电缆线路运行管理部门应和( )等有关单位建立经常性的联系制度。

    A. 市政建设和公用事业   B. 电缆施工

    C. 上级电业部门   D. 变电所和开闭所

168. BG003 电缆护线人员应熟悉其管辖范围内的电缆线路( )和施工情况,作好护线的施工配合工作。

A. 负荷大小   B. 回路数   C. 电压等级   D. 分布位置

169. BG004 电缆的( ),是判断电缆线路能否继续投入运行和预防电缆在运行中发生故障的重要措施。

A. 预防性试验   B. 交接试验   C. 修后试验   D. 核相试验

170. BG004 施工单位为了向运行单位验证电缆线路的电气性能是否达到( )的要求和是否符合运行的需要而做交接试验。

A. 安全   B. 绝缘   C. 设计   D. 验收

171. BG005 测量绝缘电阻,对一相进行测量时,两相导体、金属屏蔽或金属套、铠甲层应( )接地。

A. 分别   B. 一起   C. 任意一个   D. 两两分别

172. BG005 从( )的数值可初步判断电缆绝缘是否受潮、老化。

A. 耐压试验   B. 泄漏电流试验
C. 测量绝缘电阻   D. 核相试验

173. BG006 电缆敷设时弯曲半径过小会损伤( ),造成绝缘性能下降。

A. 绝缘层和外护套   B. 绝缘层和线芯
C. 屏蔽层和线芯   D. 绝缘层和屏蔽层

174. BG006 电缆产生的热量包括电阻导体损耗、介质损耗、护套损耗及铠装损耗四种,其中( )所占比例最大。

A. 电阻损耗   B. 介质损耗   C. 护套损耗   D. 铠装损耗

175. BG007 电力电缆线路周围( )范围内为电缆线路保护区。

A. 1.0m   B. 2.0m   C. 3.0m   D. 4.0m

176. BG007 检查与维护人员在检查完电缆设备以后,应填写( )记录。

A. 用料   B. 检查   C. 巡视   D. 故障

177. BG008 外露电缆是否有下沉及被( )的危险是电缆保护区检查的内容。

A. 砸伤   B. 击穿   C. 偷盗   D. 烧损

178. BG008 电缆井、沟、隧道里的空气及电缆本身的( )是否有异常,是电缆检查内容。

A. 电场   B. 磁场   C. 温度   D. 铜损

179. BH001 增加耐张串绝缘子必须( )作业。

A. 分相   B. 中间电位   C. 等电位   D. 间接

180. BH001 35~66kV 直线绝缘子串较短,导线张力较小,一般可用绝缘滑车组或扁带紧线器,采用( )法整串更换。

A. 等电位   B. 分相   C. 间接   D. 中间电位

181. BH002 绝缘斗臂下节的金属部分,在仰起回转过程中,对带电体的距离应按规定值增加( )。

A. 0.2m   B. 0.5m   C. 0.3m   D. 0.1m

182. BH002 35kV 带电作业,绝缘臂的有效绝缘长度(最小长度)应大于( )。

    A. 1m   B. 1.5m   C. 2.0m   D. 3.0m

183. BH003 风力大于( )时,一般不宜进行带电作业。

    A. 5 级   B. 6 级   C. 4 级   D. 3 级

184. BH003 中性点有效接地(直接接地)的系统中有可能引起单相接地的带电作业应
( )。

    A. 停用重合闸   B. 恢复重合闸

    C. 约时停用重合闸   D. 约时恢复重合闸

185. BH004 人与110kV 带电体的安全距离(带电作业的最小安全距离)不得小于( )。

    A. 0.6m   B. 0.7m   C. 1.0m   D. 0.8m

186. BH004 作业人员与带电体间的距离,应保证在电力系统中出现( )幅值时不发生
闪络放电。

    A. 最大内外过电压   B. 最大内过电压

    C. 最大外过电压   D. 最小内外过电压

187. BH005 用绝缘操作杆进行作业,要在满足安全距离的基础上,要求使用的绝缘工具的
绝缘强度必须( )。

    A. 大于系统可能发生的最小过电压   B. 大于系统可能发生的最大过电压

    C. 等于系统可能发生的最大过电压   D. 小于系统可能发生的最大过电压

188. BH005 在计算绝缘杆长度时,必须减去金属部件的长度,一般将减去金属部分后的绝
缘工具长度称为( )。

    A. 安全长度   B. 绝缘长度   C. 有效长度   D. 绝对长度

189. BH006 除( )外,均需要在等电位下双手操纵剪断导线工具。

    A. 丝杠断线剪   B. 绝缘断线剪

    C. 液压断线剪   D. 断线枪

190. BH006 选用消弧工具作业时,可根据断口电弧( )大小,选用消弧绳或携带式消
弧器。

    A. 电压   B. 电流   C. 能量   D. 电感

191. BH007 绝缘滑车组是绝缘( )工具和牵引工具的联合体。

    A. 变送   B. 承力   C. 辅助   D. 动能

192. BH007 绝缘吊线杆是承受( )荷重的绝缘部件。

    A. 水平   B. 张力   C. 垂直   D. 重力

193. BH008 间接作业的全部操作和等电位的部分操作都是通过( )工具完成的。

    A. 机械挂具   B. 手持操作   C. 绝缘卡具   D. 紧线拉杆

194. BH008 操作杆是绝缘部件,顶部的通用工具或专用工具是( )的功能部件。

    A. 自动化   B. 功能化   C. 模拟手   D. 机械手

195. BH009 绝缘软梯可悬挂使用,也可以沿( )任意移动。

    A. 导线   B. 横担   C. 电杆   D. 避雷线

196. BH009 绝缘梯一般用（　　）管制成。

    A. 绝缘棒　　　　　B. 绝缘绳　　　　　C. 绝缘板　　　　　D. 钢筋

197. BH010 决定带电作业安全的两个重要方面是系统过电压和（　　）的电压水平。

    A. 绝缘材料　　　　B. 组合间隙　　　　C. 操作工具　　　　D. 保护用品

198. BH010 正态分布通俗地说，就是符合中间多，两头少这种状态的（　　）分布。

    A. 概率　　　　　　B. 电压　　　　　　C. 电场　　　　　　D. 安全

199. BH011 带电作业中由于杆塔或其他设备条件的限制，达不到（　　）时，必须采取可靠补救措施才允许作业。

    A. 绝缘标准　　　　　　　　　　　　B. 耐压条件

    C. 击穿电压　　　　　　　　　　　　D. 安全距离

200. BH011 在人体和带电体之间，加装有一层（　　）较大的挡板、护套等设备可弥补空气间隙绝缘不足，称为绝缘隔离措施。

    A. 绝缘电阻　　　　B. 绝缘强度　　　　C. 电流密度　　　　D. 过载能力

201. BH012 绝缘工具受潮之后（　　）大大增加，很容易发生绝缘闪络和烧损（如尼龙绳熔断），造成严重的人身、设备事故。

    A. 工作电压　　　　B. 工作电流　　　　C. 泄漏电流　　　　D. 操作电压

202. BH012 气温影响人的体力、操作的灵活性和（　　）。

    A. 判断力　　　　　B. 准确性　　　　　C. 反应力　　　　　D. 逻辑性

203. BI001 非计划（　　）或被迫少送电属于线路故障。

    A. 供电　　　　　　B. 停电　　　　　　C. 检修　　　　　　D. 施工

204. BI001 造成系统（　　）或解列属于严重事故。

    A. 衰减　　　　　　B. 停电　　　　　　C. 振荡　　　　　　D. 抢修

205. BI002 大风会使运行中的线路出现（　　）事故。

    A. 跳线　　　　　　B. 飞线　　　　　　C. 混线　　　　　　D. 缠绕

206. BI002 大风可能使耐张杆塔引流线或直线杆塔的（　　）线夹等对杆身、拉线、脚钉或横担等放电。

    A. 悬垂　　　　　　B. 接线　　　　　　C. 过流　　　　　　D. 跳线

207. BI003 电缆机械损伤类故障率约为（　　）。

    A. 57%　　　　　　B. 47%　　　　　　C. 37%　　　　　　D. 27%

208. BI003 绝缘受潮是电缆故障的又一主要因素，所占的故障率约为（　　）。

    A. 17%　　　　　　B. 15%　　　　　　C. 13%　　　　　　D. 11%

209. BI004 粗测距离是电缆故障测试过程中最重要的一步，决定着电缆故障测试整个过程的（　　）和准确性。

    A. 效率　　　　　　B. 性质　　　　　　C. 工艺　　　　　　D. 计划

210. BI004 故障电缆经过粗测以后便得出一个故障距离，这个故障距离是由测试端（即首端或称始端）到（　　）的距离。

    A. 测试点　　　　　B. 参考点　　　　　C. 试验点　　　　　D. 故障点

211. BI005 当导线和避雷线上的覆冰不均匀,或有局部脱落时,在风力作用下可能引起
( )。

A. 导线振动 B. 导线摆动

C. 导线舞动 D. 导线弛度变小

212. BI005 绝缘子串上覆冰厚度所增加的重量不大,但会( )。

A. 降低绝缘子的抗拉强度 B. 降低绝缘子的绝缘水平

C. 增加绝缘子的爬电距离 D. 增强绝缘子的抗污染能力

213. BI006 雨凇密度大,在导线上的( )强,不易脱落。

A. 静电力 B. 附着力 C. 凝聚力 D. 破坏力

214. BI006 我国线路( )初始都是雨凇,随着气温降低,冰的形成发生变化。

A. 湿闪 B. 污秽 C. 覆冰 D. 结雪

215. BI007 覆冰过载使得导、地线会从( )中抽出造成事故。

A. 绝缘串 B. 防振锤 C. 压接管 D. 导线夹

216. BI007 覆冰过载会使针式绝缘子断扎线,导、地线从绝缘子( )跳出而损伤。

A. 顶部 B. 颈部 C. 一侧 D. 一边

217. BI008 夏天气温高,导线( )会增大,易发生放电事故。

A. 弧垂 B. 电场 C. 应力 D. 张力

218. BI008 春季加强巡视,禁止在线路两侧( )内放风筝。

A. 300m B. 400m C. 500m D. 600m

219. BI009 电缆预试故障是指在预防性试验中绝缘击穿或绝缘( )而必须进行绝缘
后,才能恢复供电的电缆故障。

A. 优化 B. 不良 C. 变化 D. 升高

220. BI009 电缆的预试故障性质要比运行故障( )得多。

A. 简单 B. 复杂 C. 严重 D. 难测

221. BJ001 计算机是一种能快速而高效地完成( )的数字化电子设备。

A. 数据 B. 图表 C. 文字 D. 信息处理

222. BJ001 计算机的基本特征是速度快,存储容量大,( )高。

A. 过程性 B. 判断力 C. 准确性 D. 兼容性

223. BJ002 组成计算机的物理元件的部分为硬件系统,包括控制器、运算器、( )、输入
设备、输出设备。

A. 放大器 B. 反馈器 C. 修正器 D. 存储器

224. BJ002 计算机的( ),控制其他部件协调统一工作,并能完成对指令的分析和
执行。

A. 计算部件 B. 分析部件 C. 存储 D. 控制部件

225. BJ003 软件是指为方便使用计算机和提高使用效率而组织的( )以及用于开发、
使用和维护的有关文档。

A. 运算 B. 数据 C. 语言 D. 程序

226. BJ003　各种软件开发的目的都是为增强计算机的(　　)和方便用户使用。

A. 性能　　　　　　　B. 潜力　　　　　　　C. 功能　　　　　　　D. 速度

227. BJ004　带有如图所示形状的模板，其类别属于(　　)模板。

A. 商务　　　　　　　B. 框图　　　　　　　C. 组织结构图　　　　D. 组织结构向导

228. BJ004　如下图所示，当单击页面上的形状时，其四周出现蓝色小方块，及上方一个小圆点，它们是(　　)。

A. 自动连接点、控制手柄　　　　　　　B. 旋转手柄、自动连接点

C. 控制手柄、旋转手柄　　　　　　　　D. 改变形状手柄、控制手柄

229. BJ005　使用 Word 文档时，各种输入法的转换可以使用(　　)键组合。

A. Ctrl+V　　　　　　B. Ctrl+C　　　　　　C. Shift+ctrl　　　　D. Shift+C

230. BJ005　要使用已有的文件或模块，必须先(　　)后使用。

A. 搜索　　　　　　　B. 存盘　　　　　　　C. 默认　　　　　　　D. 打开

231. BJ006　点击常用工具栏上的"插入表格"按钮，可以拖出所需要的(　　)。

A. 表格样式　　　　　B. 行列高　　　　　　C. 行列数　　　　　　D. 行列宽

232. BJ006　把鼠标放在表格的横线上，出现一个符号和上下两个箭头时，按住鼠标左键不放上下拖动，即可(　　)。

A. 改变表格形式　　　　　　　　　　　B. 改变字体大小

C. 改变行高　　　　　　　　　　　　　D. 改变列宽

233. BJ007　利用 PowerPoint 制作幻灯片时，幻灯片在哪个区域制作(　　)。

A. 状态栏　　　　　　B. 幻灯片区　　　　　C. 大纲区　　　　　　D. 备注区

234. BJ007　制作幻灯片时，可以点选图片后，通过鼠标拖动图片边上的小方点或小圆点来(　　)。

A. 删除图片　　　　　　　　　　　　　B. 调整图片的大小

C. 旋转图片　　　　　　　　　　　　　D. 移动图片

235. BK001　施工图纸由设计单位提供，施工图技术交底由(　　)主持进行。

A. 设计单位　　　　　B. 运行单位　　　　　C. 建设单位　　　　　D. 施工单位

236. BK001　对于(　　)且小范围的一般性设计修改,设计单位可在施工图交底会议上提出解决方案。

　　A. 不影响设计原则　　　　　　　　　B. 与设计规范有抵触

　　C. 涉及费用调整　　　　　　　　　　D. 与上级有关指示相抵触

237. BK002　线路概况编制中对线路路径应说明线路自变电所构架的第几间隔出线后的线路走向,经过的主要地区名称及重要交叉跨越名称,及经变电所的第几间隔,并附(　　)。

　　A. 路径图　　　　　　　　　　　　　B. 杆塔明细表

　　C. 交叉跨越情况表　　　　　　　　　D. 设备明细表

238. BK002　基础形式应说明本线路所用"三盘"的规格型号、钢筋混凝土基础的形式,并说明(　　)。

　　A. 钢筋规格　　　　　　　　　　　　B. 混凝土浇筑方式

　　C. 钢筋绑扎形式　　　　　　　　　　D. 混凝土强度等级

239. BK003　直接参加现场施工的施工队或工区应偏重编制安全措施和(　　)。

　　A. 组织措施　　　　B. 技术措施　　　　C. 施工方案　　　　D. 施工管理

240. BK003　建立健全(　　)是保证施工安全、施工质量和施工工期的重要措施之一。

　　A. 组织体制　　　　B. 经济体制　　　　C. 管理体制　　　　D. 安全体制

241. BK004　施工安全措施的编制应以部颁的《电业安全工作规程》和部颁(　　)为依据,结合工程特点、施工条件及施工地段的地理环境等进行编制。

　　A.《送电线路运行规程》　　　　　　　B.《送电线路设计规程》

　　C.《电力建设安全规程》　　　　　　　D.《送电线路验收规范》

242. BK004　材料运输是以(　　)为主的工作项目,根据其工作性质应特别注意起吊、捆绑、运输和装卸方面的安全。

　　A. 起重装运内容　　　　　　　　　　B. 吊装作业内容

　　C. 拖运作业内容　　　　　　　　　　D. 起重作业内容

243. BK005　施工技术措施实际上就是执行工程施工中的(　　)。

　　A. 施工工艺标准和设计标准　　　　　B. 技术标准和施工工艺标准

　　C. 技术标准和设计标准　　　　　　　D. 验收标准和设计标准

244. BK005　所编制的技术措施应(　　),要易于理解和便于操作。

　　A. 结合本工程施工图纸　　　　　　　B. 结合检修工艺规程

　　C. 结合本工程实际　　　　　　　　　D. 结合施工及验收规范

245. BK006　送电线路在投入生产运行前应根据电网结构形式做好(　　)工作。

　　A. 资产移交　　　　　　　　　　　　B. 资产分界点的划分

　　C. 启动验收　　　　　　　　　　　　D. 安装调试

246. BK006　送电线路与发电厂变电所的资产分界点,一般规定为出线构架的耐张线夹或T接线夹向(　　)处。

　　A. 线路侧 0.5m　　　　　　　　　　B. 线路侧 1m

　　C. 变电所侧 0.5m　　　　　　　　　D. 变电所侧 1m

247. BK007　输电线路雷击频繁区是指雷暴日在(　　)以上区域。

    A. 10d　　　　　　　　B. 20d　　　　　　　　C. 30d　　　　　　　　D. 40d

248. BK007　温湿暖流与冷空气交汇地带是(　　)地区。

    A. 易覆冰　　　　　　B. 强风　　　　　　　C. 污秽　　　　　　　D. 导线易舞动

249. BK008　下列(　　)作业内容不应编入大修、改造计划中。

    A. 上次大修未完成的项目

    B. 可推广利用的技术革新项目

    C. 由于修路加大爬距等使线路需要改进的项目

    D. 绝缘子周期检测项目

250. BK008　提高线路安全运行的重大技改措施应划入(　　)。

    A. 大修、更改工程计划　　　　　　　B. 反事故措施计划

    C. 设备预防性试验计划　　　　　　　D. 设备常规检修计划

251. BK009　线路定期运行情况分析应(　　)进行一次。

    A. 每月　　　　　　　B. 每季　　　　　　　C. 每周　　　　　　　D. 每年

252. BK009　线路发生事故或异常情况后,在有条件的情况下要(　　),为事故分析和制订防范措施提供依据。

    A. 清理事故现场和实物　　　　　　　B. 保存事故现场和实物

    C. 恢复事故现场和实物　　　　　　　D. 撤离事故现场、清理实物

253. BK010　运行线路的各个部件,凡不符合有关(　　)规定,处于不正常运行状态者,均称为线路设备缺陷。

    A. 检修标准　　　　　B. 生产标准　　　　　C. 技术标准　　　　　D. 节能标准

254. BK010　下列属于Ⅱ类缺陷的是(　　)。

    A. 防振锤跑位　　　　　　　　　　　B. 接地极严重锈蚀断裂

    C. 绝缘子串积灰　　　　　　　　　　D. 导线压接管发热发红

255. BK011　送电线路大修是为了使线路及其附属设备的电气和机械性能恢复至(　　)而进行的修理和更换工作。

    A. 原运行水平　　　　B. 原检修水平　　　　C. 原设计水平　　　　D. 原试验水平

256. BK011　填报大修项目时,应根据正常巡视、检查和(　　)中所发现的线路缺陷和问题,以及计划在本次大修中需处理的其他项目填报。

    A. 测试　　　　　　　B. 检修　　　　　　　C. 维护　　　　　　　D. 施工

257. BK012　线路大修安全措施的编制,应结合大修项目和施工特点,并针对工作中(　　)的操作项目,制定出切实可行的安全措施。

    A. 无法保证安全　　　　　　　　　　B. 易忽视和出现问题

    C. 无法完成　　　　　　　　　　　　D. 无专业技术标准

258. BK012　编制线路大修技术措施的目的,主要是加强大修技术管理,进一步促使施工人员在大修中按照(　　)进行检修。

    A. 技术标准和工艺要求　　　　　　　B. 安全标准和安全要求

    C. 生产标准和生产要求　　　　　　　D. 运行标准和运行要求

二、多项选择题(每题有 4 个选项,至少有 2 个是正确的,将正确的选项号填入括号内)

1. AA001　变电站的分类按照变电站在电力系统中的地位和作用可划分为(　　　)和终端变电站。

　　A. 系统枢纽变电站　　　　　　　　B. 地区一次变电站

　　C. 无人值班变电站　　　　　　　　D. 地区二次变电站

2. AA002　系统电压的调整必须根据系统的具体要求,在不同的厂站,采用不同的方法,常用电压调整方法有(　　　)和改变网络参数进行调压。

　　A. 增减无功功率进行调压　　　　　B. 改变有功功率

　　C. 改变无功功率　　　　　　　　　D. 改变变压器分接头调压

3. AA003　中压配电网的接线方式,架空路线主要有(　　　)、双路拉手环式、双路放射式等五种。

　　A. 放射式　　　　　　　　　　　　B. 拉手环式

　　C. 普通环式　　　　　　　　　　　D. 多回路平行线式

4. AA004　电网主要运行设备的损耗包括:(　　　)。

　　A. 输电线路损耗　　　　　　　　　B. 变压器损耗

　　C. 电站损耗　　　　　　　　　　　D. 其他设备损耗

5. AA005　根据用电情况确定负荷的大小,是关系到供配电设计合理与否的前提。如负荷确定过大,将使(　　　)选得过粗过大,造成材料和投资的浪费。

　　A. 导线　　　　　B. 设备　　　　　C. 线路　　　　　D. 保护

6. AA006　配电系统可靠性评估的大致思路是根据配电系统中元件运行的历史数据评价元件的可靠性指标,根据网络的(　　　)之间的配合关系以及元件的可靠性指标评价各个负荷点可靠指标,最后综合各个负荷点的可靠性指标,得出配电系统的可靠性指标。

　　A. 拓扑结构　　　　B. 潮流分析　　　　C. 保护　　　　　D. 层级关系

7. AA007　影响供电可靠性的主要因素有(　　　)和停电计划因素。

　　A. 电网优化因素　　　　　　　　　B. 网架结构因素

　　C. 自然环境因素　　　　　　　　　D. 设备故障因素

8. AA008　提高供电可靠性的技术措施有(　　　)和提高配电线路抵御自然环境侵扰的能力。

　　A. 加大电网改造力度　　　　　　　B. 加大高新设备的投入

　　C. 加大电网的优化程度　　　　　　D. 全面开展配电网络保护自动化工作

9. AB001　电力系统继电保护的特性,可概括为(　　　)和灵敏性等方面。

　　A. 安全可靠性　　　　B. 快速性　　　　C. 保护性　　　　D. 选择性

10. AB002　运行中的架空送电线路,由于大风、冰雪、雷击、外力破坏及绝缘损坏等原因,可能引起线路故障或不正常运行状态,如不尽快切除故障线路或排除线路的不正常运行状态,将导致(　　　)。

　　A. 线路设备损坏　　　　　　　　　B. 线路跳闸

　　C. 缩短线路元件的使用寿命　　　　D. 重合闸启动

11. AB003　微机保护充分利用了计算机技术上(　　)的显著优势。

    A. 高速的运算能力　　　　　　　　　　B. 精确的判断能力

    C. 远程控制能力　　　　　　　　　　　D. 完备的存储记忆能力

12. AB004　微机保护的硬件基本构成有(　　)和外围设备等。

    A. CPU 主系统　　　　　　　　　　　　B. 开关量输出

    C. 输入系统　　　　　　　　　　　　　D. 输出系统

13. AB005　微机保护装置常见抗干扰措施中,硬件抗干扰措施主要有(　　)、接地等技术。

    A. 电流滤波　　　　　　　　　　　　　B. 电源滤波

    C. 屏蔽　　　　　　　　　　　　　　　D. 隔离

14. AB006　当线路发生短路故障时,线路电流显著增大,故障点距电源点越近短路电流越大,利用电流增大的特点构成的保护称为电流保护,电流保护分为(　　)。

    A. 电流速断保护　　　　　　　　　　　B. 过流保护

    C. 零序电流保护　　　　　　　　　　　D. 高频保护

15. AB007　目前常用的自动重合闸装置有(　　)。

    A. 单相一次重合闸　　　　　　　　　　B. 两相一次重合闸

    C. 三相一次重合闸　　　　　　　　　　D. 综合重合闸

16. AB008　当值班人员(　　)将断路器断开时,重合闸不应动作。

    A. 自动操作　　　　　　　　　　　　　B. 手动操作

    C. 通过遥控装置　　　　　　　　　　　D. 通过联动装置

17. AB009　故障录波器是监视电网安全运行的一种重要自动装置,在电网发生(　　)时,它能自动记录故障前和故障过程中的电流、电压等变化的波形和时间,还能记录断路器动作情况。

    A. 联动　　　　　B. 故障　　　　　C. 停电　　　　　D. 振荡

18. AB010　当电网发生故障时,反映电网(　　)出现的启动量,如果达到故障录波器启动元件的启动值时,则启动装置动作,启动故障录波器录取故障时电流、电压变化的波形。

    A. 故障　　　　　B. 振荡　　　　　C. 其他原因　　　　D. 停电

19. AB011　当电网内发生(　　)时,故障录波装置可自动记录电网电气量的变化过程。

    A. 故障　　　　　　　　　　　　　　　B. 振荡

    C. 其他不正常运行状态　　　　　　　　D. 停电

20. AB012　在中性点直接接地的电网中,当甲、乙两变电所之间的线路发生故障时,下列说法正确的是(　　)。

    A. 零序电流保护动作跳闸,则线路有单相接地故障

    B. 甲变侧零序电流Ⅰ段动作,乙变侧零序电流Ⅱ段动作,则故障点靠近乙变

    C. 当甲乙变均为零序电流Ⅰ段动作,则故障点在线路中间

    D. 限时电流速断保护动作时,则故障点应在线路的后段

21. AC001　雷电是由雷云(带电的云层)对(　　)的自然放电引起的,它会对建筑物或设备产生严重破坏。
    A. 雷云　　　　　　　　　　B. 地面建筑物
    C. 大地　　　　　　　　　　D. 杆塔

22. AC002　雷电就其破坏因素来分,有(　　)方面的破坏作用。
    A. 电性质的破坏作用　　　　B. 热性质的破坏作用
    C. 光性质的破坏作用　　　　D. 机械性质的破坏作用

23. AC003　某一地区雷电活动的强弱,可用(　　)来表示。
    A. 一个月中发生雷电的天数　　B. 一年中发生雷电的天数
    C. 一个月中发生雷电的小时数　D. 一天中发生雷电的小时数

24. AC004　电力系统内部过电压包括(　　)。
    A. 操作过电压　　　　　　　B. 线性谐振过电压
    C. 工频过电压　　　　　　　D. 谐振过电压

25. AC005　防直击雷的避雷装置一般由(　　)组成。
    A. 接闪器　　　　　　　　　B. 引下线
    C. 接地装置　　　　　　　　D. 计数装置

26. AC006　改进防雷措施大致有(　　),加装负角保护装置,采用消雷器和加装避雷器等。
    A. 改善接地　　　　　　　　B. 增设耦合地线
    C. 增设预放电棒　　　　　　D. 指示灯亮

27. AC007　统计(　　),由于雷击引起的开断数(重合成功也算一次),称为该线路的雷击跳闸率,简称跳闸率。
    A. 每百千米线路　　　　　　B. 300雷暴小时
    C. 40雷电日　　　　　　　　D. 每千千米线路

28. AC008　大气过电压一般分成(　　)。
    A. 感应雷过电压　　　　　　B. 直击雷过电压
    C. 内部过电压　　　　　　　D. 外部过电压

29. AC009　电力系统的电气设备、线路等被雷电击中并成为强大雷电流的泄放通路,称为(　　)。
    A. 直击雷过电压　　　　　　B. 感应雷过电压
    C. 传导过电压　　　　　　　D. 操作过电压

30. AC010　线路直击雷过电压除雷击杆顶之外,通常还有(　　)情况。
    A. 雷击于无避雷线的导线　　B. 雷击于线路附近
    C. 雷电绕过避雷线直击于导线　D. 雷击于档距中央附近的避雷线

31. AC011　雷电活动分布概率不均,下列说法正确的是(　　)。
    A. 土壤电阻率高的地区雷电活动较强　B. 山区雷电活动强于平原
    C. 南方雷电活动强于北方　　D. 内陆雷电活动多于沿海

32. BA001　张力放线时,同相子线要求(　　)。

　　A. 同时展放　　　　B. 同时挂线　　　　C. 同时收紧　　　　D. 同时断线

33. BA002　牵引牵引绳(展放导线)的牵引机,一般称为主牵引机,俗称"大牵",一般以(　　)的方式展放导线。

　　A. 一牵一　　　　　B. 一牵二　　　　　C. 一牵三　　　　　D. 一牵四

34. BA003　张力放线的现场布置,(　　)一般布置在线路中心线上。

　　A. 牵引机　　　　　B. 张力机　　　　　C. 牵引机地锚　　　　D. 张力机地锚

35. BA004　张力放线前,应做好布线设计,布线原则是(　　)。

　　A. 有效控制直线压接管位置　　　　　　B. 将直线压接管数量降至最少

　　C. 转场时余线转运量最少　　　　　　　D. 保证直线松锚后导线落地

36. BA005　将处于施工过程中的导线锚定在某种承力体上,以便进行作业过渡或完成某作业,称之为临锚。张力架线施工中常用(　　)等形式。

　　A. 地面临锚　　　　B. 过轮临锚　　　　C. 反向过轮临锚　　　D. 拉线临锚

37. BA006　架空线紧线前应做好如下检查(　　)。

　　A. 各处架空线有无缠绕物

　　B. 架空线是否在滑轮内

　　C. 牵引设备和固定地锚是否满足强度要求

　　D. 放线滑车的方向、位置是否正确

38. BA007　在架空线路挂线工作中,挂线的方法大体有(　　)。

　　A. 直接挂线法　　　　　　　　　　　　B. 张力挂线法

　　C. 地面画印挂线法　　　　　　　　　　D. 杆上画印挂线法

39. BB001　铁塔塔身由(　　)等部件组成,其断面形状通常有正方形、矩形和三角形三种。

　　A. 主材　　　　　　B. 斜材　　　　　　C. 水平材　　　　　D. 横隔材

40. BB002　铁塔上所有构件除(　　)外均应编号,相同构件为同一个号。

　　A. 联板　　　　　　B. 螺栓　　　　　　C. 脚钉　　　　　　D. 垫圈

41. BB003　下列变形的铁塔角钢可以采用冷矫法进行矫正的是(　　)。

　　A. 角钢宽度40mm,弯曲度3%　　　　　　B. 角钢宽度45mm,弯曲度3.5%

　　C. 角钢宽度50mm,弯曲度2.5%　　　　　D. 角钢宽度56mm,弯曲度3%

42. BB004　组装杆塔用的工具包括质量检查工器具、支垫工具、(　　)。

　　A. 整修场地工具　　　　　　　　　　　B. 组装工具

　　C. 构件修补工具　　　　　　　　　　　D. 吊装工具

43. BB005　整体组立杆塔的方法有(　　)等。

　　A. 倒落式抱杆　　　B. 机械化吊装　　　C. 内拉线抱杆　　　D. 外拉线抱杆

44. BB006　分段组装适用于窄身铁塔,如(　　)。

　　A. 拉线塔　　　　　　　　　　　　　　B.110kV 直线塔

　　C.110kV 耐张塔　　　　　　　　　　　D.220kV 直线塔

45. BB007　分片组装的地面布置有(　　)等几种方式。

　　A. 重叠式　　　　　B. 单元式　　　　　C. 铺开式　　　　　D. 单体式

46. BB008　分角组装铁塔可用在(　　)塔型。

　　A. 地形条件差　　　　　　　　　　　　B. 起吊重量大

　　C. 根开较大　　　　　　　　　　　　　D. 组装场地大

47. BB009　在多人进行窜动或翻动电杆或多人进行地面组装时,应(　　),各工序间应互相配合。

　　A. 统一方向　　　　　B. 统一指挥　　　　　C. 步调一致　　　　　D. 统一信号

48. BB010　组装线路转角塔横担时两横担有长短区分者,必须注意(　　)。

　　A. 导线长横担在转角外侧　　　　　　　B. 导线短横担在转角外侧

　　C. 地线长横担在转角外侧　　　　　　　D. 地线短横担在转角外侧

49. BC001　室内选线时,在没有特殊要求的情况下,应尽量选择(　　)施工及运输方便、地形及地质较好的路径方案。

　　A. 路径最短　　　　　　　　　　　　　B. 转角少

　　C. 转角度数大　　　　　　　　　　　　D. 交叉跨越少

50. BC002　现场初勘,对特殊地段,应进行实地(　　)及地质水文勘察。

　　A. 选线　　　　　　　　　　　　　　　B. 定线

　　C. 平断面图草测　　　　　　　　　　　D. 设立线路走向标桩

51. BC003　架空电力线路通过(　　)时,不宜砍伐通道。

　　A. 果林　　　　　　　　　　　　　　　B. 速生林

　　C. 经济作物林　　　　　　　　　　　　D. 城市绿化灌木林

52. BC004　下列属于施工图总说明书内容的是(　　)。

　　A. 线路设计依据　　　　　　　　　　　B. 绝缘子和金具组合

　　C. 路径方案说明　　　　　　　　　　　D. 工程技术特性

53. BC005　杆塔明细表是把线路平断面图上的(　　)所需要的各项主要数据,包括杆塔基础使用条件和设计要求,交叉跨越情况等,汇集并列于一张表格中。

　　A. 设计　　　　　　　B. 施工　　　　　　　C. 运行　　　　　　　D. 维护

54. BC006　电杆基础图中应注明线路所用"三盘"的(　　)等。

　　A. 制造、安装标准　　　　　　　　　　B. 规格

　　C. 安装位置　　　　　　　　　　　　　D. 埋设深度

55. BD001　闪络性故障大都发生于电缆运行前的电气试验中,并大都出现于(　　)内。

　　A. 电缆接头　　　　　B. 电缆线芯　　　　　C. 电缆终端　　　　　D. 电缆绝缘层

56. BD002　电缆运行故障的性质和试验击穿故障的性质相比,比较复杂,一般有(　　)。

　　A. 闪络性故障　　　　B. 接地故障　　　　　C. 短路故障　　　　　D. 断线故障

57. BD003　电缆故障的测距方法主要有(　　)。

　　A. 回路电桥法　　　　　　　　　　　　B. 低压脉冲反射法

　　C. 闪络法　　　　　　　　　　　　　　D. 高压脉冲闪络法

58. BD004　感应法可以用来听测(　　)。

　　A. 电缆埋设的位置　　　　　　　　　　B. 深度

　　C. 接头位置　　　　　　　　　　　　　D. 电缆故障性质

59. BD005　在电桥工作时（如下图所示），电阻 R_x、R_2、R_3、R_4 中分别有电流 I_1、I_2、I_3、I_4 通过，检流计 G 中有 I_0 通过，当电桥平衡时，则（　　）。

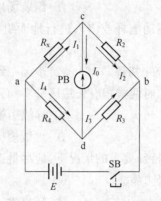

  A. $I_0 = 0$ B. $I_1 = I_2$ C. $I_1 = I_3$ D. $I_2 = I_4$

60. BD006　直流单臂电桥的准确度等级，按国家标准规定有（　　）、0.1、0.2、0.5、1.0 和 2.0 共 8 种。

  A. 0.01   B. 0.02   C. 0.03   D. 0.05

61. BE001　电缆施工单位在完成电缆线路的（　　）等工作后，必须组织设计、运行单位对其所施工的电缆线路进行竣工验收。

  A. 充电   B. 敷设   C. 接头   D. 交接试验

62. BE002　直埋电缆的敷设，只有在（　　）时才允许浅埋，但浅埋时应加保护设施。

  A. 出入建筑物   B. 与地下设施交叉

  C. 穿越农田   D. 绕过地下设施

63. BE003　电缆在电缆管内敷设时，电缆管的两端应伸出（　　）。

  A. 道路路基两边 0.5m 以上   B. 排水沟 0.5m

  C. 城市街道的车道路面   D. 电缆井外

64. BE004　直埋电缆在（　　），应设置明显的方位标志或标桩。

  A. 直线段每隔 50～100m 处   B. 电缆接头处

  C. 转弯处   D. 进入建筑物处

65. BE005　竣工验收检查时应检查下列（　　）项目。

  A. 沿线障碍物的拆迁和清除

  B. 线路施工工艺是否与施工设计图纸相符

  C. 临时接地线的拆除

  D. 遗留未完的项目

66. BE006　工程质量的评定划分为（　　）。

  A. 分项工程的评定   B. 分部工程的评定

  C. 全部工程的评定   D. 单位工程的评定

67. BE007　电气试验项目包括以下项目（　　）。

  A. 测定线路绝缘电阻

  B. 校对线路相位

C. 递增加压或冲击合闸试验三次,对于电压由零升至额定电压试验,无条件时可不做

D. 试验合格,带负荷试运行 24h 后,线路可正式移交运行单位

68. BE008 工程竣工后移交下列资料(   )。

A. 线路施工设计图

B. 原图修改后作为竣工图,并盖上竣工公章

C. 设计变更通知单

D. 所用材料清单

69. BE009 工程竣工时应将下列(   )施工原始记录移交给运行单位。

A. 隐蔽工程验收检查记录　　　　　B. 线路设备试验报告

C. 杆塔的偏斜和挠曲　　　　　　　D. 架线弛度

70. BF001 线路检修一般分为(   )、事故抢修和改进工程等。

A. 线路巡视　　　B. 小修　　　　C. 大修　　　　D. 状态检修

71. BF002 对于较大的作业项目,应组织各班组开展(   ),确保检修工作的安全和质量。

A. 自检　　　　　　　　　　　　　B. 互检

C. 主管领导在现场进行监督　　　　D. 专业人员深入现场检查

72. BF003 铁塔检修中,当铁塔构件锈剖面面积在(   )情况时,应更换或用镶接板补强。

A. 15%　　　　　B. 25%　　　　C. 35%　　　　D. 45%

73. BF004 电杆常见的缺陷有(   )。

A. 流白浆裂纹　　　　　　　　　　B. 水泥剥落钢筋外露

C. 杆身弯曲倾斜　　　　　　　　　D. 连接抱箍锈蚀

74. BF005 在处理导地线损伤中,下列(   )情况可采用 0# 砂纸磨光处理损伤。

A. 铝、铝合金单股损伤深度小于直径的 1/15

B. 钢芯铝绞线及钢芯铝合金绞线损伤截面积为导电部分截面积的 5%,且强度损失 3%

C. 钢芯铝绞线及钢芯铝合金绞线损伤截面积为导电部分截面积的 4%,且强度损失 2%

D. 单金属绞线损伤截面积为 5%

75. BF006 在一个挡距内钢芯铝绞线断股、损伤总面积达到下列(   )情况时,可以用补
　　　　修管补修。

A. 5%　　　　　　B. 10%　　　　C. 20%　　　　D. 30%

76. BF007 拆除旧导线的主要施工步骤包含(   ),然后将旧导线拆下并放在放线滑车内
　　　　回收。

A. 搭设跨越架　　B. 安装放线滑车　　C. 打临时拉线　　D. 剪断导线

77. BF008 运行线路更换新线施工中,使用临时拉线截面积为 32.22mm^2 时,适用的导线有
　　　　(   )。

A. GJ-35　　　　　B. GJ-50　　　　C. GJ-75　　　　D. LGJ-150

78. BF009 混凝土杆的加高检修施工中利用起吊钢绳起吊抱杆,抱杆根部绑扎在电杆顶部
　　　　附近,下列(   )情况符合抱杆高出杆顶的最低高度。

A. 铁帽高度的 1/30　　　　　　　　B. 铁帽高度的 2/30

C. 铁帽高度的 3/30　　　　　　　　D. 铁帽高度的 4/30

79. BF010 拔除18m及以上的混凝土杆,可采用(　　)放倒旧杆。

　　A. 倒落式抱杆　　　　　B. 独脚抱杆　　　　C. 外拉线抱杆　　　　D. 摇臂抱杆

80. BF011 原地置换铁塔,一般采用以下几种方法(　　)。

　　A. 人字抱杆法　　　　　　　　　　B. 移位法

　　C. 包装法　　　　　　　　　　　　D. 无扒杆整基一次倒立法

81. BF012 双杆调整后应正直,位置偏差符合(　　)。

　　A. 迈步不大于30mm　　　　　　　　B. 根开不超过±30mm

　　C. 直线杆横向位移不大于50mm　　　D. 转角杆横、顺向位移不大于50mm

82. BG001 检查电缆接点温度的方法很多,在电缆线路中普遍采用的方法有(　　)。

　　A. 示温蜡片　　　　　　　　　　　B. 水银测温计

　　C. 变色测温笔　　　　　　　　　　D. 红外线测温仪

83. BG002 防止终端绝缘套管的表面污闪,提高电缆线路运行安全性能的措施有(　　)。

　　A. 增加电缆试验次数　　　　　　　B. 定期清扫绝缘套管表面尘土

　　C. 水冲洗　　　　　　　　　　　　D. 增涂防污闪涂料

84. BG003 涉及电缆线路,具有一定规模的地下管线的工程,应有专人(　　),并为施工单位办理好监护交底卡。

　　A. 参加工程施工协调会　　　　　　B. 负责停送电

　　C. 了解工程情况　　　　　　　　　D. 负责护线工作

85. BG004 电缆绝缘的缺陷通常可分为(　　)。

　　A. 集中性缺陷　　　B. 击穿性缺陷　　　C. 闪络性缺陷　　　D. 分布性缺陷

86. BG005 电力电缆试验中(　　)是同时进行的。

　　A. 绝缘电阻的测量　　　　　　　　B. 交流耐压试验

　　C. 直流耐压试验　　　　　　　　　D. 泄漏电流试验

87. BG006 电缆产生的热量包括(　　)和铠装损耗。

　　A. 连接部位的电阻损耗　　　　　　B. 导体电阻损耗

　　C. 介质损耗　　　　　　　　　　　D. 护层损耗

88. BG007 单芯电力电缆的导体中通过交流电流时,会在金属护套上产生感应电动势,其大小与(　　)有关。

　　A. 导体中的电流大小　　　　　　　B. 电缆的排列

　　C. 电缆的长度　　　　　　　　　　D. 额定电压的大小

89. BG008 在直埋电缆线路保护区内,禁止堆放下列物品(　　)。

　　A. 临时加热器具　　　　　　　　　B. 积土、垃圾等杂物

　　C. 木板、苯板等　　　　　　　　　D. 建筑器材、钢锭等重型物品

90. BH001 35~66kV直线绝缘子串较短,导线张力较小,一般可用(　　),采用间接法整串更换。

　　A. 绝缘滑车组　　　　　　　　　　B. 水泥杆固定器

　　C. 吊支拉杆　　　　　　　　　　　D. 扁带紧线器

91. BH002 绝缘臂在荷重作业状态下处于动态过程中,绝缘臂绞接处结构容易被损伤,出现不易被发现的细微裂纹,会引起(   )。

A. 机械强度下降
B. 绝缘电阻下降
C. 耐电强度下降
D. 泄漏电流增加

92. BH003 带电作业必须设专人监护,监护人(   ),复杂的或高杆上的作业应增设塔上监护人。

A. 应由有电作业实践经验的人员担任
B. 不得直接操作
C. 由工作负责人担任
D. 监护的范围不得超过一个作业点

93. BH004 带电作业应事先编写技术方案,技术方案应包括(   ),并采取可靠的安全技术措施。

A. 操作工艺方案
B. 操作标准
C. 严格的操作程序
D. 操作要求

94. BH005 用绝缘操作杆进行带电作业时,操作人处于(   ),并与带电体保持一定安全距离,利用各种绝缘工具进行作业。

A. 地电位
B. 中间电位
C. 等电位
D. 高电位

95. BH006 使用断接引工具进行断接引包括(   )操作。

A. 拆解
B. 剪断
C. 消弧
D. 接引

96. BH007 带电更换绝缘子使用的工具由(   )及托瓶器组成。

A. 绝缘绳
B. 绝缘承力工具
C. 牵引机具
D. 固定器

97. BH008 绝缘操作杆头部安装的通用小工具,常备的有(   )等工具。

A. 取(安)销子
B. 扶正绝缘子及金具
C. 修剪树枝
D. 安装及旋转螺母

98. BH009 载人工具中飞车有(   )。

A. 单线
B. 双线
C. 三线
D. 四线

99. BH010 已知(   )和分布函数分别用两条曲线表示,则这两条曲线相交的重叠面积就是在这间隙下带电作业的危险率。

A. 大气过电压的概率密度
B. 操作过电压的概率密度
C. 系统过电压的概率密度
D. 带电作业间隙放电电压的概率

100. BH011 绝缘挡板使放电将沿折线路径发生改变,从而达到提高间隙绝缘水平的目的,一般在下列(   )情况下应用。

A. 6kV
B. 10kV
C. 35kV
D. 110kV

101. BH012 禁止带电作业的天气包括雨、(   )。

A. 雾
B. 雷
C. 雪
D. 风

102. BI001 根据事故的损失大小和影响范围及程度不同,可将故障划分为(   )。

A. 轻微事故
B. 一般事故
C. 重大事故
D. 特大事故

103. BI002 下列(   )时,容易引起导线或避雷线振动而发生断股甚至断线。

A. 2 级风
B. 3 级风
C. 4 级风
D. 5 级风

104. BI003　电缆头制作质量缺陷包括热缩头制作存在(　　)等。

　　A. 电缆附件绝缘管内有气泡　　　　　　　B. 密封涂胶处有遗漏点

　　C. 半导电层处理不净　　　　　　　　　　D. 应力管安装位置不当

105. BI004　电力电缆故障查找一般分(　　)等步骤进行。

　　A. 故障诊断　　　　　B. 故障测距　　　　C. 故障定点　　　　D. 故障处理

106. BI005　如果(　　)发生覆冰,它可能使导线发生扭转,所以对金具和绝缘子串威胁最大。

　　A. 杆塔　　　　　　　B. 横担　　　　　　C. 导线　　　　　　D. 避雷线

107. BI006　覆冰的种类有雾凇、(　　)等。

　　A. 冻雨　　　　　　　B. 雨凇　　　　　　C. 混合凇　　　　　D. 结冻雪

108. BI007　导地线(　　)时产生很大的冲击力。

　　A. 覆冰初期　　　　　B. 严重覆冰　　　　C. 不同期脱冰　　　D. 同期脱冰

109. BI008　做好防暑过夏工作,主要包括检查交叉跨越距离,(　　)和防止树木引起的事故等。

　　A. 防雨　　　　　　　B. 防雷　　　　　　C. 防洪　　　　　　D. 防风

110. BI009　电缆预试故障不可能造成断线故障,一般多为(　　)或短路故障。

　　A. 单相接地　　　　　　　　　　　　　　B. 相间高阻接地

　　C. 电缆接头虚接　　　　　　　　　　　　D. 相间低阻接地

111. BJ001　计算机的特点是(　　)。

　　A. 运算速度快　　　　　　　　　　　　　B. 计算精度高

　　C. 自动化程度高　　　　　　　　　　　　D. 具有超强的记忆和逻辑判断能力

112. BJ002　计算机由(　　)组成。

　　A. 操作系统　　　　　B. 硬件系统　　　　C. 运算系统　　　　D. 软件系统

113. BJ003　计算机软件可分为(　　)。

　　A. 系统软件　　　　　　　　　　　　　　B. 操作软件

　　C. 程序设计语言软件　　　　　　　　　　D. 应用软件

114. BJ004　Visio 绘图软件在点击新建后面小三角,选择绘图类型后包括(　　)。

　　A. 菜单栏　　　　　　B. 工具栏　　　　　C. 类别　　　　　　D. 模板

115. BJ005　在 Word 文档编辑中,使用剪贴板可方便地进行对象的(　　)等操作。

　　A. 拷贝　　　　　　　B. 插入　　　　　　C. 移动　　　　　　D. 删除

116. BJ006　在 Word 表格单元格中,其插入内容可分为(　　)。

　　A. 文字　　　　　　　B. 视频　　　　　　C. 数字　　　　　　D. 图片

117. BJ007　多媒体课件的信息表达元素主要由(　　)元素构成。

　　A. 文本　　　　　　　B. 静图　　　　　　C. 动画　　　　　　D. 音频

118. BK001　在施工图技术交底中,对(　　),需要综合考虑,统一平衡,并向有关部门反映汇报再确定处理意见。

　　A. 与上级有关指示相抵触　　　　　　　　B. 较小范围的一般性修改

　　C. 与设计规范有抵触　　　　　　　　　　D. 涉及费用调整

119. BK002　线路概况编制包括(　　),沿线地形、地质及交通情况等。

A. 线路路径　　　　　　　　　　B. 交叉跨越情况

C. 杆塔型号　　　　　　　　　　D. 基础形式

120. BK003　施工组织措施主要应从(　　)等几个方面着手编制。

A. 施工组织建立　　　　　　　　B. 施工方案制订

C. 工程安全措施　　　　　　　　D. 工程施工管理

121. BK004　施工安全措施应按(　　)、杆塔组立、放线紧线和附件安装等几个分项工程分
别制订。

A. 测量　　　　　B. 材料运输　　　　C. 土石方工程　　　　D. 基础施工

122. BK005　技术措施的编制主要以(　　)内容为依据。

A. 线路施工设计总图说明书　　　B. 电业安全工作规程

C. 电力线路施工及验收规范　　　D. 设计建设单位的特殊要求

123. BK006　线路设备资产分界点划分范围一般有(　　)几种情况。

A. 线路与发电厂变电所

B. 线路与用户的专用变电所

C. 一条线路属两个或以上单位负责运行管理分界点

D. 各巡线人员之间的巡视分界点

124. BK007　在(　　)附近,由于风力较大,易造成导线舞动。

A. 山谷　　　　　B. 平原　　　　　C. 风口　　　　　D. 沿海

125. BK008　绝缘子预防性实验项目包括(　　)。

A. 盐密测试　　　　B. 爬距调整　　　　C. 灰密测试　　　　D. 零值测试

126. BK009　线路定期运行分析要对(　　)和所发生的异常及事故等进行全面分析。

A. 线路的状况　　　B. 存在的缺陷　　　C. 检修的质量　　　D. 薄弱环节

127. BK010　下列属于Ⅱ类缺陷的是(　　)。

A. 杆塔倾斜、锈蚀严重　　　　　B. 绝缘子串歪斜

C. 拉线松弛引起杆塔倾斜　　　　D. 杆塔拉线生锈

128. BK011　大修计划一般从(　　)等方面进行编制。

A. 基本情况　　　　B. 工期　　　　　C. 大修项目　　　　D. 大修费用

129. BK012　大修三措是指大修(　　)的简称。

A. 组织措施　　　　B. 生产措施　　　　C. 技术措施　　　　D. 安全措施

三、判断题(对的画"√",错的画"×")

(　　)1. AA001　变电站是以接收电能和分配电能并改变电能电压的场所,是发电厂到用
户之间的重要环节之一,它主要由电力变压器与一些配电设备构成。

(　　)2. AA002　电能质量主要指的是电压质量和电流质量两部分。

(　　)3. AA003　普通环式接线是在不同中压变电站之间,把不同的两个中压配电线路末
端或中部连接起来构成的环式网络。

(　　)4. AA004　固定损耗与电网输送功率有关,与电压无关。

（　）5. AA005　计算负荷确定过小,将使电器和导线截面积的选择过大,造成投资和有色金属的浪费。

（　）6. AA006　系统平均停电持续时间是指系统供电的用户在半年内的平均持续停电时间。

（　）7. AA007　电网结构对供电可靠性也有很大的影响。

（　）8. AA008　计划停电次数较多的线路应从管理上入手提高供电可靠性。

（　）9. AB001　为保证继电保护装置具有足够的可靠性,应力求接线方式简单,继电器性能可靠,回路触点尽可能最少。

（　）10. AB002　继电保护装置,就是指能反映电力系统中电气元件故障或不正常运行状态,并动作于断路器跳闸或发出信号的一种自动装置。

（　）11. AB003　输电线路距离保护具有三段式相间和接地距离保护功能。

（　）12. AB004　微型计算机保护中通常采用的中间变换器有两种,为电流中间变换器和电抗变换器。

（　）13. AB005　电磁兼容就是各种设备和系统在共同的电磁环境中互不干扰,并能各自保持正常的工作能力。

（　）14. AB006　当被保护的输电线路上发生短路故障时,其主要特征就是电流增加,电压降低,利用这两个特征可以构成输电线路的电流电压保护。

（　）15. AB007　输电线路故障按其性质可分为瞬时故障和永久性故障。

（　）16. AB008　当手动投入断路器,因线路有故障而随即被保护将其断开时,此时重合闸应动作。

（　）17. AB009　故障录波器能自动记录故障前和故障过程中的电流、电压等变化的波形,但不能记录断路器动作情况。

（　）18. AB010　故障录波器是长年投入运行的监视电力系统运行状况的一种自动装置。

（　）19. AB011　如果线路故障后重合成功后在第一次故障 2s 外同时在 10s 内又发生故障,则线路开关将直接三相跳闸。

（　）20. AB012　一般情况下,线路故障跳闸后,自动重合闸成功,说明线路故障是瞬时性故障。

（　）21. AC001　当空中的雷云靠近大地时,由于静电感应作用,使地面出现雷云的电荷极性相同的电荷。

（　）22. AC002　雷击时,放电陡度甚高,每微秒达到 50kA。

（　）23. AC003　主放电通道运动的电压波与电流波的幅值之比称为雷电通道波阻抗。

（　）24. AC004　操作过电压出现在系统操作情况下、外部过电压出现在系统故障情况下。

（　）25. AC005　避雷线和避雷针一样,将雷电引向自身,并安全地将雷电流导入大地。

（　）26. AC006　可采用中性点直接接地方式,防止线路雷击闪络后建立工频电弧。

（　）27. AC007　只有雷电流幅值接近于耐雷水平时,才会发生冲击闪络。

（　）28. AC008　感应过电压幅值反比于雷击点的线路的距离,其极性与雷云电荷相同。

（　）29. AC009　线路绝缘上的雷电过电压与雷电流的大小和陡度关系不大。

(   )30. AC010 雷绕击于导线的过电压应大于线路的绝缘水平。

(   )31. AC011 确定雷击跳闸率时,不必考虑系统的中性点接地情况。

(   )32. BA001 同相导线可以同时展放,但不能同时收紧。

(   )33. BA002 接地滑车的作用是将牵引钢绳、导线上的分布电容、电压有效地接地释放。

(   )34. BA003 张力场面积不小于50m×30m。

(   )35. BA004 张力放线的顺序,一般先应放边相后放中相导线。

(   )36. BA005 全线紧线放线一般是同一方向,拉线端(固定端)和收紧端可以互相换位。

(   )37. BA006 总牵引地锚与紧线操作杆塔之间的水平距离,应不小于挂线点高度的两倍,且与被紧架空线方向应一致。

(   )38. BA007 将挂线牵引绳的一端通过挂线滑车后绑扎在耐张金具上,另一端和牵引设备相连。

(   )39. BB001 斜材与主材的连接处或斜材与斜材的连接处称为节点。

(   )40. BB002 铁塔设计要求,为了避免偏心增大附加弯矩,受力构件的轴线(角钢的基准线)不应交于一点。

(   )41. BB003 杆塔地面组装前应检查角钢弯曲度,角钢的弯曲度不应超过相应长度的3%。

(   )42. BB004 参加地面组装的施工人员均应由现场施工负责人对组塔工序的施工进行技术交底。

(   )43. BB005 整体组装铁塔的优点是作业面较小,不受地形和起吊机械的限制。

(   )44. BB006 分段组装时,构件就位后只需加装包角钢螺栓即可,因此拼装较简便。

(   )45. BB007 重叠式组装就是按照吊装的顺序,将各单片构件进行重叠组装,先吊的放在下层,后装的放在上层。

(   )46. BB008 分角组装的优点是吊件质量轻,起吊设备可相对减少。

(   )47. BB009 组装铁塔时,螺杆和螺母的螺纹有滑牙(滑丝)及棱角磨损过大致使扳手打滑的螺栓,必须进行修正。

(   )48. BB010 塔件在吊装以后,还应按设计图纸做一次检查,发现问题要及时在地面进行处理,也可利用高空作业方式处理。

(   )49. BC001 当线路经过居民区或拥挤地段时,可选用1/20000或更小比例的地形图,以便准确地选绘线路路径。

(   )50. BC002 送电线路的现场勘测一般分为初勘和终勘两个阶段。

(   )51. BC003 35kV及以上至110kV及以下架空电力线路,不应跨越储存易燃、易爆危险品的仓库区域。

(   )52. BC004 送电线路施工图纸是线路施工的技术标准和施工依据,它是施工图设计的组成部分。

(   )53. BC005 线路平断面图上的杆塔明细表中应标示出被跨越物的名称及保护措施。

(   )54. BC006 在基础施工图中,铁塔基础的构造和组装形式、铁塔基础的设计条件均应注明。

（　）55. BD001　试验时绝缘间隙放电，造成绝缘被击穿，称为试验故障。

（　）56. BD002　电缆发生试验击穿的特点是故障电阻均比较高，一般不能直接用兆欧表测出，需借助直流耐压设备进行测试。

（　）57. BD003　电缆故障测寻的过程可分为两个阶段，即电缆故障的测距阶段和电缆故障的定点阶段。

（　）58. BD004　路径仪耦合法的测试范围与测试精度是比较理想的。

（　）59. BD005　电桥平衡的条件是相邻桥臂电阻必须成比例。

（　）60. BD006　电桥不用时，应将检流计用锁扣锁住。

（　）61. BE001　电缆竣工验收结果未达到设计和运行要求，运行单位有权要求施工单位限期整改，然后复验。

（　）62. BE002　电缆的耐压试验、泄漏电流和绝缘电阻检查方法为检查试验记录。

（　）63. BE003　电缆的支、托架检验方法为外观检查。

（　）64. BE004　电缆在支架上排列检验方法是拉线和尺量检查。

（　）65. BE005　临时接地线的拆除不是竣工验收检查项目。

（　）66. BE006　根据单位工程质量等级标准，优良的标准是观感质量的评定得分率应达到 70% 及以上。

（　）67. BE007　电压由零升至额定电压不是竣工试验项目。

（　）68. BE008　未按设计施工的各项明细表及附图不属于必须移交的资料。

（　）69. BE009　有关架线弛度的记录资料可不移交。

（　）70. BF001　更换大容导线不属于线路改造工程。

（　）71. BF002　事故抢修可不必进行检修设计。

（　）72. BF003　对铁塔刷油漆不受天气影响。

（　）73. BF004　导线荷载变化或电杆基础塌陷都会造成电缆横担扭曲和变形。

（　）74. BF005　单金属绞线损伤截面积为 10% 及以下时，可不作补修。

（　）75. BF006　用补修管补修导线时，不能用导爆索进行爆压。

（　）76. BF007　局部换导线时，新导线的长度应略长于换去的旧导线长度。

（　）77. BF008　运行线路临时拉线上可不串接双钩紧线器。

（　）78. BF009　加高耐张塔或转角塔的方法与加高其他杆塔方法有所不同。

（　）79. BF010　用独脚扒杆拔杆时，特别注意它的受力方向。

（　）80. BF011　采用移位法置换铁塔不可带电进行。

（　）81. BF012　10kV 及以下架空电力线路杆梢的位移不应大于杆梢直径。

（　）82. BG001　电缆隧道内可以有少量积水，但不应有污物，内部支架必须牢固，无松动和锈烂现象。

（　）83. BG002　电缆终端的接地应良好，若接地不良应重新接地，使接地符合要求。

（　）84. BG003　电缆线路被施工挖掘暴露后，护线人员在电缆线路复原前，应检查电缆线路完好无损、位置正确后，方可使电缆线路复原盖土。

（　）85. BG004　电缆绝缘中存在气泡或气隙会使电缆在工作电压下发生局部放电的缺

陷属于分布性缺陷。

( )86. BG005 电缆绝缘电阻的数值一般不随电缆的温度和长度而变化。

( )87. BG006 施工中,交联聚乙烯单芯电缆弯曲半径不应小于15D。

( )88. BG007 电缆故障处理后,必须填写缺陷报告。

( )89. BG008 一般电缆设备缺陷消除以后,应将发生缺陷的时间、地点、处理措施和施工负责人等记录在电缆履历卡内。

( )90. BH001 带电换横担作业,须根据横担的长度、位置的高低选用2~3组由杆身固定器和双钩吊支杆、支拉杆组成的荷载转移系统,采用直接作业法进行。

( )91. BH002 为了保证高空作业人员的安全,要求操作绝缘斗臂的人员在操作过程中要离开操作台,且斗臂车的发动机不得熄火。

( )92. BH003 带电作业过程中设备突然停电可以强送电。

( )93. BH004 所有带电作业项目均应检测磁场强度。

( )94. BH005 绝缘承力工具和绝缘绳索的试验长度不得小于《电业安全工作规程》规定的数值。

( )95. BH006 接引线夹安装器是直接取拿、安装接引线夹的专用工具,安装器把线夹尾部圆环夹紧,安装在操作杆上使用。

( )96. BH007 不同电压等级线路、不同的绝缘子类型,更换绝缘子的工具是一样的。

( )97. BH008 通用小工具中的扶正器用于扶正电杆附件。

( )98. BH009 作业台一般只能用于停电检修作业。

( )99. BH010 系统过电压的概率密度表示所有击穿电压出现的概率大小。

( )100. BH011 放电间隙可以弥补击穿电压低的不足。

( )101. BH012 远处隐约可闻雷声或可见闪电时,不影响带电作业。

( )102. BI001 线路停电时间超过了批准的停电时间不算作故障。

( )103. BI002 由于大风的原因,钢筋混凝土单杆垂直线路方向倾斜的情况较顺线路方向少。

( )104. BI003 电力电缆因雷击或其他冲击过电压而损坏的情况在电缆线路上比较常见。

( )105. BI004 精测定点应该是电缆故障测试工作的第一步。

( )106. BI005 由于线路各档距内的覆冰不均匀等原因,会使各档距内的弧垂发生很大变化。

( )107. BI006 雨凇对线路危害最严重,防冰对策主要针对雨凇。

( )108. BI007 不同期脱冰一般不会使导线之间碰撞放电。

( )109. BI008 气温升高对导线散热影响不大。

( )110. BI009 电缆预试故障可能造成断线故障。

( )111. BJ001 不同的CPU但结构都一样。

( )112. BJ002 计算机的运算器仅仅是完成算术、逻辑运算。

( )113. BJ003 设计提供的软件为系统软件。

( )114. BJ004 要将某个形状(如"文档")从图表页中删除,应双击该形状。

（　）115. BJ005　撤消上一步操作需要点击常用工具栏上的"剪贴"按钮。

（　）116. BJ006　把光标放在要绘制斜线的单元格,点击"表格"—点击"绘制斜线头"—在弹出对话中按所需要设置即可绘制斜线表头。

（　）117. BJ007　关闭 PowerPoint 时会提示是否要保存对 PowerPoint 的修改,如果需要保存该修改,应选择取消。

（　）118. BK001　在施工图技术交底前,设计单位应按要求或经协商向施工单位提供足够的成套施工图纸。

（　）119. BK002　线路概况中,架线及电气部分应说明对导线、避雷线初伸长所采取的补偿方法。

（　）120. BK003　施工单位在接到施工图技术交底会议后,即可着手编制施工计划和施工组织措施。

（　）121. BK004　土石方工程的安全措施编制应从沿线的地质结构和坑基的挖填方式方面考虑。

（　）122. BK005　编制的技术措施应起到技术标准和指导施工的作用。

（　）123. BK006　线路设备资产分界点划分就是为了明确线路维护管理职责范围,避免由于职责不清而出现管理上的"空白点"。

（　）124. BK007　对大跨越线路应定期测量导线弛度的变化,根据气候变化监视导线舞动和滑动,必要时进行测振。

（　）125. BK008　线路隐蔽工程锈(腐)蚀情况检查是反事故措施计划内容。

（　）126. BK009　运行分析以运行班组为主,运行部门的分管领导和运行专职人员参加。

（　）127. BK010　能保持线路安全运行,线路个别部件不符合要求,主要技术资料、图纸均具备,无Ⅰ类缺陷,检修和预防性试验超周期,但不超过半年,属于Ⅲ类设备。

（　）128. BK011　当线路大修计划编制完成并经上级有关部门批准后,应按计划执行。

（　）129. BK012　线路大修"三措",一般由施工单位(工区、工程队)的生产管理人员进行编制。

四、简答题

1. AC002　雷击线路会造成怎样的结果?

2. BA005　紧线前做好哪些准备工作?

3. BB003　铁塔组装分几种?

4. BB005　铁塔整体组装有哪些优缺点?

5. BB006　分段组装的优缺点是什么?

6. BB007　分片组装的优缺点是什么?

7. BB008　分角组装的优缺点是什么?

8. BC001　线路初步设计应具备哪些图纸?

9. BC002　线路踏勘的内容是什么?

10. BC003　线路定位应注意什么?

11. BE001   电缆交接项目有哪些？

12. BE005   竣工验收的主要内容有哪些？

13. BE008   工程竣工时应移交的原始记录有哪些？

14. BG002   电缆运行工作有哪些？

15. BI003   电缆故障的原因主要有哪些？

16. BI001   根据事故的损失大小和影响范围及程度不同，可将故障划分为几种？

17. BI001   送电线路故障的主要原因有哪些？

18. BI002   大风故障的类型有哪几种？

19. BI003   常见的电缆故障有哪些？

20. BK011   线路大修计划编制的依据是什么？

21. BK012   编制大修工程"三措"要注意什么？

五、计算题

1. AA004   一条三相 0.4kV 线路，长为 1km，传输的视在功率为 100kV·A，导线电阻为 $r_0 = 0.2\Omega/km$，求线损。

2. AA004   某变电站一条 35kV 的输电线路，长 34km，导线采用 $95mm^2$ 的钢芯铝绞线。距电源 25km 处有一用户，年用电量有功为 $200×10^4 kW·h$，无功为 $42×10^4 kW·h$；线路末端的用户，年用电量有功为 $260×10^4 kW·h$，无功为 $56×10^4 kW·h$。试计算该条架空输电线路的损耗（LGJ-95mm^2 钢芯铝绞线每千米电阻 0.3312）。

3. AA005   有一住宅小区，500 户人家，每户平均用电负荷按 4kW 计算，同时系数取 0.7，求计算负荷。

4. AC007   某 10kV 线路，平均高度 $h = 8m$，若 $T = 40$ 雷电日/年，落雷密度 $Y = 0.015$ 次/（km^2·雷电日），线路长度 $L = 50km$，求平均每年受雷击数。

5. AC007   某 220kV 输电线路，位于山区，单避雷线，击杆率为 1/3，避雷线平均高度为 24.5m；雷击杆顶时，雷电流大于线路耐雷水平的概率为 0.08；雷绕击于导线时，雷电流通渠道大于线路耐雷水平的概率为 0.75，绕击率为 0.005，建弧率为 0.8。求该线路的雷击跳闸率。

6. AC008   已知起始雷电波幅值 $U_0 = 650kV$，远方落雷处距工作点的距离 $X = 5km$，雷电波衰减系数 $K = 0.16×10^{-3}$，求距雷击点 5km 处的雷电压。

7. AC009   已知某避雷针高 $h = 30m$，雷电流 $I = 100kA$，冲击接地电阻 $R_{cd} = 10\Omega$，雷电流上升速率为 32kA/μs，$L_0 = 1.5Mh/m$，求雷击避雷针后顶端的直击雷过电压为多少千伏。

8. AC008   设某输电导线的平均悬挂高度 10m，当一电流幅值为 100kA 的雷电向距离该输电导线 65m 以外的物体放电时，输电导线上的感应过电压幅值是多少。

9. BA003   白棕绳的最小破断拉力 T_D 为 31200N，其安全系数 K 为 3.12。试求白棕绳的允许使用拉力 T 为多少。

10. BA003   有一根国产白棕绳，直径为 19mm，其有效破断拉力 $T_D = 22.5kN$，当在紧线作牵引绳时，试求其允许拉力是多少（提示：安全系数 $K = 5.5$，动荷系数 $K_1 = 1.1$，不

平衡系数 $K_2 = 1.0$)?

11. BA003 已知，用人力绞磨通过滑轮起吊 π 型杆塔，拉力为 16kN，查表的综合安全系数 $K_\Sigma = 4.5$，钢丝绳缺陷降低系数 $K_3 = 1.0$，试求钢丝绳所受的总拉力。

12. BA003 更换某耐张绝缘子串，导线为 LGJ-150 型。试估算一下收紧导线时工具需承受多大的拉力（已知导线的应力 $\sigma = 98\text{N/mm}^2$）。

13. BA003 一线路工程已进入放线施工阶段，已知导线的线密度 $\rho = 0.598\text{kg/m}$，导线拖放长度 $L = 800\text{m}$，放线始点于终点高差为 $h = 6\text{m}$，上坡放线，摩擦系数 $\mu = 0.5$ 时，计算放线牵引力 P。

14. BA005 某线路采用 LGJ-70 型导线，其瞬时拉断力 T_p 为 19471N，完全系数 $K = 2.5$，计算截面 S 为 79.3mm^2。求导线的最大使用应力。

15. BA003 某线路采用 LGJ-70 型导线，需打临时拉线作紧线操作的耐张杆塔，其导线的最大使用应力为 100N，临时拉线与地面的夹角为 45°，与所紧的夹角为 45°。试确定临时拉线的受力。

16. BA006 三角形排列的三条 LGJ-120 导线，其计算拉断力为 $T_p = 41000\text{N}$，导线设计的最小安全系数 $K = 2.5$；在拉线与电杆夹角为 $\phi = 45°$，拉线的安全系数为 2.0，试求拉线截面及拉线棒直径。

17. BA006 水平排列的三条 LJ-240 导线，其计算拉断力为 36260N，导线设计的最小安全系数 $K = 2.5$；在拉线与电杆夹角为 45°，拉线的安全系数为 2.0，试求拉线截面及拉线棒直径。

18. BF008 某 220kV 线路中的一孤立档档距为 500，采用 LGJ-400 型导线，设计安全系数为 2.5，温度在摄氏零度的弧垂为 9.1m，求孤立档中导线的长度。

19. BH006 某耐张段总长为 5698.5m，代表档距为 258m，检查某档档距为 250m，实测弧垂为 5.84m，依照当时气温的设计弧垂值为 3.98m。试求该耐张段的线长调整量。

20. BF010 一条 10kV 高压配电线路，已知某电杆的埋深 $h_1 = 1.8\text{m}$，导体对地限距 $h_2 = 5.5\text{m}$，导线最大弧垂 $f_{max} = 1.4\text{m}$，自横担中心至绝缘子顶槽的距离 $h_3 = 0.2\text{m}$，横担中心至杆顶距离 $h_4 = 0.9\text{m}$，试确定该处电杆的全高并选择电杆。

21. BF010 已知某电杆 $L = 12\text{m}$，梢径 $d = 190\text{mm}$，根径 $D = 350\text{mm}$，壁厚 $r = 50\text{mm}$，求电杆重心距杆根的距离。

答　案

一、单项选择题

1. C	2. C	3. C	4. B	5. C	6. A	7. C	8. D	9. B	10. C
11. C	12. A	13. D	14. C	15. A	16. C	17. D	18. A	19. C	20. A
21. A	22. B	23. D	24. A	25. B	26. D	27. D	28. C	29. B	30. A
31. B	32. A	33. A	34. B	35. A	36. C	37. B	38. A	39. C	40. A
41. B	42. C	43. B	44. C	45. A	46. B	47. A	48. D	49. A	50. B
51. C	52. B	53. C	54. A	55. A	56. B	57. D	58. A	59. C	60. A
61. A	62. C	63. B	64. A	65. B	66. A	67. A	68. B	69. A	70. D
71. A	72. C	73. A	74. B	75. B	76. B	77. D	78. B	79. C	80. B
81. C	82. A	83. B	84. C	85. A	86. A	87. B	88. C	89. B	90. C
91. A	92. B	93. C	94. A	95. B	96. D	97. C	98. B	99. B	100. D
101. B	102. D	103. C	104. B	105. A	106. B	107. C	108. A	109. B	110. D
111. C	112. B	113. A	114. C	115. C	116. B	117. B	118. B	119. A	120. C
121. A	122. B	123. D	124. A	125. C	126. A	127. C	128. D	129. B	130. C
131. B	132. D	133. D	134. B	135. B	136. A	137. B	138. C	139. A	140. B
141. B	142. C	143. A	144. A	145. B	146. C	147. A	148. B	149. A	150. B
151. A	152. B	153. C	154. B	155. C	156. B	157. A	158. B	159. A	160. B
161. C	162. A	163. C	164. B	165. C	166. A	167. A	168. D	169. A	170. C
171. B	172. C	173. D	174. A	175. A	176. B	177. A	178. C	179. C	180. C
181. B	182. B	183. A	184. A	185. C	186. A	187. B	188. C	189. B	190. C
191. B	192. C	193. B	194. C	195. A	196. C	197. B	198. A	199. D	200. B
201. C	202. B	203. B	204. C	205. C	206. A	207. A	208. C	209. A	210. D
211. C	212. B	213. B	214. C	215. C	216. B	217. A	218. A	219. B	220. A
221. D	222. C	223. D	224. D	225. D	226. C	227. B	228. A	229. C	230. D
231. C	232. C	233. B	234. B	235. C	236. A	237. A	238. D	239. B	240. A
241. C	242. A	243. B	244. C	245. B	246. B	247. C	248. A	249. D	250. B
251. A	252. B	253. C	254. B	255. C	256. A	257. B	258. A		

二、多项选择题

1. ABD	2. ABC	3. ABC	4. ABD	5. AB	6. ABC	7. BCD
8. ABD	9. ABD	10. AC	11. AD	12. ABC	13. BCD	14. AB
15. CD	16. BC	17. BD	18. ABC	19. AC	20. ACD	21. ABCD

22. ABD	23. BD	24. ACD	25. ABC	26. ABC	27. AC	28. AB
29. AC	30. ACD	31. BCD	32. AC	33. BD	34. AB	35. ABC
36. ABC	37. ABC	38. ACD	39. ABCD	40. BCD	41. ABC	42. ABC
43. AB	44. AB	45. AC	46. ABC	47. BCD	48. AD	49. ABD
50. ABC	51. ACD	52. ACD	53. ABC	54. ACD	55. AC	56. BCD
57. ABC	58. ACD	59. ABC	60. ABD	61. ABC	62. ABD	63. ABC
64. ABCD	65. ACD	66. ACD	67. ABC	68. BCD	69. ACD	70. BCD
71. ABD	72. CD	73. ABCD	74. BC	75. BC	76. ABC	77. ABD
78. BCD	79. AB	80. BCD	81. ABCD	82. ACD	83. BCD	84. ACD
85. AD	86. CD	87. BCD	88. ABC	89. ABD	90. ABD	91. BCD
92. ABD	93. AC	94. AB	95. BCD	96. BCD	97. ABD	98. ABD
99. CD	100. AB	101. ABC	102. BCD	103. AB	104. CD	105. ABC
106. CD	107. BCD	108. BC	109. CD	110. ABD	111. ABCD	112. BD
113. AD	114. ABCD	115. ACD	116. ACD	117. ABCD	118. ACD	119. ABCD
120. ABD	121. BCD	122. ACD	123. ABC	124. ACD	125. ACD	126. ABD
127. AC	128. ACD	129. ACD				

三、判断题

1. ×　正确答案：变电站是以接收电能和分配电能并改变电能电压的枢纽，是发电厂到用户之间的重要环节之一，它主要由电力变压器与一些配电设备构成。　2. ×　正确答案：电能质量主要指的是电压质量和频率质量两部分。　3. ×　正确答案：普通环式接线是在同一个中压变电站的供电范围内，把不同的两个中压配电线路末端或中部连接起来构成的环式网络。　4. ×　正确答案：固定损耗与电网输送功率无关，与电压有关。　5. ×　正确答案：计算负荷确定过大，将使电器和导线截面积的选择过大，造成投资和有色金属的浪费。6. ×　正确答案：系统平均停电持续时间是指系统供电的用户在一年内的平均持续停电时间。　7. √　8. √　9. √　10. √　11. √　12. √　13. √　14. √　15. √　16. ×　正确答案：当手动投入断路器，因线路有故障而随即被保护将其断开时，此时重合闸不应动作。17. ×　正确答案：故障录波器能自动记录故障前和故障过程中的电流、电压等变化的波形，还能记录断路器动作情况。　18. √　19. √　20. √　21. ×　正确答案：当空中的雷云靠近大地时，由于静电感应作用，使地面出现雷云的电荷极性相反的电荷。　22. √　23. √　24. ×　正确答案：操作过电压出现在系统操作情况下或故障情况下。　25. √　26. ×　正确答案：可采用中性点不直接接地的方式，以防止线路雷击闪络后建立工频电弧。　27. ×　正确答案：只有雷电流幅值等于或大于其耐雷水平时，才会发生冲击闪络。　28. ×　正确答案：感应过电压幅值反比于雷击点的线路的距离，其极性与雷云电荷相反。　29. ×　正确答案：线路绝缘上的雷电过电压与雷电流的大小和陡度有关系。　30. ×　正确答案：雷绕击于导线的过电压应小于线路的绝缘水平。　31. ×　正确答案：确定雷击跳闸率时，应当考虑系统的中性点接地情况。　32. ×　正确答案：同相导线要求同时展放，同时收紧。33. ×　正确答案：接地滑车的作用是将牵引钢绳、导线上的感应电有效地接地释放。

34. × 正确答案:张力场面积不小于 60m×25m。 35. × 正确答案:张力放线的顺序,一般先应放中相,后放边相导线。 36. × 正确答案:全线紧线方向一般是同一方向,拉线端和收紧端不能互相换位。 37. √ 38. √ 39. √ 40. × 正确答案:铁塔设计要求,为了避免偏心增大附加弯矩,受力构件的轴线(角钢的基准线)应交于一点。 41. × 正确答案:杆塔地面组装前应检查角钢弯曲,角钢的弯曲度不应超过相应长度的 2%。 42. √ 43. × 正确答案:整体组装铁塔的缺点是作业场面较大,容易受地形和起吊机械的限制。 44. √ 45. × 正确答案:重叠式组装就是按照吊装的顺序,将各单片构件进行重叠组装,先吊的放在上层,后吊的放在下层。 46. √ 47. × 正确答案:组装铁塔时,螺杆和螺母的螺纹有滑牙(滑丝)及棱角磨损过大致使扳手打滑的螺栓,必须进行调换。 48. × 正确答案:塔件在吊装以前,应按设计图纸做一次检查,发现问题要及时在地面进行处理,切忌高空作业处理。 49. × 正确答案:当线路经过居民区或拥挤地段时,可选用 1/10000 或更大比例的地形图,以便准确地选绘线路路径。 50. √ 51. × 正确答案:35kV 及以上至 66kV 及以下架空电力线路,不应跨越储存易燃、易爆危险品的仓库区域。 52. √ 53. √ 54. √ 55. × 正确答案:试验时绝缘间隙放电,造成绝缘被击穿,称为击穿故障。 56. √ 57. √ 58. × 正确答案:路径仪耦合法的测试范围与测试精度是不够理想的。 59. √ 60. √ 61. √ 62. √ 63. √ 64. √ 65. × 正确答案:临时接地线的拆除是竣工验收检查项目。 66. × 正确答案:根据单位工程质量等级标准,优良的标准是观感质量的评定得分率应达到 85% 及以上。 67. × 正确答案:电压由零升至额定电压是竣工试验项目。 68. × 正确答案:未按设计施工的各项明细表及附图属于必须移交的资料。 69. × 正确答案:有关架线弛度的记录资料必须移交。 70. × 正确答案:更换大容导线属于线路改造工程。 71. × 正确答案:事故抢修也要进行检修设计。 72. × 正确答案:对铁塔刷油漆应在白天进行,受潮杆部分不得刷油漆。 73. √ 74. × 正确答案:单金属绞线损伤截面积为 4% 及以下时,可不作补修。 75. × 正确答案:用补修管补修导线时,可以在补修管处缠绕一层导爆索进行爆压。 76. × 正确答案:局部换导线时,新导线的长度应等于换去的旧导线长度。 77. × 正确答案:运行线路临时拉线上应当串接双钩紧线器。 78. × 正确答案:加高耐张塔或转角塔的方法与加高其他杆塔方法相同。 79. × 正确答案:用独脚扒杆拔杆时,特别注意它的受力不能过大。 80. × 正确答案:采用移位法置换铁塔可以带电进行。 81. × 正确答案:10kV 及以下架空电力线路杆梢的位移不应大于杆梢直径的 1/2。 82. × 正确答案:电缆隧道内不应有积水、污物,内部支架必须牢固,无松动和锈烂现象。 83. √ 84. √ 85. × 正确答案:电缆绝缘中存在气泡或气隙会使电缆在工作电压下发生局部放电的缺陷属于集中性缺陷。 86. × 正确答案:电缆绝缘电阻的数值随电缆的温度和长度而变化。 87. × 正确答案:交联聚乙烯单芯电缆弯曲半径不应小于 20D。 88. × 正确答案:电缆故障处理后,必须填写故障报告。 89. × 正确答案:比较重大的电缆设备缺陷消除以后,应将发生缺陷的时间、地点、处理措施和施工负责人等记录在电缆履历卡内。 90. × 正确答案:带电换横担作业,须根据横担的长度、位置的高低选用 2~3 组由杆身固定器和双钩吊支杆、支拉杆组成的荷载转移系统,采用间接作业法进行。 91. × 正确答案:为了保证高空作业人员的安全,要求操作绝缘斗臂的人员在操作过程中不得离开操作台,且斗臂车的发动机不得熄火。 92. × 正确答案:带电作业过程中设备突然停电不得强送电。 93.× 正确答案:所有带电作业项目均应检测作业距离。 94.× 正确答案:绝缘承力工具和绝缘绳索的有效长度不得小于《电业安全工作规程》规定的数值。 95.× 正确答案:接引线夹安装器是间接取拿、安装接引线夹的专用工具,安装器把线夹尾部圆环夹紧,安装在操作杆上使用。 96.× 正确答案:不同电压等级线路,不同的绝缘子类型,更换绝缘子的工具有很大差别。 97.× 正确答案:通用小工具中的扶正器用于扶正绝缘子及其金具。 98.× 正确答案:作业台一般只能用在零电位间接作业。 99.× 正确答案:系统过电压的概率密度表示所有过电压出现的概率大小。 100.× 正确答案:放电间隙可以弥补安全距离的不足。 101.× 正确答案:当远处有落雷时,还是可能传来雷电波,要采取果断措施停止作业。 102.× 正确答案:线路停电时间超过了批准的停电时间算作故障。 103.× 正确答案:钢筋混凝土单杆垂直线路方向倾斜的情况较顺线路方向多。 104.× 正确答案:电力电缆因雷击或其他冲击过电压而损坏的情况在电缆线路上并不常见。 105.× 正确答案:精测定点应该是电缆故障测试工作的最后一步。 106.√ 107.× 正确答案:混合凇对线路危害最严重,防冰对策主要针对混合凇。 108.× 正确答案:不同期脱冰会造成导线、地线间或导线之间碰撞放电。 109.× 正确答案:气温升高,导线散热条件变化,可能发生导线连接器过热烧坏事故。 110.× 正确答案:电缆预试故障不可能造成断线故障。 111.× 正确答案:不同的CPU有不同的结构。 112.× 正确答案:计算机的运算器不仅能够完成算术、逻辑运算,而且还能进行数据传输和加工。 113.× 正确答案:随机提供的软件为系统软件。 114.× 正确答案:要将某个形状(如"文档")从图表页中删除,应单击并按DELETE键。 115.× 正确答案:撤消上一步操作需要点击常用工具栏上的"撤消"按钮。 116.√ 117.× 正确答案:关闭PowerPoint时会提示是否要保存对PowerPoint的修改,如果需要保存该修改,应选择是。 118.× 正确答案:在施工图技术交底前,设计单位应按要求或经协商向建设单位提供足够的成套施工图纸。 119.√ 120.√ 121.√ 122.√ 123.√ 124.√ 125.× 正确答案:线路隐蔽工程锈(腐)蚀情况检查是设备预防性试验与检查内容。 126.√ 127.× 正确答案:能保持线路安全运行,线路个别部件不符合要求,主要技术资料、图纸均具备,无Ⅰ类缺陷,检修和预防性试验超周期,但不超过半年,属于Ⅱ类设备。 128.√ 129.× 正确答案:线路大修"三措",一般由施工单位(工区、工程队)的安全技术人员进行编制。

四、简答题

1. 答:①线路上遭受雷击,常会损坏线路元件,②使线路跳闸停电。③雷击可能使绝缘子或瓷横担闪络甚至击碎。④有时雷击还能把架空地线打断,把导线。接地线及其金具烧伤,甚至熔化烧断。⑤雷击还可能引起间隙闪络。

评分标准:答对①②③④⑤各占20%。

2. 答:①检查子导线在放线滑车中的位置,消除跳槽现象;②检查子导线是否相互绞动,如绞动,需打开后再收紧导线;③检查直线压接管位置,如不合适,应处理后再紧线;④导线损伤应在紧线前按技术要求处理完毕,但补修预绞丝可在紧线后安装间隔棒时装设;⑤现场核对弧垂观测档位置,复测观测档档距,设立观测标志;⑥中间塔放线滑车在放线过程中设立的临时接地,紧线时仍应保留,并于紧线前检查是否仍良好接地。

评分标准:答对①②③④⑤各占15%,答对⑥占25%。

3. 答:①铁塔组装一般可分为四种形式,即②整体组装、③分段组装、④分片组装和⑤分角组装。

评分标准:答对①②③④⑤各占20%。

4. 答:①当铁塔各部尺寸及螺孔位置有误差时,便于检查、调整和处理、随着绑吊次数减少,塔材的油漆或镀锌层磨损较少。②安全系数大、因组装及吊装工作都接近地面,几乎没有高空作业,因此便于施工,劳动强度大大降低,产生事故的可能性较小。③进度快、采用地面整体组装,工人操作方便,各工序间工作面大,相互不影响,当气候条件较差时,仍可继续施工。④缺点是容易受地形及起吊设备的限制,且施工场面较大。

评分标准:答对①②③④各占25%。

5. 答:①除整体组立外,是进度最快的一种铁塔组立方法。②高空作业量比其他分解组装都要少。③构件就位后拼装简便(只需上包角钢)。④按照吊装设备的强度及分段重量,每次可以吊装一段或两段。⑤缺点是由于塔身下部分各段较高,重量较大,需配备较大的外抱杆,因而吊装场面较大。

评分标准:答对①②③④⑤各占20%。

6. 答:①每片的重量较轻,起吊设备较小,一般均可采用内拉线抱杆进行组装。②组装场地较小。③缺点是高空作业量较大,高空组装较困难,速度要比分段组装法慢。

评分标准:答对①②各占25%,答对③占50%。

7. 答:①吊件重量轻,起吊设备可相应减少。②不需大的组装场地。③缺点是高空作业量大,吊装时稳定性差,需要采取可靠的安全措施。

评分标准:答对①②各占25%,答对③占50%。

8. 答:应包括:①电力系统接线图;②送电线路路径方案图;③送电线路进出线平面图;④导线特性曲线图;⑤地线特性曲线图;⑥金具组装图;⑦杆型一览图;⑧导线基础一览图;⑨通信保护平面位置图;⑩单相接地短路电流曲线。

评分标准:答对①②③④⑤⑥⑦⑧⑨⑩各占10%。

9. 答:线路初步设计在图上选线以后要进行现场踏勘,其内容如下:①图上的路径是否可行,有无障碍及如何通过,了解路线地形、地物、地下水等情况。②图上地形、地物、交叉跨越等与实际有变化时,应在图上标明。③了解沿线地区气象情况、污秽和地质水文情况等。④了解沿线道路、交叉跨越、树木、建筑物及地下资源等。⑤与当地规划部门联系有无规划的场所,以及弱电线路等级。⑥将踏勘结果在图上进行修正。

评分标准:答对①②③④⑤各占16%,答对⑥占20%。

10. 答:施工图完成后,根据平断面图、杆位明细表以及平面图核准,进行现场定位,定位时应注意:①勘测设计时期标定线桩位置,也就是杆号、方向、距离标号、所用的杆型是否与设计图相符。②核实平面图中所标明的沿线路左右50m范围内的建筑物、道路、河流。③核实转角杆转角的度数,并确定拉线位置。④核实线路与交通道路、电力线路、建筑物等交叉跨越的断面图及交叉图。⑤观察地质情况,配合以后的基础工程。⑥核实线路该杆位的地形,是否可以排杆立杆,提出施工方案。

评分标准:答对①②③④⑤各占16%,答对⑥占20%。

11. 答:①施工安装资料是否齐全、完整。②电缆各芯导体是否完整连接,有无断股情况。③是否按运行需要测量电缆敷设后的电容、交直流电阻及阻抗。④单芯电缆的护层绝缘电阻及保护器的残工比(残压与工频承受电压之比)。⑤充电电缆所用油的电性能及油位。⑥电缆是否按有关标准的规定进行了各项试验,是否合格。

评分标准:答对①②③④⑤各占16%,答对⑥占20%。

12. 答:①中间验收检查时发现的有关问题处理情况。②障碍物的处理情况。③杆塔上的固定标志。④临时接地线的拆除。⑤各项记录。⑥遗留未完的项目。

评分标准:答对①②各占20%,答对③④⑤⑥各占15%。

13. 答:①隐蔽工程验收检查记录。②杆塔的偏斜与挠曲记录。③架线弧垂。④接头及补修的位置、数量。⑤跳线连接质量,弧垂及跳线对各部位的电气间隙。

评分标准:答对①②③④⑤各占20%。

14. 答:①电缆线路的巡视和维护;②测量并掌握电缆的负荷情况;③做好温度检查、防腐蚀及防火等维护工作;④按时进行绝缘预防性试验工作;⑤做好新工程交接、技术资料档案管理等各种技术管理工作。

评分标准:答对①②③④⑤各占20%。

15. 答:①有机械损伤、②绝缘受潮、③绝缘老化、④过电压、⑤过热、⑥产品质量缺陷⑦和设计不良等。

评分标准:答对①②③④⑤各占18%,答对⑥⑦各占5%。

16. 答:可将故障划分为①特大故障、②重大故障和③一般故障。

评分标准:答对①占40%,答对②③各占30%。

17. 答:①外力破坏,②自然灾害事故,③人为因素所导致的事故。

评分标准:答对①②各占30%,答对③占40%。

18. 答:主要有①杆塔倾倒,②导线对地或导线之间的放电和③外物短路。

评分标准:答对①③各占30%,答对②占40%。

19. 答:①终端头污闪放电。②中间接头渗漏油。③机械损伤或外力破坏。④电气连接接触不良,连接部位发热。⑤表面发热,直流耐压不合格,泄漏值偏大,吸收比不合格等。

评分标准:答对①②③④⑤各占20%。

20. 答:①架空送电线路运行规程;②上级颁发的有关规程、制度及要求;③在线路巡视、检修及测试中发现的缺陷;④上次大修中未完成的项目和预防性试验检查中发现的重大问题;⑤反事故措施和技术改进措施;⑥可用于线路上的技术革新项目;⑦保护人身和线路安全运行的措施;⑧上级制订的年度大修时间配合表。

评分标准:答对①②③④⑤⑥⑦⑧各占12.5%。

21. 答:①应根据大修项目和内容有针对性地制订有关措施;②所录用的安全技术数据要准确,并且有据可查,以免造成误导;③对比较重要和复杂的操作项目,应编制单项大修"三措",必要时还应编写现场操作规程。

评分标准:答对①②各占30%;答对③占40%。

五、计算题

1. 解：$\Delta P_t = \dfrac{S^2}{1000 U_n^2} r_0 l = \dfrac{100^2 \times 0.2 \times 1}{1000 \times 0.4^2} = 12.5(\text{kW})$

答：线损是 12.5kW。

评分标准：公式占 40%；过程占 40%；答案占 20%。无公式、过程，只有结果不得分。

2. 解：由式 $\Delta W = \dfrac{(W_P/8760)^2 + (W_Q/8760)^2}{U^2} RLK^2 \times 8760$ 得：

(1)25km 处用户造成的全年线路损耗 ΔW_1：

$$\Delta W_1 = \dfrac{(2000000/8760)^2 + (420000/8760)^2}{35^2} \times 0.33 \times 25 \times 1.04^2 \times 8760 = 3473(\text{kW} \cdot \text{h})$$

(2)线路末端 34km 处用户造成的全年线路损耗 ΔW_2：

$$\Delta W_2 = \dfrac{(2600000/8760)^2 + (560000/8760)^2}{35^2} \times 0.33 \times 34 \times 1.04^2 \times 8760 = 7649(\text{kW} \cdot \text{h})$$

(3)两个用户造成的全年线路损耗 ΔW：

$$\Delta W = \Delta W_1 + \Delta W_2 = 3473 + 7649 = 11122(\text{kW} \cdot \text{h})$$

答：该条架空输电线路的损耗是 11122kW·h

评分标准：公式占 60%；过程占 20%；答案占 20%。无公式、过程，只有结果不得分。

3. 解：$P_{js} = 0.7 \times 4 \times 500 = 1400(\text{kW})$

答：计算负荷是 1400kW。

评分标准：公式占 40%；过程占 40%；答案占 20%。无公式、过程，只有结果不得分。

4. 解：

$$N = YhTL/100 = 0.015 \times 8 \times 40 \times 50/100 = 2.4 \text{ 次}$$

答：该线路平均每年受雷击数 2.4 次。

评分标准：公式正确占 40%的分，过程正确占 40%的分，结果正确占 20%的分、无公式、过程，只有结果不得分。

5. 解：按题意求解，

得 $n = 0.6hb\eta(gP_1 + P_2 P_\alpha)$

$\quad = 0.6 \times 24.5 \times 0.8 \times 1 \times (1/3 \times 0.08 + 0.75 \times 0.005) = 0.36 [\text{次}/(100\text{km} \cdot \text{年})]$

答：线路的雷击跳闸率为 0.36 次/(100km·年)。

评分标准：公式正确占 40%的分，过程正确占 40%的分，结果正确占 20%的分、无公式、过程，只有结果不得分。

6. 解：

$$U = \dfrac{U_0}{KXU_0 + 1}$$

$$= \dfrac{650}{0.16 \times 10^{-3} \times 5 \times 650 + 1} = 427.63(\text{kV})$$

答：距雷击点 5km 处的雷电压为 427.63kV。

评分标准：公式正确占 40% 的分，过程正确占 40% 的分，结果正确占 20% 的分、无公式、过程，只有结果不得分。

7. 解：

$$U = IR_{ch} + L_0h\frac{dI}{dt}$$

$$= 100×10 + 1.5×30×32 = 2440(kV)$$

答：雷击避雷针后顶端的直击雷过电压为 2440kV。

评分标准：公式正确占 40% 的分，过程正确占 40% 的分，结果正确占 20% 的分、无公式、过程，只有结果不得分。

8. 解：

$$S > 65m \text{ 时}, U = 25×\frac{I_h p}{S}$$

$$U = 25×\frac{100×10}{65} ≈ 384.61(kV)$$

答：输电导线上的感应过电压幅值是 384.61kV。

评分标准：公式正确占 40% 的分，过程正确占 40% 的分，结果正确占 20% 的分、无公式、过程，只有结果不得分。

9. 解：白棕绳的允许使用拉力：

$$T = T_D/K = 31200/3.12 = 10000(N)$$

答：白棕绳的允许使用拉力为 10000N。

评分标准：公式正确占 30% 的分，过程正确占 40% 的分，结果正确占 20% 的分，回答结论正确占 10% 的分。无公式、过程，只有结果、结论不得分。

10. 解：白棕绳的允许拉力可按下式求得，

即 $T = T_D/(K_1K_2K_3) = 22.5/(1.1×1×5.5) = 3.72(kN)$

答：其允许拉力为 3.72kN。

评分标准：公式正确占 30% 的分，过程正确占 40% 的分，结果正确占 20% 的分，回答结论正确占 10% 的分。无公式、过程，只有结果、结论不得分。

11. 解：钢丝绳所受的总拉力：

$$T = K_3T_b/(KK_1K_2) = K_3T_b/K_\Sigma = 4.5×16/1.0 = 72(kN)$$

答：钢丝绳所受的总拉力为 72kN。

评分标准：公式正确占 30% 的分，过程正确占 40% 的分，结果正确占 20% 的分，回答结论正确占 10% 的分。无公式、过程，只有结果、结论不得分。

12. 解：$F = \sigma S = 98×150 = 14700N$

答：收紧导线时工具需承受的拉力为 14700N。

评分标准：公式正确占 30% 的分，过程正确占 40% 的分，结果正确占 20% 的分，回答结论正确占 10% 的分。无公式、过程，只有结果、结论不得分。

13. 解:

$$P = (\mu \rho L + \rho h) \times 9.8$$
$$= (0.5 \times 0.598 \times 800 + 0.598 \times 6) \times 9.8 = 2379N = 2.38(kN)$$

答:放线牵引力 P 为 2.38kN。

评分标准:公式正确占 40% 的分,过程正确占 40% 的分,结果正确占 20% 的分。无公式、过程,只有结果不得分。

14. 解:导线的破坏应力:

$$\sigma_p = \frac{T_p}{S} = \frac{19417}{79.3} = 244.85(MPa)$$

$$导线最大使用应力 = \sigma_m = \frac{\sigma_p}{K} = \frac{244.85}{2.5} = 97.94(MPa)$$

答:导线的最大使用应力为 97.94MPa。

评分标准:公式正确占 30% 的分,过程正确占 40% 的分,结果正确占 20% 的分,回答结论正确占 10% 的分。无公式、过程,只有结果、结论不得分。

15. 解:临时拉线的受力为:

$$Q = \frac{0.5H}{\cos\gamma\cos\beta} = \frac{0.5 \times 100}{\frac{\sqrt{2}}{2} \times \frac{\sqrt{2}}{2}} = 100(N)$$

答:临时拉线的受力为 100N。

评分标准:公式正确占 30% 的分,过程正确占 40% 的分,结果正确占 20% 的分,回答结论正确占 10% 的分。无公式、过程,只有结果、结论不得分。

16. 解:拉线截面 $S_{GJ.LGJ} = 0.84 S_{LGJ} = 0.84 \times 120 = 100.8(mm^2)$

拉线棒的直径 $D = \sqrt{0.0133 \times 41000} \approx 23.35(mm)$

故拉线棒的直径应选 $\phi 24mm$。

答:拉线截面为 $100.8mm^2$;拉线棒的直径应选 $\phi 24mm$。

评分标准:公式占 40%;过程占 40%;答案占 20%。无公式、过程,只有结果不得分。

17. 解:拉线截面 $S_{GJ.LJ} = 0.84 S_{LJ} = 0.84 \times 240 = 201.6(mm^2)$

拉线棒的直径 $D = \sqrt{0.0133 \times 36260} \approx 22(mm)$

故拉线棒的直径应选 $\phi 24mm$。

答:拉线截面为 $201.6mm^2$;拉线棒的直径应选 $\phi 24mm$。

评分标准:公式占 40%;过程占 40%;答案占 20%。无公式、过程,只有结果不得分。

18. 解:

$$L = l + 8f^2/3l = 500 + 8 \times 9.1^2/(3 \times 500)$$
$$= 500.442(m)$$

答:孤立档中导线的长度为 500.442m。

评分标准:过程正确占 70% 的分,结果正确占 20% 的分,回答结论正确占 10% 的分。无公式、过程,只有结果、结论不得分。

19. 解:根据连续档的线长调整公式得:

$$\Delta l = (8L_D^2 \sum L)(f_K^2 - f_{K0}^2)/3L_K^4$$
$$= 8 \times 258^2 \times 5698.5 \times (3.98^2 - 5.84^2)/(3 \times 250^4)$$
$$= 0.259 \times (-18.265) = -4.73(m)$$

答：应收紧 4.73m。

评分标准：过程正确占 70% 的分，结果正确占 20% 的分，回答结论正确占 10% 的分。无公式、过程，只有结果、结论不得分。

20. 解：电杆的全高为：

$$H = h_1 + h_2 + f_{max} + h_4 - h_3$$
$$= 1.8 + 5.5 + 1.4 + 0.9 - 0.2 = 9.4(m)$$

答：该处电杆的全高为 9.4m。

评分标准：公式正确占 30% 的分，过程正确占 40% 的分，结果正确占 20% 的分，回答结论正确占 10% 的分。无公式、过程，只有结果、结论不得分。

21. 解：

根据 $H = \dfrac{L}{3} \times \dfrac{D + 2d - 3t}{D + d - 2t}$

$$H = \dfrac{12}{3} \times \dfrac{350 + 2 \times 190 - 3 \times 50}{350 + 190 - 2 \times 50} = 5.27(m)$$

答：电杆重心距杆根的距离为 5.27m。

评分标准：公式正确占 30% 的分，过程正确占 40% 的分，结果正确占 20% 的分，回答结论正确占 10% 的分。无公式、过程，只有结果、结论不得分。

附　录

附录1　职业技能等级标准

1　工种概况

1.1　工种名称

送电线路工。

1.2　工种定义

从事架空送电线路及其附属设备巡视、维护、检修的人员。

1.3　工种等级

本工种共设四个等级,分别为:初级(国家职业资格五级)、中级(国家职业资格四级)、高级(国家职业资格三级)、技师(国家职业资格二级)。

1.4　工种环境

室外作业。

1.5　工种能力特征

身体健康,具有一定的学习、理解、表达、观察、分析、判断、推理、计算、形体知觉和色觉能力,手指、手臂、腿脚灵活,动作协调,能够高空作业。

1.6　普通受教育程度

高中毕业(或同等学力)。

1.7　培训要求

1.7.1　培训期限

全日制职业学校教育,根据其培养目标和教学计划确定期限:初级不少于280标准学时;中级不少于210标准学时;高级不少于200标准学时;技师不少于280标准学时。

1.7.2　培训教师

培训初、中、高级的教师应具有本职业高级以上职业资格证书或中级以上专业技术职务任职资格;培训技师的教师应具有本职业高级技师职业资格证书或相应专业高级专业技术职务任职资格。

1.7.3　培训场地设备

理论培训应具有可容纳30名以上学员的教室,实际操作培训应有相应的设备、材料、工具和安全设施等较为完善的场地。

1.8 鉴定要求

1.8.1 适用对象

(1)新入职的操作技能人员；

(2)在操作技能岗位工作的人员；

(3)其他需要鉴定的人员。

1.8.2 申报条件

具备以下条件之一者可申报初级工：

(1)新入职完成本职业(工种)培训内容，经考核合格人员。

(2)从事本工种工作1年及以上的人员。

具备以下条件之一者可申报中级工：

(1)从事本工种工作5年以上，并取得本职业(工种)初级工职业技能等级证书。

(2)各类职业、高等院校大专及以上毕业生从事本工种工作3年及以上，并取得本职业(工种)初级工职业技能等级证书。

具备以下条件之一者可申报高级工：

(1)从事本工种工作14年以上，并取得本职业(工种)中级工职业技能等级证书的人员。

(2)各类职业、高等院校大专及以上毕业生从事本工种工作5年及以上，并取得本职业(工种)中级工职业技能等级证书的人员。

技师需取得本职业(工种)高级工职业技能等级证书3年以上，工作业绩经企业考核合格的人员。

高级技师需取得本职业(工种)技师职业技能等级证书3年以上，工作业绩经企业考核合格的人员。

1.8.3 鉴定方式

分理论知识考试和操作技能考核。理论知识考试采用闭卷笔试方式，操作技能考核采用现场实际操作方式。理论知识考试和操作技能考核均实行百分制，成绩皆达60分以上(含60分)者为合格。技师还需进行综合评审。

1.8.4 考评员与考生配比

理论知识考试考评员与考生配比为1∶20，每个标准教室不少于2名考评人员；操作技能考核考评人员与考生配比为1∶5，且不少于3名考评人员；技师综合评审考评人员不少于5人。

1.8.5 鉴定时间

理论知识考试90分钟，操作技能考核不少于60分钟。

1.8.6 鉴定场所设备

理论知识考试在标准教室进行。操作技能考核在具有相应的设备、工具和安全设施等较为完善的场地进行。

2　基本要求

2.1　职业道德

(1)爱岗敬业,尽职尽责;

(2)忠于职守,严于律己;

(3)吃苦耐劳,认真负责;

(4)勤学苦练,乐于奉献;

(5)谦虚谨慎,团结协作;

(6)执行规程,安全生产;

(7)文明作业,质量第一;

(8)遵纪守法,崇尚和谐。

2.2　基础知识

2.2.1　电工基础知识

(1)直流电路;

(2)电磁和电磁感应;

(3)单相交流电路;

(4)三相交流电路;

(5)电子技术基础。

2.2.2　电力系统基础知识

(1)电力系统与电力网概述;

(2)电力负荷及负荷分类;

(3)供电质量;

(4)电力系统的接线方式与电压等级;

(5)电力系统的电压、功率控制。

2.2.3　高压电气设备基础知识

(1)变压器的工作原理;

(2)变压器的技术参数;

(3)变压器的运行;

(4)互感器的工作原理;

(5)互感器的技术参数;

(6)隔离开关的结构和作用;

(7)负荷开关的结构和作用;

(8)断路器的作用;

(9)熔断器的结构和用途;

(10)电容器的工作原理;

(11)直流电动机的原理;

(12)三相异步电动机的原理。

2.2.4　继电保护基础知识

(1)继电保护的种类；

(2)输电线路继电保护；

(3)微机保护。

2.2.5　防雷基础知识

(1)防雷装置的作用；

(2)线路过电压；

(3)雷击跳闸率。

3　工作要求

本标准对初级、中级、高级、技师的要求依次递进,高级别包括低级别的要求。

3.1　初级

职业功能	工作内容	技能要求	相关知识
一、送电线路施工	（一）安装线路	1. 能安装悬垂线夹 2. 能进行 35kV 跳线安装 3. 能安装防振锤 4. 能制作 UT 型拉线下把	1. 悬垂线夹安装方法 2. 跳线安装方法 3. 防振锤安装方法 4. 计算拉线方法 5. 组装拉线方法
	（二）安装杆塔	能用起重信号指挥吊车起重	1. 起重常用信号 2. 起重工作方法
	（三）杆塔基础施工	1. 能安装杆塔底盘 2. 能安装拉线盘 3. 能安装卡盘	1. 底盘安装方法 2. 拉线盘安装方法 3. 卡盘安装方法
二、送电线路运行与测量	（一）操作仪器仪表	1. 使用兆欧表测量绝缘子绝缘电阻 2. 能测量杆塔接地电阻 3. 能测量土壤电阻率 4. 能停电检测零值绝缘子	1. 兆欧表使用方法 2. 接地电阻测量仪使用方法 3. 土壤电阻率测量方法 4. 绝缘子检测方法 5. 绝缘测试方法
	（二）巡视送电线路	1. 能巡视线路沿线 2. 能巡视导线和避雷线 3. 能巡视杆塔拉线	1. 杆塔与基础运行标准 2. 杆塔拉线运行标准 3. 线路保护区规定
三、送电线路检修	（一）检修架空线路	1. 能识别线路材料金具 2. 能更换直线杆横担 3. 能更换绝缘子串 4. 能用缠绕法修补导线	1. 接地装置的形式 2. 接地装置的安装方法 3. 避雷器接地 4. 输电线路常规检修项目 5. 输电线路常规检查项目 6. 绝缘子清扫方法 7. 线夹组装方法 8. 拉线更换标准 9. 金具组装方法 10. 识别金具方法 11. 横担检修与更换方法 12. 更换绝缘子方法 13. 缠绕法修补导线方法

续表

职业功能	工作内容	技能要求	相关知识
三、送电线路检修	（二）安全措施	1. 能用验电器验电 2. 能挂接接地线	1. 验电器使用方法 2. 接地线挂接方法 3. 防触电、高空坠落、物体打击措施
	（三）使用线路工护具	1. 能使用脚扣登杆 2. 能用绳索进行绑扎	1. 保护用具使用方法 2. 脚扣使用方法 3. 常用绳索使用方法 4. 卡线器使用方法 5. 紧线器使用方法 6. 断线钳使用方法 7. 安全带使用方法 8. 锉削方法 9. 锯削方法 10. 钻削方法 11. 钻孔的方法

3.2　中级

职业功能	工作内容	技能要求	相关知识
一、送电线路施工	（一）安装线路	1. 能安装线夹 2. 能组装单联悬垂绝缘子串组合 3. 能安装耐张式避雷线线夹 4. 能压接跳线（引流线） 5. 能安装跌落式熔断器	1. 导线、地线放线方法 2. 导线、地线连接方法 3. 导线、地线紧线方法 4. 导线连接方法 5. 跌落式熔断器安装方法 6. 绝缘子串组合形式
	（二）安装杆塔	1. 能进行耐张杆备料 2. 能进行直线杆备料 3. 能进行转角杆备料	1. 混凝土杆排杆方法 2. 杆塔组装方法 3. 叉梁安装方法 4. 杆段连接方法
	（三）施工杆塔基础	能检测混凝土基础强度	1. 核算杆塔荷载方法 2. 选料的方法 3. 制作基础模板的方法 4. 混凝土基础浇筑方法 5. 混凝土养生的方法 6. 混凝土强度检测方法
	（四）施工测量	1. 能用重转法进行直线桩定位 2. 能使用皮尺完成直线单杆分坑	1. 线路分坑方法 2. 线路施工图识读方法 3. 杆型图识读方法
二、送电线路运行与测量	（一）操作仪器仪表	1. 能用经纬仪水平测距 2. 能进行整平、对中、瞄准经纬仪基本操作 3. 能用视距法校核档距 4. 能用测高仪测定导线对地距离 5. 能用测高仪测量导线的交叉跨越距离	1. 远红外温度测量仪使用方法 2. 经纬仪使用方法 3. 经纬仪基本操作方法 4. 测高仪使用方法 5. 校核档距的方法 6. 钳形表的使用方法
	（二）巡视送电线路	1. 能巡视线路绝缘子 2. 能巡视线路防雷设施 3. 能使用测量绳测量交叉跨越距离	1. 测绳使用方法 2. 绝缘子串运行标准 3. 防雷设备运行标准 4. 金具及附件运行标准

职业功能	工作内容	技能要求	相关知识
三、送电线路检修	（一）检修架空线路	1. 能更换 35kV 线路悬垂线夹 2. 能操作隔离开关 3. 能更换 10kV 跌落式熔断器熔丝 4. 能在地面组装耐张绝缘子串组合	1. 接地网布置 2. 接地装置敷设 3. 接地阻值、土壤电阻率的测算 4. 切割导线、地线方法 5. 导线、地线净化方法 6. 导线、地线液压连接方法 7. 钳压连接导线方法 8. 更换导线方法 9. 导线、避雷线损伤处理方法 10. 悬垂线夹更换方法 11. 隔离开关的作用 12. 杆塔导线及金具材料检查方法 13. 更换 10kV 跌落式熔断器熔丝方法 14. 组装耐张绝缘子串方法
	（二）检修电缆线路	1. 能进行电缆引线搭接 2. 进行电缆金属外皮接地	1. 电缆基本结构 2. 电缆敷设方法 3. 电缆引线搭接方法 4. 电缆金属外皮接地方法
	（三）带电作业	能带电检测零值绝缘子	1. 间接作业法 2. 等电位作业法 3. 中间电位法 4. 分相检修法 5. 水冲洗法 6. 火花间隙测量绝缘子方法
	（四）安全措施	能使用高压发生器	1. 线路安全技术措施与组织措施制订方法 2. 起重工作安全措施制订方法
	（五）使用线路工护具	1. 能用钳压法连接钢芯铝绞线 2. 能使用手拉葫芦 3. 能使用双钩紧线器	1. 踏板使用方法 2. 软梯使用方法 3. 压接钳使用方法 4. 手拉葫芦使用方法 5. 双钩紧线器使用方法 6. 滑车使用方法 7. 卡具使用方法 8. 钢丝绳使用方法
	（六）处理线路故障	能查找线路防雷设施故障	1. 线路故障分析方法 2. 线路故障处理方法 3. 防雷设施故障查找方法

3.3 高级

职业功能	工作内容	技能要求	相关知识
一、送电线路施工	（一）安装线路	1. 能用旗语指挥放线 2. 能使用全张力接续条连接导线 3. 能使用预绞式接续条修补导线 4. 能更换拉线	1. 人力放线的方法 2. 旗语指挥放线方法 3. 紧线的方法 4. 导线接续方法 5. 导线补强方法 6. 弧垂的观测与调整方法 7. 杆塔拉线更换标准

职业功能	工作内容	技能要求	相关知识
一、 送电线路 施工	（二） 安装杆塔	能调整混凝土直线双杆迈步	1. 铁塔组装的方法 2. 杆塔起立的方法
	（三） 施工 杆塔基础	1. 能组织完成混凝土基础施工 2. 能检测混凝土质量	1. 配制混凝土方法 2. 混凝土现场施工方法 3. 岩石基础施工方法 4. 大体积混凝土浇筑 5. 混凝土缺陷处理方法 6. 混凝土强度检测 7. 混凝土基础操平找正
	（四） 施工测量	能进行带拉线转角杆线路分坑	1. 送电线路路径选择的方法 2. 绘制线路路径方案示意图方法 3. 地形图的读图方法 4. 线路复测方法 5. 转角杆线路分坑方法 6. 定线测量的方法
二、 送电线 路运行 与测量	（一） 操作 仪器仪表	1. 能用远红外测温仪测量导线连接器温度 2. 能用兆欧表测定线路绝缘电阻 3. 能用 GPS 定位坐标 4. 能进行绝缘子盐密测试	1. 远红外测温仪使用方法 2. 线路绝缘电阻测量方法 3. GPS 定位杆塔坐标方法 4. 杆塔倾斜度测量方法 5. 杆塔挠曲度测量方法 6. 接地装置导通接地电阻测试方法 7. 污秽绝缘子污秽等级划分标准
	（二） 巡视 送电线路	1. 能测量导线对地距离 2. 能测量导线对建筑物、树木等净空距离	1. 特殊巡视的内容 2. 观测线路弧度方法 3. 交叉跨越距离测量方法 4. 导线弧垂的运行标准 5. 输电线路巡视周期的划定
	（三） 验收 送电线路	1. 能对中间工程检查验收 2. 能测量电力电缆绝缘电阻	1. 隐蔽工程检查验收方法 2. 工程中间检查验收方法 3. 电缆敷设质量评定方法 4. 电缆绝缘电阻测试方法
三、 送电线路 检修	（一） 检修 架空线路	1. 能安装避雷器 2. 能调整导线弧垂 3. 能进行线路由运行到检修的停电倒闸操作 4. 能进行线路由检修到运行的送电倒闸操作	1. 直线单杆更换方法 2. 铁塔安装方法 3. 避雷器安装方法 4. 导线弛度调整方法 5. 倒闸操作方法
	（二） 检修 电缆线路	1. 能压接接线端子 2. 能制作电缆终端头	1. 高压电缆运输与保管 2. 电缆选型方法 3. 电缆附件制作方法
	（三） 带电作业	能带电摘除导线、地线异物	1. 带电作业绝缘距离计算方法 2. 绝缘工具的绝缘强度 3. 带电作业安全组织措施 4. 带电作业工具试验 5. 带电作业方法

职业功能	工作内容	技能要求	相关知识
三、 送电线路 检修	（四） 处理 线路故障	能指导更换耐张杆绝缘子	1. 鸟害事故处理方法 2. 污闪故障处理方法 3. 导线防振方法

3.4 技师

职业功能	工作内容	技能要求	相关知识
一、 送电线路 施工	（一） 安装线路	1. 能组织导线、地线连接 2. 能组织人力放线、紧线 3. 能组织张力放线、紧线 4. 能指挥更换 110kV 线路孤立档导线	1. 导线选择方法 2. 放线、紧线方法 3. 线路施工图读图方法
	（二） 安装杆塔	能指导用抱杆组立杆塔	杆塔组立方法
	（三） 施工测量	能组织复杂线路定位分坑	1. 送电线路路径方案选择方法 2. 绘制线路路径方案示意图 3. 路径方案测量方法 4. 复杂线路定位分坑方法 5. 线路施工方法
二、 送电线 路运行 与测量	（一） 使用 仪器仪表	1. 能用单臂电桥检测电缆故障 2. 能判定电缆故障点	1. 电桥使用方法 2. 脉冲探测器使用方法 3. 智能测试仪使用方法 4. 路径仪的使用方法
	（二） 验收 送电线路	1. 能验收线路竣工工程 2. 能验收电缆线路	1. 竣工资料移交 2. 竣工工程检查验收方法 3. 竣工移交内容
三、 送电线路 检修	（一） 检修 架空线路	组织指挥杆塔倾斜扶正	1. 组织线路检修方法 2. 接地装置检查方法 3. 停电检修方法 4. 杆塔倾斜扶正方法
	（二） 检修 电缆线路	能测量电力电缆的绝缘电阻和吸收比	1. 电缆防护方法 2. 电缆试验方法 3. 电缆绝缘性能分析方法 4. 电缆线路运行管理方法
	（三） 带电作业	能带电更换绝缘子串	1. 大型带电作业的方法 2. 带电测试方法 3. 带电安全管理工作方法
	（四） 处理 线路故障	1. 分析输电线路遭外力破坏事故的原因 2. 能指导处理线路倒杆事故 3. 组织抢修送电线路断线事故 4. 能组织处理电力电缆故障	1. 线路故障判定方法 2. 复杂线路缺陷处理方法 3. 电力电缆故障诊断方法 4. 电力电缆故障处理方法 5. 大风故障类型 6. 覆冰故障处理方法

续表

职业功能	工作内容	技能要求	相关知识
四、综合管理	（一）操作计算机	1. 能绘制输电线路走向图 2. 能使用 Excel 表格	1. Word 文字录入方法 2. Excel 表格制作方法 3. 制图软件的使用方法 4. 制作多媒体教学课件方法
	（二）生产技术管理	能编制线路施工方案	1. QC 小组活动方法 2. 质量管理体系应用方法 3. 生产施工检修方案设计 4. 事故分析方法 5. 撰写论文方法 6. 撰写报告方法 7. 岗位培训的组织方法 8. 电力安全监督的工作内容

4 比重表

4.1 理论知识

项目			初级（%）	中级（%）	高级（%）	技师（%）
基本要求		基础知识	33	26	25	25
相关知识	送电线路施工	安装线路	8	8	8	5
		安装杆塔	5	6	8	8
		施工杆塔基础	7	7	6	
		施工测量		5	5	5
	送电线路运行与测量	操作仪器仪表	5	5	5	5
		巡视送电线路	6	5	8	
		验收送电线路			8	7
	送电线路检修	检修架空线路	21	12	10	9
		检修电缆线路		6	6	6
		带电作业		5	5	10
		安全措施	5	5		
		使用线路工具	10	5		
		处理线路故障		5	6	6
	综合管理	操作计算机				5
		生产技术管理				9
合计			100	100	100	100

4.2 操作技能

		项目	初级(%)	中级(%)	高级(%)	技师(%)
相关知识	送电线路施工	安装线路	25	15	15	15
		安装杆塔	10	5	5	5
		施工杆塔基础	5	5	5	
		施工测量		10	5	5
	送电线路运行与测量	操作仪器仪表	12	15	15	15
		巡视送电线路	8	10	10	
		验收送电线路			15	10
	送电线路检修	检修架空线路	20	15	15	15
		检修电缆线路		5	5	5
		带电作业		5	5	5
		使用线路工具	12	5		
		安全措施	8	5		
		处理线路故障		5	5	15
	综合管理	操作计算机				5
		生产技术管理				5
	合计		100	100	100	100

附录2　初级工理论知识鉴定要素细目表

行业:石油天然气　　　　工种:送电线路工　　　　等级:初级工　　　　鉴定方式:理论知识

行为领域	代码	鉴定范围（重要程度比例）	鉴定比重	代码	鉴定点	重要程度	备注
基础知识A（33%）	A	电工基础知识（30∶04∶02）	18%	001	电工基础研究范围	X	
				002	电路的组成	Z	
				003	电的传导	Z	
				004	电荷的概念	Y	
				005	电压的概念	Y	
				006	电流的概念	X	
				007	电动势的概念	X	
				008	电阻的概念	X	
				009	电路的概念	X	
				010	导体的电流强度	X	
				011	导线的电阻率	X	
				012	电位与电压的关系	X	
				013	欧姆定律	X	
				014	部分电路的欧姆定律	X	
				015	全电路欧姆定律	X	
				016	串联电路的特点	X	
				017	并联电路的特点	X	
				018	电阻电感串联电路的基本特点	X	
				019	电阻电容串联电路的基本特点	X	
				020	电路串联连接的方法	X	
				021	电路并联连接的方法	X	
				022	电流的热效应	X	
				023	焦耳定律	X	
				024	电功率的概念	X	
				025	磁场的特征	X	
				026	磁力线概念	X	
				027	电与磁的关系	X	
				028	磁感应强度概念	X	
				029	自感的概念	X	
				030	互感的概念	X	

行为领域	代码	鉴定范围（重要程度比例）	鉴定比重	代码	鉴定点	重要程度	备注
基础知识A（33%）	A	电工基础知识（30：04：02）	18%	031	磁滞现象	Y	
				032	涡流现象	Y	
				033	判定磁场方向的方法	X	
				034	判定通电导线在外磁场中受力的方法	X	
				035	判定感应电动势方向的方法	X	
				036	楞次定律	X	
	B	电力系统基础知识（07：01：02）	5%	001	动力系统概述	Z	
				002	电力系统概况	Z	
				003	电力系统基本特点	X	
				004	电力系统的基本要求	X	
				005	电力生产的特点	X	
				006	电力系统的组成	Y	
				007	电力网的组成	X	
				008	电力网的参数	X	
				009	电力负荷的概念	X	
				010	电力负荷的分类	X	
	C	高压电气设备基础知识（16：02：02）	10%	001	变压器的功能	Y	
				002	变压器的作用	Z	
				003	变压器各部件的作用	Y	
				004	变压器的分类	X	
				005	变压器的参数	X	
				006	变压器的工作原理	X	
				007	变压器的电磁关系	X	
				008	变压器的运行故障分析	X	
				009	变压器铭牌技术参数	X	
				010	变压器损耗的种类	X	
				011	变压器的效率	X	
				012	变压器并列运行的目的	X	
				013	变压器并列运行的条件	X	
				014	变压器常见故障的分析	X	
				015	变压器故障分析的方法	X	
				016	变压器投运前的检查	X	
				017	变压器投运操作	X	
				018	变压器的运行监视	X	
				019	变压器允许运行方式	Z	
				020	变压器试验	X	

续表

行为领域	代码	鉴定范围（重要程度比例）	鉴定比重	代码	鉴定点	重要程度	备注
专业知识 B（67%）	A	安装线路（15：01：00）	8%	001	接地装置施工的方法	X	
				002	接地装置的形式	X	
				003	接地装置的构成	X	
				004	接地装置材料选择	X	
				005	接地装置的安装要求	X	
				006	接地网的布置	Y	
				007	接地装置的敷设要求	X	
				008	接地装置的施工步骤	X	
				009	附件安装的方法	X	
				010	附件安装的基本要求	X	
				011	跳线的安装方法	X	
				012	跳线的连接方式	X	
				013	跳线安装的要求	X	
				014	悬垂线夹安装的步骤	X	
				015	合成绝缘子安装的步骤	X	
				016	防振锤安装的要求	X	
	B	安装杆塔（08：02：01）	5%	001	杆塔的类型	X	
				002	铁塔的结构形式	X	
				003	杆塔的分类	X	
				004	输电线路按杆塔材料的分类	X	
				005	铁塔按外观和形状分类	Y	
				006	常用杆塔型号的表示方法	X	
				007	起重的基本方法	Y	
				008	起重工作安全要点	X	
				009	吊车起重杆塔的要求	Z	
				010	起重滑车的使用方法	X	
				011	大部件搬运起重的注意事项	X	
	C	施工杆塔基础（12：01：01）	7%	001	输电线路的基础	X	
				002	送电线路基础的基本形式	X	
				003	混凝土杆基础	X	
				004	杆塔基础的土质分类	Y	
				005	基坑开挖的基本要求	X	
				006	开挖基础注意事项	X	
				007	基坑开挖的方法	Z	
				008	基础开挖的超深处理	X	

行为领域	代码	鉴定范围（重要程度比例）	鉴定比重	代码	鉴定点	重要程度	备注
专业知识B（67%）	C	施工杆塔基础（12：01：01）	7%	009	基础的操平找正	X	
				010	常用三盘尺寸误差要求	X	
				011	预制件的吊装	X	
				012	底拉盘的安装要求	X	
				013	底拉盘的安装方法	X	
				014	对基础的一般要求	X	
	D	操作仪器仪表（10：01：01）	5%	001	使用兆欧表测量前的准备	X	
				002	兆欧表的接线和测量	X	
				003	兆欧表的使用方法	Y	
				004	使用接地电阻测试仪的注意事项	X	
				005	接地电阻的测量方法	X	
				006	接地电阻值的测量接线要求	X	
				007	土壤电阻率的测量方法	X	
				008	土壤电阻率的计算方法	X	
				009	测量接地电阻时对探针的要求	X	
				010	兆欧表使用的注意事项	X	
				011	引起绝缘子绝缘性能降低或损坏的原因	X	
				012	智能绝缘子测试仪使用方法	Z	
	E	巡视送电线路（11：01：00）	6%	001	线路定期巡视检查的要求	X	
				002	巡视检查杆塔的内容	X	
				003	巡视检查拉线的内容	X	
				004	巡视检查杆塔基础的内容	X	
				005	线路运行规程对杆塔与基础的要求	X	
				006	架空线路施工验收规范对杆塔与基础的要求	X	
				007	巡视检查线路保护区的内容	X	
				008	巡视检查导线、地线的项目内容	X	
				009	线路运行规程对导线、地线的要求	X	
				010	架空线路施工验收规范对导线、地线的要求	X	
				011	巡视线路附近人为设施对线路安全的影响	Y	
				012	巡视防护区内基建对线路安全的影响	X	
	F	检修架空线路（33：05：04）	21%	001	输电线路按电压的分类	X	
				002	输电线路的组成	X	
				003	输电线路的专业术语	Z	
				004	导线的种类	X	
				005	导线的特性	X	

行为领域	代码	鉴定范围 （重要程度比例）	鉴定比重	代码	鉴定点	重要程度	备注
专业知识 B （67%）	F	检修架空线路 （33·05·04）	21%	006	导线的型号规格	X	
				007	绝缘子的种类	X	
				008	绝缘子优缺点比较	Z	
				009	金具的种类	X	
				010	输电线路常用金具	X	
				011	架空避雷线的种类	Y	
				012	停电登杆检查清扫的主要内容	X	
				013	铁塔基础检修的主要内容	X	
				014	停电检修工作的组织措施	X	
				015	停电检修的基本要求	X	
				016	停电检修的主要内容	X	
				017	线路改进工程的主要内容	X	
				018	线路停电检修的主要项目	Y	
				019	线路停电检修的周期	Z	
				020	线路预防性检查的主要内容	X	
				021	线路维护的周期	Z	
				022	根据巡视结果及实际情况需维修的项目	X	
				023	输配电线路抢修基本注意事项	X	
				024	制订停电检修计划的主要内容	X	
				025	检修单位编制检修计划的内容	X	
				026	检修设计的具体内容	X	
				027	检修施工准备的内容	X	
				028	输电线路的基础加固方法	X	
				029	混凝土电杆损坏修补加固方法	Y	
				030	线路铁构件及铁塔防腐内容	X	
				031	金属基础和拉线棒地下部分锈蚀检查处理	X	
				032	杆塔基础常规处理项目	X	
				033	架空线路烧伤断股检查(处理)	X	
				034	补加杆塔材料和部件的方法	X	
				035	用滑车组、吊线器更换耐张绝缘子串	X	
				036	更换绝缘子的基本原理	Y	
				037	更换直线杆悬式绝缘子串的方法	Y	
				038	杆上作业应注意的事项	X	
				039	更换横担的方法	X	
				040	更换不良绝缘子的要求	X	

行为领域	代码	鉴定范围（重要程度比例）	鉴定比重	代码	鉴定点	重要程度	备注
专业知识 B（67%）	F	检修架空线路（33∶05∶04）	21%	041	缠绕法修补导线的方法	X	
				042	导线地线缠绕处理的条件	X	
	G	安全措施（08∶01∶01）	5%	001	验电时应注意的事项	X	
				002	挂接地线操作应注意的事项	X	
				003	拆接地线操作应注意的事项	X	
				004	防高空坠落控制措施	X	
				005	防触电控制措施	X	
				006	防物体打击控制措施	X	
				007	线路砍树安全措施	X	
				008	测量工作安全措施	Y	
				009	抢救触电者应注意的事项	X	
				010	抢救高空触电者的方法	Z	
	H	使用线路工具（17∶02∶02）	10%	001	脚扣使用方法	X	
				002	踏板使用方法	X	
				003	软梯使用方法	Y	
				004	绝缘棒的使用注意事项	X	
				005	安全带的使用方法	X	
				006	纤维绳的使用方法	Z	
				007	白棕绳使用的方法	X	
				008	使用白棕绳注意事项	X	
				009	钢丝绳的使用和维护	X	
				010	绝缘手套使用方法	X	
				011	个人保安线的使用方法	X	
				012	画线工具使用的方法	X	
				013	錾削工具使用的方法	X	
				014	锉削操作的方法	X	
				015	锯割操作的方法	X	
				016	钻孔的方法	X	
				017	攻丝的方法	X	
				018	钳工常用的设备	X	
				019	钳工常用量具的精度	X	
				020	钳工操作的要领	Z	
				021	钻床的使用要求	Y	

注：X—核心要素；Y—一般要素；Z—辅助要素。

附录3 中级工理论知识鉴定要素细目表

行业:石油天然气　　　　工种:送电线路工　　　　等级:中级工　　　　鉴定方式:理论知识

行为领域	代码	鉴定范围（重要程度比例）	鉴定比重	代码	鉴定点	重要程度	备注
基础知识 A（26%）	A	电工基础知识（24：02：01）	11	001	交流电的基本物理量	Y	
				002	正弦交流电的产生	X	
				003	正弦交流电的三要素	X	
				004	频率的概念	X	
				005	相位差的概念	X	
				006	交流电的有效值	X	
				007	正弦交流电的表示法	X	
				008	交流电的量值	Y	
				009	图形符号的表示方法	Z	
				010	纯电阻正弦交流电路基本特点	X	
				011	纯电感正弦交流电路的基本特点	X	
				012	纯电容交流电路基本特点	X	
				013	电阻星形与三角形等效互换	X	
				014	对称三相电路	X	
				015	对称三相电路电压	X	
				016	对称三相电路线电流	X	
				017	对称三相交流电的特点	X	
				018	三相电源的接法	X	
				019	三相负荷的连接	X	
				020	三相电路的功率	X	
				021	三相电路线电流与线电压	X	
				022	三相四线制负荷不对称的特点	X	
				023	三相三线负荷不对称的特点	X	
				024	对称三相电路的功率	X	
				025	不对称三相电路的概念	X	
				026	无功功率的概念	X	
				027	功率因数的概念	X	
	B	电力系统基础知识（07：02：01）	5	001	供电系统的基本要求	X	
				002	电能质量概念	Y	
				003	电压偏差的影响	X	

续表

行为领域	代码	鉴定范围（重要程度比例）	鉴定比重	代码	鉴定点	重要程度	备注
基础知识A（26%）	B	电力系统基础知识（07：02：01）	5	004	电压波动和闪变的影响	Z	
				005	供电电能质量的指标	Y	
				006	谐波的影响	X	
				007	抑制电压波动和闪变的措施	X	
				008	谐波的防治措施	X	
				009	电力系统的电压等级	X	
				010	电力系统的负荷分配	X	
	C	高压电气设备基础知识（17：02：02）	10	001	仪用互感器的种类	Z	
				002	仪用互感器的型号含义	Y	
				003	电压互感器的特点	X	
				004	电压互感器的参数	X	
				005	电压互感器的工作原理	X	
				006	电流互感器的特点	X	
				007	电流互感器的参数	X	
				008	电流互感器的工作原理	X	
				009	高压隔离开关的结构	X	
				010	高压隔离开关的作用	X	
				011	高压隔离开关的型号含义	X	
				012	高压断路器的作用	X	
				013	高压断路器的组成	X	
				014	高压断路器的特性	X	
				015	高压负荷开关的结构	X	
				016	高压负荷开关的用途	X	
				017	高压熔断器的结构	X	
				018	高压熔断器的主要用途	X	
				019	跌落式熔断器的型号含义	X	
				020	并联电容器在电力系统中的作用	Z	
				021	并联电容器的工作原理	Y	
专业知识B（74%）	A	安装线路（14：01：01）	8	001	放线的方法	X	
				002	线盘布置和安装方法	X	
				003	线轴架设的方法	X	
				004	导线、地线展放时跨越物处理的方法	Z	
				005	搭设跨越架的一般规定	X	
				006	搭设木质、毛竹跨越架的要求	X	
				007	挂设放线滑车	X	

续表

行为领域	代码	鉴定范围（重要程度比例）	鉴定比重	代码	鉴定点	重要程度	备注
专业知识B（74%）	A	安装线路（14∶01∶01）	8	008	绝缘子串组合	X	
				009	绝缘子串高度的确定方法	X	
				010	普通绝缘子的检查项目	X	
				011	复合绝缘子的检查项目	X	
				012	放线要求及注意事项	Y	
				013	放线时导线换位要求	X	
				014	放线质量检查	X	
				015	放线缺陷处理	X	
				016	线盘布置要求	X	
	B	安装杆塔（10∶01∶01）	6	001	钢筋混凝土电杆构造	X	
				002	钢筋混凝土电杆运输及堆放	Z	
				003	混凝土电杆组装的一般规定	X	
				004	混凝土电杆排杆找正方法	X	
				005	杆段连接的方法	X	
				006	混凝土电杆焊接连接方法	X	
				007	对钢圈焊接的要求	X	
				008	杆塔组装的一般规定	Y	
				009	混凝土杆的组装方法	X	
				010	双杆组装时的注意事项	X	
				011	制作拉线的基本步骤	X	
				012	拉线长度的确定	X	
	C	施工杆塔基础（14∶01∶00）	7	001	混凝土的特性	X	
				002	混凝土的原料	X	
				003	混凝土的添加剂	X	
				004	钢筋与混凝土的特性	Y	
				005	混凝土配合比计算的一般规定	X	
				006	普通混凝土配合比计算的步骤	X	
				007	混凝土拌和物的试配调整方法	X	
				008	现浇混凝土基础施工准备	X	
				009	钢筋混凝土中钢筋笼的配制	X	
				010	支立模板及安装地脚螺栓方法	X	
				011	混凝土的浇筑	X	
				012	混凝土浇筑后养护方法	X	
				013	混凝土基础拆模方法	X	
				014	钢筋绑扎注意事项	X	
				015	混凝土浇制注意事项	X	

行为领域	代码	鉴定范围（重要程度比例）	鉴定比重	代码	鉴定点	重要程度	备注
专业知识B（74%）	D	施工测量（08：01：01）	5	001	识图的基本方法	X	
				002	识图的步骤	Y	
				003	基础图的读图方法	X	
				004	安装图的读图方法	X	
				005	线路施工图的内容	X	
				006	三角形绕障法定线	X	
				007	测定直线桩的方法	Z	
				008	经纬仪角度测量方法	X	
				009	经纬仪视距测量方法	X	
				010	施工测量注意事项	X	
	E	操作仪器仪表（08：01：01）	5	001	经纬仪的整平方法	X	
				002	使用经纬仪应注意的事项	Y	
				003	直接测量法测量限距	Z	
				004	经纬仪的对中方法	X	
				005	经纬仪的对光与瞄准	X	
				006	测高仪使用注意事项	X	
				007	线缆测高仪简介	X	
				008	线缆测高仪的使用方法	X	
				009	视距法校核档距	X	
				010	钳式接地电阻测试仪的使用方法	X	
	F	巡视送电线路（07：01：02）	5	001	架空线路施工及验收规范对绝缘子的要求	X	
				002	线路运行规程对金具的要求	X	
				003	巡视检查绝缘金具的内容	X	
				004	防雷设备运行标准	Y	
				005	巡视防雷设施和接地装置的内容	X	
				006	杆塔接地电阻值的要求	X	
				007	接地装置的运行要求	X	
				008	绝缘子质量的要求	Z	
				009	各类绝缘子的故障现象	X	
				010	限距变化的原因	Z	
	G	检修架空线路（23：01：01）	12	001	钳压法连接导线的要求	X	
				002	液压法连接导线的要求	X	
				003	钳压连接的方法	X	
				004	钢绞线液压连接方法	X	
				005	钢芯铝绞线(直线管)液压连接方法	X	

行为领域	代码	鉴定范围（重要程度比例）	鉴定比重	代码	鉴定点	重要程度	备注
专业知识B（74%）	G	检修架空线路（23：01：01）	12	006	导线压接的有关规定	X	
				007	导线切割净化的方法	X	
				008	液压连接质量检查	Y	
				009	跳线压接方法	X	
				010	用补修管处理损伤导线的条件	X	
				011	补修管补修导线的方法	X	
				012	导线锯断重接的条件	X	
				013	接续金具的性能和分类	X	
				014	防护金具的性能和分类	X	
				015	金具结构的规定	X	
				016	金具的可锻铸件及球墨铸铁件的规定	X	
				017	金具钢制件的规定	X	
				018	杆塔拉线更换标准	X	
				019	更换拉线的步骤	X	
				020	拉线更换的要求	X	
				021	接地装置常见缺陷及处理方式	X	
				022	接地装置维护方法	X	
				023	接地装置防腐工作	X	
				024	降低接地电阻的方法	X	
				025	避雷线对架空线路的保护作用	Z	
	H	检修电缆线路（12：01：01）	6	001	电力电缆概述	Z	
				002	电缆基本结构及型号	X	
				003	电缆线芯基本情况	X	
				004	电缆绝缘层	X	
				005	电缆保护层基本情况	X	
				006	油浸纸绝缘电力电缆基本情况	Y	
				007	橡胶绝缘电力电缆基本情况	X	
				008	塑料绝缘电力电缆基本情况	X	
				009	电缆敷设的基本要求	X	
				010	电缆敷设的一般规定	X	
				011	直埋敷设电缆要求	X	
				012	电缆沟内电缆敷设要求	X	
				013	管道内电缆敷设要求	X	
				014	电缆敷设步骤	X	

行为领域	代码	鉴定范围（重要程度比例）	鉴定比重	代码	鉴定点	重要程度	备注
专业知识B（74%）	I	带电作业（06：02：02）	5	001	安全间距的定义	Y	
				002	空气的绝缘特性	Z	
				003	绝缘子串的绝缘强度	X	
				004	绝缘工具的绝缘强度	X	
				005	带电作业的间接作业法	X	
				006	击穿电压及击穿强度概念	Z	
				007	火花间隙测量法	X	
				008	绝缘材料机械性能	X	
				009	绝缘通道中的泄漏电流防护方法	Y	
				010	带电作业安全技术	X	
	J	安全措施（08：01：01）	5	001	停电作业的步骤	X	
				002	工作票制度的主要内容	X	
				003	工作许可制度的主要内容	X	
				004	工作监护制度的主要内容	X	
				005	工作间断制度的主要内容	X	
				006	检修工作终结恢复送电制度的主要内容	X	
				007	停电杆塔上作业的一般安全措施	Y	
				008	邻近带电线路检修的一般安全措施	Z	
				009	保证安全的技术措施	X	
				010	安全用具的种类	X	
	K	使用线路工具（08：01：01）	5	001	卸扣的使用要求	X	
				002	卡线器的使用注意事项	Y	
				003	链条葫芦使用注意事项	X	
				004	影响钢丝绳强度的因素	X	
				005	机械压线钳使用方法	X	
				006	手拉葫芦的使用要求	X	
				007	液压压线钳使用方法	X	
				008	双钩紧线器的使用方法	Z	
				009	钢丝绳选用的要求	X	
				010	紧线器的用途	X	
	L	处理线路故障（07：02：01）	5	001	线路的雷害事故	Y	
				002	雷害事故的原因	X	
				003	雷害事故的特点	X	
				004	多雷区的运行要求	X	
				005	防雷措施的改进方法	X	

行为领域	代码	鉴定范围 （重要程度比例）	鉴定比重	代码	鉴定点	重要程度	备注
专业知识 B （74%）	L	处理线路故障 （07：02：01）	5	006	雷害的故障预防措施	Z	
				007	雷击架空线路的形式	Y	
				008	查找线路防雷设施故障的方法	X	
				009	送电线路装设防雷保护的原因	X	
				010	避雷线的装设要求	X	

注：X—核心要素；Y——般要素；Z—辅助要素。

附录4　高级工理论知识鉴定要素细目表

行业：石油天然气　　　　工种：送电线路工　　　　等级：高级工　　　　鉴定方式：理论知识

行为领域	代码	鉴定范围（重要程度比例）	鉴定比重	代码	鉴定点	重要程度	备注
基础知识A（25%）	A	电工基础知识（08：01：01）	6	001	半导体的概念	Z	
				002	半导体材料的基本特点	X	
				003	PN型半导体	X	
				004	PN结的单向导电性	X	
				005	二极管的概念	X	
				006	二极管的特点	X	
				007	二极管的伏安特性	Y	
				008	二极管的主要参数	X	
				009	整流电路的基本特点	X	
				010	滤波电路的基本特点	X	
	B	电力系统基础知识（06：01：01）	5	001	电网中性点运行方式的划分	Y	
				002	电力系统中性点接地方式的基本特点	Z	
				003	中性点不接地的三相系统	X	
				004	中性点经消弧线圈接地三相系统	X	
				005	中性点经消弧线圈接地系统的基本特点	X	
				006	中性点直接接地系统	X	
				007	中性点不接地系统的基本特点	X	
				008	中性点直接接地系统的基本特点	X	
	C	高压电气设备基础知识（08：01：00）	5	001	电动机的分类	X	
				002	直流电动机的结构	Y	
				003	直流电动机的工作原理	X	
				004	电动机铭牌的含义	X	
				005	三相异步电动机构造	X	
				006	三相异步电动机参数	X	
				007	三相异步电动机运行方式	X	
				008	三相异步电动机常见的故障	X	
				009	中小型电动机定子绕组的接线规则	X	
	D	继电保护基础知识（15：00：00）	9	001	电力系统继电保护的分类	X	
				002	继电保护的基本任务	X	
				003	继电保护装置原理	X	

行为领域	代码	鉴定范围（重要程度比例）	鉴定比重	代码	鉴定点	重要程度	备注
基础知识 A（25%）	D	继电保护基础知识（15：00：00）	9	004	继电保护的基本要求	X	
				005	过电流保护的基本知识	X	
				006	电流速断保护的基本知识	X	
				007	输电线路距离保护的基本知识	X	
				008	距离保护的主要组成元件	X	
				009	电流电压连锁速断保护的基本知识	X	
				010	方向过流保护的基本知识	X	
				011	输电线路差动保护的基本知识	X	
				012	输电线路高频保护的基本知识	X	
				013	高频保护的基本原理	X	
				014	输电线路零序电流保护的基本知识	X	
				015	零序保护的时限性	X	
专业知识 B（75%）	A	安装线路（10：02：01）	8	001	人力放线的方法	X	JD
				002	机械放线的方法	X	JD
				003	弛度观测档选择的方法	X	JD，JS
				004	初伸长处理的方法	X	JD
				005	观测弧垂的工艺要求	X	
				006	架线后的弧垂允许误差	X	
				007	观测弧垂的方法	X	JS
				008	预绞丝修补导线的方法	X	JD
				009	预绞丝接续导线的方法	X	
				010	施工过程中的通信联系	Z	
				011	导线、地线连接的一般规定	Y	
				012	导线、地线连接的要求	Y	
				013	布线注意事项	X	
	B	安装杆塔（11：02：00）	8	001	人字抱杆的组成	X	
				002	人字抱杆的参数	Y	
				003	起立杆塔的几种方法	Y	JD
				004	倒落式人字抱杆现场布置	X	
				005	倒落式人字抱杆的位置	X	
				006	临时拉线布置方法	X	
				007	整立电杆牵引系统的布置方法	X	
				008	整立电杆的动力系统	X	
				009	整立电杆的固定钢绳系统	X	
				010	整立电杆的制动系统	X	

行为领域	代码	鉴定范围（重要程度比例）	鉴定比重	代码	鉴定点	重要程度	备注
专业知识 B（75%）	B	安装杆塔（11：02：00）	8	011	地锚布置	X	
				012	杆塔整立前检查内容	X	
				013	倒落式人字抱杆整立杆塔的杆塔起吊	X	JD
	C	施工杆塔基础（10：00：00）	6	001	混凝土常见缺陷产生的原因	X	JD
				002	混凝土常见缺陷处理方法	X	JD
				003	阶梯形基础混凝土施工易发生问题的处理方法	X	
				004	混凝土基础强度试验	X	
				005	混凝土基础质量检查的内容	X	
				006	混凝土基础尺寸偏差	X	
				007	混凝土基础试块制作	X	
				008	回弹法测混凝土强度	X	
				009	线路验收规范对混凝土试块的要求	X	
				010	超声波法测混凝土强度	X	
	D	施工测量（06：01：01）	5	001	线路施工复测分坑有关名词概念	X	
				002	线路复测的主要内容	X	
				003	线路复测的基本规定	Y	
				004	分坑放样作业的内容和要求	X	
				005	钉立辅助桩	X	
				006	杆塔中心位移	X	JS
				007	施工测量注意事项	X	
				008	施工测量质量要求	Z	
	E	操作仪器仪表（07：01：01）	5	001	接地装置电气完整性测试	X	
				002	用兆欧表测量变压器绝缘电阻的方法	X	
				003	状态热红外测温管理方法	X	
				004	用红外测量方式检查导线连接器的方法	X	
				005	红外线热像仪及测温仪的使用	X	
				006	带电设备红外诊断方法	Y	
				007	GPS智能巡检仪定位杆塔坐标的方法	X	
				008	绝缘子等值附盐密度的测量计算方法	X	
				009	线路投产前线路参数测定方法	Z	
	F	巡视送电线路（13：01：00）	8	001	线路特殊巡视的要求	X	
				002	线路特殊巡视的内容	Y	
				003	线路夜间、交叉和诊断性巡视的目的要求	X	JD
				004	线路故障巡视的目的要求	X	JD
				005	线路登杆巡视的目的要求	X	

续表

行为领域	代码	鉴定范围（重要程度比例）	鉴定比重	代码	鉴定点	重要程度	备注
专业知识B（75%）	F	巡视送电线路（13：01：00）	8	006	运行规程对导线弧垂的要求	X	
				007	线路弛度的测量方法	X	JS
				008	线路弛度的换算	X	JS
				009	巡视检查附件	X	
				010	架空输电设备防护内容	X	
				011	智能巡检系统的应用	X	
				012	架空输电线路巡视的主要内容	X	
				013	输电线路运行标准	X	
				014	线路运行环境的治理	X	
	G	验收送电线路（13：00：00）	8	001	杆塔螺栓安装质量要求	X	
				002	隐蔽工程验收检查内容	X	
				003	中间铁塔基础验收检查内容	X	JD
				004	杆塔组立的质量检查内容	X	
				005	杆塔组立的质量要点		
				006	中间杆塔及拉线验收检查内容	X	
				007	中间架线验收检查内容	X	
				008	施工验收规程对接地装置的要求	X	
				009	线路施工验收规程对导线、地线弧垂的要求	X	
				010	线路施工验收规程对钢管杆的要求	X	
				011	送电线路启动验收的程序	X	
				012	电缆绝缘电阻的测试方法	X	
				013	电缆绝缘电阻的测量要求	X	
	H	检修架空线路（15：01：01）	10	001	线路防雷的任务	X	
				002	线路防雷的措施	X	
				003	线路防雷的具体方法	X	
				004	线路防雷的要求	X	
				005	避雷器的作用	X	
				006	避雷线的作用	X	
				007	避雷针的作用	X	
				008	弧垂观测调整的方法	X	
				009	调整导线、地线弛度的方法	X	
				010	调整导线、地线弛度的注意事项	X	
				011	倒闸操作的内容	X	
				012	操作票的填写要求	X	
				013	操作监护的制度	X	

行为领域	代码	鉴定范围（重要程度比例）	鉴定比重	代码	鉴定点	重要程度	备注
专业知识B（75%）	H	检修架空线路（15：01：01）	10	014	倒闸操作的要求	X	
				015	倒闸操作的步骤	X	
				016	倒闸操作的注意事项	Y	
				017	倒闸操作的安全要求	Z	
	I	检修电缆线路（08：01：01）	6	001	电缆的选择要求	Y	
				002	电缆截面的选择方法	Z	
				003	电缆选择的方法	X	
				004	不同电缆头的特点	X	
				005	电缆导体压接工艺要求	X	
				006	电缆三头金具压接注意事项	X	
				007	电缆接头制作所需附件的特性	X	
				008	热缩电缆附件安装的一般规定	X	
				009	电缆终端头的制作程序	X	
				010	电缆中间头的制作程序	X	
	J	带电作业（08：00：00）	5	001	等电位作业法	X	
				002	中间电位法	X	
				003	分相检修法	X	
				004	带电水冲洗法	X	
				005	带电作业时可能出现的过电压水平	X	
				006	惯用法确定安全距离	X	
				007	统计法确定安全距离	X	
				008	带电作业工具的试验	X	
	K	处理线路故障（09：00：01）	6	001	线路故障的原因	X	JD
				002	线路故障的处理方法	X	
				003	鸟害故障预防措施	X	
				004	污闪故障预防措施	X	
				005	污闪事故的原因分析	X	
				006	污秽等级的划分原则	X	JS
				007	污闪事故的特点	X	
				008	防治污秽事故的措施	X	JD
				009	防治污闪的要求	Z	
				010	导线防振工作	X	JS

注：X—核心要素；Y——一般要素；Z—辅助要素。

附录5　高级工操作技能鉴定要素细目表

行业:石油天然气　　　　工种:送电线路工　　　　等级:高级工　　　　鉴定方式:操作技能

行为领域	代码	鉴定范围	鉴定比重	代码	鉴定点	重要程度
操作技能100%	A	送电线路施工	30%	001	组织指挥人力放线	X
				002	60kV 耐张杆 30°~60°分坑	X
				003	用倒落式抱杆组立 12m 钢筋混凝土电杆	X
				004	用预绞式接续条补修损伤导线	X
				005	用全张力接续条连接导线	X
				006	调整混凝土直线双杆迈步	Y
				007	用回弹仪检验混凝土基础强度	Z
	B	送电线路运行与测量	40%	001	用兆欧表测定线路绝缘电阻	X
				002	验收线路中间工程	X
				003	使用经纬仪测量交叉跨越物净空距离	X
				004	使用经纬仪测量线路对地面高度	X
				005	测试绝缘子等值附盐密度	X
				006	测量 10kV 电力电缆绝缘电阻	X
				007	用智能巡检系统手持终端机进行杆塔坐标定位	X
				008	测量导线连接器的温度	X
	C	送电线路检修	30%	001	10kV 线路停电倒闸操作	X
				002	10kV 线路送电倒闸操作	X
				003	用液压钳压接接线端子	X
				004	安装杆上避雷器	X
				005	调整 35kV 输电线路孤立档导线弧垂	X
				006	组织指挥更换耐张杆绝缘子	X
				007	制作 10kV 三芯户内冷缩电缆终端头	X
				008	带电摘除导线、地线异物	Z

注:X—核心要素;Y——一般要素;Z—辅助要素。

附录6　技师理论知识鉴定要素细目表

行业:石油天然气　　　工种:送电线路工　　　等级:技师　　　鉴定方式:理论知识

行为领域	代码	鉴定范围（重要程度比例）	鉴定比重	代码	鉴定点	重要程度	备注
基础知识A（25%）	A	电力系统基础知识（06:01:01）	6	001	电力网中的变电所职能	Y	
				002	电压调整方法	Z	
				003	配电网的常用接线方式	X	
				004	电网的损耗	X	JS
				005	用电负荷的计算方法	X	JS
				006	供电靠性的计算方法	X	
				007	影响供电可靠性的因素	X	
				008	提高供电可靠性的措施	X	
	B	继电保护基础知识（08:02:02）	10	001	电力系统继电保护的特性	X	JD
				002	线路继电保护的作用	X	
				003	输电线路微机保护	X	
				004	微机保护的硬件原理	Z	
				005	微机保护的抗干扰措施	Z	
				006	输电线路相间短路的电流电压保护基本知识	X	
				007	自动重合闸在系统中的作用	Y	JS
				008	对自动重合闸的基本要求	Y	JS
				009	故障录波器的作用	X	JS
				010	故障录波器的工作原理	X	
				011	根据故障录波图形判断线路故障性质和地点	X	
				012	根据继电保护动作判断线路故障性质和地点	X	
	C	防雷基础知识（09:01:01）	9	001	雷电产生的条件	X	
				002	雷电的危害	X	JD
				003	雷电参数的内容	X	
				004	内部过电压的种类	Y	
				005	防止直击雷过电压的措施	X	
				006	送电线路防雷措施	X	
				007	雷击跳闸率的概念	X	JS
				008	感应雷过电压的概念	X	JS
				009	直击雷过电压的概念	X	JS
				010	线路过电压分析方法	Z	
				011	雷击跳闸率的确定方法	X	

续表

行为领域	代码	鉴定范围 (重要程度比例)	鉴定比重	代码	鉴定点	重要程度	备注
专业知识B（75%）	A	安装线路 (07∶00∶00)	5	001	张力架线的具体特征	X	
				002	张力放线的主要设备	X	
				003	施工段放线的方法	X	JS
				004	张力放线的步骤	X	
				005	紧线的步骤	X	JD, JS
				006	紧线施工的基本要求	X	JS
				007	挂线的基本步骤	X	
	B	安装杆塔 (09∶01∶00)	8	001	铁塔的基本结构	X	
				002	铁塔设计的基本要求	Y	
				003	铁塔组装前对料	X	JD
				004	铁塔地面组装前的准备工作	X	
				005	铁塔的整体组装	X	JD
				006	铁塔的分段组装	X	JD
				007	铁塔的分片组装	X	JD
				008	铁塔的分角组装	X	JD
				009	铁塔组装的一般规定	X	
				010	铁塔组装的注意事项	X	
	C	施工测量 (06∶00∶00)	5	001	室内选线方法	X	JD
				002	现场勘测方法	X	JD
				003	送电线路路径选择要求	X	JD
				004	施工总图读图方法	X	
				005	平断面图读图方法	X	
				006	施工图读图方法	X	
	D	操作仪器仪表 (05∶01∶00)	5	001	电缆线路故障性质的分类	Y	
				002	电缆故障性质的判别	X	
				003	电缆故障测寻方法	X	
				004	路径仪的使用方法	X	
				005	单臂电桥的工作原理	X	
				006	单臂电桥的使用方法	X	
	E	验收送电线路 (07∶01∶01)	7	001	电缆线路的竣工验收内容	X	JD
				002	电缆敷设质量评定保证项目	X	
				003	电缆敷设质量评定基本项目	Z	
				004	电缆敷设质量评定允许偏差项目	Y	
				005	工程竣工验收的内容	X	
				006	验收检查评级方法	X	

行为领域	代码	鉴定范围（重要程度比例）	鉴定比重	代码	鉴定点	重要程度	备注
专业知识B（75%）	E	验收送电线路（07：01：01）	7	007	工程竣工试验内容	X	
				008	工程竣工资料移交的内容	X	
				009	工程竣工施工记录卡移交的内容	X	
	F	检修架空线路（10：01：01）	9	001	线路检修分类标准	Z	
				002	线路检修措施	X	
				003	铁塔检修的内容	X	
				004	杆塔及横担检修的内容	X	
				005	导线、地线损伤的处理标准	X	JD
				006	导线的修补方法	X	
				007	局部换线的步骤	X	
				008	运行线路更换新线的检修施工步骤	X	JD，JS
				009	铁塔混凝土杆的加高检修施工步骤	Y	
				010	更换电杆的基本要求	X	JS
				011	更换铁塔的基本要求	X	
				012	倾斜杆塔扶正的标准	X	
	G	检修电缆线路（08：00：00）	6	001	电缆线路的巡视	X	
				002	电缆线路的维护工作	X	JD
				003	预防电缆线路机械外损的措施	X	
				004	电缆线路电气试验	X	
				005	电缆试验的方法	X	
				006	影响电力电缆绝缘性能的主要因素	X	
				007	电缆线路运行维护的内容	X	
				008	电缆线路管理要求	X	
	H	带电作业（10：01：01）	10	001	带电作业送电常规检修项目	Y	
				002	绝缘斗臂车的使用方法	X	
				003	带电作业的一般安全措施	X	
				004	带电作业的一般技术措施	X	
				005	绝缘杆的使用要求	Z	
				006	断接引工具	X	JS
				007	更换绝缘子工具	X	
				008	手持操作工具	X	
				009	载人工具	X	
				010	带电作业的危险率	X	
				011	安全距离不足的补救措施	X	
				012	气象条件与安全关系	X	

行为领域	代码	鉴定范围（重要程度比例）	鉴定比重	代码	鉴定点	重要程度	备注
专业知识B（75%）	I	处理线路故障（07∶01∶01）	6	001	线路故障判定标准	X	JD
				002	大风故障类型	X	JD
				003	电缆故障的原因	X	JD
				004	电缆故障诊断方法	X	
				005	导线覆冰的危害	X	
				006	覆冰的种类	X	
				007	覆冰事故的表现形式	Y	
				008	导线防暑过夏的措施	Z	
				009	电缆预试故障的诊断方法	X	
	J	操作计算机（06∶01∶00）	5	001	计算机基础知识	X	
				002	计算机硬件系统	X	
				003	计算机软件系统	Y	
				004	Vsio 制图软件应用	X	
				005	Word 文档的基础操作内容	X	
				006	Word 表格基本操作内容	X	
				007	多媒体课件制作方法	X	
	K	生产技术管理（10∶01∶01）	9	001	施工图技术交底的内容	Y	
				002	线路概况的编制方法	Z	
				003	施工组织措施的内容	X	
				004	施工安全措施的内容	X	
				005	施工技术措施的内容	X	
				006	送电线路资产分界点划分方法	X	
				007	输电线路特殊区域管理方法	X	
				008	输电线路计划管理内容	X	
				009	输电线路运行分析方法	X	
				010	输电设备缺陷管理内容	X	
				011	大修计划编报方法	X	JD
				012	大修"三措"编制方法	X	JD

注:X—核心要素;Y—一般要素;Z—辅助要素。

附录 7 技师操作技能鉴定要素细目表

行业：石油天然气　　　　工种：送电线路工　　　　等级：技师　　　　鉴定方式：操作技能

行为领域	代码	鉴定范围	鉴定比重	代码	鉴定点	重要程度
操作技能 100%	A	送电线路施工	25%	001	组织指挥张力放线	X
				002	紧线前耐张杆横担安装临时拉线	X
				003	指挥更换 110kV 线路孤立档导线	X
				004	指挥用抱杆组立 15m 铁塔	X
				005	设计架空送电线路的路径	X
				006	利用线路施工图纸进行杆塔定位	Z
	B	送电线路运行与测量	25%	001	验收线路竣工工程	X
				002	验收电缆线路安装工程	X
				003	用单臂电桥检测电缆故障	X
				004	鉴定电缆故障性质	Z
	C	送电线路检修	40%	001	指导处理 110kV 线路倒杆事故	X
				002	组织抢修送电线路断线事故	X
				003	测量电力电缆的绝缘电阻和吸收比	X
				004	组织指挥电力电缆故障处理	X
				005	分析输电线路遭外力破坏事故原因	X
				006	组织指挥倾斜杆塔扶正	Y
				007	带电更换 35kV 线路悬垂绝缘子串	X
	D	综合管理	10%	001	利用 Word 文档制作一张表格	X
				002	用绘图软件绘制一张线路走向图	X
				003	编制线路施工方案	X

注：X—核心要素；Y—一般要素；Z—辅助要素。

附录 8 操作技能考核内容层次结构表

级别	操作技能				合计
	送电线路施工	送电线路运行与测量	送电线路检修	综合管理	
初级	40分 10~30min	20分 10~20min	40分 6~30min		100分 26~80min
中级	35分 15~30min	25分 10~20min	40分 10~20min		100分 35~70min
高级	30分 15~30min	40分 10~30min	30分 8~30min		100分 33~90min
技师	25分 15~100min	25分 15~30min	40分 20~30min	10分 15~30min	100分 65~190min

参 考 文 献

［1］ 潘阳春．架空线路施工与验收技术．北京：中国电力出版社，2016.

［2］ 申屠柏水，李健．输电线路测量实用技术．北京：中国电力出版社，2015.

［3］ 罗朝阳，高洪亮．架空输电线路运行与检修．北京：中国电力出版社，2017.

［4］ 吕春泉．输电线路运检．北京：中国电力出版社，2020.

［5］ 陈培慈．架空送电线路施工应用手册．北京：中国电力出版社，2008.

［6］ 王清葵．送电线路运行和检修．北京：中国电力出版社，2003.

［7］ 王润元，司亚青．架空送电线路绝缘子串组装图．北京：中国电力出版社，2007.

［8］ 陈蕾．架空电力线路运行管理与检修．北京：中国电力出版社，2017.

［9］ 汤晓青．输电线路施工．北京：中国电力出版社，2008.

［10］ 杨奎河．电工基本技能．北京：金盾出版社，2008.

［11］ 尹庆福．供用电工人技能手册：送电线路．北京：中国电力出版社，2005.

［12］ 李光辉，王伟．电力线路金具基础与应用．北京：中国电力出版社，2014.

［13］ 韩金玉．Word 2016 文档处理实用教程．北京：清华大学出版社，2017.

［14］ 周春城．Visio 2007 从入门到精通．北京：电子工业出版社，2008.